第 2 章 - 绘制 MP3 播放器

第 2 章 - 绘制荷花

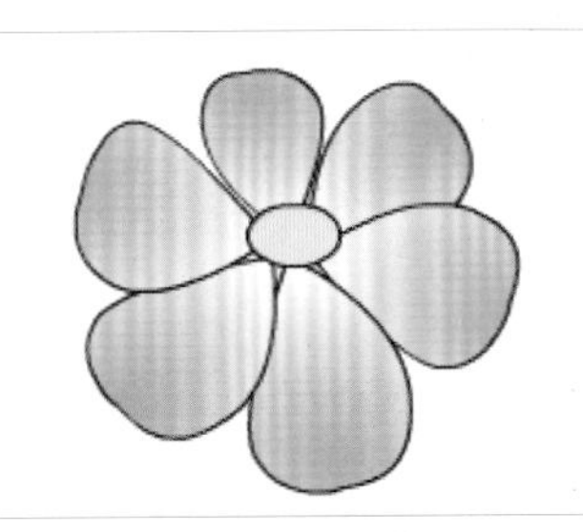

第 3 章 - 编辑花朵

第 3 章 - 制作圣诞场景

第 4 章 - 制作贺卡文字

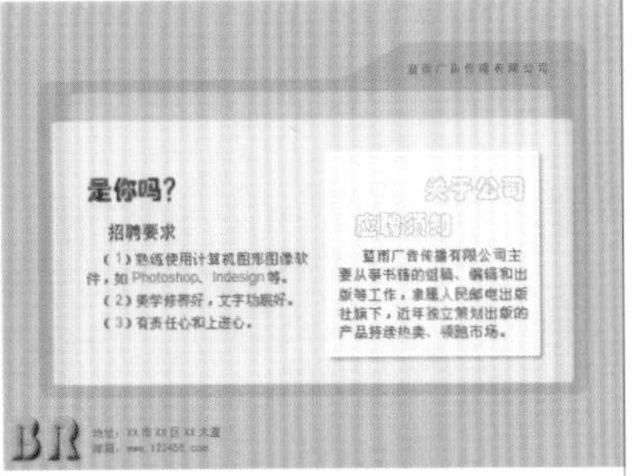

第 4 章 - 制作招聘网页

第 5 章 - 合成“郊外”场景

第 5 章 - 制作“蓝雨片头”播放网页

第 6 章 - 毛笔写字动画

第 6 章 - 制作“枫叶”引导动画

第 7 章 - 制作“文字片头”滤镜动画

第 7 章 - 制作“旋转的立方体”3D 动画

第 8 章—制作“雪夜”特效动画

第 9 章 - 帆船动画效果

第 9 章 - 制作“电子时钟”动画文档

第 10 章 – 编辑“雨珠”视频文件

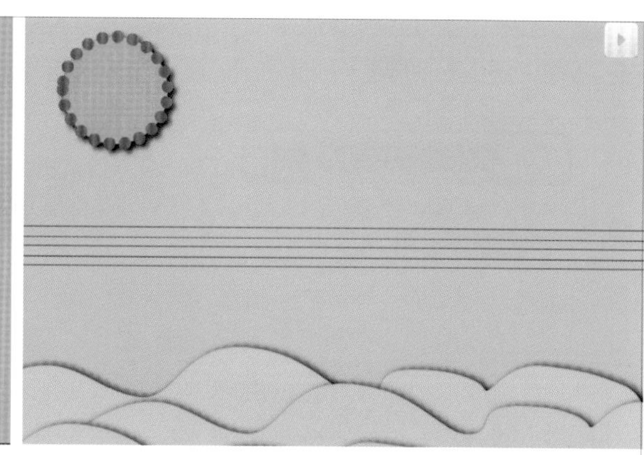

第 10 章 – 制作“跳动的音符”音乐文件

第 11 章 – 制作“个人信息登记”文档

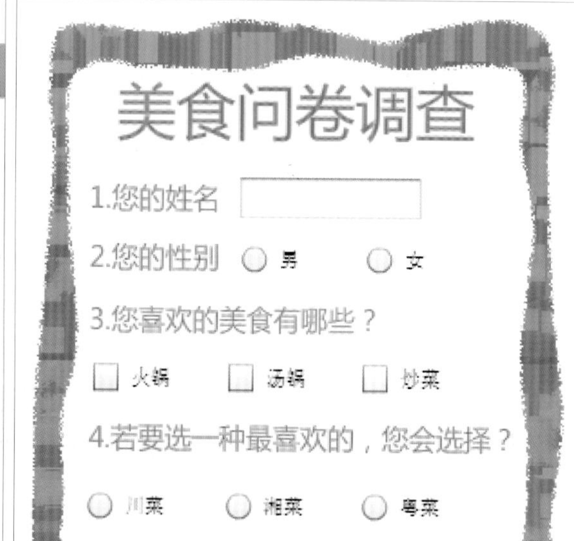

第 11 章 – 制作“美食问卷调查”文档

第 12 章 – 发布“和风”动画

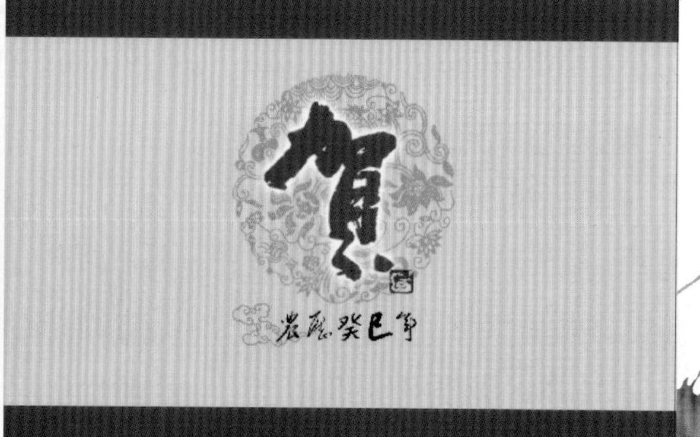

第 12 章 – 测试和优化“恭贺新禧”动画

高等教育立体化精品系列规划教材

Flash CS5 动画设计教程

◎ 王至 郭峰 主编 ◎ 张彩甜 伍丹 副主编

人民邮电出版社
北京

图书在版编目（C I P）数据

Flash CS5动画设计教程 / 王至，郭峰主编. -- 北京 : 人民邮电出版社，2013.6（2016.7 重印）
高等教育立体化精品系列规划教材
ISBN 978-7-115-31588-5

Ⅰ. ①F… Ⅱ. ①王… ②郭… Ⅲ. ①动画制作软件－高等学校－教材 Ⅳ. ①TP391.41

中国版本图书馆CIP数据核字(2013)第082413号

内容提要

本书主要讲解了Flash CS5的基础知识，绘制图形，编辑图形，创建静态文本，使用素材和元件，制作基础动画，制作高级动画，制作视觉特效和骨骼动画，使用ActionScript脚本，声音和视频的处理，使用组件，动画的测试与发布等知识。本书最后附录中还安排了4个不同类型的综合实训，进一步提高学生对知识的应用能力。

本书由浅入深、循序渐进，采用案例式讲解，基本上每一章均以情景导入、课堂案例讲解、上机综合实训、疑难解析及习题的结构进行讲述。全书通过大量的案例和练习，着重于对学生实际应用能力的培养，并将职业场景引入课堂教学，让学生提前进入工作的角色中。

本书适合作为高等教育院校电脑动画设计相关课程的教材，也可作为各类社会培训学校相关专业的教材，同时还可供Flash初学者自学使用。

◆ 主　　编　王　至　郭　峰
　副 主 编　张彩甜　伍　丹
　责任编辑　王　平
　责任印制　焦志炜

◆ 人民邮电出版社出版发行　　北京市丰台区成寿寺路11号
　邮编　100164　　电子邮件　315@ptpress.com.cn
　网址　http://www.ptpress.com.cn
　北京隆昌伟业印刷有限公司印刷

◆ 开本：787×1092　1/16　　彩插：1
　印张：16　　2013年6月第1版
　字数：387千字　　2016年7月北京第6次印刷

定价：48.00元（附光盘）

读者服务热线：(010) 81055256　印装质量热线：(010) 81055316

反盗版热线：(010) 81055315

广告经营许可证：京东工商广字第8052号

前言 PREFACE

随着近年来高等教育的不断改革与发展，高等教育的规模在不断扩大，课程的开发逐渐体现出了职业能力的培养、教学职场化和教材实践化的特点，同时随着计算机软硬件日新月异地升级，市场上很多教材的软件版本、硬件型号，以及教学结构等很多方面都已不再适应目前的教授和学习。

有鉴于此，我们认真总结已出版教材的编写经验，用了2~3年的时间深入调研各地、各类高等教育院校的教材需求，组织了一批优秀的、具有丰富的教学经验和实践经验的作者团队编写了本套教材，以帮助高等教育院校培养优秀的职业技能型人才。

本着“提升学生的就业能力”为导向的原则，我们在教学方法、教学内容和教学资源3个方面体现出自己的特色。

教学方法

本书精心设计“情景导入→课堂案例→上机实训→疑难解析→习题”5段教学法，将职业场景引入课堂教学，激发学生的学习兴趣；然后在职场案例的驱动下，实现“做中学，做中教”的教学理念；最后有针对性地解答常见问题，并通过课后练习全方位帮助学生提升专业技能。

- 情景导入：以主人公“小白”的实习情景模式为例引入本章教学主题，并贯穿于课堂案例的讲解中，让学生了解相关知识点在实际工作中的应用情况。
- 课堂案例：以来源于职场和实际工作中的案例为主线，强调“应用”。每个案例先指出实际应用环境，再分析制作的思路和需要用到的知识点，然后通过操作并结合相关基础知识的讲解来完成该案例的制作。讲解过程中穿插有“知识提示”、“多学一招”和“行业提示”3个小栏目。
- 上机实训：先结合课堂案例讲解的内容和实际工作需要给出实训目标，进行专业背景介绍，再提供适当的操作思路及步骤提示供参考。要求学生独立完成操作，充分训练学生的动手能力。
- 疑难解析：精选出学生在实际操作和学习中经常会遇到的问题并进行答疑解惑，让学生可以深入地了解一些提高应用知识。
- 习题：对本章所学知识进行小结，再结合本章内容给出难度适中的上机操作题，可以让学生强化巩固所学知识。

教学内容

本书的教学目标是循序渐进地帮助学生掌握Flash动画设计技术，具体包括掌握Flash CS5动画设计基础知识，能够运用工具栏中的各种工具绘制、编辑图形和文本，并掌握动画的制作和脚本的添加，学会3D工具和骨骼工具的运用。全书共13章，可分为以下几个方面的内容讲解。

- 第1~3章：主要讲解Flash CS5的基础知识和在Flash CS5中创建和编辑图形的基本操作。
- 第4~5章：主要讲解文本的创建和素材、元件的使用方法。
- 第6~11章：主要讲解补间动画、引导动画、遮罩动画、视觉动画、骨骼动画，以及脚本、声音、视频和组件的应用等知识。
- 第12章：主要讲解如何测试、优化动画，以及如何导出和发布动画等知识。
- 第13章：讲解了综合案例——植物手册的制作，进一步巩固前面所学知识。

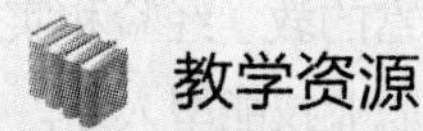

教学资源

本书的教学资源包括以下三方面的内容。

（1）配套光盘

本书配套光盘中包含图书中实例涉及的素材与效果文件、各章节实训及习题的操作演示动画以及模拟试题库等三个方面的内容。模拟试题库中含有丰富的关于Flash动画设计的相关试题，包括填空题、单项选择题、多项选择题、判断题、简答题和操作题等多种题型，读者可自动组合出不同的试卷进行测试。另外，光盘中还提供了两套完整模拟试题，以便读者测试和练习。

（2）教学资源包

本书配套精心制作的教学资源包，包括PPT教案和教学教案（备课教案、Word文档），以便老师顺利开展教学工作。

（3）教学扩展包

教学扩展包中包括方便教学的拓展资源以及每年定期更新的拓展案例两个方面的内容。其中拓展资源包含动画欣赏和设计素材等。

特别提醒：上述第（2）、（3）教学资源可访问人民邮电出版社教学服务与资源网（http:// www.ptpedu.com.cn）搜索下载，或者发电子邮件至dxbook@qq.com索取。

本书由王至、郭峰任主编，张彩甜、伍丹任副主编，虽然编者在编写本书的过程中倾注了大量心血，但恐百密之中仍有疏漏，恳请广大读者及专家不吝赐教。

编者

2013年3月

目 录 CONTENTS

第1章 Flash CS5基础知识 1

第2章 绘制图形 19

第3章 编辑图形 39

第4章 创建静态文本 57

第5章 使用素材和元件 73

第6章 制作基础动画 93

第7章 制作高级动画 115

第8章 制作视觉特效和骨骼动画 135

第9章 使用ActionScript脚本 155

第10章　处理声音和视频　173

第11章　使用组件　193

第12章　测试与发布动画　213

第13章　综合实例——制作Flash网站　229

附录——综合实训　243

第1章 Flash CS5基础知识

情景导入

小白刚到一家设计公司实习，什么都还不会，于是她决定从零开始学起，首先就要了解Flash CS5的界面和基本操作。

知识技能目标

- 掌握Flash CS5软件的多种启动和关闭方法。
- 熟练掌握工作面板的设置方法。
- 熟练掌握文档中场景和背景等属性的设置方法。

- 能够结合行业理解不同类型Flash动画的特点和作用。
- 加强对Flash CS5工作界面的认识。

课堂案例展示

“变脸”动画效果

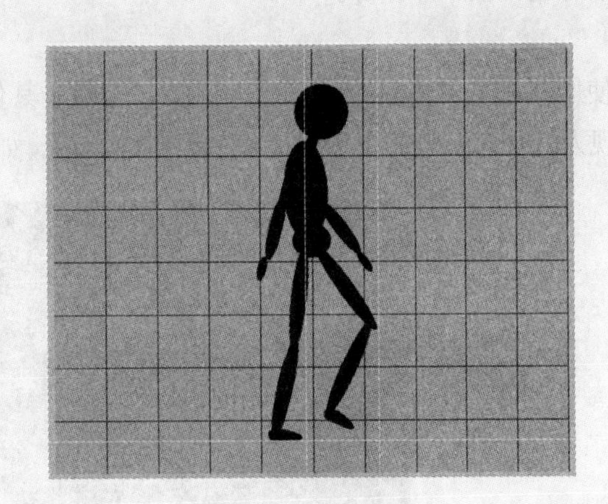

范例文件设置效果

1.1 Flash动画概述

Flash是一款由美国Micromedia公司设计的专业的矢量二维动画制作软件，被Adobe公司收购后，已更名为Adobe Flash。Flash主要用于网页设计和多媒体的创作，它和Firework以及Dreamweaver并称为网页三剑客。其简单易学，效果流畅，风格多变，结合图片和声音等其他素材可创作出精美的二维动画，因此受到Flash专业制作人员和动画爱好者的青睐。本章将从Flash CS5的应用领域、工作界面和基本操作出发，对Flash进行介绍。

1.1.1 Flash动画的特点

Flash动画具有一些优秀的特点，主要有以下几个方面。

- 高保真性：在Flash中绘制的图形为矢量图形，在放大后不会产生锯齿，不会失真。
- 交互性：Flash动画利用ActionScript语句或交互组件，可以制作具有交互性的动画。用户可以通过输入和选择等动作，决定动画的运行，从而更好地满足用户的需要，这是传统动画无法比拟的。
- 成本低：传统动画从前期的脚本、场景和人物设计到后期的合成和配音等，每个环节都会花费大量的人力物力，而Flash动画的制作从前期到后期基本上可以由一个人来完成，从而可节省大量成本。
- 适合网络传播：Flash动画使用基于“流”式的播放技术，且Flash动画文件较小，因此其非常适合网络传播。
- 软件互通性强：在Flash中可引用或导入多种文件，例如，在Flash中可直接打开Photoshop软件对Flash中的图形进行编辑，并且编辑后的效果可实时地在Flash中得以体现。

1.1.2 Flash动画的应用领域

Flash软件可以实现多种动画特效，这些动画特效是由一帧帧的静态图片在短时间内连续播放而产生的视觉效果。现阶段Falsh应用的领域主要有娱乐短片、片头、广告、MTV、导航条、小游戏和教学课件等。

1. 动态网站

使用Flash CS5可制作出动态的网站，相对于其他类型的网站，Flash动态网站在交互、画面表现力以及对音效的支持力度上都要更胜一筹，如图1-1所示为使用Flash制作的动态网站。

图1-1　Flash网站

2．网站动画

Flash动画文件体积小，可以在不明显延长网站加载时间的情况下，将网站的主题和风格等以动画的形式展现给网站访问者，给访问者留下深刻印象，达到宣传网站的目的，如图1-2所示为网站的片头动画。

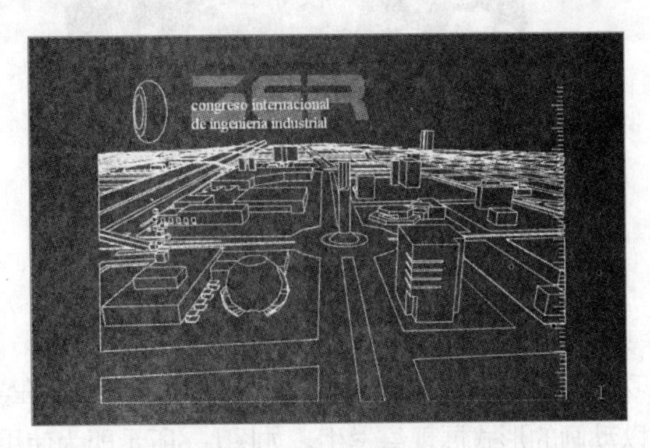

图1-2　网站动画

3．Flash广告

在浏览网页时经常会在网页中看到一些嵌入或浮动的广告，这些广告存在的同时，不会影响网站的正常运作，因此，Flash广告以其占用资源小、内容简洁的优势而被广泛应用于网页广告中，如图1-3所示为网页中的Flash广告。

图1-3　Flash广告

4．交互游戏

Flash CS5利用ActionScript脚本可实现强大的交互性，可轻松地制作出精美的交互游戏，如图1-4所示为一个Flash游戏的开始界面。

图1-4　Flash游戏

5. MTV

在Flash中还可制作生动形象的人物角色动画MTV，这些MTV的画面往往色彩艳丽，充满乐趣。如图1-5所示即为用Flash制作的音乐MTV。

图1-5 MTV

6. 教学课件

使用Flash的交互功能，还可制作出教学课件，不仅可以方便地在学生和老师间传播，还可以将知识生动形象地以动画的形式展现给学生。如图1-6所示即为使用Flash制作的教学课件。

图1-6 教学课件

1.1.3 Flash动画的制作流程

传统的动画制作需要经过很多道工序，Flash制作也一样，需要经过精心的策划，然后按照策划一步一步执行操作，制作Flash的步骤如下。

1. 前期策划

无论什么类型的工作，都需要前期策划，这也是对工作的一个预期。在策划动画时，首先需要明确所要制作的动画的目的，针对的顾客群和动画的风格、色调等。了解这些以后，再根据顾客的需求制作一套完整的设计方案，对动画中出现的人物、背景、音乐以及动画剧情的设计等要素作具体的安排，以方便素材的搜集。

2. 搜集素材

要有针对性的搜集素材，避免盲目性的搜集一些无用的素材，以节省时间。完成素材搜集后还需对素材进行编辑，以便于动画的制作。

3. 制作动画

动画制作的好坏直接关系到Flash作品的成功与否。在制作动画时，需要经常对添加的操作和命令进行测试，观察动画的协调性，以便及时对问题进行修改。若在后期才发现问题，再来进行修改将会极大地增加工作量，严重的甚至需要重头开始制作。

4．后期调试与优化

动画制作完成后需要对其进行调试，调试的目的是使整个动画看起来更加流畅，符合运动规律。调试主要是对动画对象的细节、声音与动画的衔接等进行调整，从而保证动画的最终效果和质量。

5．测试动画

调试并优化后，即可对动画进行测试。由于不同的电脑，其软、硬件的配置不同，因此测试动画应尽量在不同配置的电脑上进行，然后根据测试的结果对出现的问题进行修改，使动画在不同配置的电脑上的播放效果均比较完美。

6．发布动画

当一切都操作完毕后，即可发布动画。在发布动画时，用户可对动画的格式、画面品质和声音等进行设置。根据不同的用途以及使用环境，发布不同格式和画面品质的动画。

1.2 通过“变脸”动画认识Flash CS5的工作界面

小白已经了解了Flash的特点和应用领域，接下来需要熟悉Flash CS5的工作界面，只有熟悉了工作界面，在进行操作时，才能快速地找到相应的命令和操作工具。结合已有的素材，可帮助小白更加快速地认识Flash CS5的工作界面。本例涉及的动画素材的效果如图1-7所示，下面将对Flash CS5的工作界面进行介绍。

素材所在位置 光盘:\素材文件\第1章\课堂案例1\变脸.fla

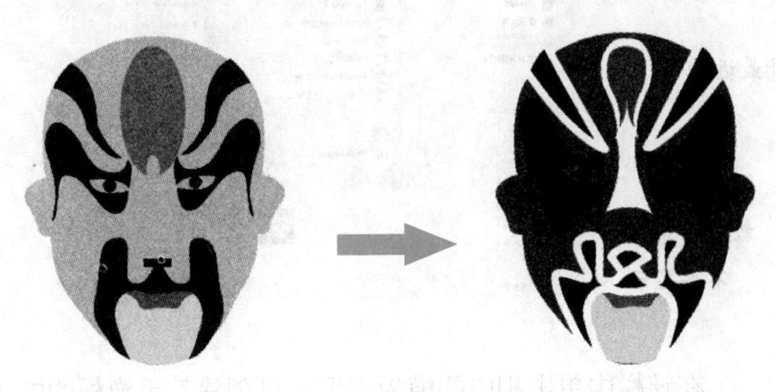

图1-7 “变脸”动画效果

1.2.1 打开“变脸”动画文档

下面先启动Flash软件，并打开一个动画文档，其具体操作如下。

STEP 1 安装好Flash CS5软件后，在桌面上双击Flash CS5程序的快捷方式图标，或选择【开始】/【所有程序】/【Adobe Flash Professional CS5】菜单命令，即可启动Flash CS5软件，如图1-8所示。

STEP 2 在Flash CS5的启动界面中选择“打开”菜单命令，打开“打开”对话框。在“打开”对话框的“查找范围”下拉列表中选择“变脸”文件所在的位置，在中间的列表中选择“变脸”文件，单击 打开(O) 按钮，即可打开“变脸”文件，如图1-9所示。

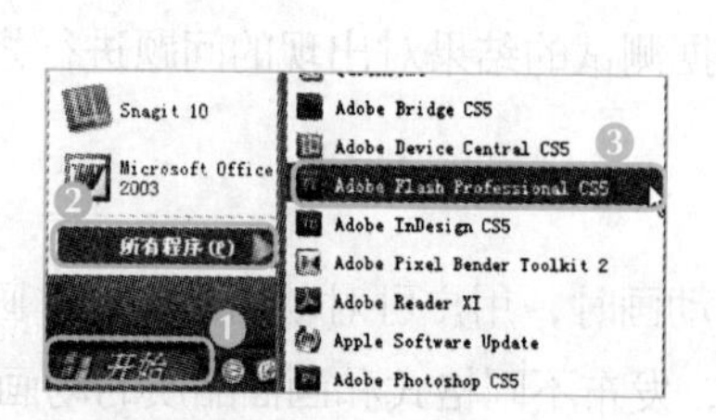

图1-8 启动Flash程序图

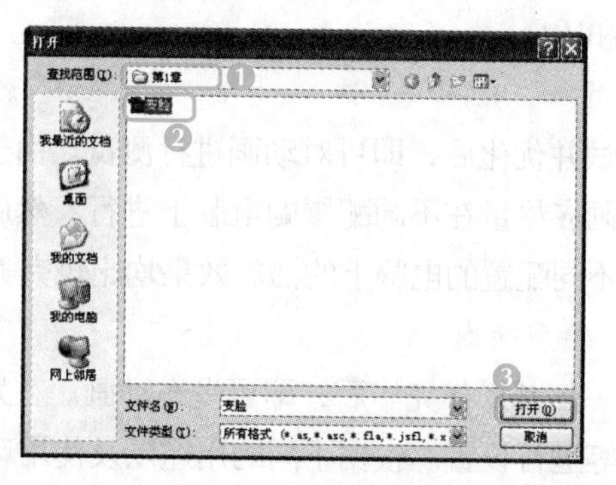

图1-9 选择打开的文件

多学一招

双击已创建的Flash动画文档，同样也可以启动Flash软件。在进入工作界面后，选择【文件】/【打开】菜单命令，同样可打开动画文档。

在Flash的启动界面中可以进行多种操作，如图1-10所示，其具体介绍如下。

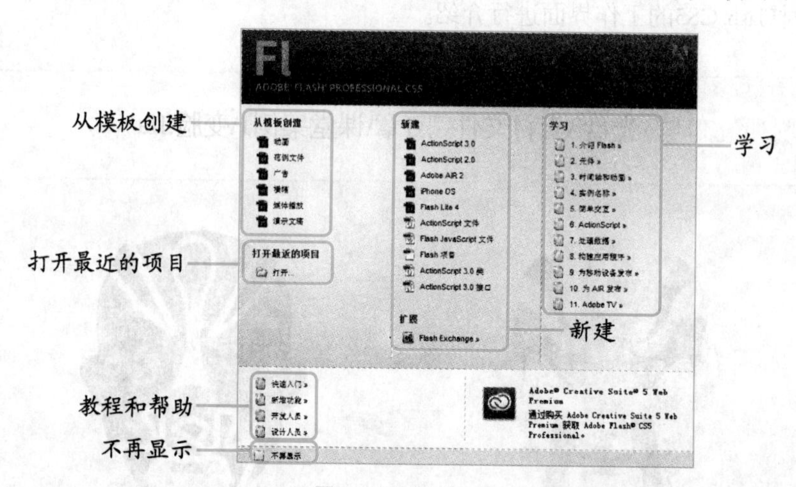

图1-10 启动界面

- 从模板创建：在该栏中单击相应的模板类型，可创建基于模板的Flash动画文件。
- 打开最近项目：在该栏中可以通过选择“打开”菜单命令，选择文档进行打开。该栏还可显示最近打开过的文档，单击文档的名称，可快速打开相应的文档。
- 新建：该栏中的选项表示可以在Flash CS5中创建的新项目类型。
- 学习：在该栏中选择相应的选项，可链接到Adobe官方网站相应的学习目录下。
- 教程和帮助：选择该栏中的任意选项，可打开Flash CS5的相关帮助文件和教程等。
- 不再显示：单击选中该复选框，在下次启动Flash时，将不再显示启动界面。

1.2.2 Flash CS5的工作界面

Flash CS5的工作界面由菜单栏、面板组、工具栏、舞台、场景、时间轴、“属性”面板和“库”面板等部分组成，如图1-11所示。

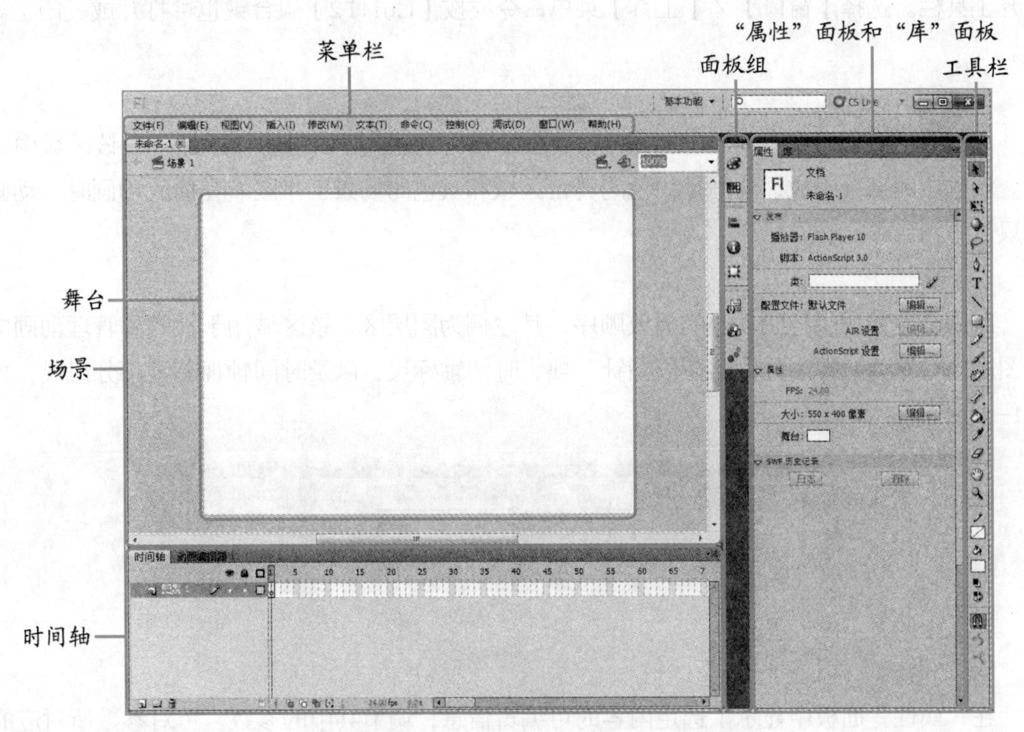

图1-11　Flash CS5的工作界面

1．菜单栏

Flash CS5的菜单栏中包括文件、编辑、视图、插入、修改、文本、命令、控制、调试、窗口和帮助选项卡，单击某个选项卡即可弹出相应的菜单，若菜单选项后面有▸图标，表明其下还有子菜单，如图1-12所示。

2．面板组

在Flash CS5中，单击面板组中不同的按钮，可弹出相应的调节参数面板，在“窗口”菜单中选择相应的命令，也可打开面板，如图1-13所示为“变形”面板。单击面板中的▸▸按钮，可收起面板。

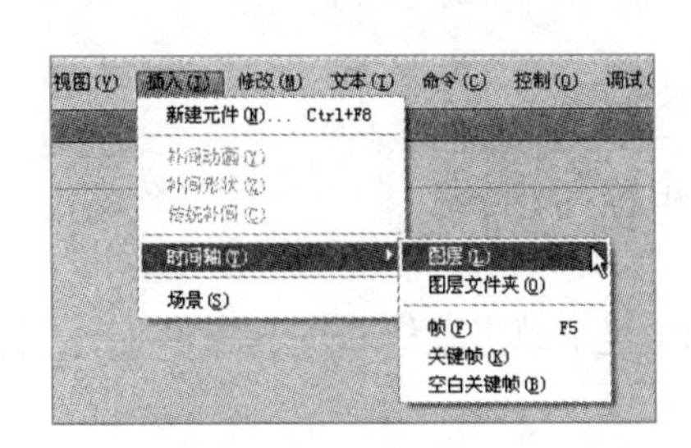

图1-12　菜单的使用

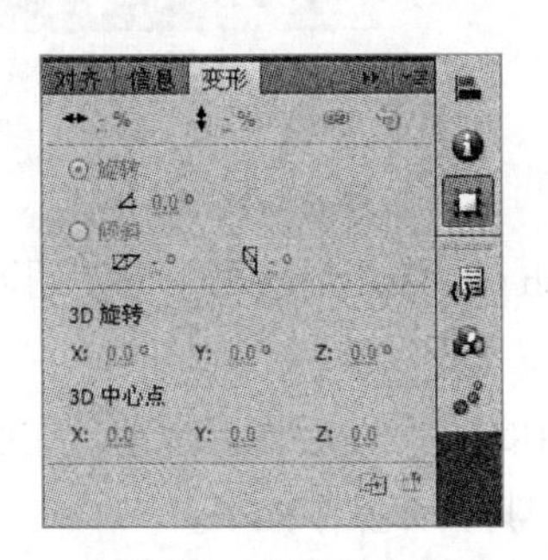

图1-13　“变形”面板

3. 工具栏

工具栏主要用于放置绘图工具及编辑工具，在默认情况下工具栏呈单列显示，单击工具栏上方的▶▶按钮，可将工具栏折叠为图标，此时▶▶按钮变为方向向左的◀◀按钮，再次单击即可展开工具栏。选择【窗口】/【工具】菜单命令或按【Ctrl+F2】组合键也可打开或关闭工具栏。

4. 场景

场景是进行动画编辑的主要工作区，在Flash中绘制图形和创建动画都会在该区域中进行。场景由两部分组成，分别是白色的舞台区域和灰色的场景工作区。在播放动画时，动画中只显示舞台中的对象。

5. 时间轴

时间轴主要用于控制动画的播放顺序，其左侧为图层区，该区域用于控制和管理动画中的图层；右侧为帧控制区，由播放指针、帧、时间轴标尺，以及时间轴视图等部分组成，如图1-14所示。

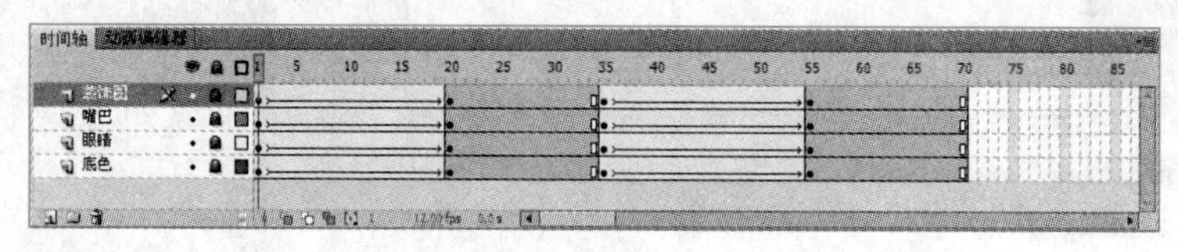

图1-14　时间轴

6. “属性”面板和“库”面板

在“属性”面板中显示了选定内容的可编辑信息，调节其中的参数，可对参数所对应的属性进行更改，如图1-15所示为绘制的矩形对象的属性参数。在“库”面板中显示了当前打开文件中存储和组织的媒体元素和元件，如图1-16所示。

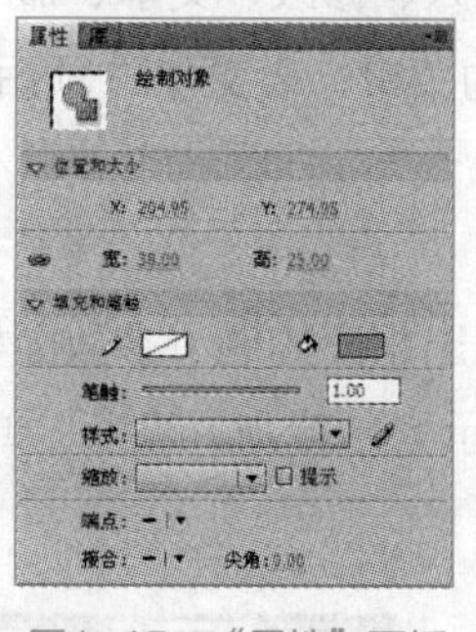

图1-15　“属性”面板

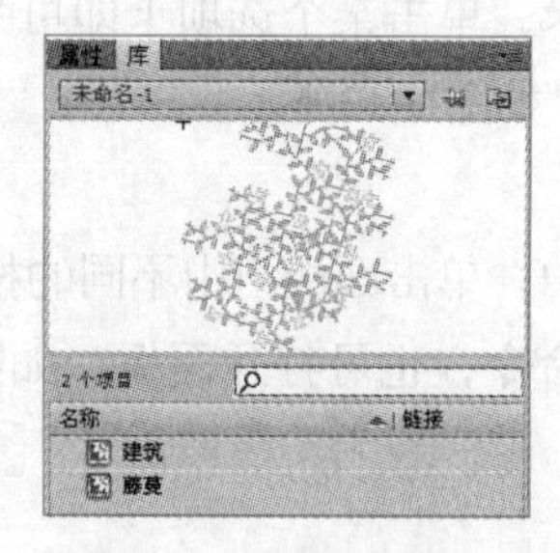

图1-16　“库”面板

1.2.3　自定义工作界面

在Flash CS5中用户还可根据使用习惯，自定义工作界面。

1. 自定义工作区

Flash中的各个面板均可拖动，在面板的标题栏上单击鼠标左键不放并拖动，即可调整面板的位置，其具体操作如下。

STEP 1 单击工具栏顶部的标题栏不放并拖动，将其拖曳至“属性”面板的左侧，当“属性”面板和面板组之间出现一条蓝色的竖线时松开鼠标，工具栏即可移动到“属性”面板左侧，如图1-17所示。

STEP 2 将鼠标指针移至面板组和工具栏之间，当鼠标指针变为↔形状时，单击鼠标左键不放并向右拖动，即可调整工具栏的大小，如图1-18所示。

STEP 3 选择【窗口】/【工作区】/【新建工作区】菜单命令，打开“新建工作区”对话框，在“名称”文本框中输入自定义工作区的名称，单击 确定 按钮，即可将当前工作区的布局定义为一个新的工作区，如图1-19所示。

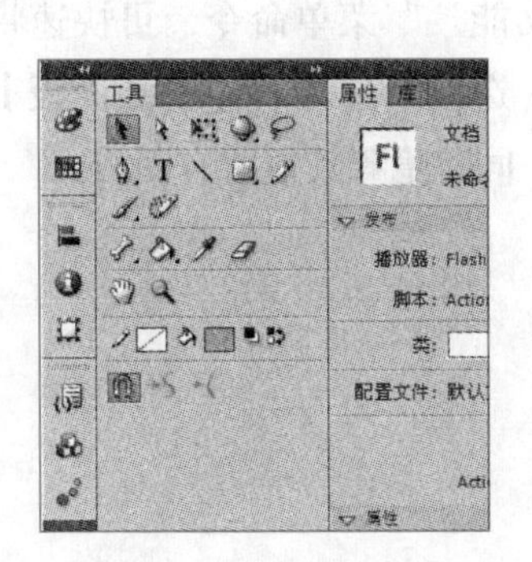

图1-17 移动工具栏

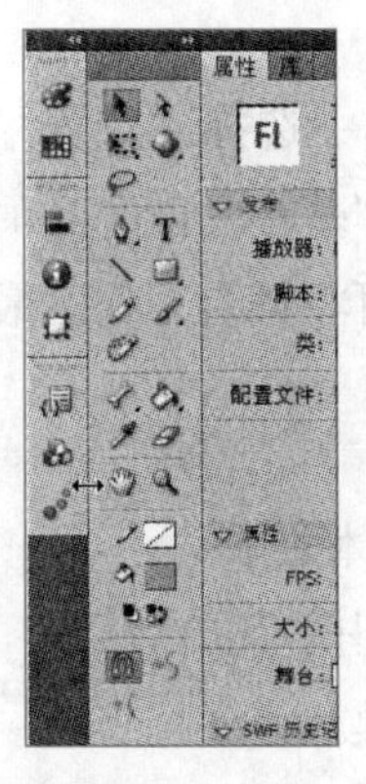

图1-18 调整工具栏

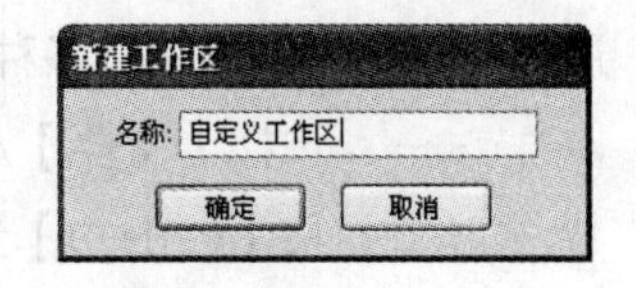

图1-19 新建工作区

在【窗口】/【工作区】菜单命令中包含了多种类型的工作区，读者可根据自身需要进行选择，同时，自定义的工作区也将被包含在里面。在标题栏上单击 基本功能 按钮，也可快速地选择工作区，如图1-20所示。

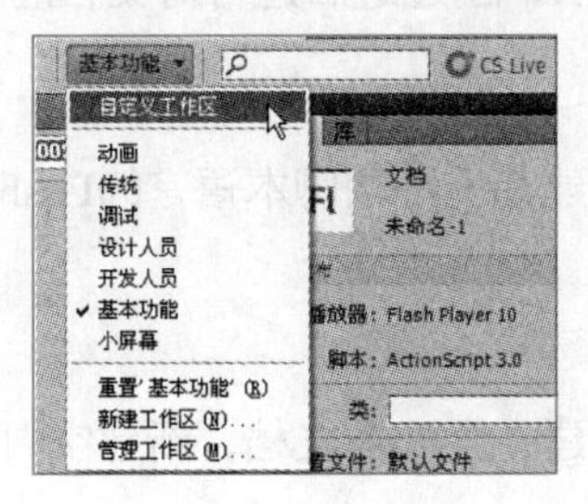

图1-20 选择工作区

2. 管理工作区

在Flash CS5中，读者还可对自定义的工作区进行管理，若对现有的工作区不满意，还可将其恢复为默认的工作布局。

STEP 1 单击标题栏的 基本功能 按钮，在弹出的下拉菜单中选择“管理工作区”菜单命令，打开“管理工作区”对话框。

STEP 2 在左侧的列表中选择“自定义工作区”选项，在右侧单击 删除 按钮，即可将“自定义工作区”删除，在打开的提示对话框中单击 是 按钮即可，如图1-21所示，当前的工作区布局即可恢复为默认的“基本功能”布局。

STEP 3 返回“管理工作区”对话框，单击 确定 按钮即可。

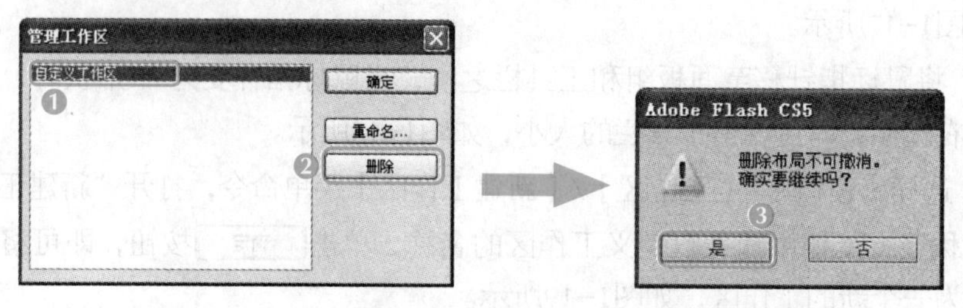

图1-21 管理工作区

在步骤1弹出的菜单中选择“重置‘基本功能’”菜单命令，可快速将工作界面恢复为默认的“基本功能”布局界面。选择【窗口】/【隐藏面板】菜单命令或按【F4】键可将舞台工作区最大化，同时隐藏其他所有面板。

1.2.4 退出Flash CS5

退出Flash CS5的方法有多种，具体如下。

- 方法一：选择【文件】/【退出】菜单命令。
- 方法二：按【Ctrl+Q】组合键。
- 方法三：单击界面右上角的“关闭”按钮 。

1.3 创建和设置“范例”动画文档

熟悉了Flash CS5的工作界面之后，小白开始动手创建自己的动画文档，小白这才发现原来创建文档也可以通过不同的方法，创建之后还可对文档的属性进行设置。

1.3.1 新建动画文档

新建动画文档时，不仅可新建基于不同脚本语言的Flash动画文档，还可新建基于模板的动画文档。

1. 创建新文档

在制作Flash动画之前需要新建一个Flash文档，新建空白Flash动画文档的操作方法有如下几种。

- 方法一：在启动界面中选择“新建”栏下的一种脚本语言，即可新建基于该脚本语言的动画文档，一般情况下选择“ActionScript 3.0”选项。
- 方法二：在Flash CS5的工作界面中，选择【文件】/【新建】菜单命令，或按【Ctrl+N】组合键，打开“新建文档”对话框。在该对话框的“常规”选项卡中进行选择，然后单击 确定 按钮即可。

2. 根据模板创建Flash动画

下面介绍如何创建基于模板的动画文档，其具体操作如下。

STEP 1 选择【文件】/【新建】菜单命令，打开“新建文档”对话框，单击“模板”选项卡。

STEP 2 在“类别”列表框中选择“范例文件”选项，在“模板”列表框中选择“IK 曲棍球手范例”选项，单击 确定 按钮，如图1-22所示。

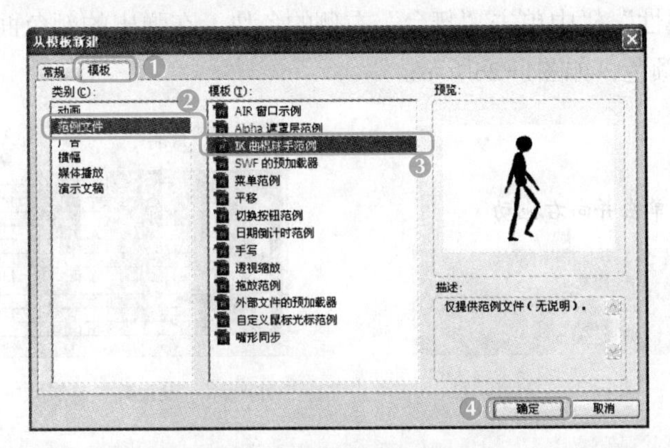

图1-22 新建基于模板的文档

1.3.2 设置动画文档的属性

新建好文档后，即可对文档中的内容进行编辑。在编辑之前，读者可根据需要对文档的舞台、背景和帧频等进行设置。

1. 设置舞台大小

在打开的动画文档中，可对舞台的大小进行编辑和重设，其具体操作如下。

STEP 1 在“属性”面板的“属性”栏中单击“大小”右侧的 编辑... 按钮，打开“文档设置”对话框，如图1-23所示。

STEP 2 在打开的对话框的“尺寸”数值框中输入“500”，单击 确定 按钮，如图1-24所示。

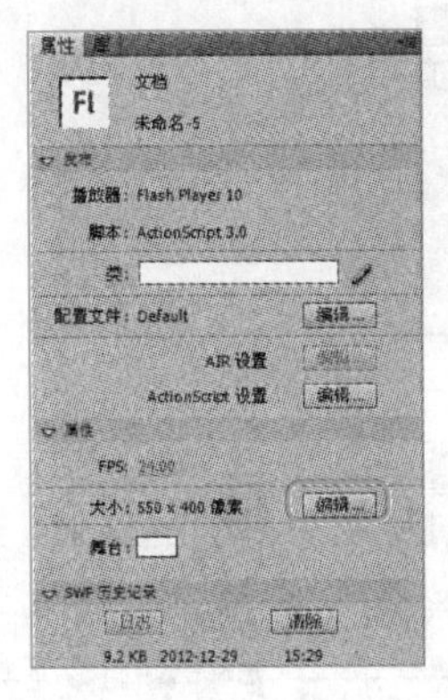

图1-23 “属性”面板

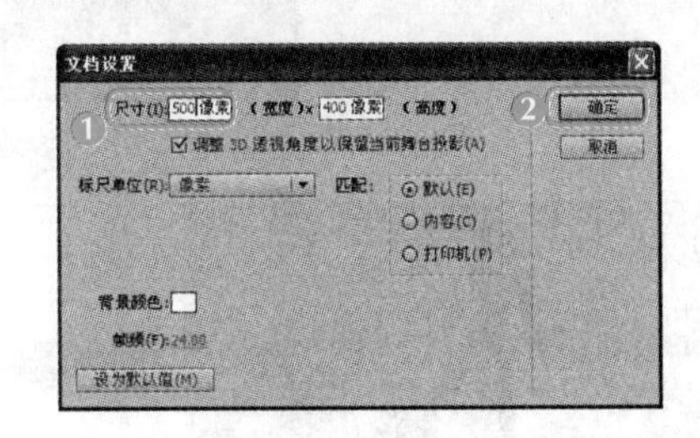

1-24 设置舞台大小

2. 设置背景颜色和帧频

帧频是指每秒中放映或显示的帧（fps）或图像的数量，即每秒中需要播放多少张画面。不同类型的文件，使用的帧频标准也不同，片头动画一般为25fps或30fps，电影一般为24fps，美国的电视是每秒30fps，而交互界面的帧频则在40fps或以上。下面介绍如何设置文档的背景颜色和帧频，其具体操作如下。

STEP 1 将鼠标指针移至“属性”面板的“属性”栏的“FPS”右侧的数值上，当鼠标指针变为形状时，单击鼠标左键不放并向右拖动即可增大帧频，如图1-25所示。

STEP 2 在“属性”栏中单击“舞台”右侧的色块，在弹出的颜色面板中选择颜色代码为“#99CCFF”的颜色，如图1-26所示。

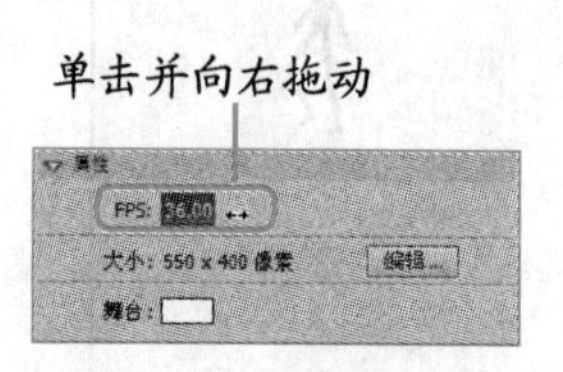

图1-25 设置帧频

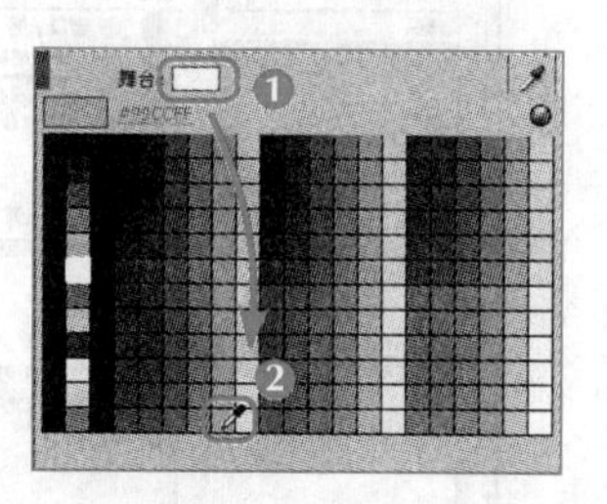

图1-26 设置舞台背景颜色

多学一招

在“文档设置”对话框中同样可以设置舞台背景颜色和帧频。在颜色面板中单击按钮，在打开的“颜色”对话框中可自定义需要的颜色。

3. 设置网格

在打开的模板动画文件的舞台中有一个纵横交错的网格，这些网格主要用于辅助绘制动画对象，同时也无法被选中。读者可根据需要显示或隐藏网格，或对网格的疏密进行调整，其具体操作如下。

STEP 1 选择【视图】/【网格】/【编辑网格】菜单命令，打开“网格”对话框。

STEP 2 在对话框中设置颜色为“#0033FF”，网格的宽度为“50像素”，单击 确定 按钮，如图1-27所示，网格的效果如图1-28所示。

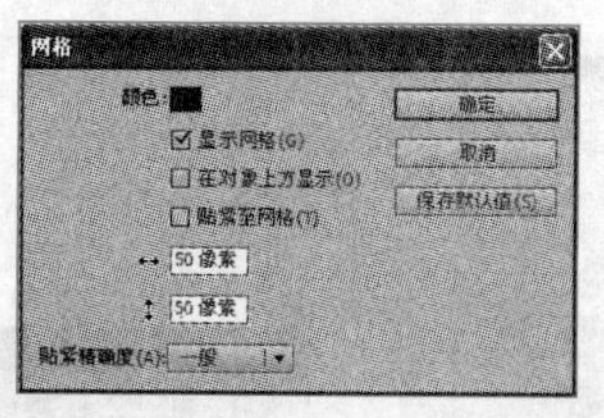

图1-27 设置网格

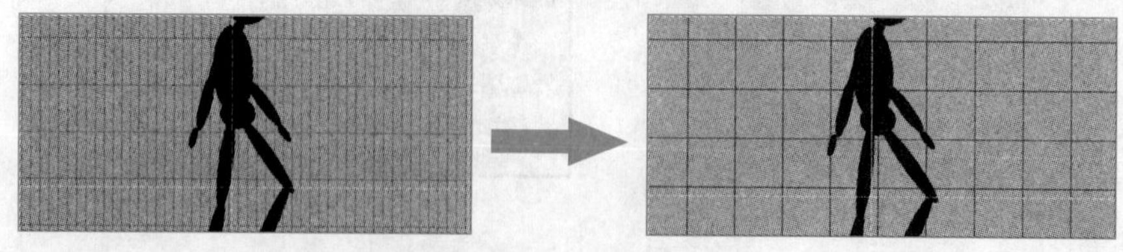
图1-28 设置网格前后效果对比

4. 设置辅助线

在舞台中有几条青蓝色的辅助线，这些辅助线与网格不同，用户可手动调节这些辅助线的位置，其具体操作如下。

STEP 1 选择【视图】/【辅助线】/【锁定辅助线】菜单命令，将“锁定辅助线”前的√标记取消。

STEP 2 将鼠标指针移至中间水平的辅助线上，当鼠标指针变为形状时，单击鼠标左键不放并拖曳，将该辅助线移动到上方的标尺处，然后释放鼠标，该辅助线即可清除。

STEP 3 在左侧的标尺上单击鼠标左键不放，并向右拖曳，可拖出一条垂直的辅助线，将该垂直辅助线拖曳到合适位置后，释放鼠标左键即可，如图1-29所示。

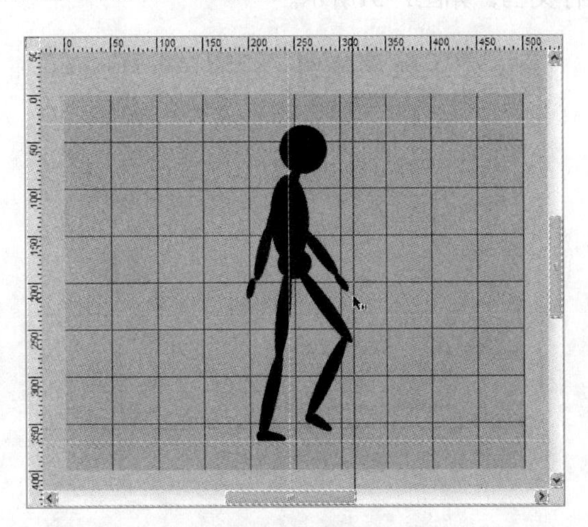

图1-29 添加辅助线

选择【视图】/【标尺】菜单命令，将“标尺”前的√标记取消，可隐藏舞台中的标尺。

5. 调整工作区的显示比例

在Flash中制作动画时，经常需要放大舞台中的某一部分，对细部进行调整，下面把调整工作区的显示比例的方法介绍如下。

- 在场景中单击工作区显示比例下拉列表右侧的按钮，在弹出的下拉列表中选择“400%”选项，即可将舞台中的对象放大，如图1-30所示。
- 在工具栏中选择“缩放工具”，将鼠标指针移至舞台中，鼠标指针变为形状，按住【Alt】键不放，此时鼠标指针变为形状，单击两次鼠标指针即可将工作区的显示比例缩放为原来的100%。

图1-30 放大工作区的显示比例

1.3.3 保存动画文档

在制作Flash动画的过程中需要经常保存文档，以防止停电或程序意外关闭造成损失，使之前的工作付诸东流。下面对更改后的“范例”文件进行保存。

STEP 1 选择【文件】/【保存】菜单命令，打开“另存为”对话框。

STEP 2 在“保存在”下拉列表框中选择文件保存的地址，在“文件名”文本框中输入“范例更改”文本，保持“保存类型”文本框中默认的“Flash CS5文档（*.fla）”不变，单击保存(S)按钮即可保存文档，如图1-31所示。

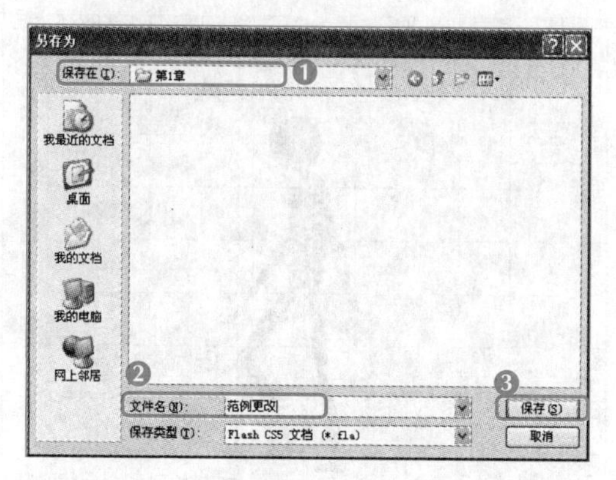

图1-31 保存文件

按【Ctrl+S】组合键也可打开“另存为”对话框进行保存操作，若之前已对文档进行过保存，或打开的文件有一个源地址，按【Ctrl+S】组合键并不会打开保存对话框，而是直接进行保存。若读者需要将更改后的文件保存在另外的地址中，可选择【文件】/【另存为】菜单命令进行保存。

在不需要当前文档而不退出Flash CS5的情况下，可将当前文档关闭，其方法主要有以下几种。

- 方法一：选择【文件】/【关闭】菜单命令即可关闭当前文档。
- 方法二：在当前文档的标题栏中单击×按钮即可关闭文档。
- 方法三：在操作界面中按【Ctrl+W】组合键也可关闭当前文档。

1.4 实训——创建“练习”动画文档

1.4.1 实训目标

本实训的目标是练习软件的启动和关闭，工作界面的设置，文档的创建、保存，以及文档属性的设置，最终效果如图1-32所示。

效果所在位置 光盘:\效果文件\第1章\练习.fla

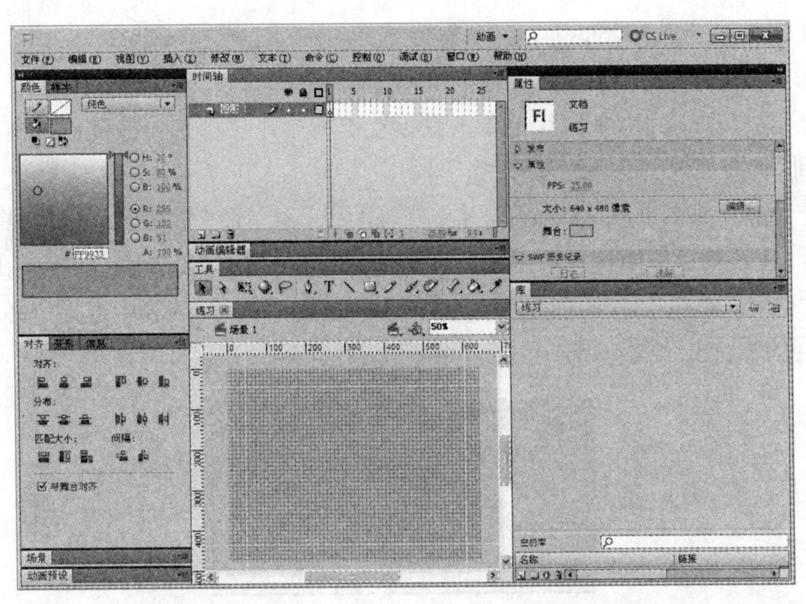

图1-32 “练习”文档属性界面设置效果

1.4.2 专业背景

在创建Flash文档时，需要考虑文档的类型和播放条件，再根据这些条件进行创建。首先需要启动程序，再创建文档，然后对界面布局进行设置，最后设置文档的属性。

1.4.3 操作思路

完成本实训主要包括新建动画文档、设置工作界面和设置文档属性3大步操作，其操作思路如图1-33所示。

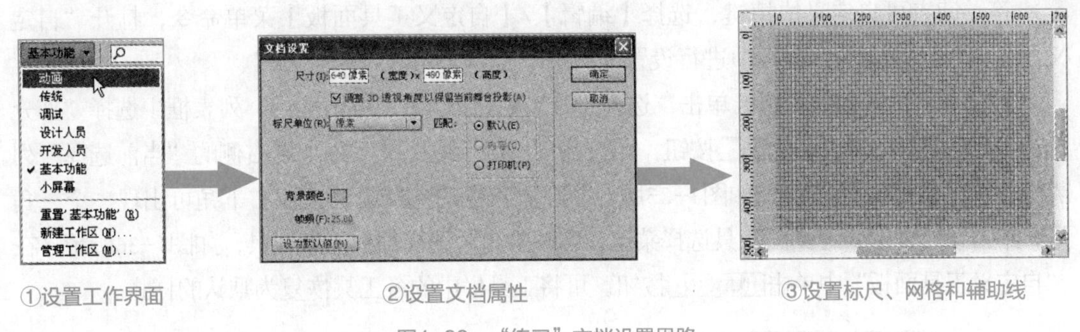

①设置工作界面 ②设置文档属性 ③设置标尺、网格和辅助线

图1-33 “练习”文档设置思路

【步骤提示】

STEP 1 选择【开始】/【所有程序】/【Adobe Flash Professional CS5】菜单命令，启动Flash CS5程序，在欢迎界面的“新建”栏中选择“ActionScript 3.0”选项，新建一个基于该选项脚本语言的文档。

STEP 2 在标题栏中单击 基本功能 按钮，在弹出的下拉菜单中选择“动画”选项。

STEP 3 在“属性”面板中单击“属性”栏中的 编辑... 按钮，打开“文档设置”对话框，在该对话框中设置舞台尺寸高度为“480像素”，宽为“640像素”，颜色为

"#CCCCFF"，帧频为"25fps"，其余保持不变，单击确定按钮。

STEP 4 选择【视图】/【标尺】菜单命令，显示标尺。

STEP 5 在场景中的水平标尺上单击鼠标左键不放并向舞台中拖曳，可拖出一条辅助线，使用相同的方法拖曳出多条辅助线。

STEP 6 选择【视图】/【辅助线】/【编辑辅助线】菜单命令，打开"辅助线"对话框。

STEP 7 在该对话框中设置"颜色"为"#CC0000"，单击选中"锁定辅助线"复选框，单击"贴紧精确度"右侧的一般按钮，在弹出的下拉列表中选择"必须接近"选项，单击确定按钮，如图1-34所示。

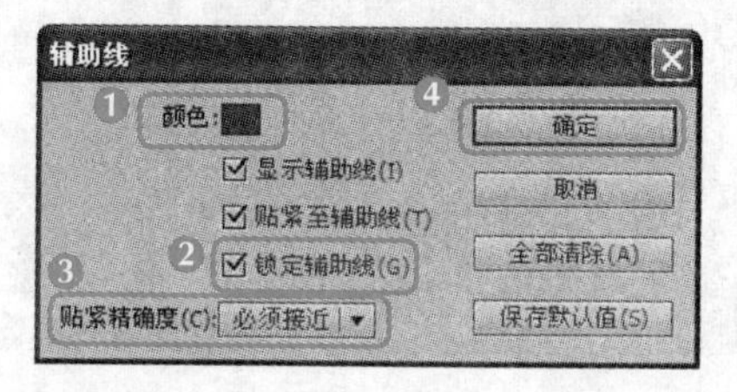

图1-34 编辑辅助线

STEP 8 选择【视图】/【网格】/【显示网格】菜单命令，显示网格。

STEP 9 按【Ctrl+S】组合键，打开"另存为"对话框，将文档以"练习"为名进行保存，按【Ctrl+Q】组合键退出软件。

1.5 疑难解析

问：工具栏中的工具不符合使用习惯，如何自定义工具栏呢？

答：读者可自定义快捷键，选择【编辑】/【自定义工具面板】菜单命令，打开"自定义工具面板"对话框，在其中进行设置即可。

这里举例讲解如何设置：单击"选择工具"按钮，在"可用工具"列表框中选择"部分选取工具"选项，单击>>增加>>按钮，即可将"部分选取工具"添加到右侧的"当前选择"列表框中，单击确定按钮，如图1-35所示。在工具栏的选择工具按钮右下角可出现一个三角形，单击该三角形，可弹出工具选择菜单，在其中也可选择部分选取工具，如图1-36所示。在"自定义工具面板"中单击恢复默认值按钮，可将工具栏中的各工具恢复为默认的样式。

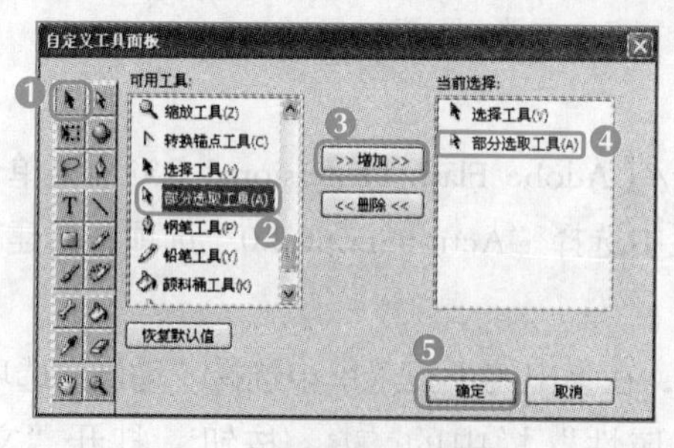

图1-35 自定义工具面板

图1-36 选择部分选取工具

问：除了可在工作区中的“显示比例”下拉列表中设置舞台的大小外，还有没有其他更快捷的设置方法？

答：选择【视图】/【缩放比例】菜单命令，在其子菜单中同样可执行舞台的缩放，但这显然不是一种快捷的方法。在“缩放比例”菜单项的上方有“放大”和“缩小”两个选项，在这两个选项的右侧列出了相应的快捷键。在使用Flash制作动画的过程中，可通过这两个相应的快捷键，【Ctrl+=】组合键和【Ctrl+-】组合键，快速进行放大和缩小。

1.6 习题

本章主要对Flash CS5的特点、应用领域、制作流程和Flash CS5的工作界面，以及动画文档的新建、设置和保存等进行了介绍，并讲解了其中的一些基础操作，包括设置网格、标尺和辅助线等，读者应认真学习和掌握，为后面工具和命令的使用打下基础。

效果所在位置 光盘:\效果文件\第1章\随机运动的小球.fla

制作如图1-37效果的动画，要求具体操作如下。

（1）启动Flash CS5，在欢迎界面单击“模板”栏下的“动画”选项，打开“从模板新建”对话框，在“模板”列表框中选择“随机布朗运动”选项，创建动画文档。

（2）将工作界面更改为“传统”，选择【窗口】/【动作】菜单命令，打开“动作”面板，在该面板标题栏的空白处单击鼠标左键不放并拖曳到面板组中。

（3）单击标题栏上的基本功能按钮，在弹出的下拉菜单中选择“新建工作区”菜单命令，在打开的“新建工作区”对话框中将当前界面保存为新的工作区，设置完成后保存该文档。

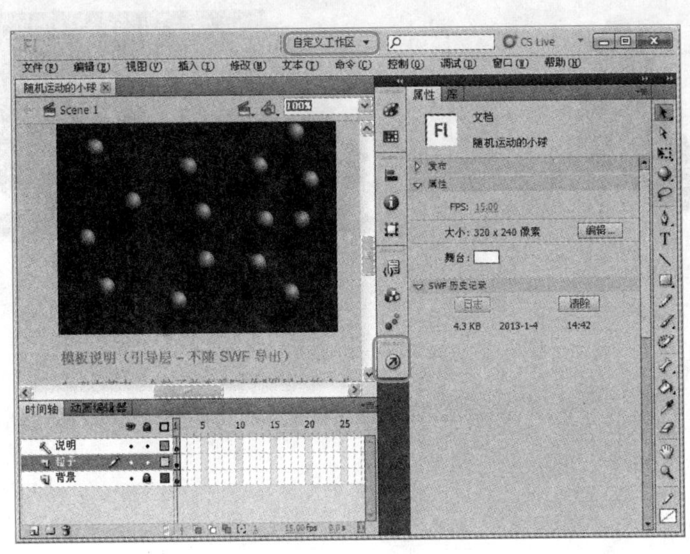

图1-37 随机运动的小球

课后拓展知识

在使用Flash中的工具进行绘图前，应先了解一些图形的基本概念，如矢量图和位图的区别。在使用Flash制作动画时，既要使用到位图，又要使用到矢量图，下面分别进行讲解。

1. 位图

位图也分为点阵图或栅格图，位图中的图形是由每一个像素点组成的，当将位图放大时，可看到许多方形的小点，这些就是组成位图的像素点。像素是位图图像中最小的组成元素，位图的大小和质量由图像中像素的多少而决定，如图1-38所示为位图放大前后对比。

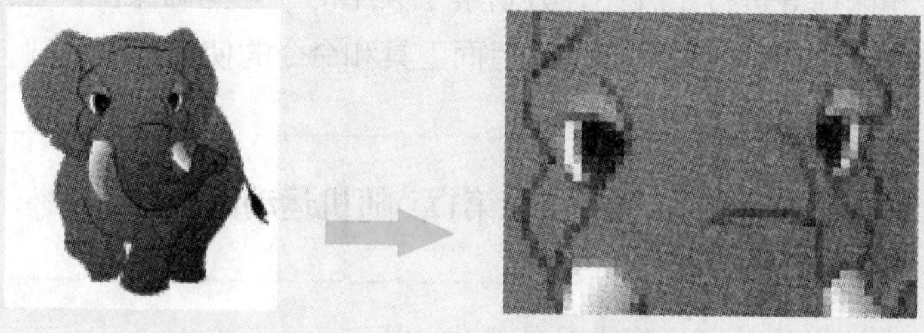

图1-38　位图放大前后对比

2. 矢量图

矢量图由点、线和面等元素组成，这些元素组成的都是一些几何形状、线条粗细和颜色色彩等，而这些线段和色块都由一系列的公式进行计算和描述，因此矢量图在放大后并不会失真，即不会出现如位图一样的小方块，其放大后的图形的各色块之间的过渡，以及各线条边缘仍是平滑的，如图1-39所示为矢量图放大后的前后对比。

图1-39　矢量图放大前后对比

第2章 绘制图形

情景导入

小白刚到公司实习，什么都还不会，但她很刻苦地在学习。老张最近让她为一些动画场景和广告场景绘制一些图形元素。

知识技能目标

- 认识工具栏中各绘图工具的作用。
- 熟练掌握矩形工具组和线条工具组中各工具的使用。
- 熟练掌握动画图形的绘制方法和技巧。

- 在绘制图形时能够合理地运用各工具。
- 掌握“MP3播放器”图形和“荷花”图形的绘制，并能举一反三地绘制其他图形。

课堂案例展示

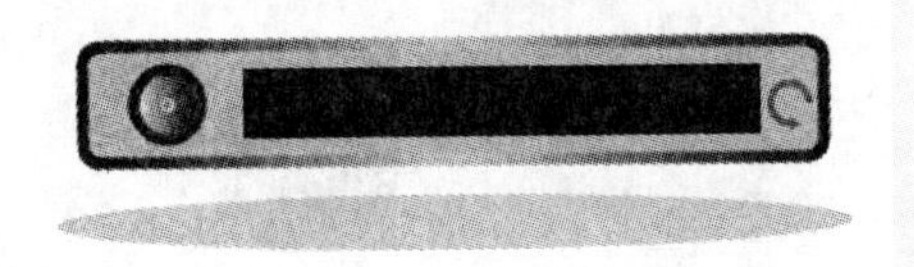

绘制MP3播放器

绘制荷花

2.1 绘制MP3播放器

小白接到的第一个任务是绘制一个MP3播放器。要完成该任务，需要利用工具栏中的矩形、圆角矩形和椭圆等工具进行绘制，涉及的知识点主要包括矩形工具、圆角矩形工具和椭圆工具等绘图工具的使用。本例完成后的参考效果如图2-1所示，下面具体讲解其制作方法。

效果所在位置 光盘:\效果文件\第2章\MP3播放器.fla

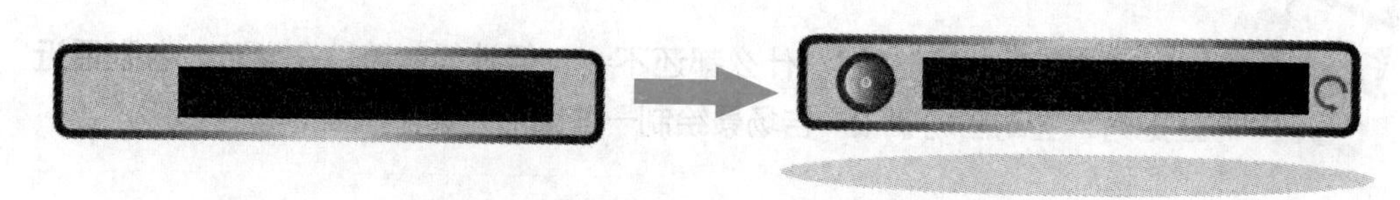

图2-1 “MP3播放器”最终效果

2.1.1 Flash CS5的绘图模式

在Flash中绘制基本图形之前，需要先设置绘图模式。Flash CS5中的绘图模式分为合并绘制模式和对象绘制模式两种。

在工具栏中选择矩形工具、椭圆工具、多角星形工具、线条工具、铅笔工具和钢笔工具时，在工具栏下方会出现一个“对象绘制”按钮，单击此按钮可在合并绘制模式和对象绘制模式之间切换。

1. 合并绘制模式

当工具栏中的“对象绘制”按钮呈未选中状态时，表示当前的绘图模式为合并绘制模式。

在合并绘制模式下绘制和编辑图形时，在同一图层中的各图形会互相影响，当其重叠时，位于上方的图形会将位于下方的图形覆盖，并对其形状造成影响。如绘制一个矩形，并在其上方再绘制一个圆形，如图2-2所示。然后将圆形移动到其他位置，会发现矩形被圆形覆盖的部分已被删除，如图2-3所示。默认情况下，Flash CS5中的大部分绘图工具都处于合并绘制模式。

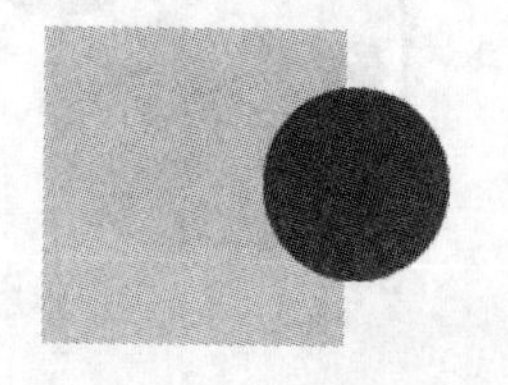

图2-2 合并绘制图形

图2-3 移动合并绘制的图形

2. 对象绘制模式

在工具栏中选择一种绘图工具后，在“工具”栏中单击“对象绘制”按钮，使其呈选中状态，表示当前的绘图模式为对象绘制模式。

在对象绘制模式下绘制和编辑图形时，在同一图层中绘制的多个图形并不会相互影响，因为它们都是一个独立的对象，在叠加和分离时不会产生变化。如在对象绘制模式下绘制一个矩形，在其上方再绘制一个圆形，如图2-4所示。然后将圆形移动到其他位置，移动后位于下方的矩形并没有受到任何影响，如图2-5所示。

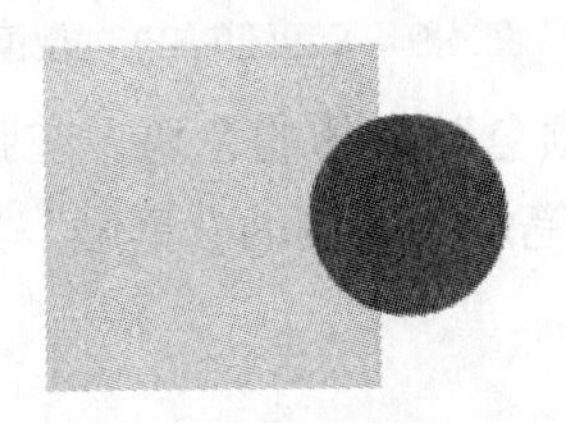

图2-4　对象绘制图形

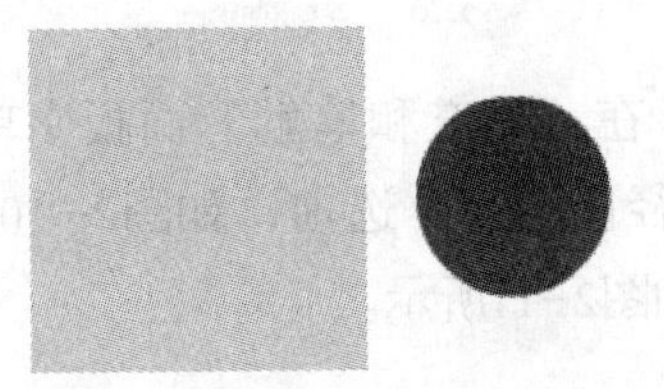

图2-5　移动对象绘制图形

2.1.2　绘制圆角矩形

在Flash CS5中可使用矩形工具▭或基本矩形工具▭绘制圆角矩形，下面使用矩形工具绘制圆角矩形，其具体操作如下。

STEP 1 启动Flash CS5，在开始界面的“新建”栏中选择“ActionScript 3.0”选项，新建一个基于ActionScript 3.0的空白动画文档，如图2-6所示。

STEP 2 单击工具栏中的“矩形工具”按钮▭，再单击工具栏下方的“对象绘制”按钮◎，使其呈选中状态。在矩形工具的“属性”窗口中，在“矩形选项”面板的“矩形边角半径”的第一个数值框中输入“10.00”，按【Enter】键，将其应用到4个矩形边角上，如图2-7所示。

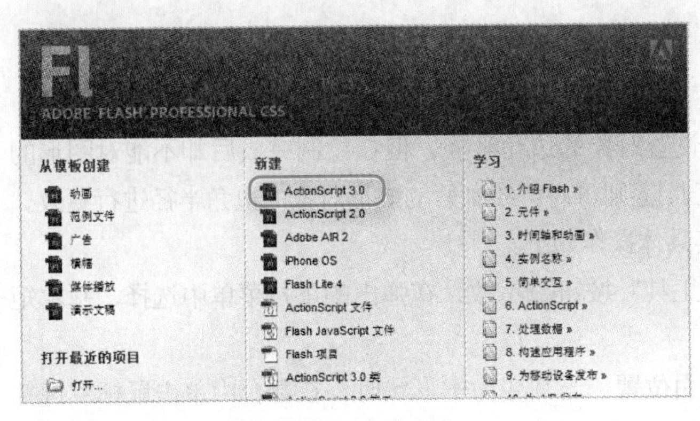

图2-6　新建文档

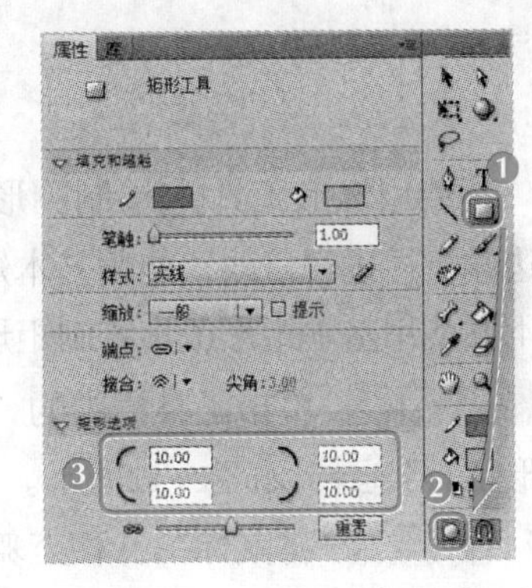

图2-7　设置矩形选项参数

STEP 3 将鼠标指针移至舞台中，当鼠标指针变为十形状时，在舞台上单击鼠标左键并拖曳绘制一个圆角矩形，如图2-8所示。

STEP 4 在绘制对象的“属性”窗口的“位置和大小”面板中，设置圆角矩形在舞台中的位置。将鼠标指针移至“X”右侧的数值上，当鼠标指针变为⇆形状时单击，在出现的数值框中输入“110.00”，使用同样的方法设置“Y”方向上的位置为“175.00”，并设置圆角矩形的“宽”为“330.00”，“高”为“50.00”，如图2-9所示。

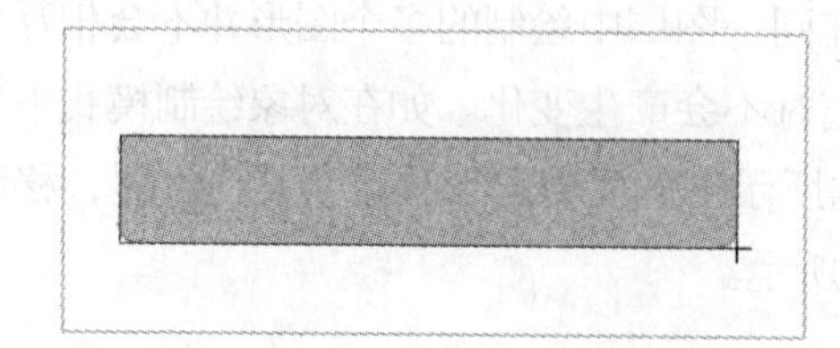

图2-8 绘制圆角矩形

图2-9 设置圆角矩形的位置和大小

STEP 5 在“填充和笔触”面板中单击“笔触颜色”右侧的色块，在弹出的色板中选择“灰色径向渐变”选项，如图2-10所示。在“笔触”右侧的“笔触”文本框中输入“5.00”，如图2-11所示。

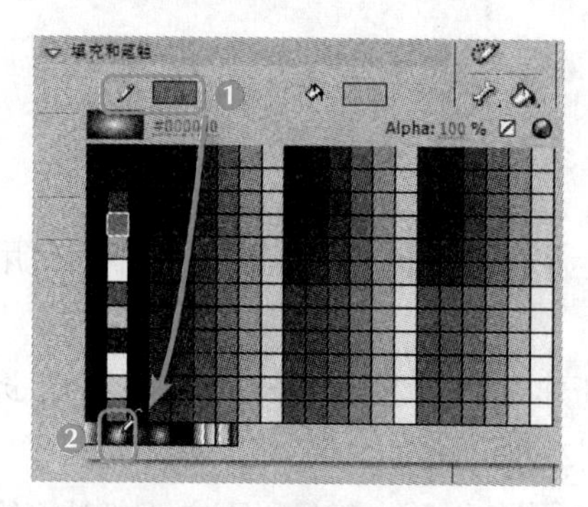

图2-10 设置笔触颜色

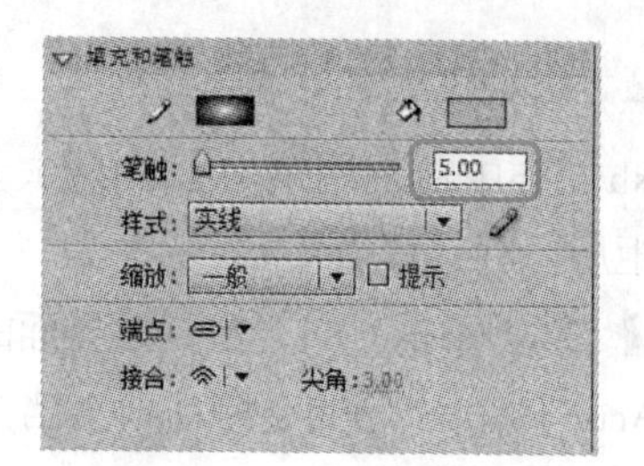

图2-11 设置笔触高度

多学一招

将鼠标指针移至需要调节参数的数值上，当鼠标指针变为形状时，单击鼠标左键不放并左右拖动，同样可以更改参数。

2.1.3 绘制矩形

使用矩形工具绘制图形前可设置对象的边角半径，但在绘制完成后却不能对图形的边角半径进行修改，使用基本矩形工具则可对已绘制好的矩形对象的边角半径进行更改。下面使用基本矩形工具绘制矩形，其具体操作如下。

STEP 1 单击工具栏中的“矩形工具”按钮不放，在弹出的下拉菜单中选择“基本矩形工具”，如图2-12所示。

STEP 2 将鼠标指针移至舞台空白位置，当其变为十形状时，在舞台中单击鼠标左键并拖曳绘制一个矩形。绘制完成后，在其右侧的“属性”面板中将出现与这个矩形相关的一些属性设置。

STEP 3 在“位置和大小”栏中设置“X”轴为“182.00”，“Y”轴为“185.00”，图形的“宽”为“230.00”，“高”为“30.00”，如图2-13所示。

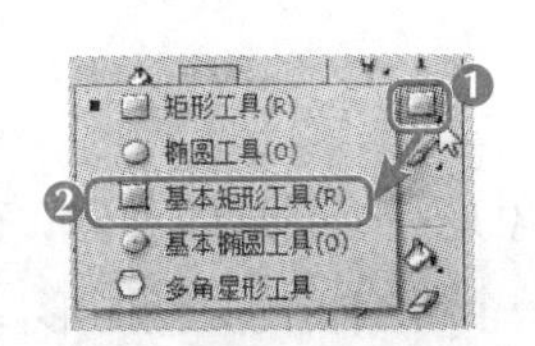

图2-12 选择基本矩形工具

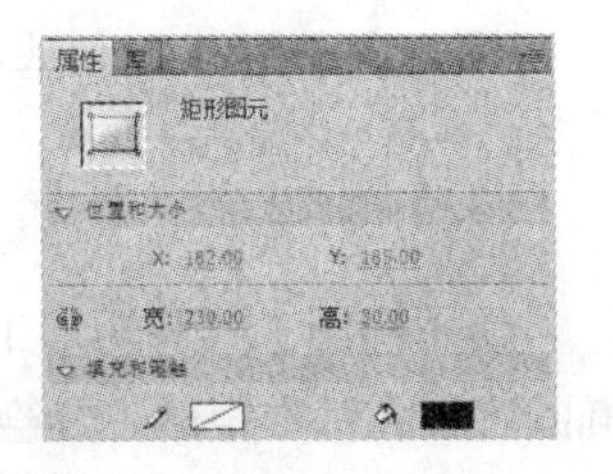

图2-13 设置矩形位置和大小

STEP 4 在“填充和笔触”栏单击“填充颜色”右侧的色块，在弹出的颜色面板中将鼠标指针移至表示颜色的数值处，当鼠标指针变为形状时，单击鼠标，在出现的文本框中输入“#000000”，如图2-14所示，然后按【Enter】键确认。

STEP 5 在“填充和笔触”栏单击“笔触颜色”右侧的色块，在弹出的颜色面板中单击“禁用”按钮，将矩形的笔触设置为“无”，如图2-15所示。

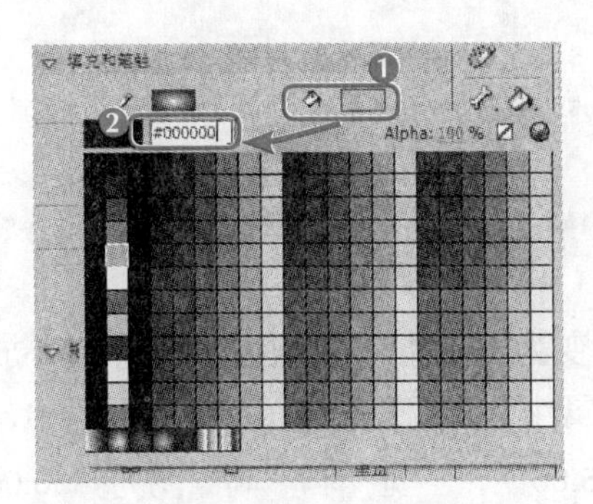

图2-14 设置填充颜色

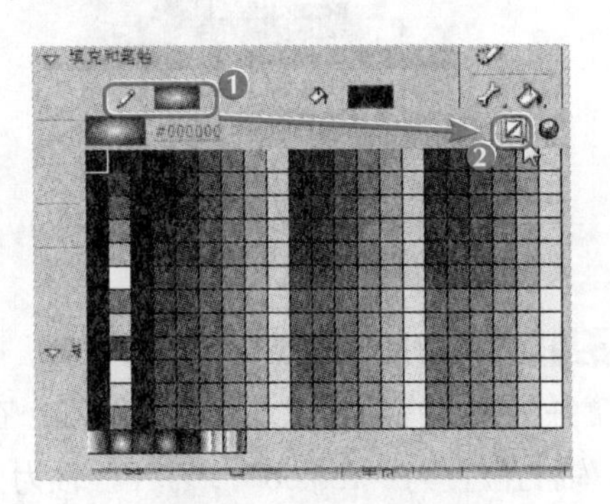

图2-15 设置无笔触颜色

STEP 6 在“矩形选项”栏中的“边角半径控件”上拖动滑块，或单击 重置 按钮，使矩形的边角半径为“0.00”，如图2-16所示，设置完成的效果如图2-17所示。

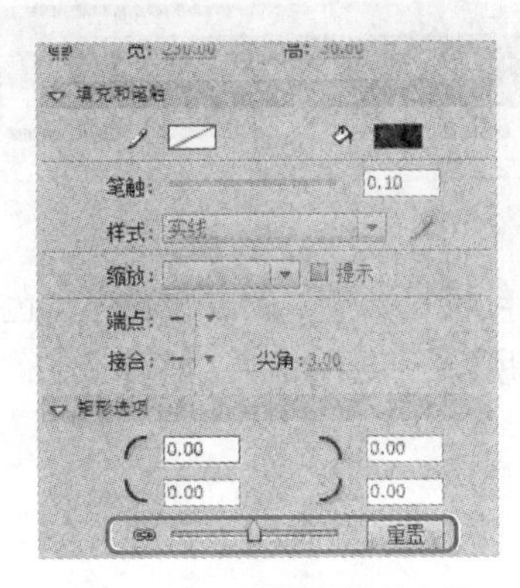

图2-16 设置矩形边角半径

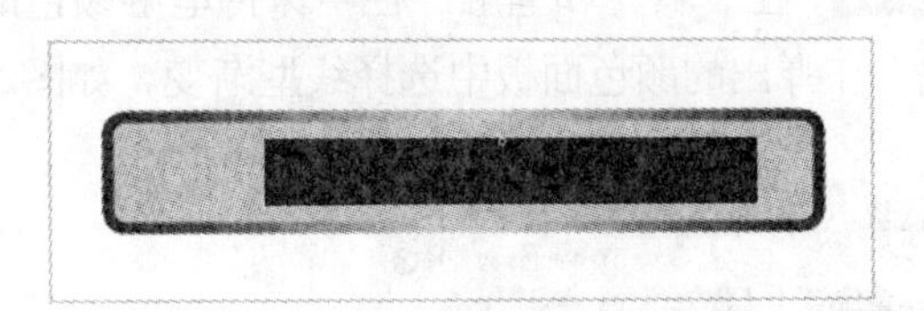

图2-17 绘制结果

2.1.4 绘制圆形

使用椭圆工具或基本椭圆工具，可在舞台中绘制圆或椭圆。使用椭圆工具在绘制前可在“属性”面板中对“椭圆选项”栏中的一些参数，如开始角度等进行设置，但绘制后则不能进行更改；使用基本椭圆工具绘制图形前和绘制图形之后都可以对图形的“椭圆选项”

参数进行更改。下面运用椭圆工具和基本椭圆工具绘制MP3播放器上的按钮图形，其具体操作如下。

使用椭圆工具和矩形工具绘制出的对象是一个封装的整体，而使用基本椭圆工具和基本矩形工具绘制出的对象是一个可编辑的矢量图形。

STEP 1 单击工具栏中的“基本矩形工具”按钮不放，在弹出的下拉菜单中选择“椭圆工具”，如图2-18所示。

STEP 2 在“属性”面板的“椭圆选项”栏中，在“内径”右侧的数值框中输入“5.00”，如图2-19所示。

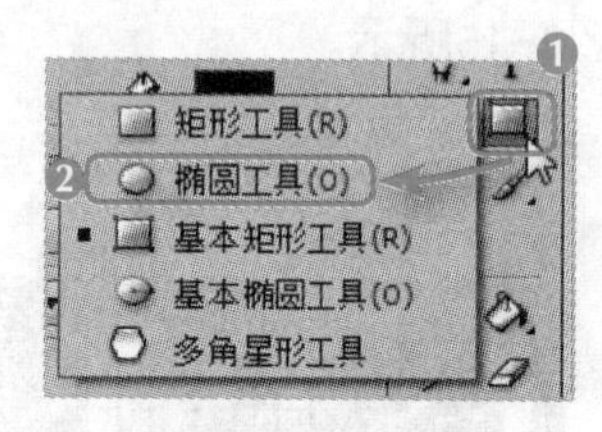

图2-18　选择椭圆工具

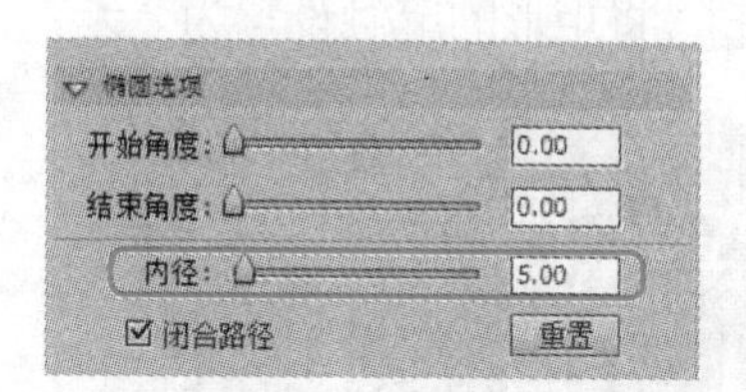

图2-19　设置圆形内径

STEP 3 将鼠标指针移至舞台空白位置，当其变为十形状时，按住【Shift】键不放，单击鼠标左键并拖曳，在舞台上绘制一个圆形。在“属性”面板的“设置和大小”栏中，设置其在“X”轴的位置为“133.00”，“Y”轴为“185.00”，“宽”和“高”均为“30.00”，如图2-20所示，效果如图2-21所示。

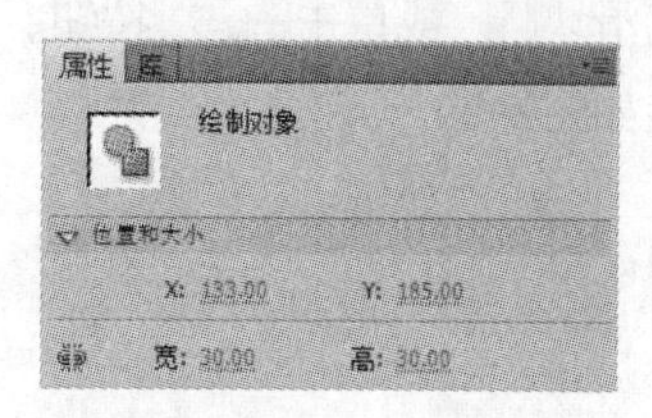

图2-20　设置图形的位置和大小

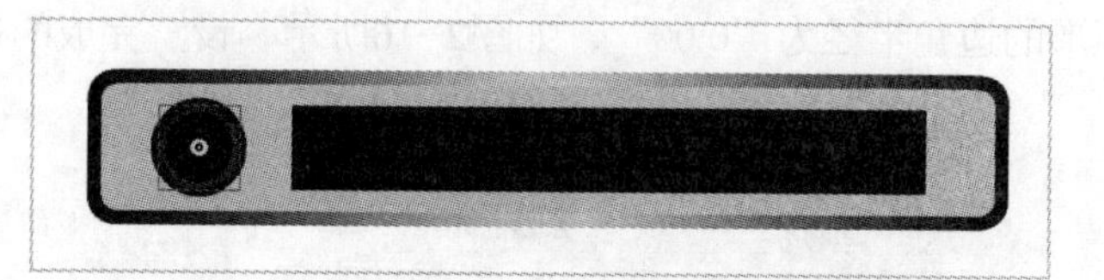

图2-21　设置后的图形效果

STEP 4 在“填充和笔触”栏中保持笔触颜色的径向渐变不变，单击“填充颜色”右侧的色块，在弹出的颜色面板中选择线型渐变，如图2-22所示，效果如图2-23所示。

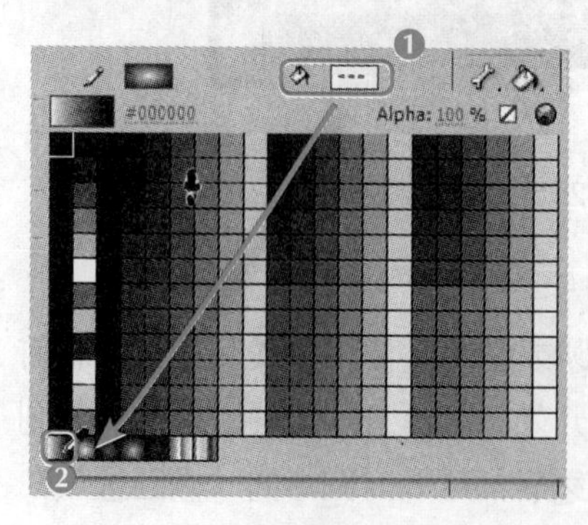

图2-22　设置圆形填充颜色

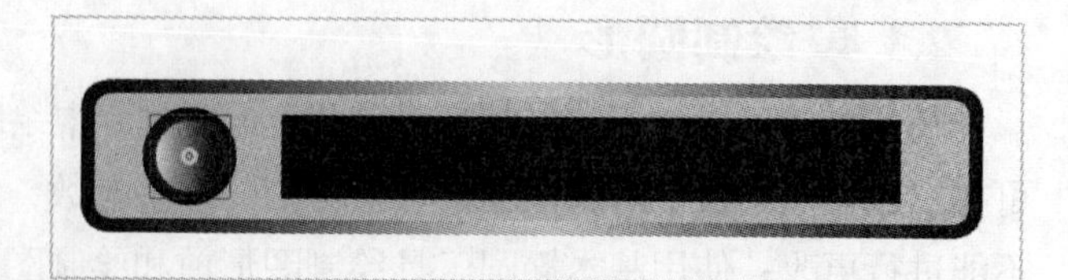

图2-23　设置填充颜色的效果

STEP 5 单击工具栏中的“椭圆工具”按钮不放，在弹出的下拉菜单中选择“基本椭圆工具”，如图2-24所示。

STEP 6 将鼠标指针移至舞台中，当其变为十形状时，按住【Shift】键不放，单击鼠标左键并拖曳，在舞台上绘制一个圆形。在“属性”面板的“位置和大小”栏中设置“X”轴为“415.00”，“Y”轴为“192.00”，宽和高均为“20.00”，如图2-25所示。

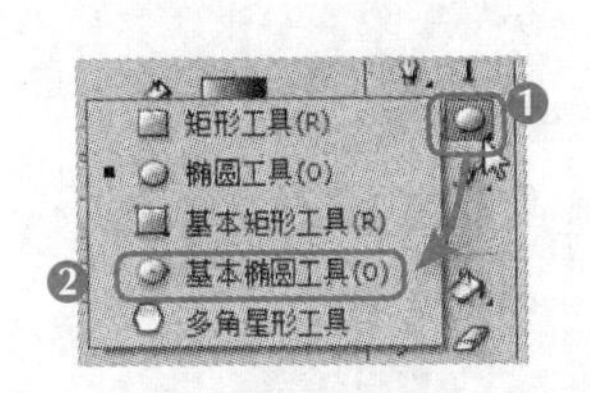

图2-24 选择基本椭圆工具

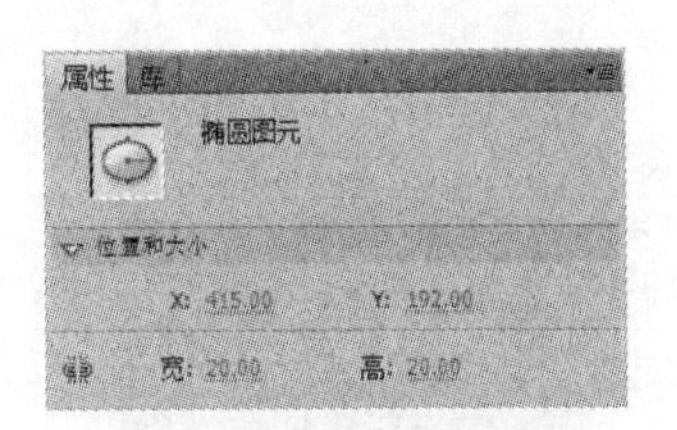

图2-25 设置椭圆大小和位置

STEP 7 在“填充和笔触”栏中单击“笔触颜色”右侧的色块，在弹出的颜色面板中单击“禁用”按钮，将其笔触设置为“无”，如图2-26所示。

STEP 8 单击“填充颜色”右侧的色块，在弹出的颜色面板中选择“#666666”色块，设置填充颜色，如图2-27所示。

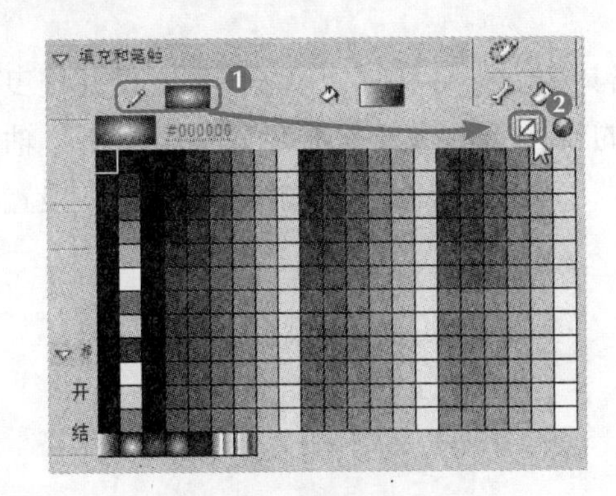

图 2-26 设置笔触颜色

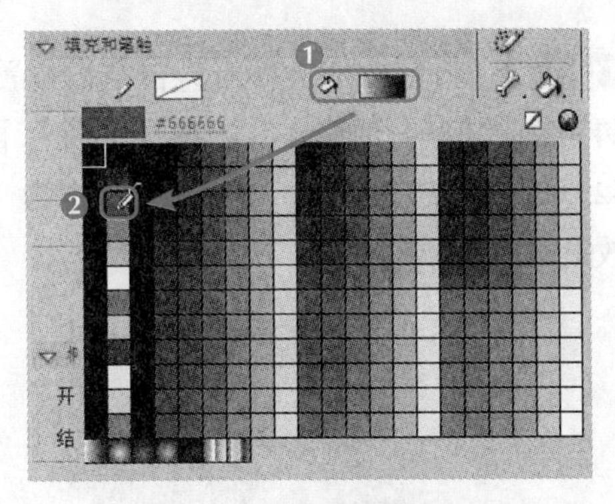

图 2-27 设置填充颜色

STEP 9 在“椭圆选项”栏中设置“开始角度”为“90.00”，“内径”为“72.00”，如图2-28所示，设置结果如图2-29所示。

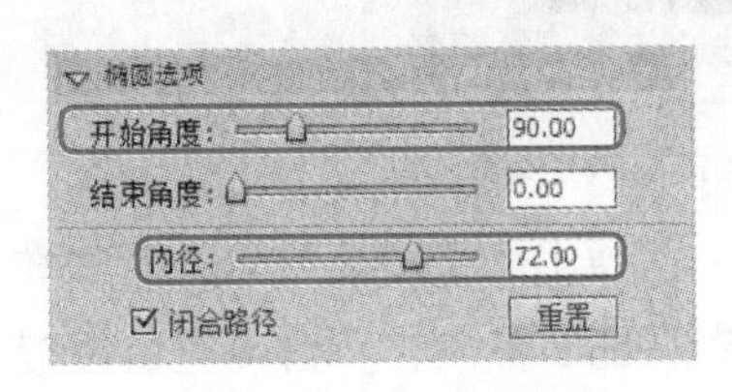

图2-28 设置椭圆参数

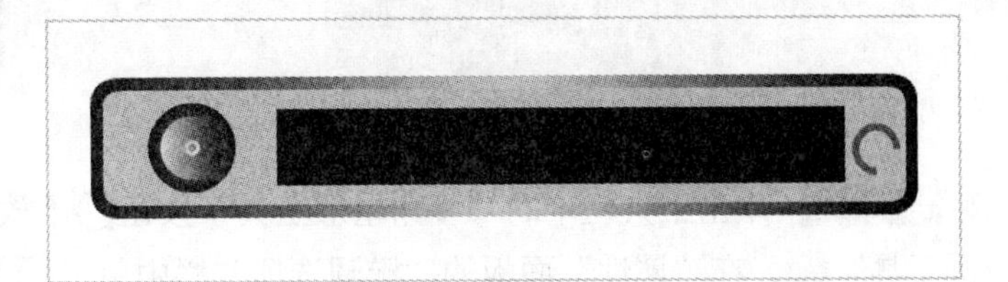

图2-29 设置图形后的效果

2.1.5 绘制多边形

除了可以绘制矩形和圆形外，在矩形工具组中还可以使用多角星形工具绘制出丰富的多边形和星形形状，并能对多边形的边数等进行设置，其具体操作如下。

STEP 1 单击工具栏中的“基本椭圆工具”按钮不放，在弹出的下拉菜单中选择“多角星形工具”，如图2-30所示。

STEP 2 在“属性”面板的“工具设置”栏中单击 选项... 按钮，打开“工具设置”对话框，在“边数”文本框中输入“3”，其他参数保持不变，单击 确定 按钮，如图2-31所示。

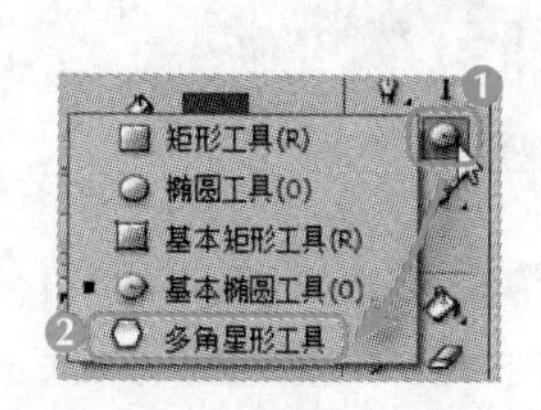

图2-30 选择多角星形工具

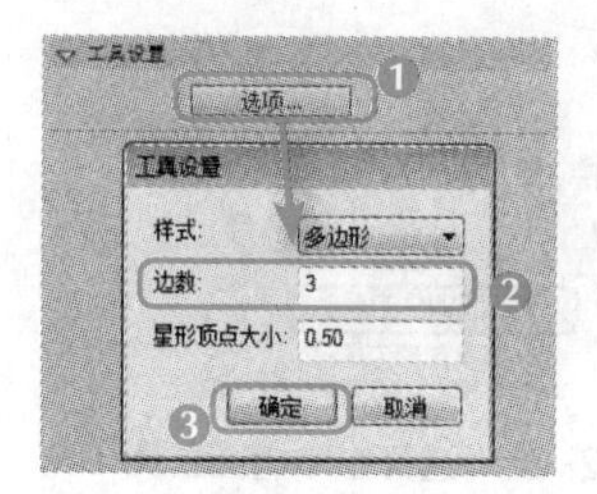

图2-31 设置边数

知识提示

在“工具设置”对话框中的“边数”数值框中只能设置3¯32之间的数值，包括3和32。

STEP 3 将鼠标指针移至舞台空白位置，当其变为十形状时，单击鼠标左键并拖曳，在舞台中绘制一个多边形。在“属性”面板的“位置和大小”栏中设置其“X”轴为“425.00”，“Y”轴为“208.00”，宽为“5.00”，高为“6.00”，如图2-32所示，设置后的效果如图2-33所示。

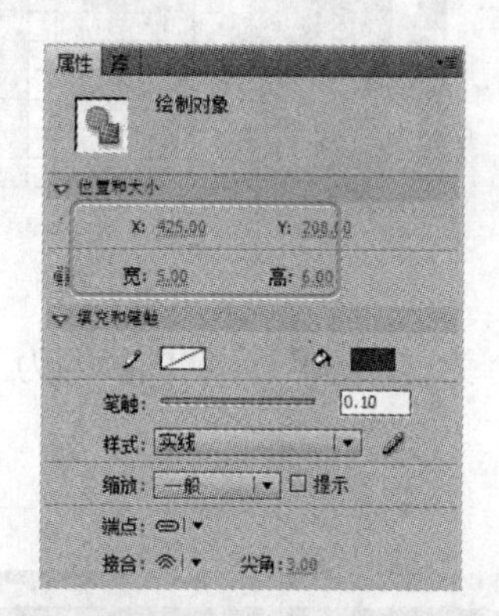

图2-32 设置三角形位置和大小

图2-33 绘制效果

STEP 4 单击工具栏中的“多角星形工具”按钮不放，在弹出的下拉菜单中选择“椭圆工具”，在“属性”面板的“椭圆选项”栏中单击 重置 按钮，然后在舞台中空白位置绘制一个椭圆。

STEP 5 在该椭圆的“属性”面板的“位置和大小”栏中设置“X”轴为“98.00”，“Y”轴为“240.00”，“宽”为“354.00”，“高”为“24.00”。

STEP 6 在“填充和笔触”栏中单击“填充颜色”右侧的色块，在弹出的颜色面板中设置颜色为“#999999”，“Alpha”值为“18%”，如图2-34所示，完成MP3播放器的绘制，绘制结果如图2-35所示。

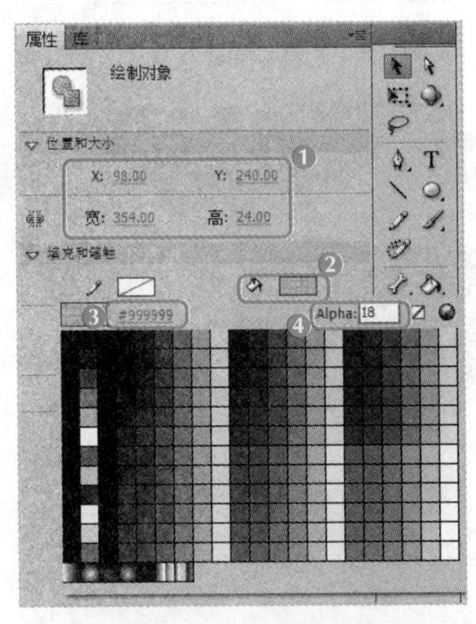

图2-34　设置椭圆属性

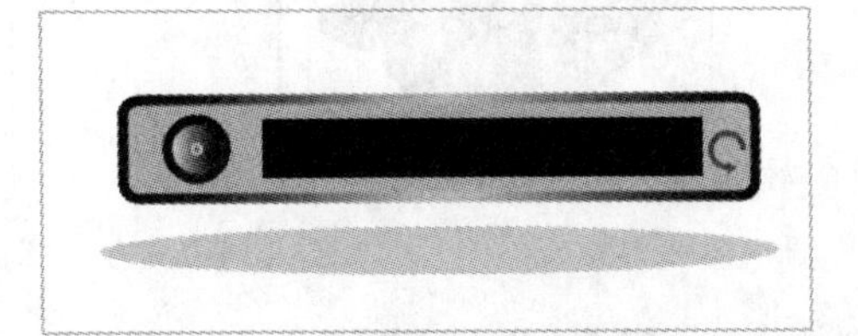

图2-35　设置后的效果

知识提示

在拖动鼠标绘制多边形时可指定多边形的方向，如本例中绘制的三角形，在绘制时就控制了其方向。设置Alpha值可控制图形的透明度，Alpha值为100时表示完全不透明，Alpha值为0时表示完全透明。

行业提示

绘制规则图形时注意以下几点对于设计工作将会有很大的帮助。

①对于规则图形，如本例的MP3播放器，或者其他诸如手机、电视、电脑等，最好使用矩形工具栏中的工具进行绘制。

②绘制图形时，还应注意图形的比例大小，其比例应符合实际，若比例失调，则绘制的图形不仅缺乏美感，还不规范。

③自然状态下的物体，都会有其高光面和阴影，在绘制时适当地添加一些反光和阴影可使图形更生动。

2.2　制作荷花

小白接到的第二个任务是绘制荷花，荷花的绘制方法与绘制MP3播放器的方法不同，MP3播放器属于“有棱有角”的图形，使用矩形、圆形等即可快速地绘制出来，而荷花的线条柔和，绘制时需要使用线条、铅笔和钢笔等工具。本例的参考效果如图2-36所示，下面将具体讲解其绘制方法。

效果所在位置　光盘:\效果文件\第2章\荷花.fla

图2-36 “荷花”最终效果

2.2.1 绘制曲线路径

工具栏中的钢笔工具 是以绘制节点的方式来绘制图形，在绘制完成后并能对绘制的图形进行调整。钢笔工具有许多绘制状态，在使用其绘制图形之前，首先对它的绘制状态进行介绍。

1. 钢笔工具的绘制状态

在不同的绘制状态下，钢笔工具的指针呈不同的状态，具体介绍如下。

- 初始锚点指针 ：选中钢笔工具后看到的第一个指针。在舞台上单击鼠标时将创建初始锚点，它是新路径的开始。
- 连续锚点指针 ：下一次单击鼠标时将创建一个锚点，并用一条直线与前一个锚点相连接。
- 添加锚点指针 ：下一次单击鼠标时将向现有路径添加一个锚点。若要添加锚点，必须选择路径，并且钢笔工具不能位于现有锚点的上方，一次只能添加一个锚点。
- 删除锚点指针 ：下一次在现有路径上单击鼠标时删除一个锚点。若要删除锚点，必须用选取工具选择路径，并且指针必须位于现有锚点的上方，一次只能删除一个锚点。
- 转换锚点指针 ：将不带方向控制线的转角点转换为带有独立方向控制线的转角点，如图2-37所示。使用钢笔工具时，按【Shift+C】组合键可快速切换到转换锚点指针。

图2-37 使用转换锚点指针转换控制点

- 闭合路径指针：在绘制路径的起始点处闭合路径。在当前正在绘制的路径的起始锚点处单击，即可将路径封闭。
- 连续路径指针：从现有锚点扩展新路径。鼠标指针必须位于路径上现有锚点的上方，才能激活连续路径指针，且仅在当前未绘制路径时，此指针才可用，如图2-38所示。
- 连接路径指针：该指针与闭合路径指针的用法基本相同，可对两个不连续的路径进行连接。该指针必须位于另一路径的起始或结束端点的上方，才会显示出来，如图2-39所示。有时可能需要选中路径段才能显示，有时不选中路径段就能显示。

图2-38 连续路径指针

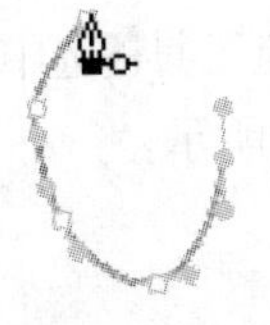

图2-39 连接路径指针

- 回缩贝塞尔手柄指针：当鼠标位于显示其贝塞尔手柄的锚点上方时，该指针才会显示。单击鼠标将回缩贝塞尔手柄，并使得穿过锚点的弯曲路径恢复为直的线段。

2. 使用钢笔工具绘制路径

下面使用钢笔工具绘制荷花中的花朵图形，其具体操作如下。

STEP 1 按【Ctrl+N】组合键打开“新建文档”对话框，在“常规”选项卡中选择“ActionScript 3.0”选项，单击 确定 按钮新建一个动画文档，如图2-40所示。

STEP 2 在工具栏中选择“钢笔工具”，在舞台中单击鼠标左键，绘制图形的第一个起点，然后在另一位置单击鼠标左键不放并拖曳鼠标改变绘制线条的形状，如图2-41所示。

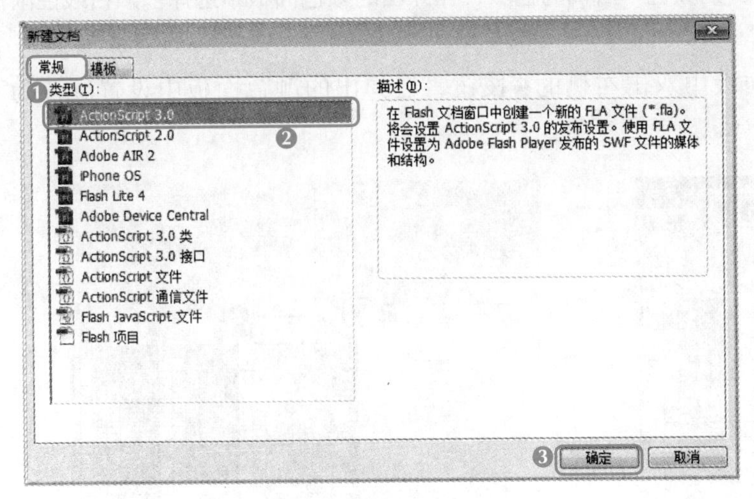

图 2-40 新建文档

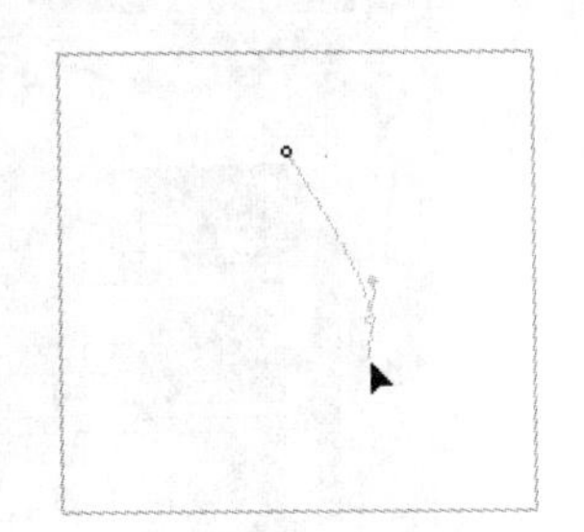

图 2-41 拖动鼠标绘制线条

STEP 3 继续绘制如图2-42所示的图形，由于此图形是一个封闭的整体，因此将鼠标指针移至起始点，当鼠标指针变为形状时，单击起始点即可绘制封闭的图形。

STEP 4 使用同样的方法继续绘制荷花的其他封闭轮廓，如图2-43所示。

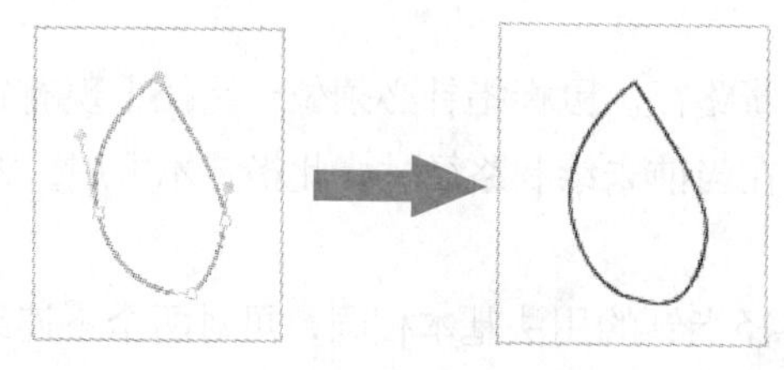

图2-42 绘制封闭图形

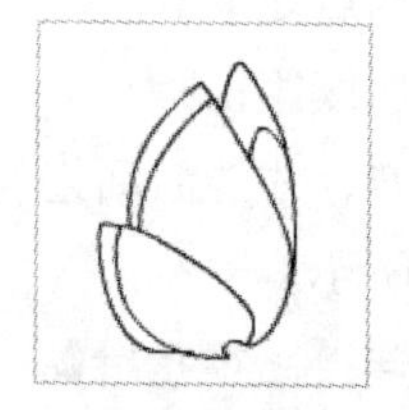

图2-43 绘制荷花轮廓

STEP 5 在工具栏中单击“钢笔工具”按钮不放，在弹出的菜单中选择“转换锚点工具”，如图2-44所示。

STEP 6 使用转换锚点工具选中需要调整的线条，单击其上的锚点并拖曳，调整线条的平滑度和方向，如图2-45所示。

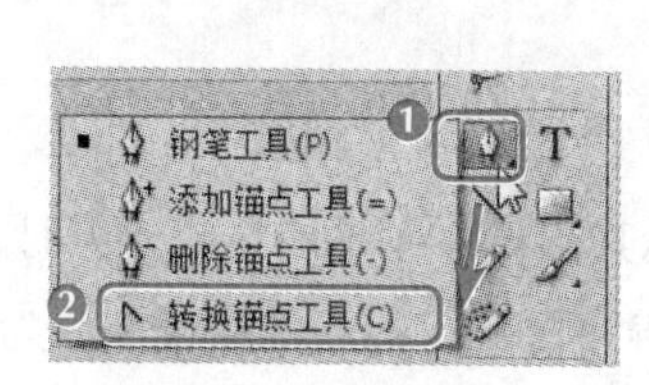

图2-44 选择转换锚点工具

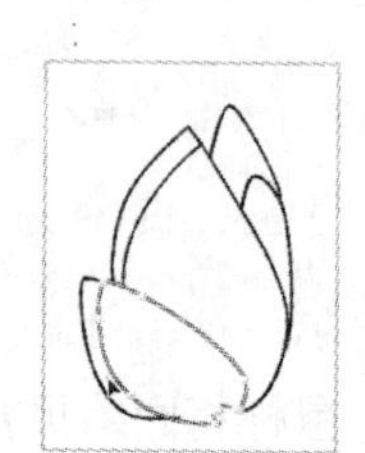

图2-45 调整线条

2.2.2 填充渐变颜色

绘制好荷花的轮廓之后，就可以填充颜色了，这里使用颜料桶工具进行填充，其具体操作如下。

STEP 1 在工具栏中选择“颜料桶工具”，单击“属性”面板左侧的“颜色”按钮，打开“颜色”面板，单击“填充颜色”右侧的色块，在弹出的颜色面板中选择“黑白线性渐变”选项，如图2-46所示。

STEP 2 在“颜色”面板中双击右侧的按钮，在弹出的颜色面板中设置颜色为“#C76C59”，如图2-47所示。

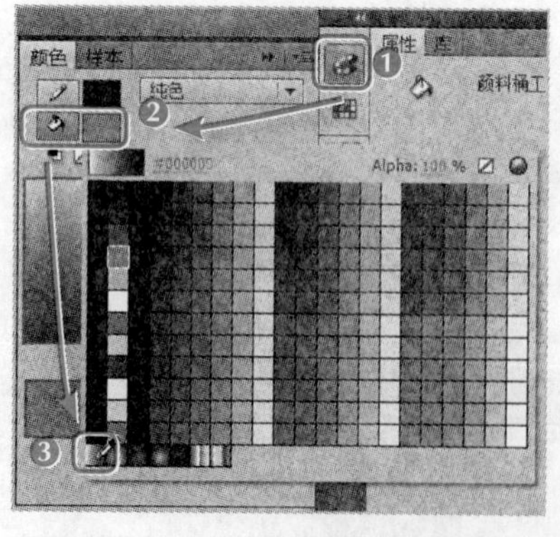

图2-46 选择渐变

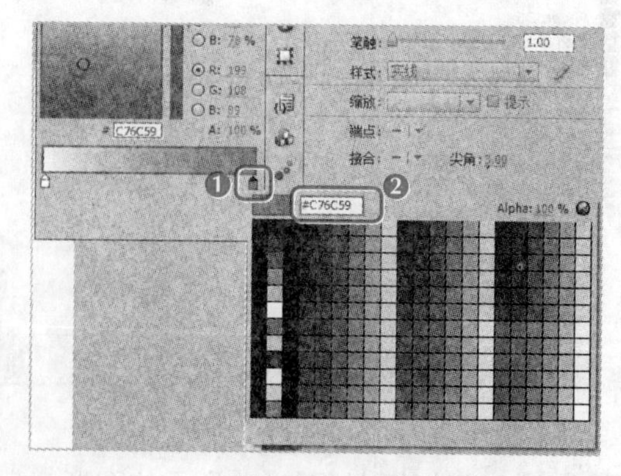

图2-47 设置渐变颜色

STEP 3 将鼠标指针移到花瓣上，当其变为形状时，单击鼠标左键即可为花瓣进行填充，使用同样的方法，为其他花瓣填充不同的颜色，完成后的效果如图2-48所示。

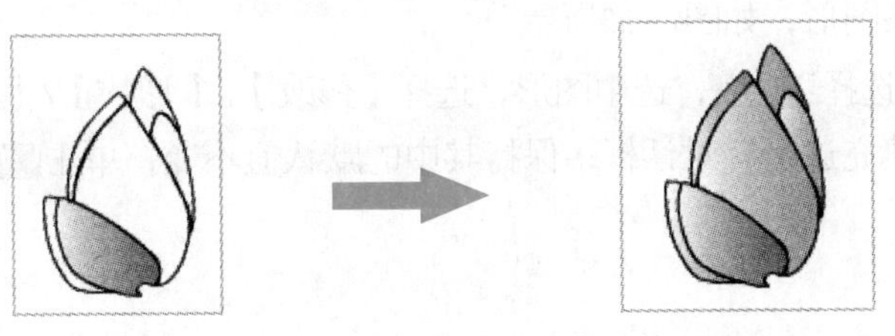

图2-48 为花瓣填充颜色

STEP 4 按【V】键切换为选择工具，选择所有花瓣图形，然后选择【修改】/【形状】/【柔化填充边缘】菜单命令，打开“柔化填充边缘”对话框，保持其中的默认值不变，单击确定按钮，如图2-49所示。柔化花瓣的边缘，效果如图2-50所示。

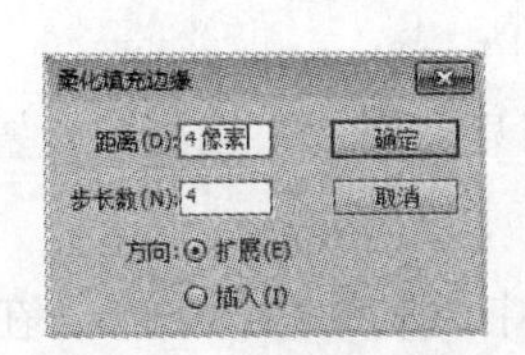

图 2-49 设置柔化边缘

图 2-50 柔化边缘效果

在对象绘制模式下绘制的每一片花瓣都必须是一个独立的封闭路径，否则之后将无法进行填充。

2.2.3 绘制线条图形

使用线条工具可绘制直线段，下面使用线条工具绘制茎杆，其具体操作如下。

STEP 1 在工具栏中选择线条工具，单击“对象绘制”按钮，使其呈未选中状态，将绘制模式更改为合并绘制模式。

STEP 2 在舞台中绘制如图2-51所示的由线条组成的图形，绘制完成后按住【Ctrl】键不放，将鼠标指针移至线条上，当其变为形状时，单击鼠标左键并拖动线条，可将绘制的直线调整为曲线，如图2-52所示。

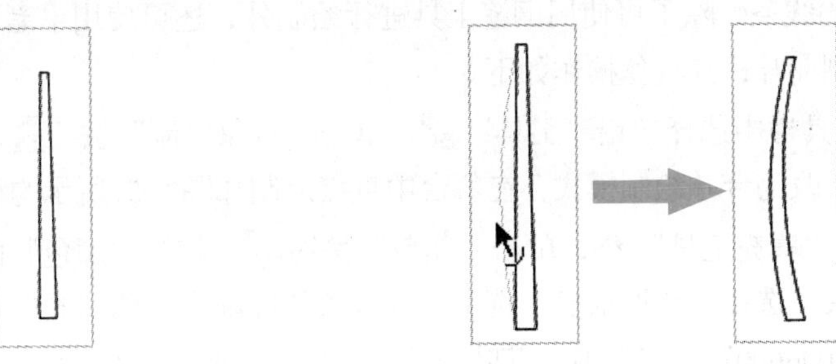

图2-51 使用线条工具绘制线条

图2-52 调整线条

STEP 3 选择“填充工具”，单击“颜色”按钮，打开“颜色”面板，单击“填充颜色”右侧的色块，选择“线性渐变”选项，并设置线性渐变右侧的颜色为“#009900”，然后填充绘制的线条图形，如图2-53所示。

STEP 4 切换回选择工具，选中图形，选择【修改】/【形状】/【柔化填充边缘】菜单命令，打开“柔化填充边缘”对话框，保持其中的默认值不变，单击确定按钮，结果如图2-54所示。

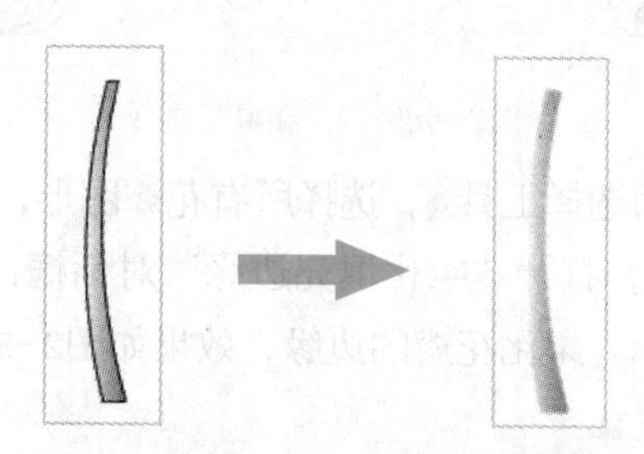

图2-53　填充线条　　图2-54　柔化边缘效果

STEP 5 在工具栏中选择“刷子工具”，在其“属性”面板中设置刷子的填充颜色为“#006600”，然后再绘制如图2-55所示的斑点。

STEP 6 切换回“选择工具”，拖曳鼠标选中绘制的茎杆图形，在图形上单击鼠标右键，在弹出的快捷菜单中选择“转换为元件”菜单命令，打开“转换为元件”对话框，在“名称”文本框中输入“茎杆”，在“类型”下拉列表中选择“影片剪辑”，单击确定按钮，如图2-56所示。使用同样的方法将之前绘制的荷花图形也转换为名为“荷花”的影片剪辑元件。

图 2-55　添加斑点

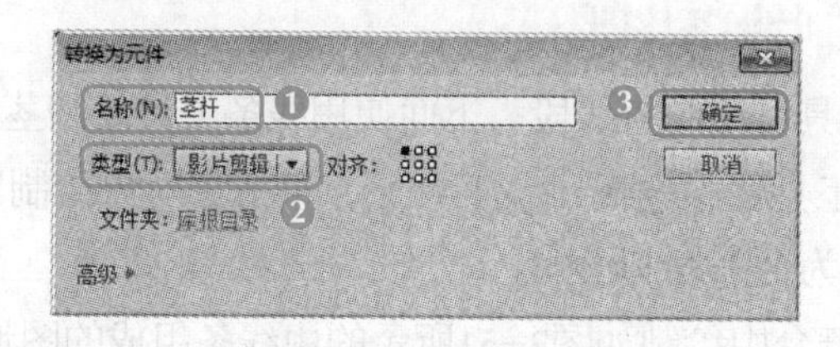

图 2-56　转换元件

2.2.4 绘制任意线条

对于不规则的线条，除了可使用钢笔工具进行绘制外，还可使用铅笔工具来绘制。下面使用铅笔工具绘制荷叶，其具体操作如下。

STEP 1 在工具栏中选择“铅笔工具”，单击“对象绘制”按钮，使其呈未选中状态，将绘制模式更改为合并绘制模式，在舞台中直接绘制如图2-57所示的荷叶轮廓。

STEP 2 选择“填充工具”，单击“颜色”按钮，打开“颜色”面板，单击“填充颜色”右侧的色块，选择“线性渐变”选项，并设置线性渐变左侧的颜色为“#00CC66”，右侧的颜色为“#006600”，然后填充荷叶里面的一层，如图2-58所示。

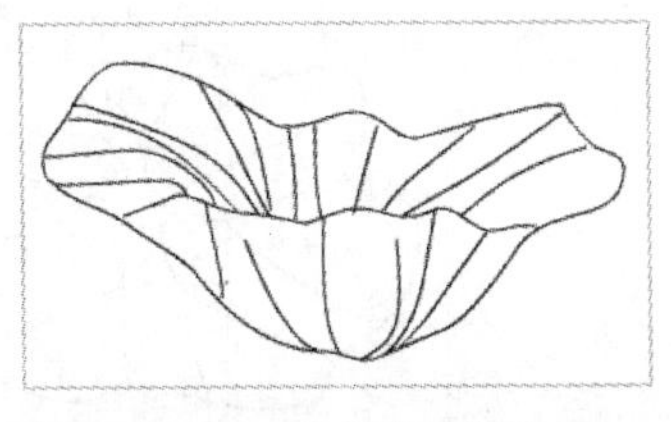

图2-57 绘制荷叶轮廓

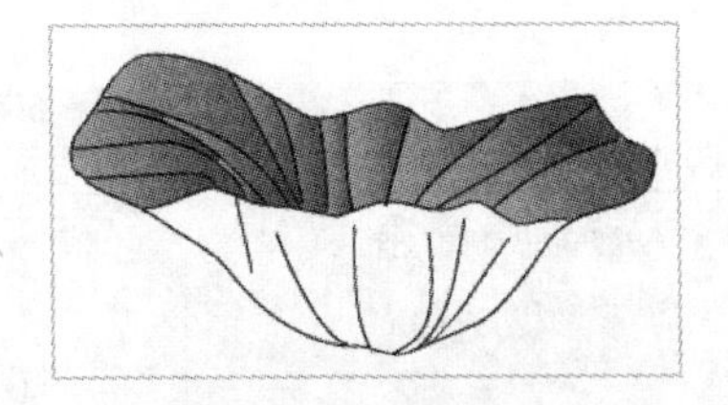

图2-58 填充里层颜色

STEP 3 选中外层的荷叶，使用同样的方法设置填充颜色为“#00FF66”和“#009900”，进行填充后的效果如图2-59所示。

STEP 4 选中里层荷叶的线条，选择【修改】/【形状】/【柔化填充边缘】菜单命令，在打开的“柔化填充边缘”对话框中保持默认值不变，单击确定按钮，效果如图2-60所示。

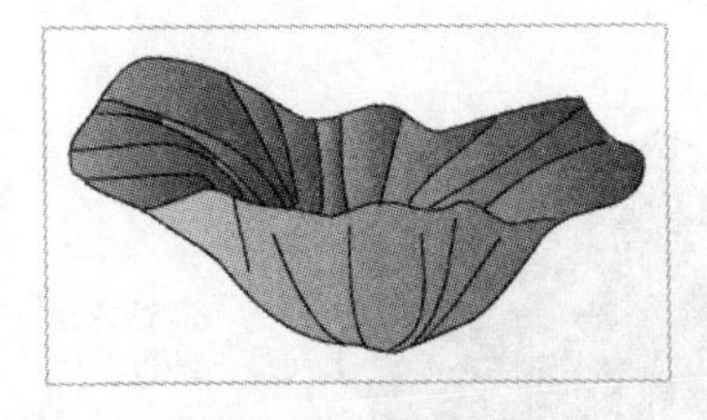

图2-59 填充外层颜色

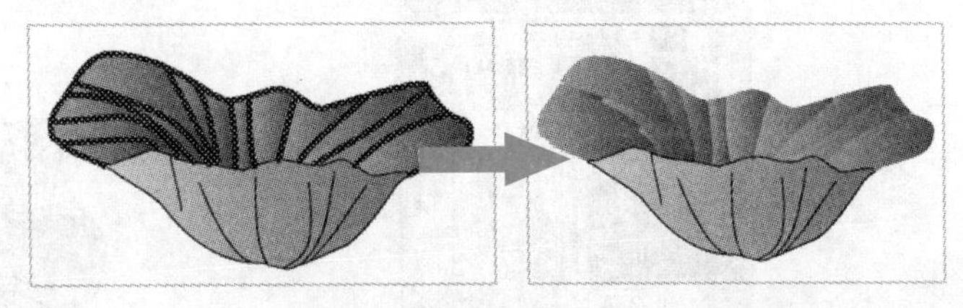

图2-60 柔化边缘效果

STEP 5 选中外层的荷叶线条，在其“属性”面板中设置“笔触颜色”为“#009900”，设置其笔触高度，也就是线条的宽度为“3.00”，效果如图2-61所示。

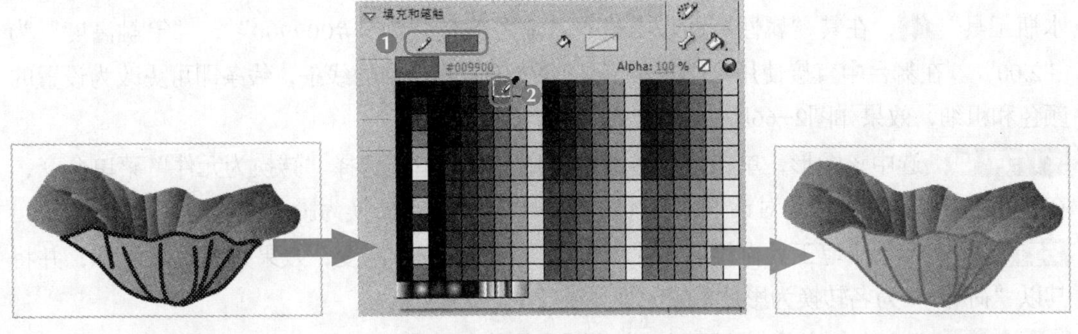

图2-61 设置外层的荷叶线条

STEP 6 切换回选择工具，选中图形，单击鼠标右键，在弹出的快捷菜单中选择“转换为元件”菜单命令，打开“转换为元件”对话框，将其转换为名为“荷叶1”的影片剪辑元件，如图2-62所示。

STEP 7 按【Y】键快速切换回“铅笔工具”，绘制如图2-63所示的荷叶轮廓。

多学一招

使用铅笔工具绘制图形时按下【Shift】键，可绘制水平或垂直的线段。

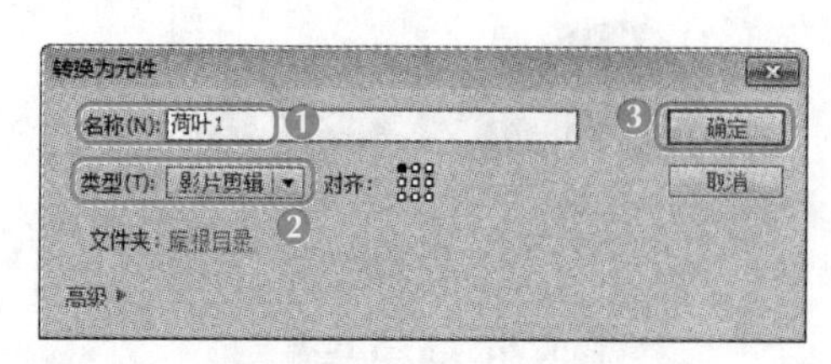

图2-62 转换为元件

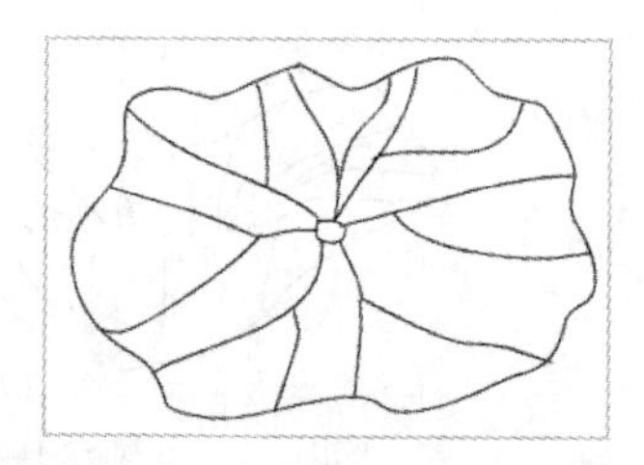

图2-63 绘制荷叶轮廓

STEP 8 选择“颜料桶工具”，设置填充颜色为“径向渐变”，在“颜色”面板中设置径向渐变中心的颜色为“#333333”，另一种颜色为“#00CC33”，如图2-64所示，填充图形，效果如图2-65所示。

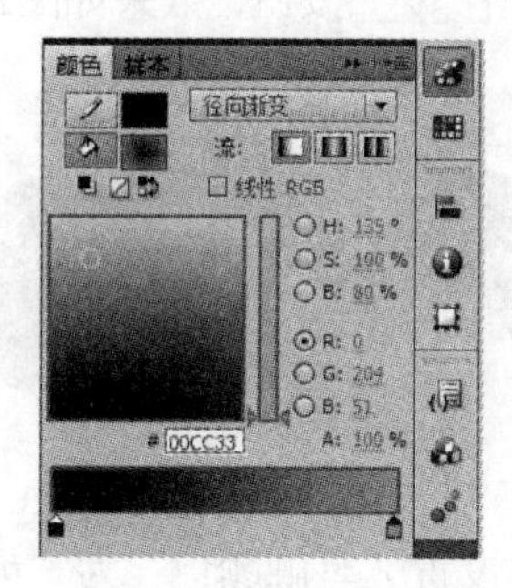

图2-64 设置径向渐变颜色

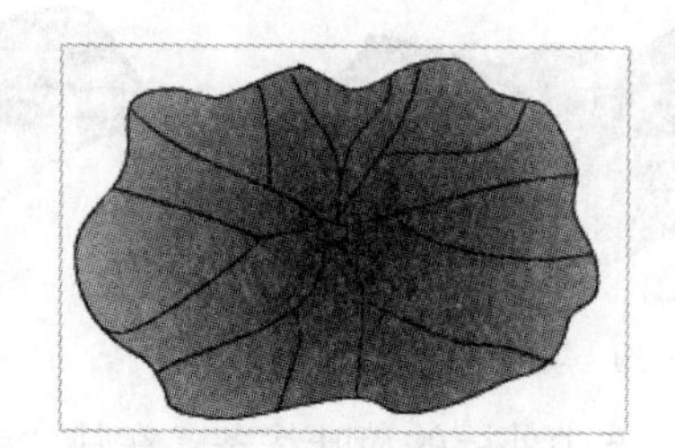

图2-65 填充图形

STEP 9 在工具栏中单击“颜料桶工具”按钮不放，在弹出的下拉菜单中选择“墨水瓶工具”，在其“属性”面板中设置“笔触颜色”为“#009900”，“笔触高度”为“2.00”。在舞台中直接使用“墨水瓶工具”单击图形中的线条，线条即可更改为设置的颜色和粗细，效果如图2-66所示。

STEP 10 选中该图形，单击鼠标右键，在弹出的菜单中选择“转换为元件”菜单命令，在打开的“转换为元件”对话框中将其以“荷叶2”为名，转换为影片剪辑元件。

STEP 11 使用铅笔工具再绘制一片小荷叶，并添加径向渐变，效果如图2-67所示，并将其以“荷叶3”为名转换为影片剪辑元件。

STEP 12 组合本例中绘制的图形，完成图形的绘制，效果如图2-68所示。

图2-66 填充线条

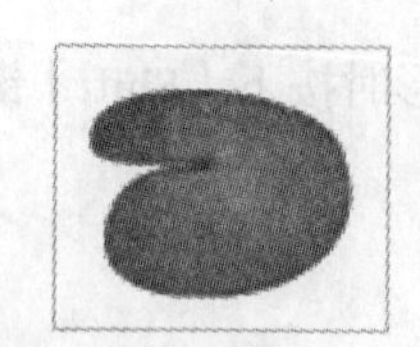

图2-67 绘制荷叶3

图2-68 组合图形后的最终效果

知识提示

使用颜料桶工具填充由线条或铅笔等工具绘制的图形时，可能会遇到无法填充的情况，此时用户可在颜料桶工具下选择“封闭大空隙”选项后再进行填充。若还不能解决问题，则可试着换一种绘制模式，再进行绘制填充，应根据实际情况进行具体分析。

多学一招

使用线条工具绘图的同时，按住【Shift】键不放，可绘制水平、垂直或呈45° 角的直线。

2.3 实训——绘制脸谱

2.3.1 实训目标

本实训的目标是使用工具栏中的绘图工具绘制一张脸谱，并对这张脸谱进行着色，进一步巩固绘图工具的使用。本实训绘制的脸谱线稿和着色后的效果如图2-69所示。

效果所在位置 光盘:\效果文件\第2章\脸谱.fla

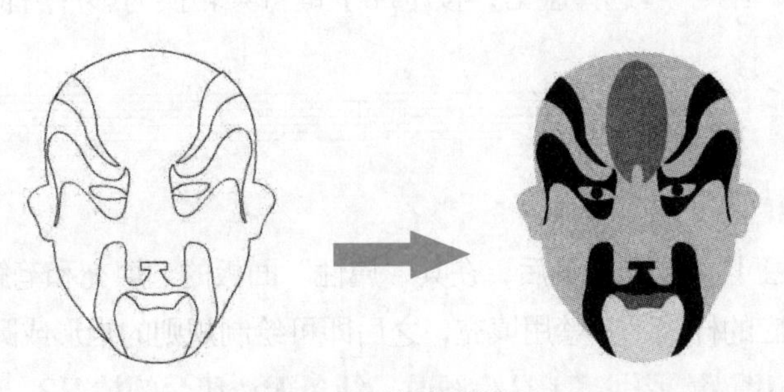

图2-69 绘制脸谱效果

2.3.2 专业背景

Flash的应用随着电脑的发展逐渐被大众所熟知，其最先以动画短片的形式与人们接触，逐渐在广告、网页和电子杂志等方面受到青睐。同时，在商业上对Flash的制作要求也越来越高，要制作出一个好的Flash，首先应熟练掌握其中绘图工具的使用方法。

绘制图形首先需要确定使用何种绘图工具进行绘制，以及绘制图形的先后顺序，之后再开始动手绘制。

2.3.3 操作思路

完成本实训首先要绘制脸谱的线条轮廓，可通过使用钢笔或铅笔等工具完成，最后利用颜料桶填色，其操作思路如图2-70所示。

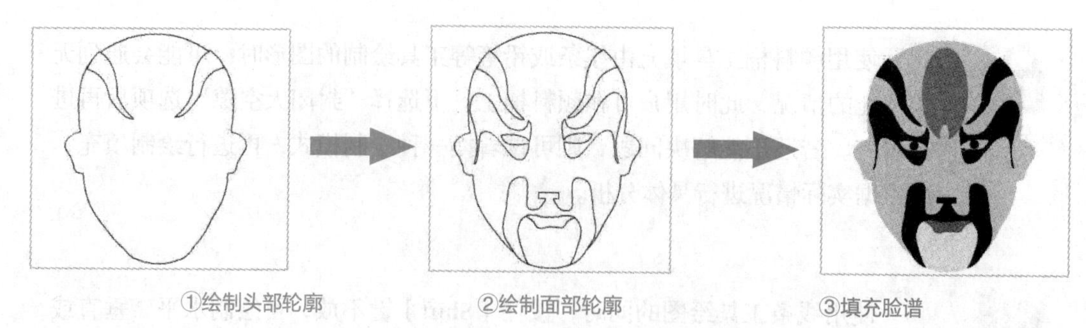

图 2-70　绘制脸谱的操作思路

【步骤提示】

STEP 1 启动Flash CS5，新建一个文件。用“钢笔工具”在舞台中绘制出脸谱头部轮廓线条。

STEP 2 用“钢笔工具”绘制出眼框和嘴巴的轮廓线条。用“铅笔工具”绘制出局部线条，并用“选择工具”调整线条。

STEP 3 选择“椭圆工具”，设置填充颜色为“无色”，绘制出头部和眼睛椭圆部分。用“选择工具”选择多余的线条，按Delete键将其删除。

STEP 4 选择“颜料桶工具”，分别将面部、五官、头部填充为“#ffcc66”、“#000000”、“#fe3838”和“#fde4d7”颜色。选择“选择工具”，双击轮廓线条，按【Delete】键将其删除。

STEP 5 用“选择工具”选择脸谱，按【F8】键将其转换为影片剪辑元件“脸谱”。

2.4 疑难解析

问：怎样绘制规则的虚线边框呢?

答：在选择矩形工具或椭圆工具后，在其“属性”面板的“填充和笔触”栏中的“样式”下拉列表框中选择相应的样式，并禁用填充，之后即可绘制规则的矩形或圆形虚线边框。

问：如何解决使用铅笔或钢笔工具绘图时，线条无法闭合的情况?

答：在选择铅笔工具或钢笔工具进行绘图时，工具栏下方会出现一个磁铁的形状，单击它可开启“紧贴至对象”，之后绘图即可避免有空隙出现。

问：颜料桶工具和墨水瓶工具有什么区别?

答：颜料桶工具主要用于填充图形内部，无法对图形的笔触进行填充，而墨水瓶工具主要用于填充图形的笔触，不能填充图形的内部。

2.5 习题

本章主要介绍了工具栏中几种绘图工具的基本操作，包括矩形工具、椭圆工具、多角星形工具、钢笔工具、铅笔工具和线条工具的绘图操作方法。对于本章的内容，读者应认真学习和掌握，为后面动画制作打下良好的基础。

效果所在位置 光盘:\效果文件\第2章\卡通树.fla、桃树.fla

（1）利用所学知识绘制一颗卡通树，首先使用矩形工具绘制树干，然后选择多角星形工具，设置多角星形的边数和样式，关闭笔触，选择一种较深的颜色，绘制最底层的树叶。使用同样的方法绘制树叶的过渡层、浅色层和亮部。绘制过程和结果如图2-71所示。

（2）绘制一株桃树，首先选择刷子工具，设置其形状、大小和颜色，然后绘制桃树的主躯干，再调节刷子的颜色和大小，绘制分枝。继续使用刷子工具绘制树叶的轮廓，绘制完成后用颜料桶工具进行填充，其绘制过程和结果如图2-72所示。

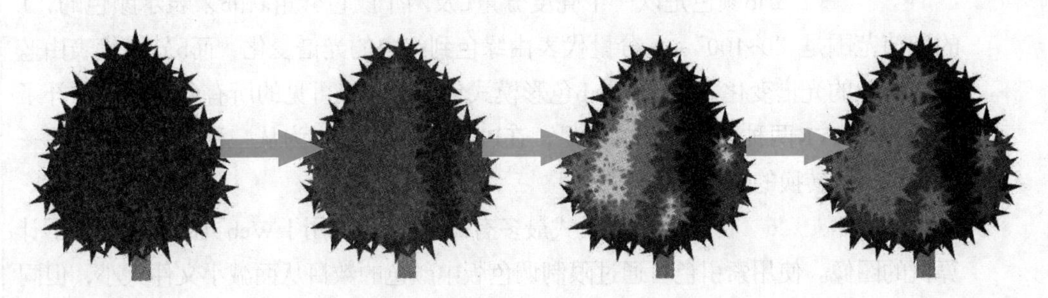

图2-71 绘制卡通树

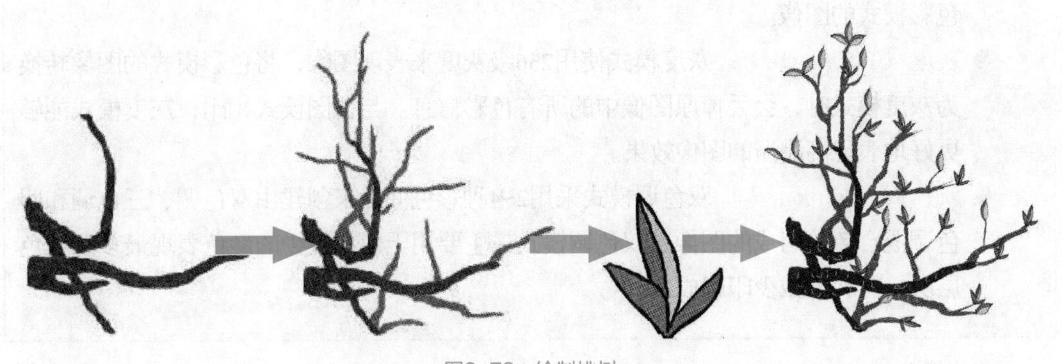

图2-72 绘制桃树

课后拓展知识

对Flash中的动画进行打印时会发现，打印出来的画面，其颜色与显示器上的颜色不同，往往会出现偏差。这是由于打印的颜色标准与Flash中的颜色标准不同造成的，下面就对这些色彩的模式进行介绍。

- **RGB色彩模式**：通常用于光照原理的视频和屏幕图像，多用于荧光屏的视觉效果呈现，如电子幻灯片、Flash动画和各种多媒体用途。R代表红色（Red）、G代表绿色（Green）、B代表蓝色（Blue）。该模式下，每个像素在每种颜色上可负载

2的8次方即256种亮度级别，这样3种颜色通道合在一起，就可以产生256的3次方，即16777216种颜色。

- CMYK色彩模式：CMYK由青色（Cyan）、洋红色（Magenta）、黄色（Yellow）和黑色（Black）4个色彩构成。K取的是Black单词的最后一个字母，之所以不取首字母，是为了避免与蓝色相冲突。CMYK色彩模式能更好地还原真实客观的自然色彩，因此一般运用于印刷类，比如画报、杂志、报纸、宣传画册等。
- HSB色彩模式：该模式以色相（H）、饱和度（S）和亮度（B）来描述颜色的基本特性。它是根据人眼的视觉特征而直接制定的一套色彩模式，最接近人们对色彩辨认的方式。
- Lab色彩模式：Lab颜色是以一个亮度分量L及两个颜色分量a和b来表示颜色的，L的取值范围是“0~100”，a分量代表由绿色到红色的光谱变化，而b分量代表由蓝色到黄色的光谱变化。理论上Lab色彩模式包括了人眼可见的所有色彩，它弥补了RGB与CMYK两种彩色模式的不足，在Photoshop中常作为从一种色彩模式向另一种色彩模式转换的过渡模式。
- 索引色（Indexed color）：该模式最多有256种颜色，用于Web页面和其他基于计算机的图像。使用索引色可通过限制调色版中颜色的数目从而减小文件大小，但同时能在视觉上保持品质不会发生太大的变化，因此在网页设计中常常需要使用索引色彩模式的图像。
- 灰度（Grayscale）：灰度模式使用256级灰度来表现图像，将色彩模式的图像转换为灰度模式时，会丢掉原图像中的所有色彩信息。与位图模式相比，灰度模式能够更好地表现高品质的图像效果。
- 双色调（Duotone）：双色调模式采用2~4种彩色油墨来创建由双色调、三色调和四色调混合色阶组成的图像。双色调模式最主要用于使用最少的颜色表现最多的颜色层次，有利于减少印刷成本。

PART 3

第3章 编辑图形

情景导入

经过一段时间的实践和学习，小白已经基本掌握Flash中绘图工具的使用方法，并能独立绘制出不错的作品。

知识技能目标

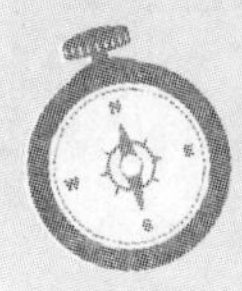

- 掌握“任意变形工具”的使用方法。
- 熟练掌握图形的复制、组合、对齐和分离等操作方法。
- 熟练使用“渐变变形工具”调整图形的填充。

- 加强对工具栏中的图形编辑工具的认识和理解，熟练掌握使用菜单栏编辑图形的操作方法。
- 掌握“花朵”图像合成作品和“圣诞场景”创意合成作品的制作。

课堂案例展示

绘制花朵

制作圣诞场景

3.1 绘制花朵

老张经过小白的办公桌时，看到小白正在为一个图形填充颜色，老张观察了一会儿对小白说："填充颜色不仅仅只是单色填充，使用工具栏中的"渐变变形工具"还可对渐变色进行调整，并且利用"颜色"面板还可以得到一些意想不到的效果。"

小白没想到，只是填充颜色就有那么多的知识，于是她开始着手练习使用这些编辑图形的工具。本例完成后的效果如图3-1所示，下面具体讲解其操作方法。

效果所在位置 **光盘:\效果文件\第3章\花朵.fla**

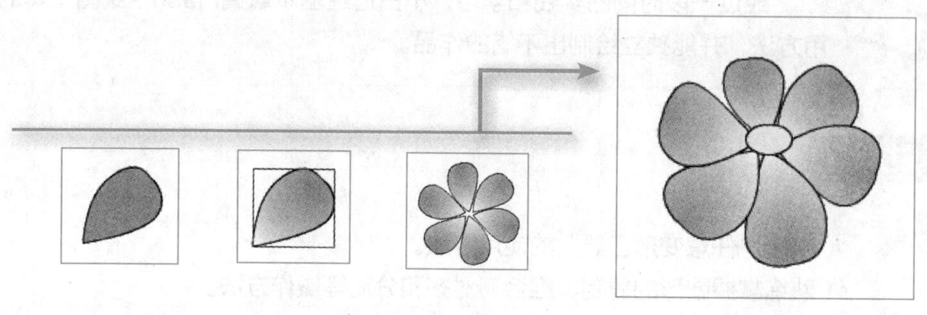

图3-1 "花朵"最终效果

3.1.1 填充渐变色

图形的颜色不是一成不变的，使用渐变色可使绘制的图形看起来更真实、更生动，下面具体讲解填充渐变色的方法。

1. 颜料桶工具

在使用"渐变变形工具"对图形的填充颜色进行调整前，需要使用填充工具对图形填充颜色，最常用的填充工具则是"颜料桶工具"。在选择该工具后，其"工具"栏下方会出现两个属性选项，具体介绍如下。

- "锁定填充"：选择颜料桶工具后，单击此按钮，再进行填充，可将被填充的图形锁定，防止其填充颜色在之后的操作中被修改。
- "空隙大小"：在该选项下，可选择填充不同空隙大小的图形，具体如图3-2所示。

图3-2 填充"空隙大小"选项

2. 填充渐变色

下面绘制一片花瓣图形，并填充颜色，其具体操作如下。

STEP 1 使用“钢笔工具”绘制如图3-3所示的花瓣轮廓线条。

STEP 2 选择“颜料桶工具”，在其“属性”面板的“填充和笔触”栏中设置填充颜色为“#FF99CC”，然后在花瓣内单击，为其填充颜色，如图3-4所示。

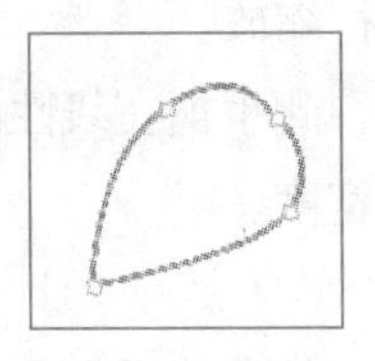

图3-3 绘制图形

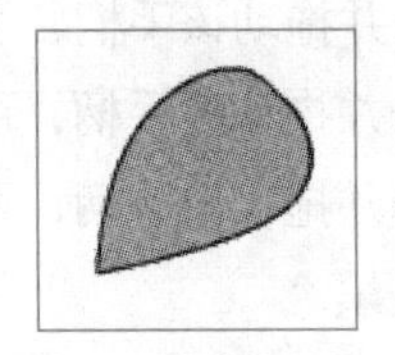

图3-4 填充纯色

STEP 3 单击“颜色”按钮，打开“颜色”面板，单击“填充类型”按钮，在弹出的下拉菜单中选择“径向渐变”选项，如图3-5所示。

STEP 4 在“颜色”面板中单击渐变颜色条下的按钮，分别设置左侧的渐变色为“#FF99CC”，右侧的渐变色为“#FFFFFF”，如图3-6所示。

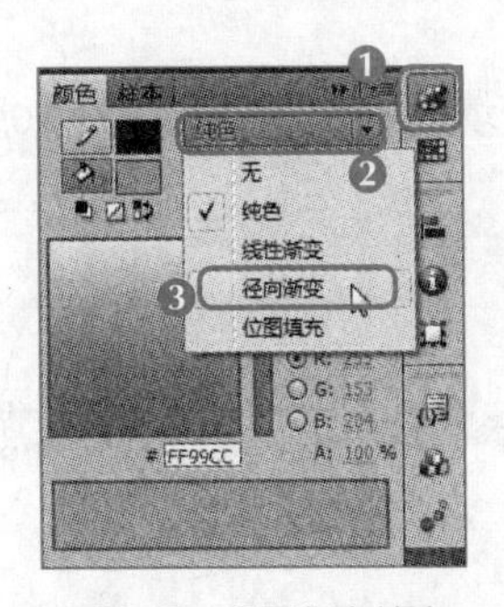

图3-5 设置径向填充

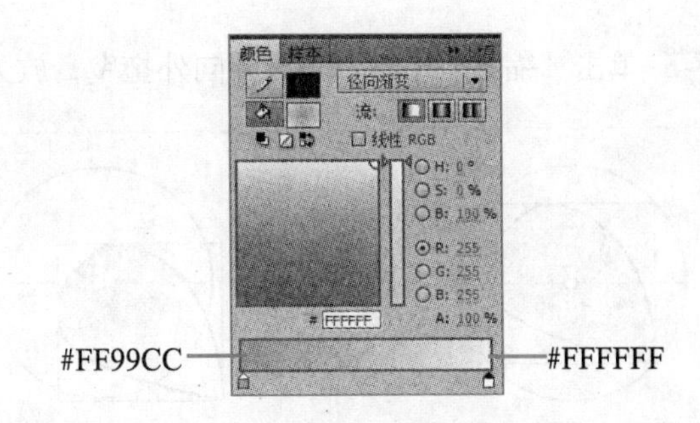

图3-6 设置填充颜色

STEP 5 设置完成后再使用颜料桶工具在图形上单击，即可为花瓣填充渐变色。

3.1.2 调整渐变色

虽然为图形填充了渐变色，但渐变色填充的效果却不一定能让人满意，此时就需要对渐变色的位置进行调整。

1. 渐变变形工具

对不不同类型的渐变，其渐变控件所呈现的状态也不同，如图3-7所示为填充不同渐变类型后，渐变控件的状态。

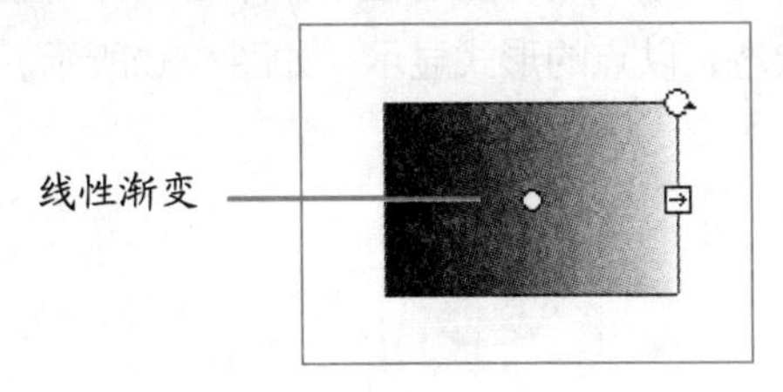

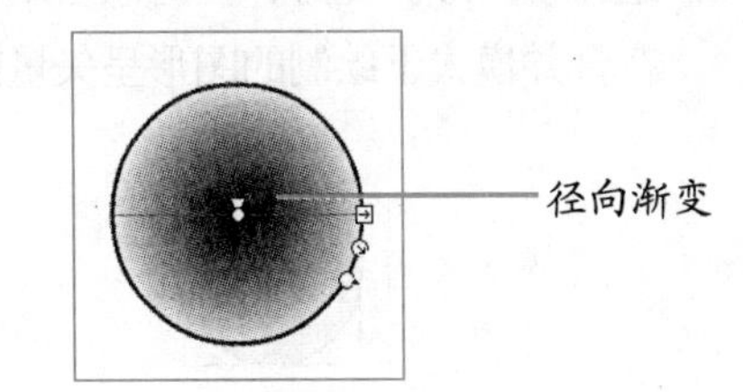

图3-7 不同的渐变选择

从图3-7可以发现，径向渐变比线性渐变多了几个控制手柄，下面介绍这些手柄的功能。

- 中心点和焦点：默认情况下，中心点和焦点都在渐变控件的中心，中心点为圆形显示，将鼠标指针移至中心点上，当其变为✣形状时，可单击中心点并拖动，从而改变整个渐变控制点的位置；焦点为倒三角形显示，将鼠标指针移至焦点上，当其变为▽形状时，可单击焦点并在中间的水平线上拖动，改变焦点的位置。

- 缩放◦：单击并拖动该手柄，可对渐变的范围进行缩放。
- 旋转◦：单击并拖动该手柄，可对渐变进行旋转，此手柄在线性渐变中较为常用。
- 宽度⊡：单击并拖动该手柄，可调整径向渐变的宽度。

2. 调整径向渐变填充

下面使用渐变变形工具调整花瓣图形中的径向渐变，其具体操作如下。

STEP 1 按【V】键切换为“选择工具”，单击选中图形，在工具栏上单击“任意变形工具”不放，在弹出的下拉菜单中选择“渐变变形工具”，此时被选中的图形上会出现相应的控制柄，如图3-8所示。

STEP 2 将鼠标指针移至中心点，当其变为✣形状时，单击中心点并拖曳到如图3-9所示的位置。

STEP 3 单击“缩放”手柄不放并向外拖曳，放大渐变填充的范围，如图3-10所示。

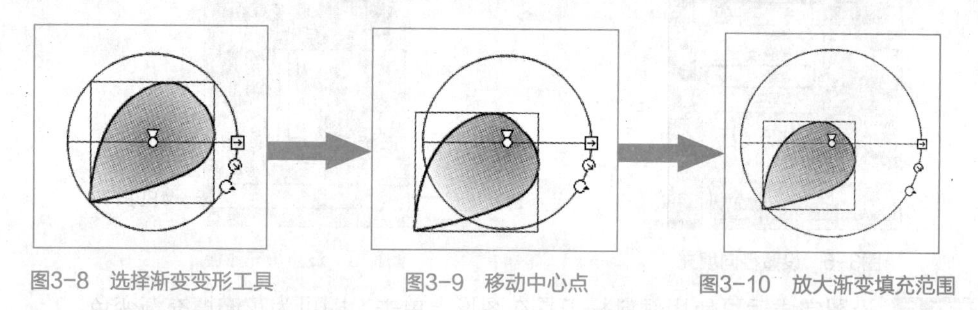

图3-8　选择渐变变形工具　　图3-9　移动中心点　　图3-10　放大渐变填充范围

3.1.3　选择和复制图形

本例的目标是要绘制一朵花，在绘制完成一个花瓣之后，可以通过复制的方法，快速得到其他花瓣，从而节省重新绘制的时间。

1. 选择图形

在复制之前需要选择图形，选择图形的方法有多种，具体介绍如下。

- 选择单个图形：选择“选择工具”后，直接在要选择的图形上单击鼠标左键，即可选择该图形。此时，在对象绘制模式下绘制的图形四周将出现框线，如图3-11所示；在合并模式下绘制的图形呈矢量图的选择状态，以点的形式显示，如图3-12所示。

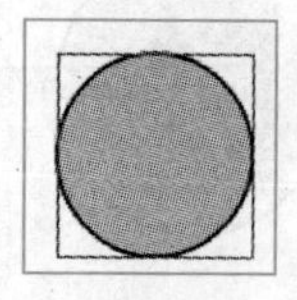

图3-11　对象绘制模式下绘制的圆形

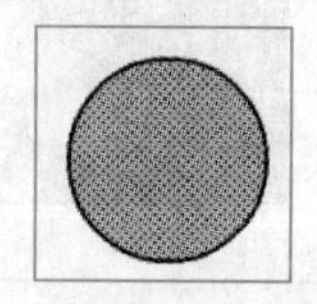

图3-12　合并绘制模式下绘制的圆形

- 选择多个图形：选择“选择工具”后，按住【Shift】键，依次单击要选择的图形，可以选择多个图形，如图3-13所示。

● **框选图形**：选择“选择工具”后，在场景中按下鼠标左键不放进行拖动，此时在场景中会出现一个虚线框，在框内的图形将被选中，如图3-14所示。

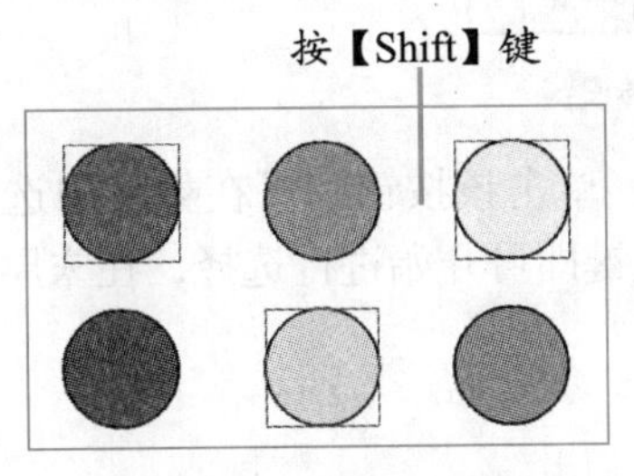

图3-13 选择多个图形

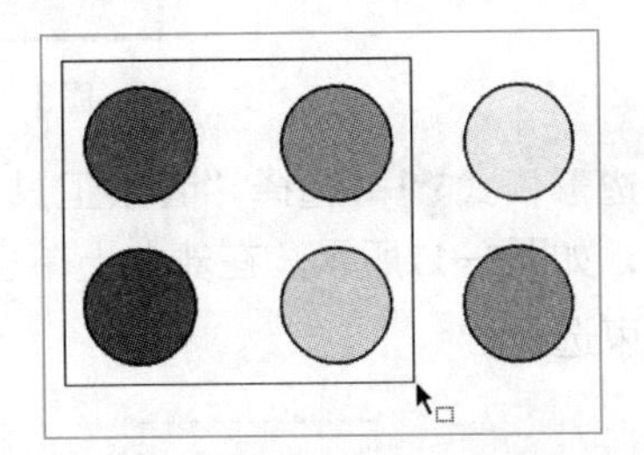

图3-14 框选图形

知识提示

图在使用框选方式选择图形时，在合并绘制模式下绘制的图形必须全部被框在虚线框内才能被选中，否则未被框选中的部分不能被选中。

2. 套索工具

使用工具栏中的“套索工具”，同样可以对图形进行选择，但其选择的方法不同。选择“套索工具”后，将鼠标指针移至舞台中，当其变为形状时，在图形上单击并拖曳鼠标，可选择任意范围内的图形，如图3-15所示。

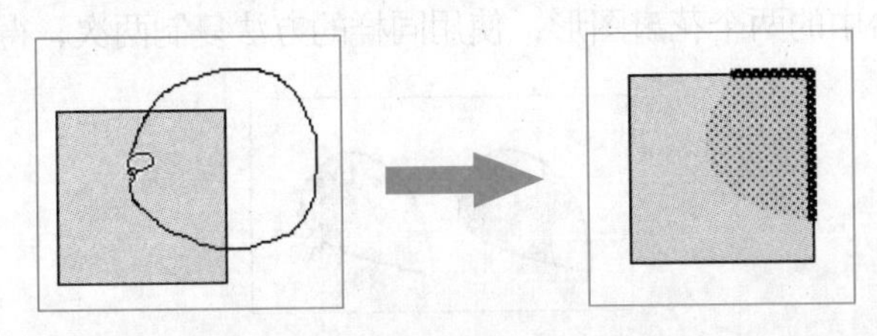

图3-15 选择任意范围内的图形

知识提示

使用套索工具只能对矢量形状进行选择，在合并绘制模式下绘制的图形可直接使用套索工具进行选择；在对象绘制模式下绘制的图形需要将图形打散，才能使用套索工具进行选择。

选择套索工具后，在工具栏下方会出现与套索工具相关的3个选项，具体介绍如下。

● **魔术棒**：魔术棒主要针对图片，选择图片后，按【Ctrl+B】组合键将图片打散，然后才可使用魔术棒对图片中颜色相同的区域进行选择。

● **魔术棒设置**：单击该按钮会弹出“魔术棒设置”对话框，如图3-16所示。在“阈值”数值框中可输入1~200之间的值，用于定义所选区域内，相邻像素达到的颜色接近程度，阈值越高，使用魔术棒选择的区域包含的颜色范围越广。在“平滑”右侧的下拉列表中可选择像素、粗略、一般和平滑4个选项，选择不同的选项可为魔术棒选择的区域的边缘设置不同的平滑程度。

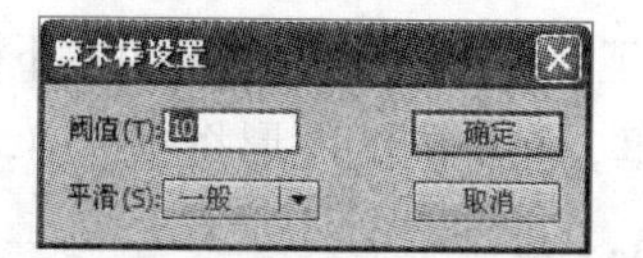

图3-16 魔术棒设置

- 多边形模式 ：选择“套索工具” 后，单击该按钮，可在舞台中选择规则的区域，如图3-17所示。在舞台上单击鼠标左键即可开始进行选择，在末尾处双击即可结束选择。

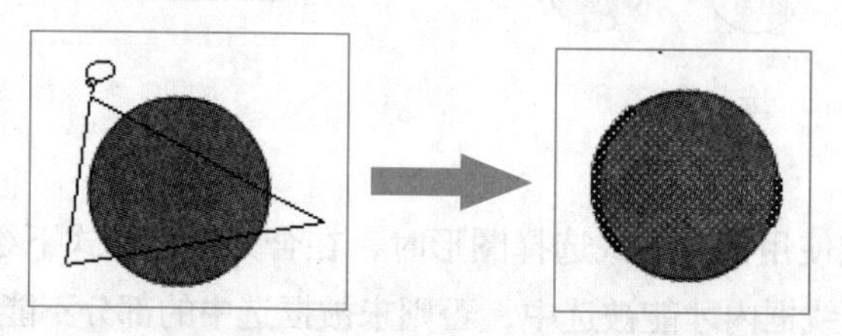

图3-17 在多边形模式下选择图形

3. 复制花瓣图形

下面即可开始对花瓣进行复制，其具体操作如下。

STEP 1 使用“选择工具” ，选中花瓣图形，按住【Alt】键不放并拖曳，即可复制一个花瓣，如图3-18所示。

STEP 2 框选舞台中的两个花瓣图形，使用同样的方法复制两次，得到6片花瓣。

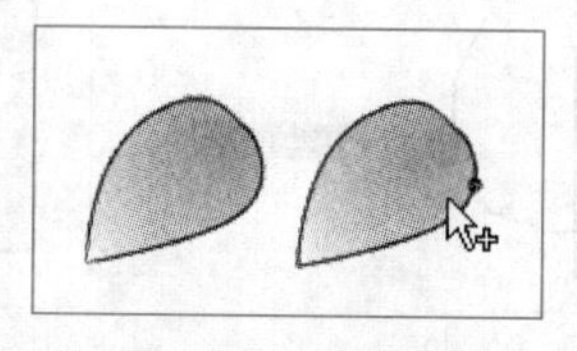

图3-18 复制花瓣

多学一招

选择要复制的图形，单击鼠标右键，在弹出的快捷菜单中选择“复制”命令，然后将鼠标光标移动到场景中的空白位置，单击鼠标右键，在弹出的快捷菜单中选择“粘贴”菜单命令，也可复制图形。

3.1.4 旋转和变形图形

接下来需要将复制的花瓣组合在一起，使其成为一朵完整的花朵。在对这些花瓣进行组合时，需要用到旋转和翻转等操作。

1. 旋转图形

许多片花瓣围绕着花心组成了一个花朵，因此需要将之前复制的花朵通过旋转或翻转等操作，使其围绕一个中心点环绕，排列在一起，其具体操作如下。

STEP 1 使用“选择工具” 将花瓣全部选中，单击选中的花瓣不放将其拖曳到舞台边上。

STEP 2 选择第一片花瓣，将其拖曳到舞台中央，选中第二片花瓣，选择【修改】/【变形】/【缩放和旋转】菜单命令，打开“缩放和旋转”对话框，如图3-19所示。

STEP 3 在“旋转”数值框中输入“60”，单击 确定 按钮，如图3-20所示。

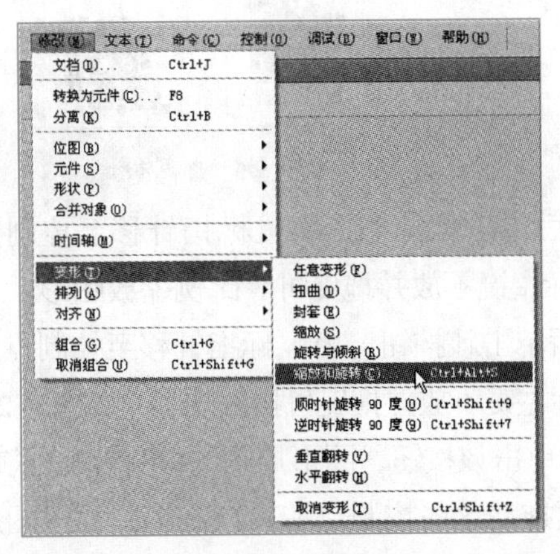

图3-19 选择菜单命令

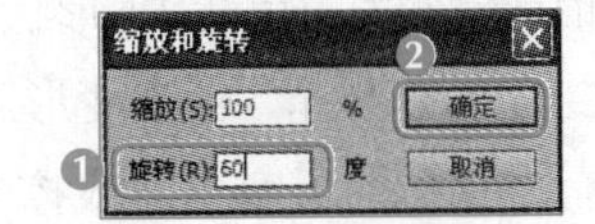

图3-20 设置缩放和旋转

STEP 4 将旋转后的花瓣移动到第一片花瓣旁，如图3-21所示。

STEP 5 使用同样的方法，将剩下的花瓣分别以120°、180°、240°和300°进行旋转，旋转后移动这些花瓣，排列成如图3-22所示的位置。

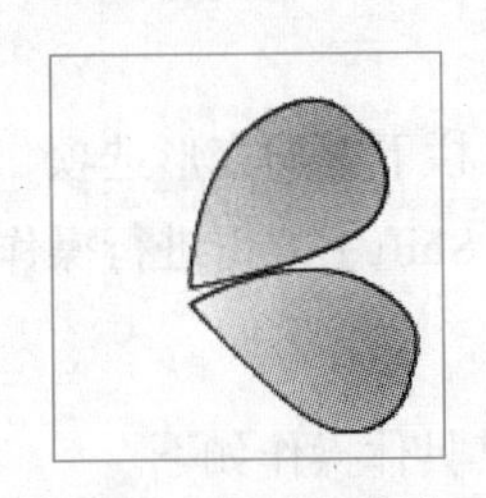
图3-21 移动花瓣

图3-22 旋转并移动剩余的花瓣

多学一招

选择图形后，还可以使用键盘上的方向键进行微调。在【修改】/【变形】菜单命令中还可以对图形进行水平和垂直的翻转，以及顺指针和逆时针90°的旋转。

2. 变形图形

组合好花朵后，需要对其进行一些变形，使每一片花瓣都有一些变化，这里使用“任意变形工具”对图形进行变形和调整。

选择“任意变形工具”，单击需要进行变形的图形，图形四周将出现8个控制点，并将激活工具栏下方的4个选项，这4个选项分别介绍如下。

- 旋转与倾斜：选择任意变形工具后单击该按钮，将鼠标指针移至控制点的四个角上，当鼠标指针变为形状时，单击鼠标左键不放并拖曳，可旋转图形，如图3-23所示。将鼠标指针移至四个边的中心点上，当鼠标指针变为或形状时，单击鼠标左键不放并拖动，可倾斜图形，如图3-24所示。

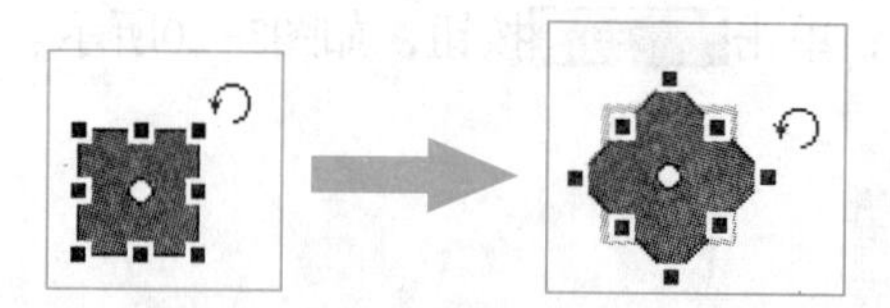

图3-23 旋转图形

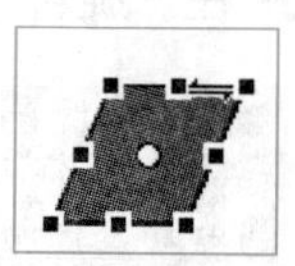

图3-24 倾斜图形

- 缩放：选择“任意变形工具”后单击该按钮，将鼠标指针移至控制点四个角上，当其变为↖或↗形状时，单击鼠标左键不放并拖曳可等比例缩放图形。
- 扭曲：选择“任意变形工具”后单击该按钮，将鼠标指针移至控制点上，鼠标指针会变为白色箭头▷形状，单击鼠标左键不放并拖曳可扭曲图形，如图3-25所示。
- 封套：选择“任意变形工具”后单击该按钮，图形周围的8个控制点将转换为带有控制柄的贝塞尔曲线控制点，通过拖动这些控制点和其控制柄，可对图形进行任意变形，如图3-26所示。

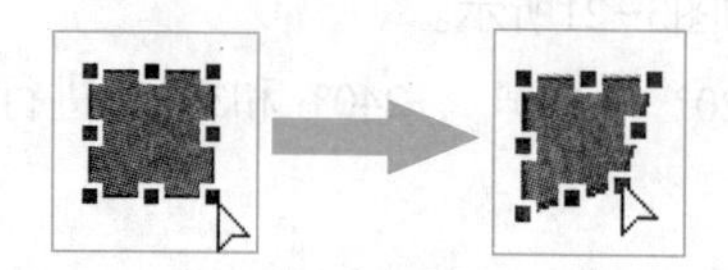

图3-25 扭曲图形

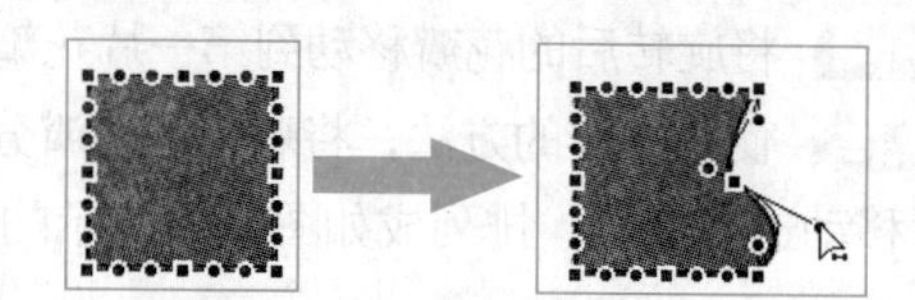

图3-26 封套图形

知识提示

选择任意变形工具后，不用选择工具栏下方的变形选项，也可对图形进行变形。若要执行等比例缩放，可按住【Shift】键再进行操作；若要对图形进行扭曲，可按住【Ctrl】键再进行操作。

下面使用任意变形工具调整花朵中的各个花瓣，其具体操作如下。

STEP 1 选择最上面的花瓣，在工具栏中选择“任意变形工具”，将鼠标指针移动到顶端的控制柄上，当鼠标指针变为↕形状时，单击鼠标左键不放并拖曳进行调整，如图3-27所示。

STEP 2 将鼠标指针移动到边框上，当鼠标指针变为可倾斜的形状时，单击鼠标左键不放并拖曳进行调整，如图3-28所示。

STEP 3 按住【Ctrl】键不放，当鼠标指针变为▷形状时，对图形进行扭曲，使用同样的方法调整其他的花瓣，最终效果如图3-29所示。

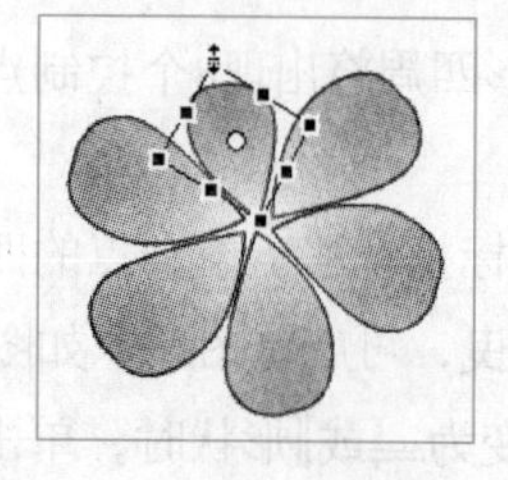

图3-27 调整花瓣

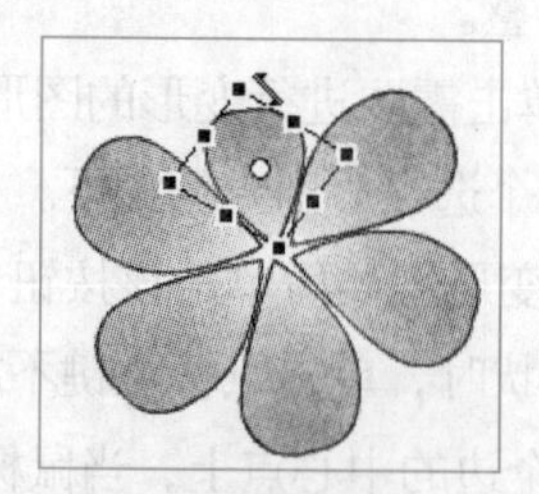

图3-28 倾斜花瓣

图3-29 调整花瓣最终效果

STEP 4 在工具栏中选择“椭圆工具”，单击工具栏下方的“对象绘制”按钮，进入对象绘制模式，在舞台空白位置绘制一个椭圆，作为花朵的花心。

STEP 5 使用“选择工具”，选择绘制椭圆，并将其移至花朵中心，如图3-30所示。

STEP 6 保持椭圆的选中状态，在其属性面板的“填充和笔触”栏中将填充颜色更改为“#FFFF66”，效果如图3-31所示。按【Ctrl+S】组合键进行保存即可。

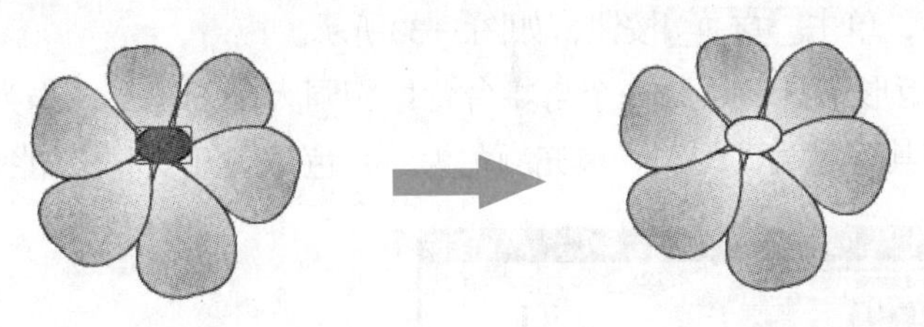

图3-30 绘制花心　　图3-31 更改花心颜色

行业提示

在绘制和调整图形时注意以下几点。

①由于视觉的关系，人眼看到的同样宽窄的道路、树木等物体，越远的越窄、越远的越小，这是一种透视现象。因此在绘制和调整图形时，应注意图形的透视效果，遵循近大远小，近实远虚的规律，使图形看起来更自然。

②在绘制类似花朵等具有相似形状的图形时，需要对相似的部分进行调整，使其富于变化。

3.2 制作圣诞场景

小白接到了一新任务，在舞台中已经绘制好了若干的图形，现在需要将这些图形组合成一幅场景。要完成该任务，除了要调整图形的大小以适应场景，还需要组合和对齐图形，以及改变图形的层叠顺序。本例的参考效果如图3-32所示，下面将具体讲解其制作方法。

素材所在位置 光盘:\素材文件\第3章\课堂案例2\圣诞场景.fla
效果所在位置 光盘:\效果文件\第3章\圣诞场景.fla

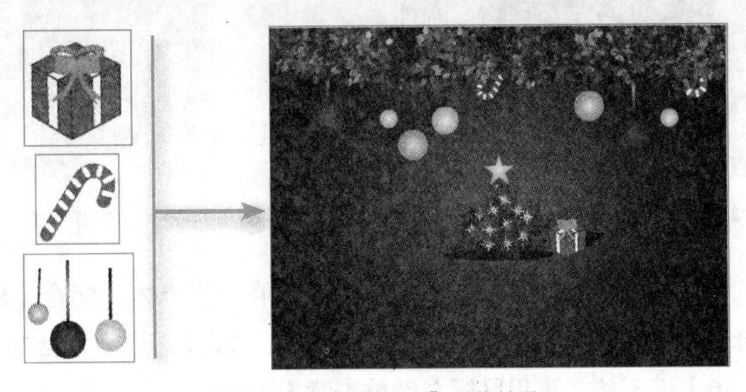

图3-32 “圣诞场景”最终效果

3.2.1 组合图形

场景中已经绘制好了关于圣诞主题的素材，接下来只需在场景中排列这些组合，具体操作如下。

STEP 1 选择【文件】/【打开】菜单命令，打开“打开”对话框，查找素材文件所在位置，选择素材文件，单击打开(O)按钮，如图3-33所示。

STEP 2 选择矩形工具，绘制一个与舞台背景相同大小的矩形，作为场景的背景，在其属性面板中，设置其笔触为“无”，填充颜色为“红色径向渐变”，如图3-34所示。

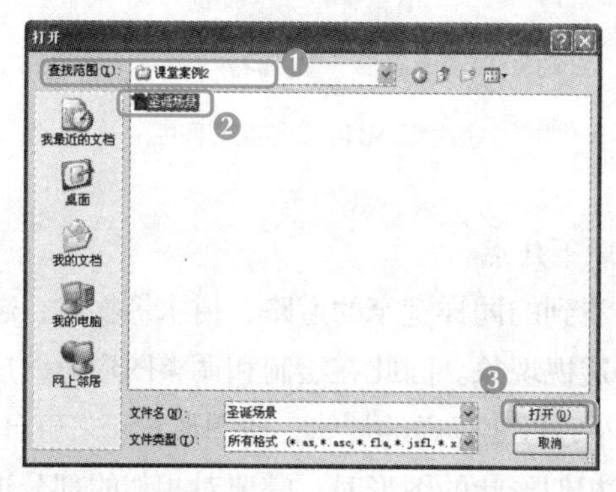

图3-33 打开圣诞场景素材

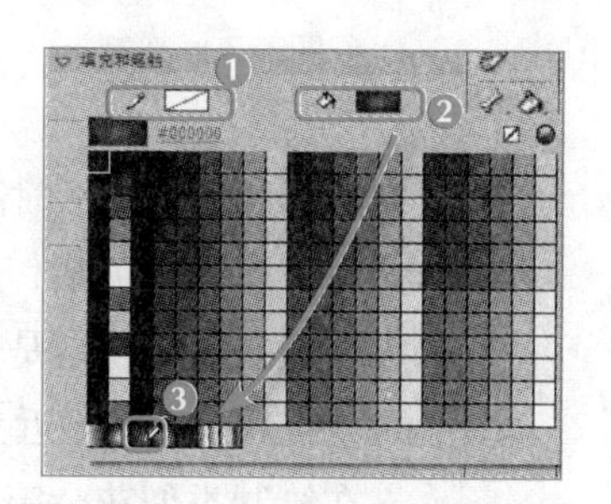

图3-34 设置笔触和填充

STEP 3 在工具栏中选择“渐变填充工具”，单击背景矩形，在出现的控制柄上，使用鼠标左键单击缩放控制柄不放并向外拖动，调整填充范围，如图3-35所示。

STEP 4 在工具栏中选择“Deco工具”，在其属性面板的“绘制效果”栏中的下拉列表中选择“花刷子”选项，在“高级选项”栏中的下拉列表中选择“浆果”，将“花大小”设置为“50%”，如图3-36所示。

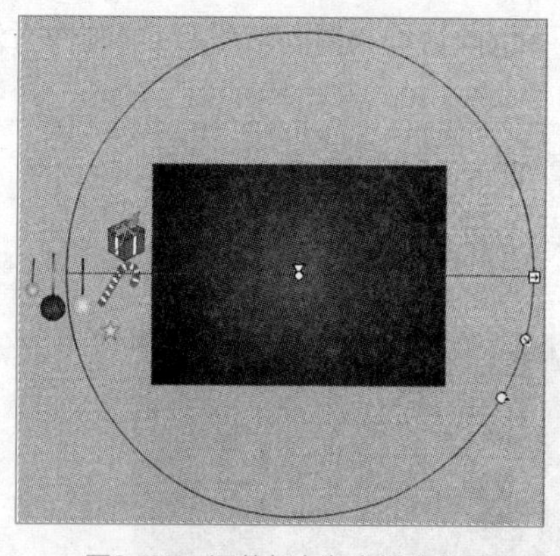

图3-35 调整径向渐变填充范围

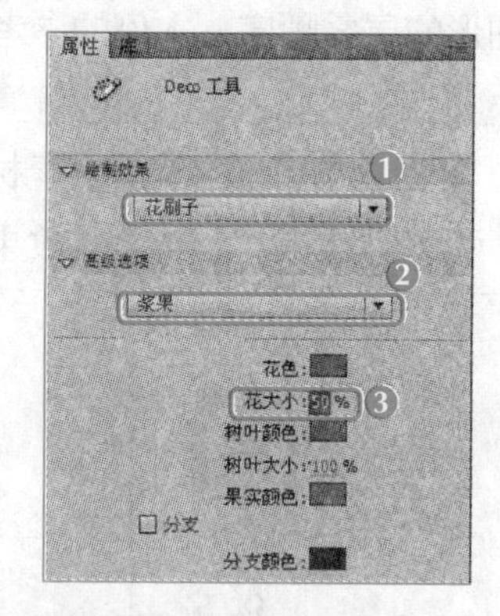

图3-36 设置Deco工具属性

知识提示

使用Deco工具绘制的植物图形都是单一的个体，配合【Shift】键逐一选择会非常麻烦，而且可能遗漏一些部分，因此需要直接框选。框选后，按【Shift】键不放，再用鼠标左键单击背景矩形，可避免选中背景。

STEP 5 将鼠标指针移至舞台顶端，当其变为形状时，单击鼠标左键不放并拖曳，可绘制浆果，至合适位置后再释放，效果如图3-37所示。

STEP 6 利用“选择工具”，框选绘制的浆果图形，选择【修改】/【组合】菜单命令，如图3-38所示，将绘制的图形组合成一个整体，便于拖曳。

图3-37 绘制背景

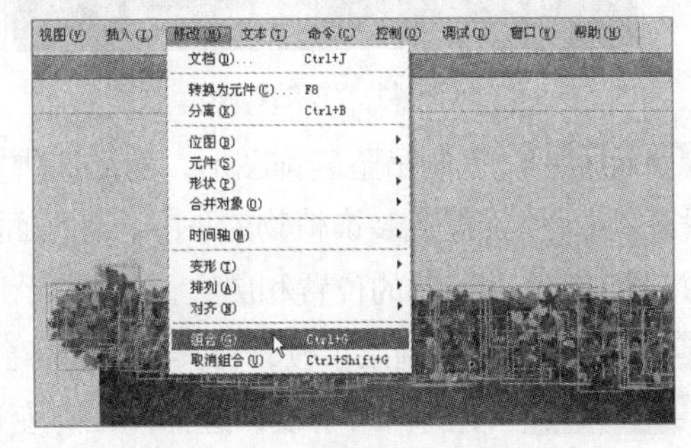

图3-38 组合图形

STEP 7 选择“Deco工具”，在其属性面板的的“绘制效果”栏中的下拉列表中选择“树刷子”，在“高级选项”栏中的下拉列表中选择“圣诞树”选项，如图3-39所示。

STEP 8 在场景空白位置单击鼠标左键并拖曳绘制圣诞树，如图3-40所示。

知识提示

使用Deco工具绘制树木时，首先应单击鼠标拖动绘制树干，当鼠标停下后，会自动开始添加树的枝丫，此时按住鼠标左键不放，向上拖动即可。

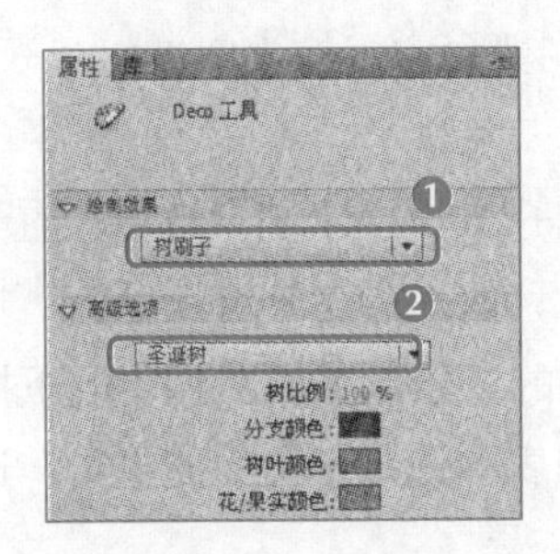

图 3-39 设置Deco工具属性

图3-40 绘制圣诞树

STEP 9 使用“选择工具”框选圣诞树，按【Ctrl+G】组合键组合圣诞树图形，然后将其移至舞台中央。

3.2.2 层叠图形

在打开的场景中已经绘制好了圣诞中经常用到的元素，下面将这些元素添加到场景中，使场景更加丰富。

STEP 1 选择红色吊坠装饰，将其拖曳到舞台中，选择【修改】/【排列】/【上移一层】菜单命令，使其上移一层，否则吊坠会被背景挡住，效果如图3-41所示。

STEP 2 使用同样的方法将其他两个颜色的吊坠添加到场景中，使用任意变形工具，调整吊饰大小，效果如图3-42所示。

图 3-41　移动装饰吊坠

图3-42　移动并调整装饰吊坠

STEP 3　复制吊坠装饰图形，然后选中复制的吊坠装饰，按【Ctrl+↓】组合键，使其下移一层，位于绿色装饰植物的下方，让画面更加丰富。使用同样的方法多次复制吊坠装饰，并调整吊坠装饰的的位置和层次，效果如图3-43所示。

STEP 4　选择糖果手杖，将其拖曳到舞台中，按【Ctrl+↑】组合键，将其上移一层。

STEP 5　复制糖果手杖，选择“任意变形工具”，更改糖果手杖的大小和方向。使用同样的方法多次复制糖果手杖，调整其大小和方向，以及在舞台中的位置和层次，效果如图3-44所示。

图3-43　复制并添加装饰吊坠

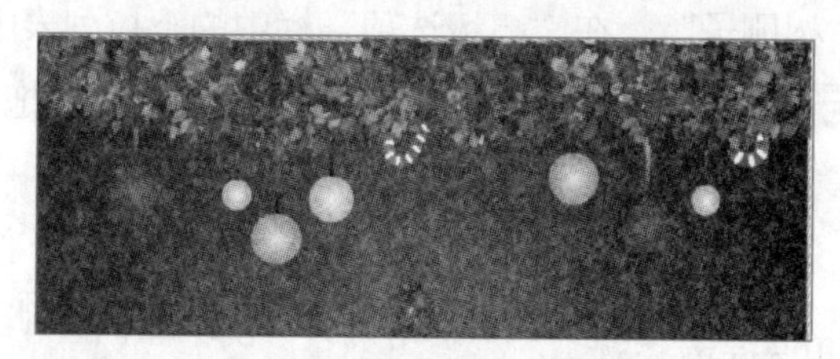

图3-44　添加糖果手杖装饰

STEP 6　使用“选择工具”，将星星素材拖动到舞台中，按【Ctrl+Shift+↑】组合键将其置于顶层，放置在圣诞树顶端。

STEP 7　将礼物图形素材拖动到舞台中，按【Ctrl+Shift+↑】组合键将其置于顶层，利用“任意变形工具”调整其大小，放置在圣诞树旁边，效果如图3-45所示。

STEP 8　选择“Deco工具”，在其属性面板的的“绘制效果”栏中的下拉列表中选择“装饰性刷子”选项，在“高级选项”栏中的下拉列表中选择“发光的星星”选项，将“图案颜色”设置为“#FFFF33”，如图3-46所示。

图3-45　添加星星和礼物

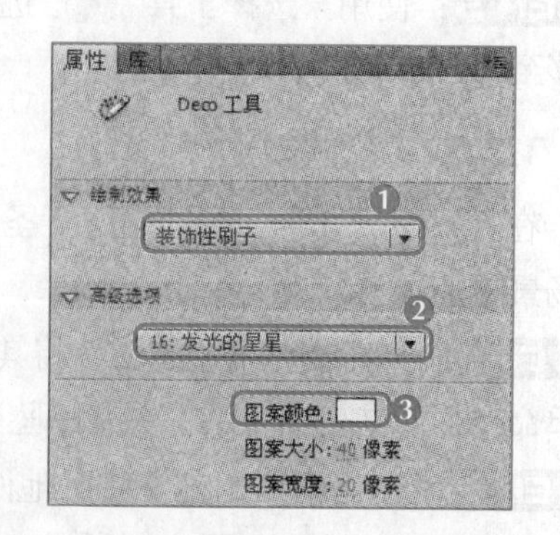

图3-46　设置“Deco工具”属性

STEP 9 将鼠标指针移至舞台中，在圣诞树的位置上单击鼠标左键不放并拖曳，绘制星星装饰物，绘制3个同样的装饰物，如图3-47所示。

STEP 10 按住【Shift】键不放，使用鼠标逐一单击绘制的星星装饰物，然后按【Ctrl+G】组合键进行组合。

STEP 11 选择"Deco工具"，在其属性面板中将"图案颜色"更改为"#FF0000"，再次绘制星星装饰物，如图3-48所示。

图3-47 绘制黄色星星装饰物

图3-48 绘制红色星星装饰物

3.2.3 对齐图形

组建场景有时需要对一些图形进行对齐，可以选择【修改】/【对齐】菜单命令进行对齐，也可单击"对齐"按钮或按【Ctrl+K】组合键，打开对齐面板再进行对齐操作，对齐面板如图3-49所示，其中各参数介绍如下。

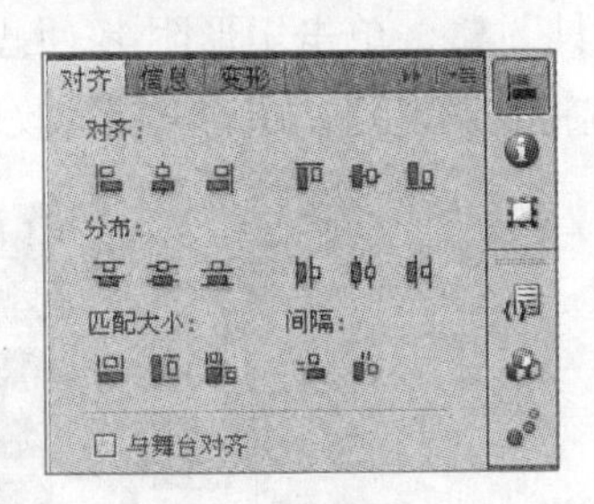

图3-49 对齐面板

- **对齐栏**：主要用于使选中的对象在某方向上进行对齐，如"左对齐"和"右对齐"等。
- **分布栏**：使选中对象在水平或垂直方向上，进行不同的对齐分布。
- **匹配大小栏**：单击"匹配宽度"按钮，在选中的对象中，将以其中宽度最长的对象为基准，在水平方向上等尺寸变形；单击"匹配高度"按钮，在选中的对象中，将以其中高度最长的对象为基准，在垂直方向上等尺寸变形；单击"匹配宽和高"按钮，将以所选对象中最长的高和宽的为基准，在水平和垂直方向上同时等尺寸变形。
- **间隔栏**：单击"垂直平均间隔"按钮，所选对象将在垂直方向上间距相等，单击"水平平均间隔"按钮，所选对象将在水平方向上间距相等。
- **与舞台对齐**：单击选中该复选框，表示将以整个场景为标准调整图像位置，使图像相对于舞台左对齐、右对齐或居中对齐等。如果没有单击选中该按钮，则对齐图形时是以各图形的相对位置为标准。

STEP 1 选中圣诞树和星星素材和绘制的星星装饰物，按【Ctrl+K】组合键打开“对齐”面板，单击选中“与舞台对齐”复选框。

STEP 2 按【Ctrl+Alt+2】组合键，快速进行水平居中，效果如图3-50所示。

STEP 3 选择“椭圆工具”，绘制一个椭圆作为圣诞树的阴影，在属性面板中将椭圆的笔触设置为“无”，将填充颜色设置为“#000000”，并设置填充颜色的Alpha值为“50%”，如图3-51所示。

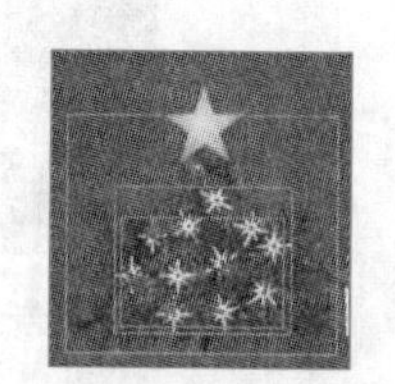

图3-50 水平居中图形

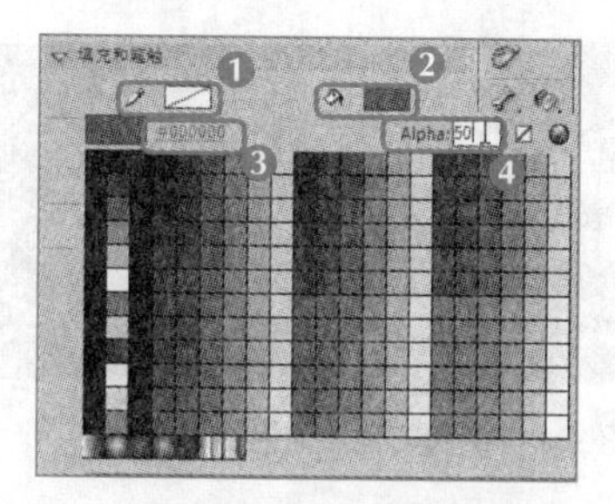

图3-51 设置阴影颜色

STEP 4 选中绘制的阴影，使用【Ctrl+↓】组合键，将其调整到圣诞树的下层，如图3-52所示。选择“矩形工具”，为礼物盒绘制阴影，在属性面板中设置矩形的阴影参数同椭圆的阴影参数一致。

STEP 5 选择“任意变形工具”，单击矩形阴影，配合【Alt】键对矩形阴影进行变形，然后利用【Ctrl+↓】组合键将其调整到礼物的下层，效果如图3-53所示。

图3-52 绘制圣诞树阴影

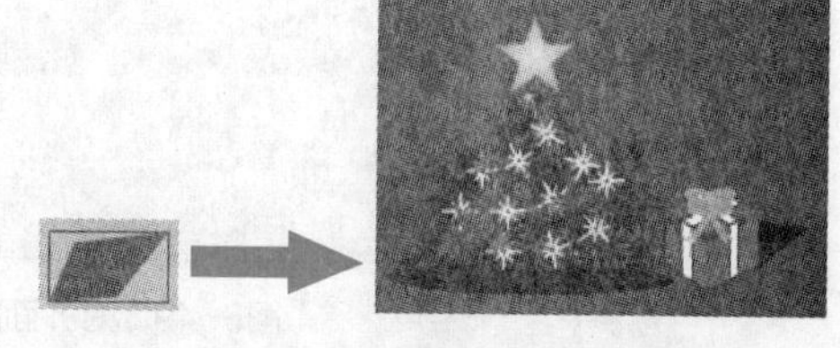

图3-53 绘制礼物盒的阴影

STEP 6 使用同样的方法，利用矩形工具和椭圆工具绘制吊坠装饰的阴影，将其笔触设置为“无”，填充颜色设置为“#000000”，Alpha值为“20%”，如图3-54所示。

STEP 7 利用【Ctrl+↓】组合键将其调整到吊坠装饰下层。复制该阴影，调节其大小和位置，为其他吊坠添加阴影，最终效果如图3-55所示。

图3-54 绘制吊坠装饰物的阴影

图3-55 圣诞场景最终效果

3.3 实训——制作山坡场景

3.3.1 实训目标

本实训的目标是制作一个山坡场景，要求注意景物的远近效果，天空的颜色渐变，以及各个对象的位置和大小。在设置各动物的位置和大小时，应注意各个对象之间的比例。本实训的效果如图3-56所示。

素材所在位置 光盘:\素材文件\第3章\实训\山坡场景.fla
效果所在位置 光盘:\效果文件\第3章\山坡场景.fla

图3-56 山坡场景制作效果

3.3.2 专业背景

在制作场景类的Flash文件时，需要考虑多方面因素，包括场景中的主要物体和次要物体的表现形式，以及这些物体在整个场景中的的位置和大小比例。

在制作山坡场景时，首先需要绘制大的背景，比如蓝天、白云和山坡，然后再对场景中的动物素材进行编辑。

3.3.3 操作思路

完成本实训主要包括天空和云朵的绘制、山坡的绘制和素材的添加3大步操作，其操作思路如图3-57所示。

①绘制天空和云朵　②添加山坡　③添加动物

图3-57 山坡场景的制作思路

【步骤提示】

STEP 1 新建一个空白动画文档，设置场景大小为“500×350”像素，背景色为“白色”，选择矩形工具，设置为无笔触颜色，在“颜色”面板中设置填充渐变色为蓝色（#46C1C1）到白色的线性渐变，绘制一个与场景大小相同的矩形。

STEP 2 选择“渐变变形工具”，在场景中拖动旋转手柄，改变渐变方向。

STEP 3 选择“椭圆工具”，设置为无笔触颜色，填充色为“白色”且透明度为“50%”，在场景中绘制一个椭圆。

STEP 4 选择“选择工具”，按住【Alt】键，拖动复制出几个绘制的半透明椭圆。选择这些椭圆图形，按【Ctrl+G】组合键组合，按【Ctrl+D】组合键直接复制组合后的图形，将复制后的图形移动到相应的位置，选择“任意变形工具”，按住【Shift】键将复制的图形等比例缩小。

STEP 5 选择“刷子工具”，设置为无笔触颜色且填充颜色为“#00684E”，在场景中绘制山形状的图形。继续使用该工具，设置填充颜色为白色，透明度为“60%”。

STEP 6 打开素材文件，将其中的图形复制到当前文档中，然后选择“任意变形工具”，将各图形缩小，并移动到相应位置。

STEP 7 对各图形进行复制操作，其中将鸟儿复制2个，羊图形复制6个，大象图形复制1个。使用“任意变形工具”，分别将复制的图形缩小，并移动到相应的位置。

STEP 8 对部分图形进行翻转操作，完成场景中动物图形的制作和位置摆放。在场景中绘制一些植物，完成山坡场景的制作。

3.4 疑难解析

问：为什么在选择图形后，不能对图形进行扭曲操作？

答：不能操作的原因有多种，如选择的图形是组合后的图形，或使用“基本矩形工具”绘制的图形等，若需要进行扭曲操作，需先将这些图形进行分离。

问：在对图形进行旋转时，都会绕图形的几何中心进行旋转，怎么可以让图形围绕其他位置进行旋转呢？

答：选择图形并选择“任意变形工具”后，图形的几何中心会有一个小圆圈，对图形进行旋转是以该小圆圈为中心的。因此，只需要改变该小圆圈的位置即可。用鼠标直接拖动小圆圈就能移动小圆圈的位置，从而改变图形中心点的位置。

问：填充颜色之后，若想将笔触颜色和填充颜色进行互换，怎样操作比较快速？

答：按【Alt+Shift+F9】组合键或单击“颜色”按钮，打开“颜色”面板，在其中单击“交换颜色”按钮，即可将笔触颜色和填充颜色进行互换。在其中单击“黑白”按钮，还可快速将笔触和填充颜色设置为默认的黑白颜色。

问：对图形进行变形之后，怎样能一次性撤销这些变形呢？

答：按【Ctrl+T】组合键或单击“变形”按钮，打开“变形”面板，在其中单击“取消变形”按钮，即可一次性取消变形。

问：怎样才能选取跟场景中的某种颜色相同的颜色呢？

答：使用工具栏中的“吸取工具”，在需要选择的颜色上单击，即可选取与所单击位置相同的颜色。

问：在操作时怎样快速缩放舞台场景？

答：使用工具栏中的“缩放工具”，将鼠标指针移至舞台中，此时鼠标指针为形状，单击需要放大的部分，即可快速放大，连续单击可连续进行放大，最多能放大到2000%。按住【Alt】键不放，当鼠标指针为形状时，单击舞台可缩小图形。

3.5 习题

本章主要介绍了编辑图形的基本操作，包括为图形填充渐变色、调整填充的渐变色、选择和复制图形、旋转和变形图形、组合图形、对齐图形和层叠图形等知识。对于本章的内容，读者应认真学习和掌握，为后面设计广告Banner和请帖等打下基础。

素材所在位置 光盘:\素材文件\第3章\习题\沙滩.fla
效果所在位置 光盘:\效果文件\第3章\沙滩.fla

打开提供的“沙滩.fla”素材，结合其中的素材图形，制作如图3-58所示的“沙滩”图像效果。

（1）首先画出天空的轮廓，然后进行填充，再使用渐变变形工具，调整填充效果。

（2）绘制大海，然后进行填充和调整，再绘制沙滩。绘制沙滩时，可以不用再次绘制沙滩与大海的衔接处，直接绘制一个矩形，将其调整到大海图形的下层即可。

（3）绘制山脉，填充不同的颜色，用以表示山脉不同的明暗变化。使用橡皮擦工具，擦出云朵和海鸥，最后将场景中的素材图形放置到合适位置即可。逐一调整素材的大小和层叠位置。

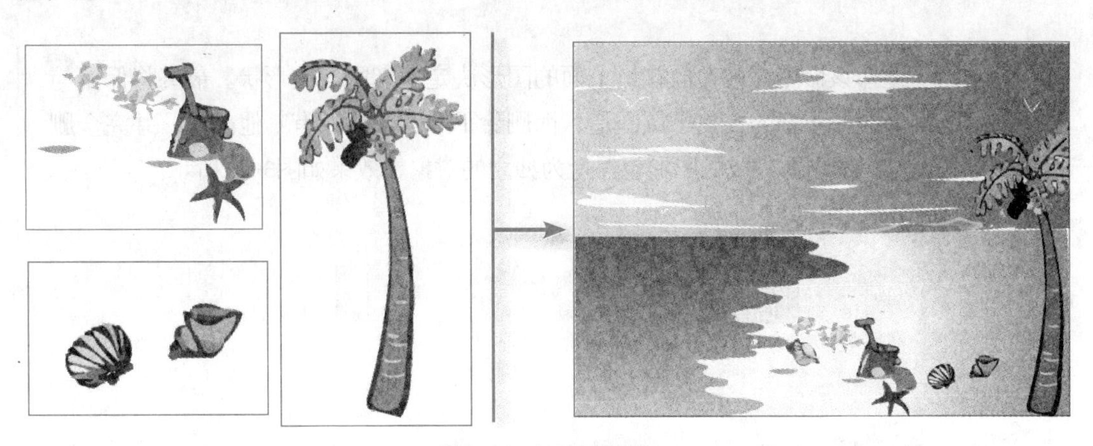

图3-58 沙滩场景效果

课后拓展知识

本章介绍了编辑图形的各种操作方法，和编辑图形所用工具的使用方法。下面对编辑图形的“合并对象”功能进行介绍。使用合并对象功能可将在对象绘制模式下绘制的图形进行合并，在【修改】/【合并对象】菜单命令中即可选择相关的命令，具体介绍如下。

- 联合：选择该命令，将两个或多个图形合成单个图形。联合后的图形将删除图形之间不可见的重叠部分，保留可见部分，效果如图3-59所示。

图3-59　联合对象

- 交集：选择该命令，创建两个或多个图像的交集。生成的新图形由图形的重叠部分组成，并使用叠放在最上层的图形的填充和笔触，效果如图3-60所示。

图3-60　交集对象

- 打孔：选择该命令，可以在多个重叠的图形中，将被叠放在最上层的图形覆盖的部分删除。生成的图形保持为独立的对象，不会合并为单个对象，效果如图3-61所示。

图3-61　打孔对象

- 裁切：选择该命令，被叠放在最上面的图形决定裁切区域的形状。最终将保留与最上面的图形重叠的任何下层图形，而删除下层图形的所有其他部分，并完全删除最上面的图形。生成的图形也保持为独立的对象，效果如图3-62所示。

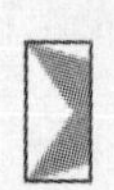

图3-62　裁切对象

PART 4

第4章 创建静态文本

情景导入

小白已经掌握了在Flash CS5中绘制图形和编辑图形对象的方法，运用这些绘图工具和命令，可制作出丰富多彩的场景。

知识技能目标

- 掌握“文本工具”的使用方法。
- 熟练掌握设置文本字符和段落的操作方法。
- 熟练使用“滤镜”栏为文本添加特效。

- 加强对文本工具“属性”栏中各参数的认识，并掌握其作用和操作方法。
- 掌握“新年贺卡”作品和“招聘网页”作品的制作方法。

课堂案例展示

新年贺卡

招聘网页

4.1 制作新年贺卡文字

快过节了，公司接到很多制作贺卡的工作，鉴于小白已能独立完成完整的项目，老张决定将一部分工作交给小白来完成。制作贺卡除了绘制图形外，还需要在贺卡中写上祝福语，这就涉及文本工具的使用，正好帮助小白练习使用Flash CS5中的文本工具。本例完成后的效果如图4-1所示，下面具体讲解其制作方法。

素材所在位置 光盘:\素材文件\第4章\课堂案例1\新年贺卡.fla
效果所在位置 光盘:\效果文件\第4章\新年贺卡.fla

图4-1 “新年贺卡”最终效果

4.1.1 文本的类型

Flash CS5中有两种不同的文本引擎，一种是新文本引擎——文本布局框架（TLF），另一种是老版本的文本引擎——传统文本。TLF支持更多的文本布局功能，加强了对文本属性的精细控制。与传统文本相比，TLF文本增强了许多文本控制功能。

TLF文本要求在FLA文件的发布设置中指定ActionScript 3.0和Flash Player 10或更高版本。且与传统文本不同，TLF仅支持OpenType和TrueType字体，不支持PostScript Type 1字体。

Flash CS5默认的文本引擎为TLF，使用TLF文本可创建3种类型的文本块，如图4-2所示。

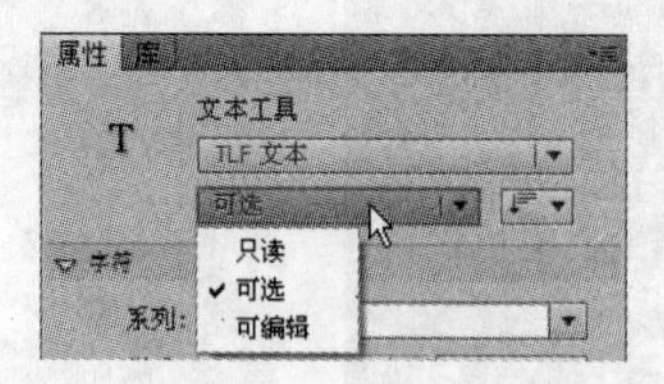

图4-2 TLF文本类型

- 只读：当作为SWF文件发布时，文本无法选中或编辑。
- 可选：当作为SWF文件发布时，文本可以选中并可复制到剪贴板，但不可以编辑。在TLF文本中，此为默认设置。
- 可编辑：当作为SWF文件发布时，文本可以选中和编辑。

使用传统文本也可创建3种类型的文本块，如图4-3所示。

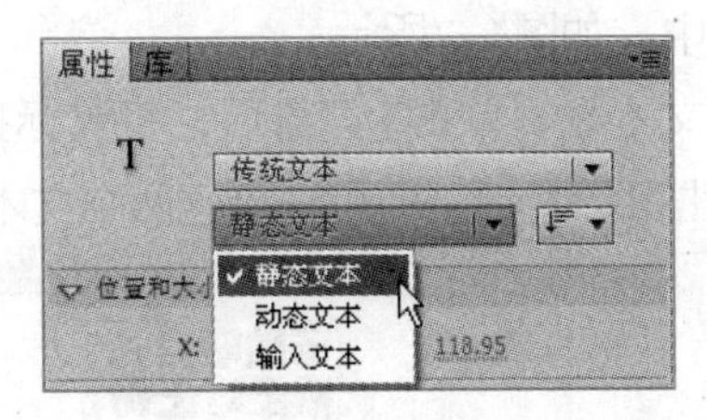

图4-3　传统文本类型

- 静态文本：在舞台中输入的文字是静态的，可以对文本格式执行各种操作。
- 动态文本：可链接显示外部来源的文本，通过程序从文件、数据库中加载文本内容，或者让其在动画播放的过程中发生改变，如载入条上显示百分比的数字。
- 输入文本：用户可以在文本字段中键入内容，如登陆框，可输入用户名和密码。

4.1.2 输入文本

在输入文本之前需要单机选中“显示亚洲文本选项”和“显示从右至左选项”，其操作方法为：在“属性”面板的标题栏上，单击右上角的“快捷菜单”按钮，在弹出的下拉菜单中单击选中需要显示的选项，使选项前出现✓标记即可，如图4-4所示。

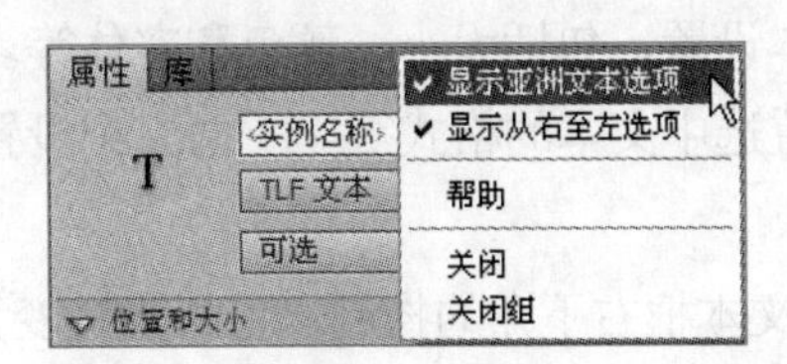

图4-4　显示亚洲文本和从右至左选项

在制作贺卡时，首先需要输入文本，输入文本的操作非常简单，具体介绍如下。

STEP 1 选择【文件】/【打开】菜单命令，打开“打开”对话框，在其中选择素材文件夹中的“新年贺卡.fla”文件，并将其打开。

STEP 2 在工具栏中单击“文本工具”按钮T，将鼠标指针移至舞台中，此时鼠标指针变为形状。

STEP 3 单击鼠标左键不放并拖曳，绘制一个文本框，并在文本框中输入文本“祝：富贵平安 年年有余”，如图4-5所示。

图4-5　输入文本

4.1.3 编辑文本

与传统文本不同，在TLF中随着文本的增多，文本框并不会随之发生改变。若出现溢流文本（即文本框已无法装下文字的情况），其文本框右下角会出现田符号，如图4-6所示。

单击该符号，当鼠标指针变为形状时，将鼠标指针移至空白位置，单击鼠标左键不放并拖曳可绘制一个TLF文本框，这两个文本框将自动链接起来，且第一个文本框中的溢流文本将自动排列到第二个文本框中，如图4-7所示。

若已存在一个空白的TLF文本框，单击⊞符号后，将鼠标指针移至该空白文本框中，当鼠标指针将变为形状时，单击鼠标左键，即可链接这两个文本框。

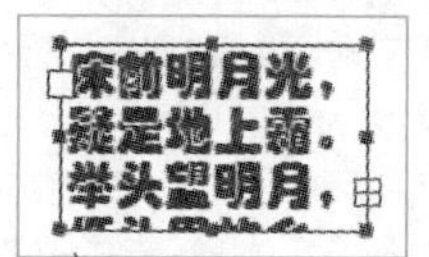

图4-6　有溢流文本的TLF文本框

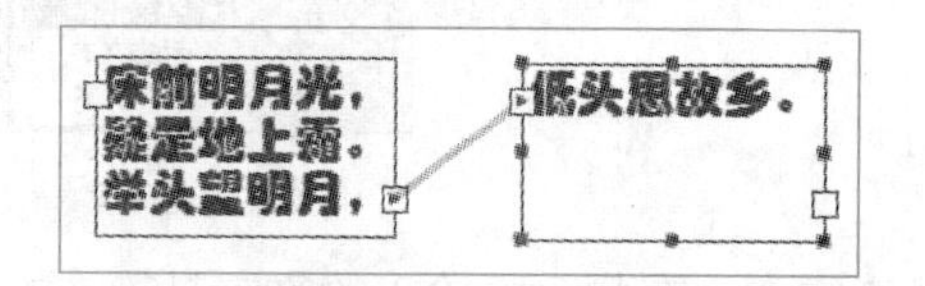

图4-7　链接TLF文本框

在被链接的文本框上，双击其左上角的按钮即可取消两个TLF文本框之间的链接；选中文本框，单击文本类型右侧的按钮，在弹出的下拉菜单中可设置文本的排列方式为“水平”或“垂直”。

输入文本后即可对文本的字符、段落等进行设置，下面讲解如何编辑文本。

1. 设置字符样式

在TLF文本的“属性”面板中有“字符”和“高级字符”两个设置字符的选项栏。“字符”栏中包含了对文本的基本设置，包括大小、颜色和字体等。在“高级字符”栏中可对选中的文本添加超链接，或设置选中文本的格式等。下面介绍设置字符样式的方法，其具体操作如下。

STEP 1 将鼠标指针移至文本框右下角的控制点上，当其变为↘形状时，单击鼠标左键不放并向右下拖曳，将文本框放大。

STEP 2 选中输入的全部文本，在“属性”面板中单击“字符”栏前的按钮，展开“字符”栏。

STEP 3 单击“系列”下拉列表框右侧的下拉按钮，在弹出的下拉菜单中选择“华文琥珀”选项，在“大小”数值数值框中输入“40”。

STEP 4 在“行距”数值数值框中输入“100”，单击“颜色”右侧的色块，在弹出的颜色面板中设置字体的颜色为“#FFFF00”，如图4-8所示。

STEP 5 完成后的设置效果如图4-9所示。

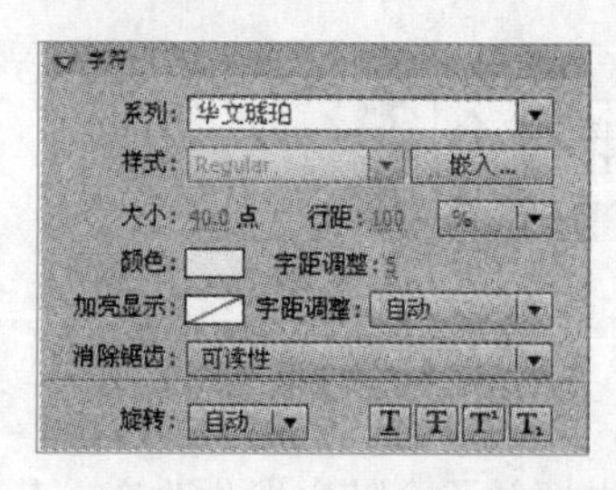

图4-8　设置字符

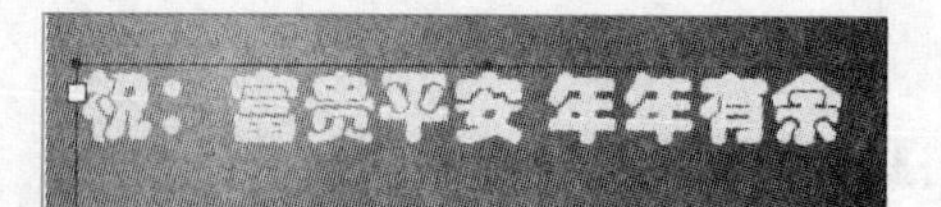

图4-9　设置字符效果

2. 设置段落格式

在TLF的"属性"面板中同样有"段落"和"高级段落"两个设置段落格式的选项栏。在"段落"栏中可设置段落的编剧、缩进和方向等，并能对段落进行强制对齐。在"高级段落"栏中可对段落的对齐规则等进行设置，其具体操作如下。

STEP 1 在文本"富"字之前单击鼠标左键，将光标插入点定位到"富"字之前，按【Enter】键进行换行。

STEP 2 单击"段落"栏前的▶按钮，展开"段落"栏，将"缩进"右侧的数值设置为"60"，按【Enter】键确认，如图4-10所示。

STEP 3 设置完成后的效果如图4-11所示。

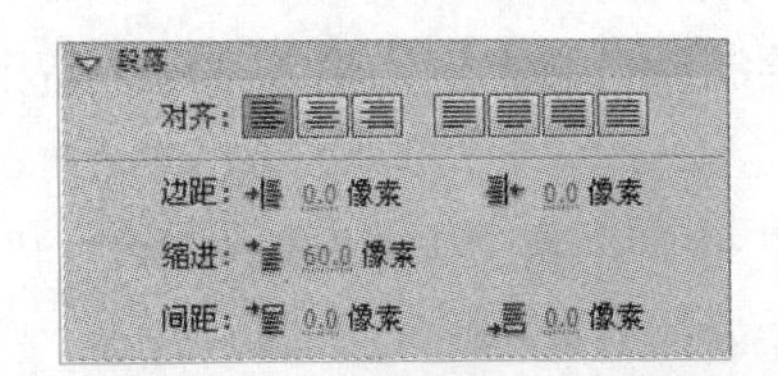

图4-10 设置段落缩进

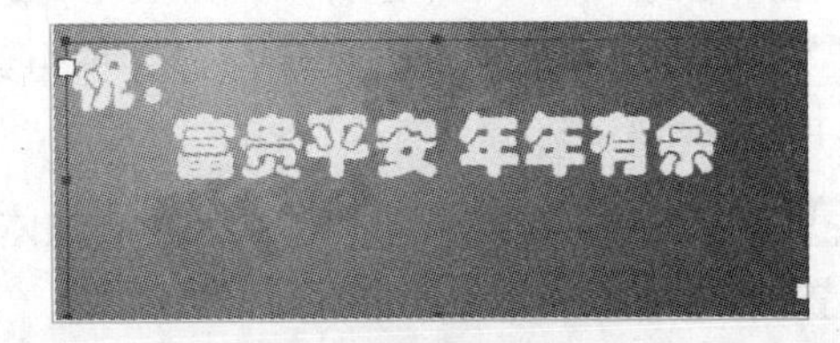

图4-11 缩进效果

STEP 4 将光标插入点定位到"年年有余"文本之前，按【Enter】键再次进行换行，在"段落"栏中将"缩进"右侧的数值设置为"240"，按【Enter】键进行确认，效果如图4-12所示。

STEP 5 选中"富贵平安"和"年年有余"文本，在"字符"栏中将"字距调整"右侧的的数值设置为"200"，效果如图4-13所示。

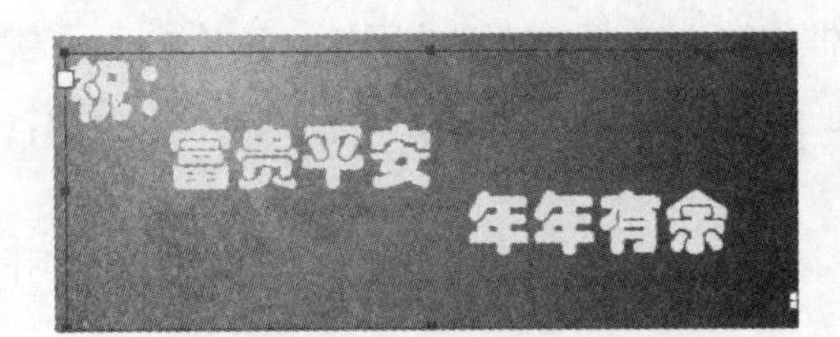

图4-12 再次设置缩进后的效果

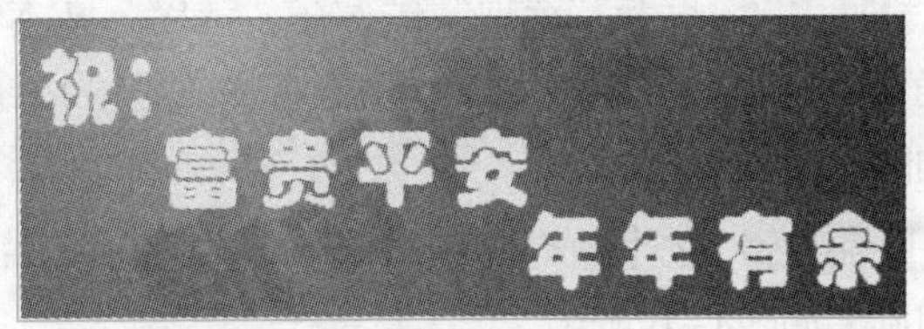

图4-13 设置字符间距

3. 打散文本

制作好文字并确定不会再进行修改后，即可将文本打散。在Flash中输入的文本是一个整体对象，打散文本是为了将文本转换为矢量图形。转换后文本将不受字体的约束，且读者可对文字进行变形，其具体操作如下。

STEP 1 选中全部文本，选择【修改】/【分离】菜单命令，即可将选中的文本打散为单个的对象，如图4-14所示。

STEP 2 保持打散文本的选中状态，按【Ctrl+B】组合键再次进行分离，将文本打散为矢量图形。

STEP 3 此时可发现被打散的矢量文字形状消失了，这是因为形状会永远位于最底层，按【Ctrl+G】组合键，组合被打散的文字，并将其重新显示在最上一层，如图4-15所示。

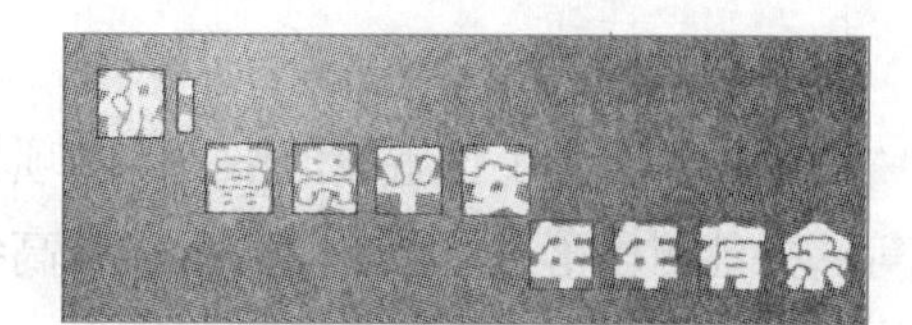

图4-14　分离文字

图4-15　组合打散后的文字形状

4. 添加超链接

在Flash中无论使用TLF文本还是传统文本，均可为文本添加超链接，在输出的文件进行播放时，可单击超链接，打开相应的链接网页。添加超链接的具体操作如下。

STEP 1 在工具栏中选择“文本工具”T，在“属性”面板中单击“TLF文本”右侧的▼按钮，在弹出的下拉菜单中选择“传统文本”选项，如图4-16所示。

STEP 2 在舞台右下角单击鼠标左键并拖曳绘制一个文本框，输入“电子贺卡制作网站”，展开“字符”栏。

STEP 3 在“系列”下拉列表框中选择“黑体”选项，将“大小”设置为“14”，将文本颜色设置为“#FFFF00”，如图4-17所示。

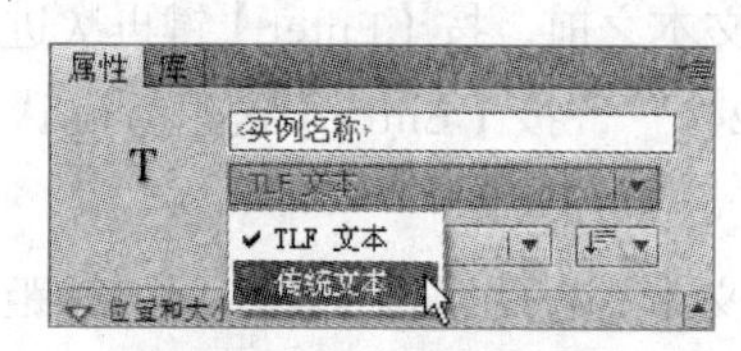

图4-16　选择传统文本

图4-17　设置文本属性

STEP 4 展开“选项”栏，在“链接”文本框中输入需要链接到的网址，按【Enter】键确认，单击“目标”下拉列表框右侧的下拉按钮▼，在弹出的菜单中选择“_blank”选项，如图4-18所示。

STEP 5 按【Ctrl+Enter】组合键，测试影片，其中单击添加了超链接的文本，即可打开网站，如图4-19所示。

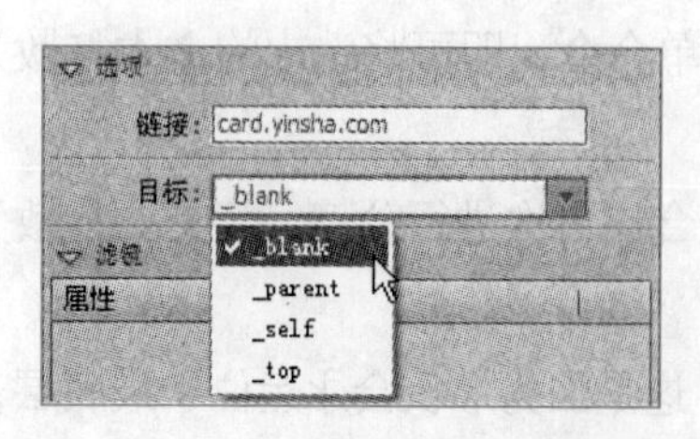

图4-18　添加链接

图4-19　测试影片

知识提示

在“目标”下拉列表中有四种不同的链接选项，具体介绍如下。

“_blank”：在新窗口中打开网页。

“_self”：在本窗口或本框架中打开网页。

“_parent”：在父窗口中打开网页，常在有框架的网页中应用。

“_top”：在整个浏览器窗口中打开链接网页，并删除所有的框架结构。

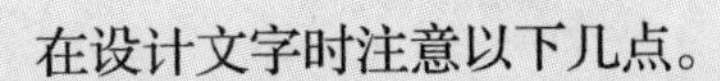

行业提示

在设计文字时注意以下几点。

①避免杂乱无章，让人容易识别，了解文字的意图。

②在不同类型的文件中，应使用符合主题风格的字体，清晰的字体更能表达诉求。多行文字的行间距不能大于文字的高度，否则看起来会很松散。

③文字的位置和大小应当符合整体的需求，分清画面主次，不能有视觉上的冲突，若不是网页地址等内容，不要将文字放在画面的边角上。

4.2 制作招聘网页

应客户要求，需要对已制作完成的招聘网页进行修改，使其看起来更丰富，但老张正在忙别的事情，于是这项任务就交给了小白。小白打开文件发现招聘网页中的字体、字号和位置等都已设置完毕，只需为文本添加背景和滤镜效果即可。本例完成后的参考效果如图4-20所示，下面具体讲解其制作方法。

素材所在位置 光盘:\素材文件\第4章\课堂案例2\招聘网页.fla
效果所在位置 光盘:\效果文件\第4章\招聘网页.fla

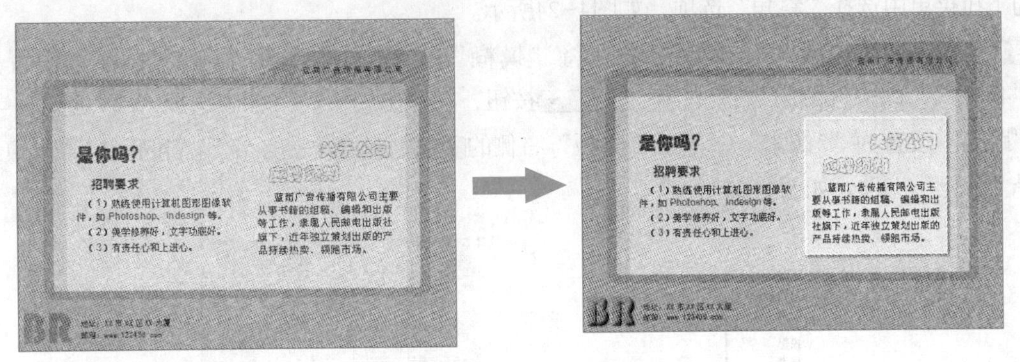

图4-20 “招聘网页”最终效果

4.2.1 设置文本框容器

通过在“属性”面板的“容器和流”一栏中调节相关参数，可对文本框进行设置，如填充背景等。下面对招聘网页中的文本框添加背景，其具体操作如下。

STEP 1 打开素材文件“招聘网页.fla”，选中右侧“关于公司”文本框，在“容器和流”栏中，单击“将文本与容器中心对齐”按钮，使文本在文本框的垂直方向上居中，如图4-21所示。

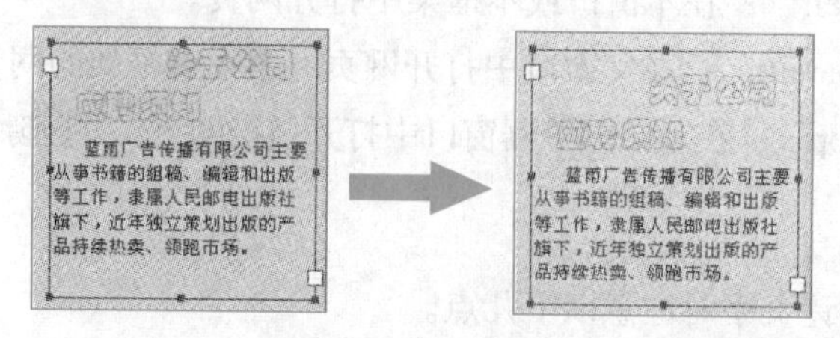

图4-21 对齐文本

STEP 2 单击填充容器边框颜色右侧的色块，在弹出的颜色面板中将笔触颜色设置为白色“#FFFFFF”，边框宽度为“2.0”。单击填充容器背景颜色右侧的色块，在弹出的颜色面板中选择白色“#FFFFFF”，将“Alpha”值设置为“60%”。

STEP 3 将“填充”左侧和上部的距离设置为“8.0”，如图4-22所示，设置完成结果如图4-23所示。

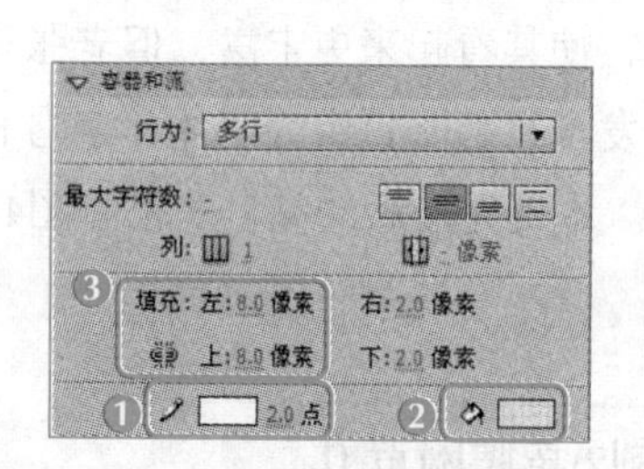

图4-22 设置文本框容器

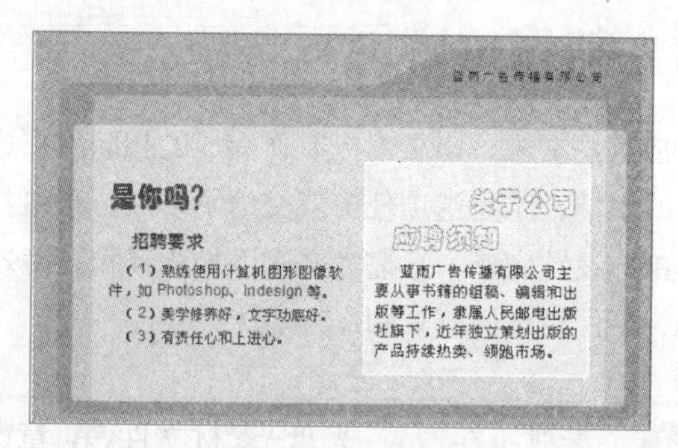

图4-23 文本框容器设置效果

STEP 4 保持文本框容器的选中状态，在“滤镜”栏中单击“添加滤镜”按钮，在弹出的下拉菜单中选择“斜角”选项，如图4-24所示。

STEP 5 在“斜角”参数栏中，将“模糊”设置为“3像素”，“强度”设置为“40%”，单击“品质”右侧的低按钮，在弹出的下拉菜单中选择“高”选项，将“距离”设置为“3像素”，单击“类型”右侧的内侧按钮，在弹出的下拉菜单中选择“外侧”选项，如图4-25所示。

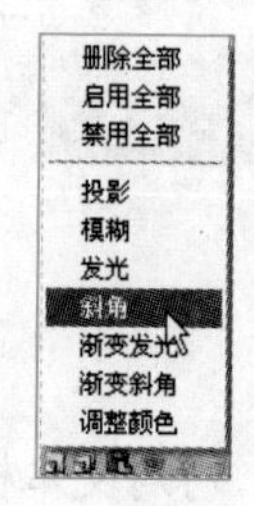

图4-24 选择斜角滤镜

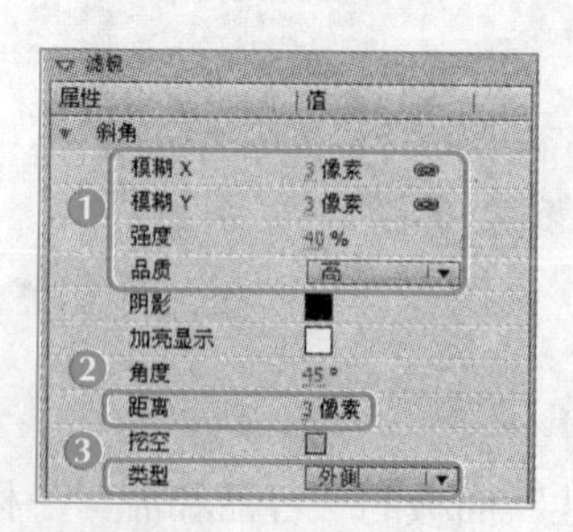

图4-25 设置斜角滤镜参数

STEP 6 按【Ctrl+Shift+S】组合键，打开“另存为”对话框将设置后的文件保存在需要的位置，避免将源文件覆盖，设置效果如图4-26所示。

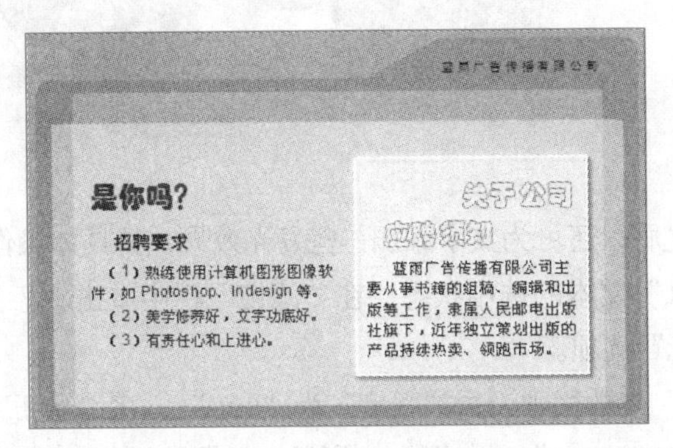

图4-26 文本框容器最终设置效果

在“容器和流”栏中更改“列”右侧的数值，还可对文本框容器中的文本执行类似Word中的分栏操作。

4.2.2 设置滤镜

在Flash CS5中还可为文本对象添加投影和模糊等滤镜，使文字更加丰富多彩，Flash中的滤镜效果只能应用于文本、影片剪辑和按钮元件。

1. 投影滤镜

投影滤镜即是为对象添加投影，使其看起来更加立体，产生有光线照射的效果。下面为logo字体设置投影，其具体操作如下。

STEP 1 选中作为logo的“BR”文本，在“属性”面板的“滤镜”栏中单击“添加滤镜”按钮，在弹出的下拉菜单中选择“投影”选项，如图4-27所示。

STEP 2 在“滤镜”栏中设置“投影”滤镜的参数，设置“模糊X”和“模糊Y”均为“0像素”，使文字投影在X和Y方向上均无模糊效果。

STEP 3 单击“品质”右侧的 低 按钮，在弹出的下拉菜单中选择“高”选项，将投影的“角度”设置为“30°”，投影的“距离”为“1像素”，其余保持默认不变，如图4-28所示。文本的投影设置效果如图4-29所示。

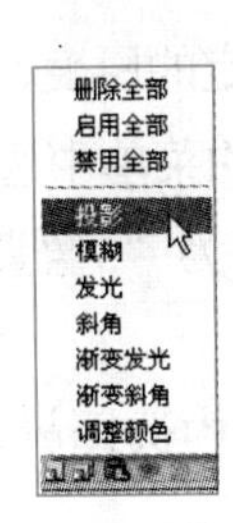

图4-27 选择投影滤镜

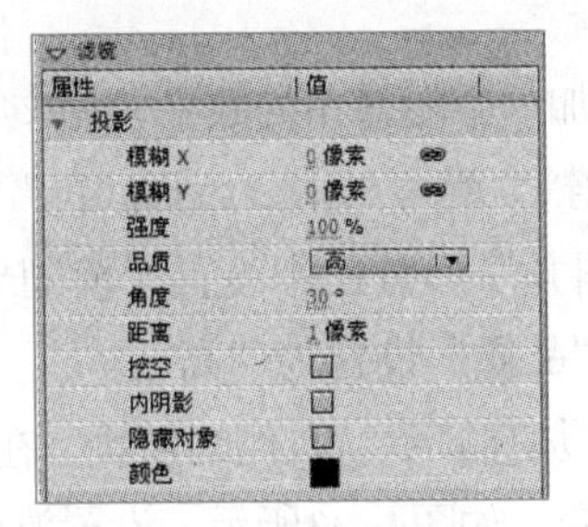

图4-28 设置文字的投影效果

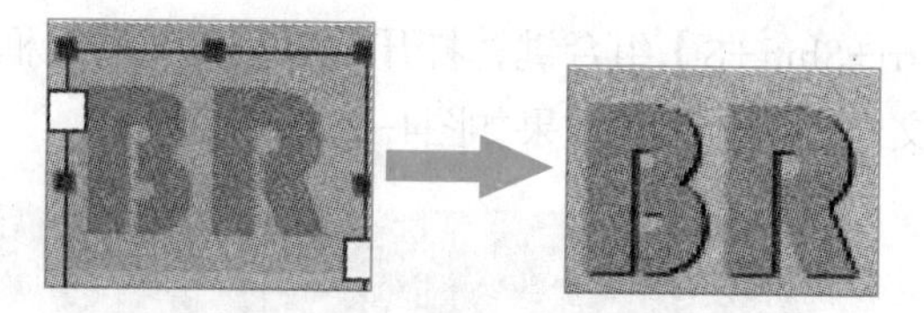

图4-29　投影设置效果

2. 发光滤镜

为文字设置投影之后，还可为文字添加一些发光效果，其具体操作如下。

STEP 1 保持“BR”文本的选中状态，在“滤镜”栏中单击“添加滤镜”按钮，在弹出的菜单中选择“发光”选项。

STEP 2 在“发光”参数栏中设置“强度”为“80%”，将“品质”设置为“高”，设置发光“颜色”为绿色“#00FF00”，如图4-30所示，设置效果如图4-31所示。

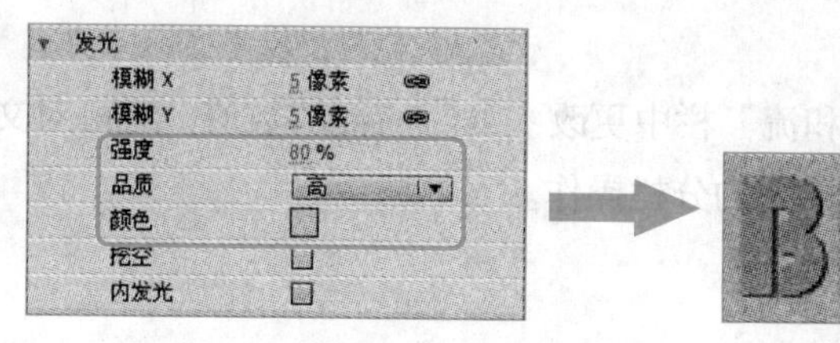

图4-30　设置发光效果　　　　图4-31　发光滤镜设置效果

在Flash中还有一种“渐变发光”滤镜，与“发光”滤镜不同的是，“渐变发光”通过颜色的渐变来设置对象的发光效果，且还可设置发光的角度和距离；而“发光”滤镜则是通过单色设置对象的发光效果，虽然效果比较单一，但在“发光”滤镜中可设置“内发光”，其参数面板对比如图4-32所示。

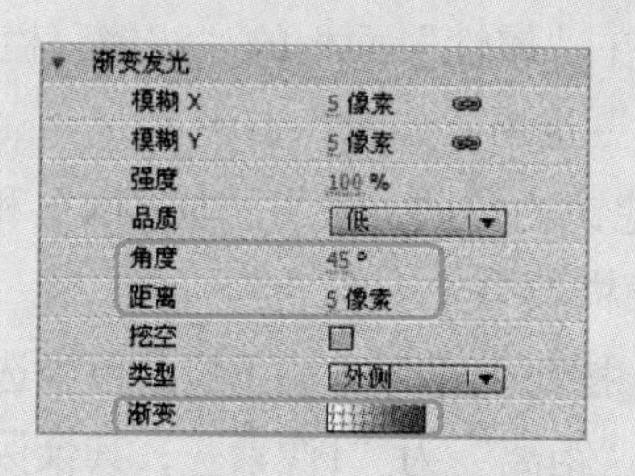

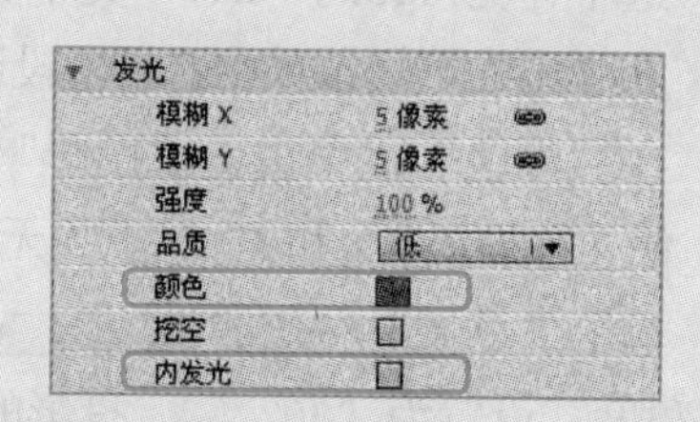

图4-32　“渐变发光”滤镜和“发光”滤镜参数面板

3. 斜角滤镜

下面为文字添加一个内斜角的效果，使文字看上去具有一定的厚度，其具体操作如下。

STEP 1 在“滤镜”栏中单击“添加滤镜”按钮，在弹出的菜单中选择“发光”选项。

STEP 2 在“斜角”参数栏中设置“模糊X”和“模糊Y”为“3像素”，将“强度”设置为“67%”，将“品质”设置为“高”。

STEP 3 单击“加亮显示”右侧的色块，在弹出的颜色面板中选择黄色“#FFFF00”，保持“内侧”类型不变，如图4-33所示，设置效果如图4-34所示。

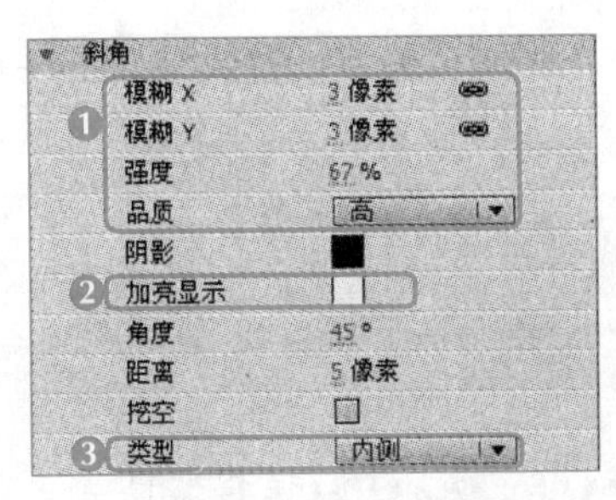

图4-33 设置发光效果

图4-34 发光滤镜设置效果

在Flash中还有一种“渐变斜角”滤镜，与“斜角”滤镜不同的是，渐变斜角通过颜色的渐变来设置对象的亮部与暗部；“斜角”则通过单色设置对象的亮部与暗部，其参数面板对比如图4-35所示。

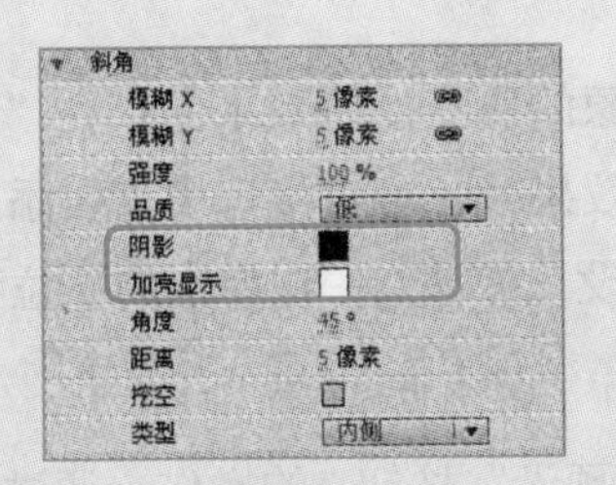

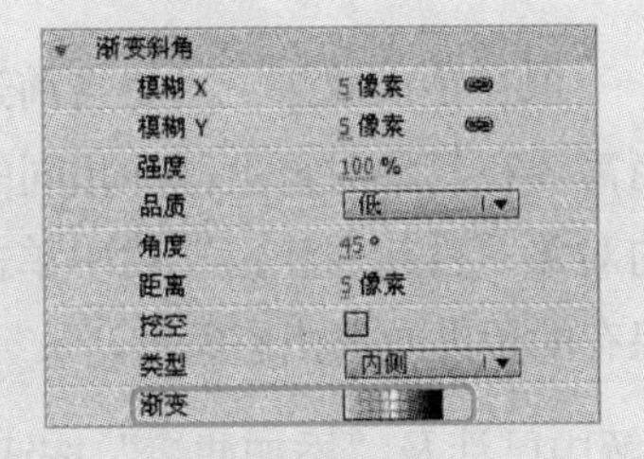

图4-35 “斜角”滤镜和“渐变斜角”滤镜参数面板

4. 调整颜色

下面对文字进行调色，使文字logo的颜色符合整体的风格，具体操作如下。

STEP 1 依次单击“投影”、“发光”和“斜角”参数栏前的▾按钮，折叠这三个参数栏。单击“添加滤镜”按钮，在弹出的下拉菜单中选择“调整颜色”选项。

STEP 2 在“调整颜色”参数栏中设置“饱和度”为“12”，“色相”为“-48”，如图4-36所示，设置结果如图4-37所示。

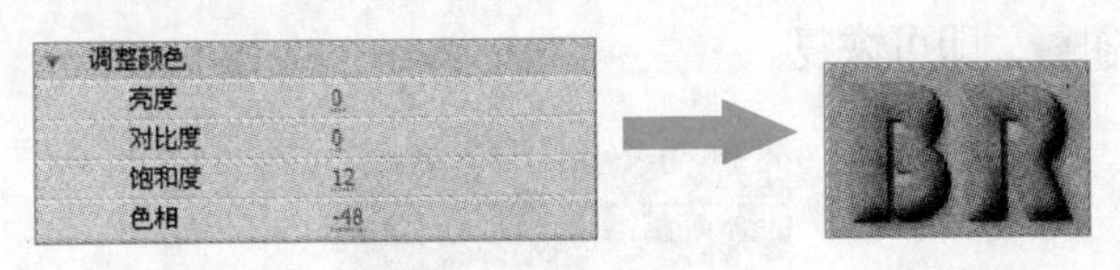

图4-36 调整颜色　　图4-37 颜色调整效果

STEP 3 在“滤镜”栏中单击“预设”按钮，在弹出的下拉菜单中选择“另存为”命令，如图4-38所示，打开“将预设另存为”对话框。

STEP 4 在“预设名称”文本框中输入“logo效果”，单击 确定 按钮，如图4-39所示。

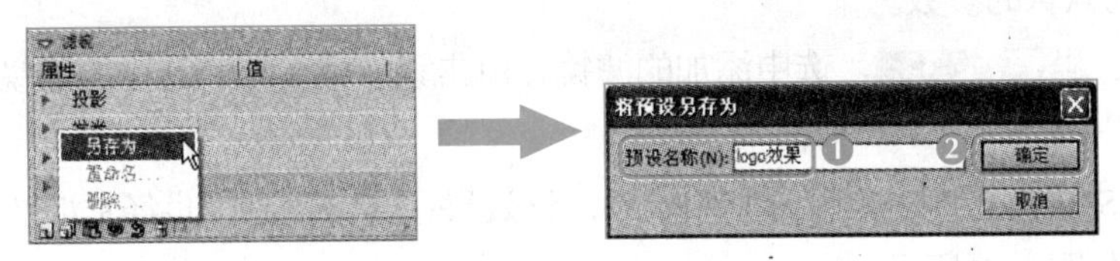

图4-38 选择“另存为”命令　　图4-39 保存预设效果

STEP 5 按【Ctrl+S】组合键保存文本，招聘网页最终设置效果如图4-40所示。

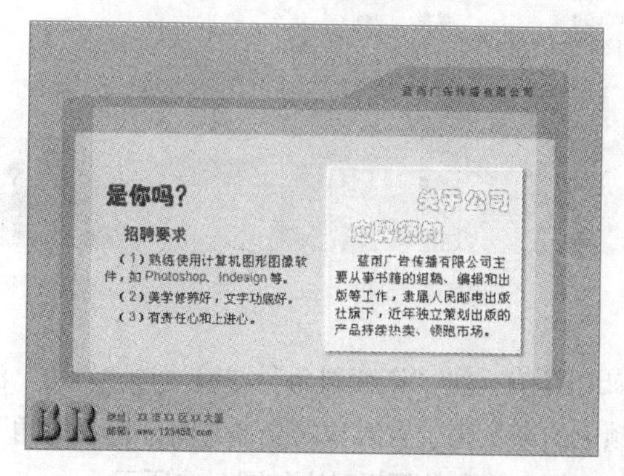

图4-40 “招聘网页”最终效果

知识提示

保存预设效果，可将当前选中对象的所有滤镜效果保存在“预设”中，当需要在其他对象上添加相同的滤镜效果时，可直接选中需要添加滤镜效果的对象，再在“滤镜”栏中单击“预设”按钮，在弹出的下拉菜单中选择保存的预设效果快速添加。

前面的讲解中已涉及“添加滤镜”按钮和“预设”按钮的操作，通过“滤镜”栏下的其他按钮，还可对添加的滤镜效果进行操作复制和粘贴等操作，从而可快速地设置和观察对象设置的效果。

- “剪贴板”按钮：单击该按钮，在弹出的菜单中可复制滤镜效果，并可将复制的效果粘贴到其他需要设置相应效果的对象中。
- “启用或禁用滤镜”按钮：单击选中添加的滤镜效果标题栏，该按钮变为可选状态，单击该按钮，被选中的滤镜参数栏被折叠，其标题栏变为如图4-41所示，此时该滤镜效果在对象中已被禁用。单击选中该滤镜效果标题栏，再次单击“启用或禁用滤镜”按钮，即可恢复。

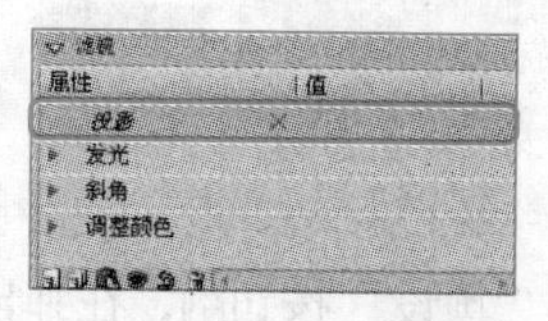

图4-41 滤镜被禁用

- “重置滤镜”按钮：选中滤镜效果，再单击该按钮，可将选中滤镜效果中的参数重置为默认的参数。
- “删除滤镜”按钮：选中添加的滤镜，单击该按钮，可将选中的滤镜删除。

5. 模糊滤镜

在Flash CS5中还可对对象设置模糊效果，该效果在文字动画中也经常涉及，模糊滤镜中的参数较少，如图4-42所示。

在所有滤镜的参数面板中都有一个“品质”选项，这是为了方便制作动画而设立的，若不需要为文本添加动画效果，可选择“高”选项；若添加了动画效果，则建议选择“低”选项。图4-43所示为分别模糊了“10像素”和“20像素”的文本对象。

图4-42 模糊滤镜参数面板

图4-43 设置不同模糊参数的文本对象

4.3 实训——制作名片

4.3.1 实训目标

本实训的目标是为名片添加文字信息，要求注意名片背景与文字颜色之间的对比，文字在名片中占的比例、文字的大小，以及文字与名片边线的距离等。在设置时，还应注意整体的统一。本实训的效果如图4-44所示。

素材所在位置 光盘:\素材文件\第4章\实训\名片.fla
效果所在位置 光盘:\效果文件\第4章\名片.fla

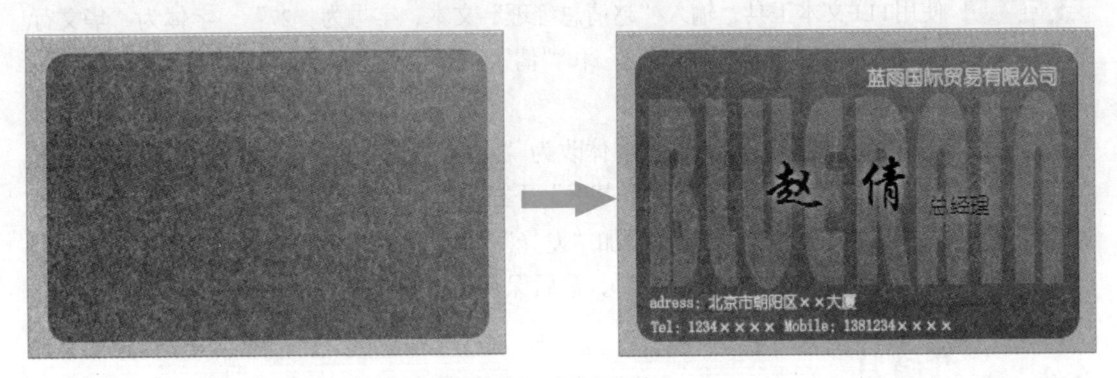

图4-44 名片制作效果

4.3.2 专业背景

设计名片首先必须了解名片的尺寸，一般长为85.60毫米、宽为53.98毫米、厚为1毫米，该尺寸大小是由ISO7810定义，且卡片一般为圆角矩形。为了方便设计与制作，大部分卡片设计时一般设为成品尺寸长85厘米、高55厘米，或长86厘米、高54厘米。由于在Flash中绘制的是矢量图形，因此只需比例正确即可。了解关于卡片设计的相关专业知识后便可开始设计与制作。

4.3.3 操作思路

完成本实训主要包括添加背景的大体文字，公司名称、地址和电话，以及姓名和职位3大步操作，其操作思路如图4-45所示。

①添加背景　　②添加公司名称、地址和电话　　③添加姓名和职位

图4-45　名片制作思路

【步骤提示】

STEP 1 打开素材文件，选择“文本工具”T，绘制文本框，输入“BLUERAIN”，选中输入的文本，设置其字体为“华文琥珀”，颜色为白色“#FFFFFF”，“Alpha”值为“50%”。

STEP 2 按【Ctrl+B】组合键将文本打散，再按【Ctrl+G】组合键组合打散的文本。然后使用任意变形工具调整文本的大小和位置。

STEP 3 选择“文本工具”T，选择“传统”文本，输入右上角的公司名称和左下角的地址和联系电话，并设置颜色为“#66FFFF”，字体为“幼圆”。其中公司名称字号大小为“13”，地址和电话字号大小为“10”。

STEP 4 使用TLF文本工具，输入“赵倩总经理”文本，字号为“27”，字体为“华文行楷”，颜色为“#000099”。分别在“赵”和“倩”两字之后定位文本插入点，按空格键使其距离加大。

STEP 5 选中“总经理”文本，将字体改为“幼圆”，在“字符”栏中单击“切换下标”按钮T_1，在“高级字符”栏的“对齐基线”下拉列表中选择“罗马文字”选项。

STEP 6 选中姓名职位文本，为其添加“发光”滤镜，将“发光”滤镜的模糊值设置为“8像素”，颜色设置为白色“#FFFFFF”，最后保存设置好的名片。

4.4 疑难解析

问：在输入TLF文本前，为什么要启用“显示亚洲文本选项”和“显示从右至左选项”？

答：Flash CS5的TLF文本中有些针对亚洲文本的特别选项，这些选项只有在启动“显示亚洲文本选项”和“显示从右至左选项”后才能出现，否则制作的文字会有差异性。

问：按【Ctrl+Enter】组合键进行测试时，在“输出”面板中提示“××字体与TLF不兼容”，该怎么解决？

答：TLF文本是一种全新的文本支持方式，但它支持的字体有限，有些类型的字体与TLF文本不兼容，因此无法输出，读者可尝试更改为TLF文本支持的字体，再进行输出。

4.5 习题

本章主要介绍了文本的类型和添加文本的方法，并讲解了如何为文本设置字号、字号和颜色等基础的字符设置知识，以及文本段落的设置操作方法，并对文本框的设置和文本滤镜的添加，以及调整等操作进行了叙述。Flash中文本的应用必不可少，读者应认真掌握本章内容，以便在后面的章节中可熟练地运用添加的文本。

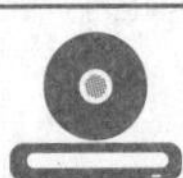

效果所在位置 **光盘:\效果文件\第4章\文字片头.fla**

使用本章所学知识，制作如图4-46所示的文字片头，要求具体操作如下。

（1）在Flash中使用“矩形工具”绘制一个与舞台大小相同的背景，并为其填充径向渐变，调整渐变范围。使用“文本工具”T绘制两个TLF文本，分别输入“BLUERAIN”和“ANIMATION”。

（2）选中“BLUERAIN”文本，设置其字体、字号和颜色，为其添加“阴影”和“发光”滤镜，然后将添加的滤镜效果保存为预设。选中“ANIMATION”文本，为其设置同“BLUERAIN”文本一致的字体和颜色，字体设置稍微小一些。

（3）在“滤镜”面板中为“ANIMATION”文本添加刚才保存的预设滤镜效果。

图4-46 文字片头效果

课后拓展知识

分辨率是指单位面积显示像素的数量，单位长度上像素越多，分辨率越高，图像相对就比较清晰。分辨率有多种，常见的有显示器分辨率、图像分辨率和打印分辨率。

像素由英文单词“Pixel”翻译而来，它是构成位图图像的最小单位，在位图中以小方点的形式存在。如果将一幅位图看成是由无数个小方点组成的，那么每个小方点就是一个像素。同样大小的一幅图像，像素越多的图像越清晰，效果也越逼真。

1．显示器分辨率

显示器分辨率是指显示器上每单位长度显示的点的数目，常用“点/英寸”（dpi）为单位来表示，如“72dpi”表示显示器上每英寸显示72个像素或点。

液晶显示器的物理分辨率是固定不变的，对于CRT显示器而言，只要调整电子束的偏转电压，就可以改变不同的分辨率。当液晶显示器使用非标准分辨率时，文本显示效果会变差，文字的边缘会被虚化。

2．图像分辨率

图像分辨率是指图像中每单位长度所包含的像素数目，常以“像素/英寸”（ppi）为单位来表示，如“96ppi”表示图像中每英寸包含96个像素或点。分辨率越高，图像越清晰，但图像文件所占的磁盘空间就越大，编辑和处理所需的时间也越长。

PC机显示器的典型分辨率约为96dpi；苹果机显示器的典型分辨率约为72dpi。当图像分辨率高于显示器的分辨率时，图像在显示器屏幕上显示的尺寸会比指定的打印尺寸大。图像分辨率可以更改，而显示器分辨率却是固定的。

3．打印分辨率

打印分辨率是指激光打印机、照排机或绘图仪等输出设备在输出图像时每英寸所产生的油墨点数。想要产生较好的输出效果，就要使用与图像分辨率成正比的打印分辨率。大多数扫描仪所带的文档都把每英寸样本数称为dpi，即每英寸所含的点，它是常用输出分辨率的单位。

PART 5

第5章 使用素材和元件

情景导入

小白最近在做几个不同的项目，为了节约时间，小白决定直接使用图库里的资料。

知识技能目标

- 掌握图片素材和分层文件的导入操作。
- 熟练掌握元件的创建、“库”面板中素材的管理和使用等操作。
- 熟练掌握视频的导入和FLVPlayback组件的编辑操作。

- 加强对元件、实例和“库”面板的认识和理解，能够在设计作品时有条理地管理文件。
- 掌握“郊外”场景和“蓝雨片头”作品的制作方法。

课堂案例展示

合成“郊外”场景

“蓝雨片头”制作效果

5.1 合成“郊外”场景

小白找到几个素材文件，非常适合应用到此次的工作文件中，但要如何才能在Flash中使用这些素材呢。小白上网查阅了一下相关资料，发现这些素材都可以导入到Flash的“库”面板中进行应用。

本例完成后的参考效果如图5-1所示，下面具体讲解其制作方法。

素材所在位置 光盘:\素材文件\第5章\课堂案例1\蝴蝶.jpg、花.png、花2.png、房子.ai、树.psd、太阳.psd、幸运草.psd

效果所在位置 光盘:\效果文件\第5章\郊外.fla

图5-1 “郊外”最终效果

5.1.1 认识元件

在Flash中，可以将一些需要重复使用的元素转换为元件，以便调用，被调用的元素则称为实例。元件是由多个独立的元素和动画合并而成的整体，每个元件都有一个唯一的时间轴和舞台，以及几个图层。在文档中使用元件可以显著减小文件的大小，且使用元件还可以加快swf文件的播放速度。

实例是指位于舞台上或嵌套在另一个元件内的元件副本。Flash允许对实例的颜色、大小和功能进行更改，且对实例的更改不会影响其父元件，但编辑元件则会更新它的所有实例。在Flash CS5中可创建影片剪辑、图形和按钮3种类型的元件，具体介绍如下。

- 影片剪辑元件：影片剪辑拥有独立于主时间轴的多帧时间轴，在其中可包含交互组件、图形、声音或其他影片剪辑实例。当播放主动画时，影片剪辑元件也会随着主动画循环播放。使用影片剪辑可创建和重用动画片段，也可以将影片剪辑实例放在按钮元件的时间轴内，以创建动画按钮。
- 图形元件：图形元件是制作动画的基本元素之一，用于创建可反复使用的图形或连接到主时间轴的动画片段，可以是静止的图片或由多个帧组成的动画。 图形元件与主时间轴同步运行，且交互式控件和声音在图形元件的动画序列中不起作用。

● 按钮元件：在按钮元件中可创建用于响应鼠标单击、滑过或其他动作的交互式按钮，包含弹起、指针经过、按下和点击4种状态。在这几种状态的时间轴中都可以插入影片剪辑来创建动态按钮，也可给按钮添加事件的交互行为，使按钮具有交互功能。

5.1.2 创建元件

在Flash中可将舞台中的图形转换为元件，也可先创建一个元件，并在元件中绘制对象，下面讲解如何创建元件，其具体操作如下。

STEP 1 启动Flash CS5，新建AS3.0（ActionScript 3.0）文件，按【Ctrl+S】组合键打开“另存为”对话框，将其以“郊外”为名进行保存。

STEP 2 使用“钢笔工具”绘制天空背景和草地的轮廓，并使用“颜料桶工具”填充渐变色，并关掉该图形的笔触，然后使用“渐变变形工具”对渐变色进行调整，效果如图5-2所示。

STEP 3 选中绘制的草地图形，选择【修改】/【转换为元件】菜单命令，打开“转换为元件”对话框。

STEP 4 在“名称”文本框中输入“天空”文本，在“类型”下拉列表中选择“图形”选项，在“对齐”右侧的图案中单击中间的小方块，使元件的注册点与图形在图形的中心点上对齐，单击 确定 按钮，如图5-3所示。

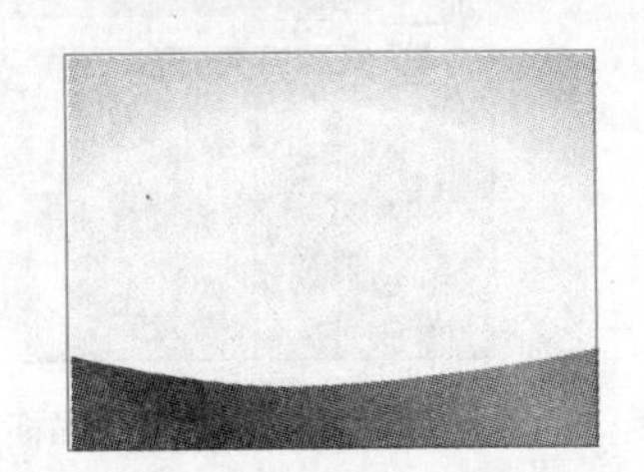
图5-2 绘制草地

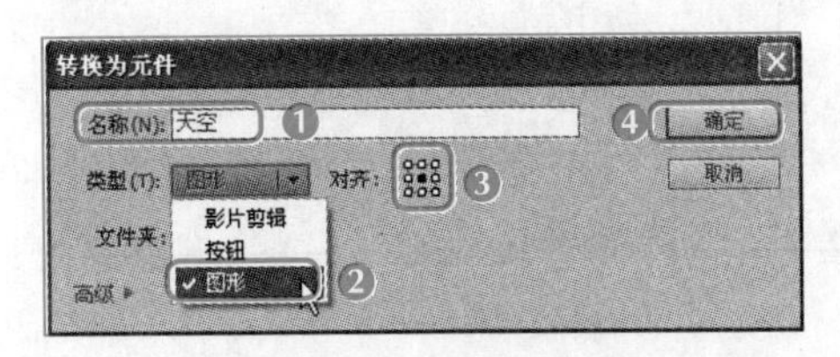

图5-3 转换为图形元件

STEP 5 单击“属性”面板右侧的“库”面板，切换至“库”面板，在“库”面板的列表中即可看到转换的图形元件，如图5-4所示。使用同样的方法将草地转换为图形元件。

STEP 6 在“库”面板中单击“新建元件”按钮，打开“创建新元件”对话框，在“名称”文本框中输入“云朵”文本，在“类型”下拉列表中选择“影片剪辑”选项，单击 确定 按钮，如图5-5所示。

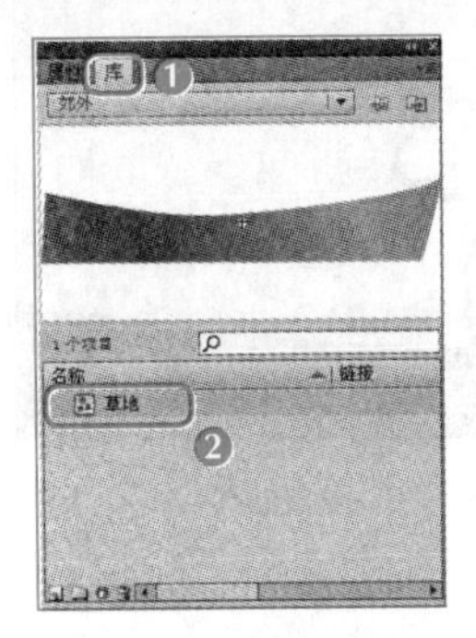

图5-4 “库”面板

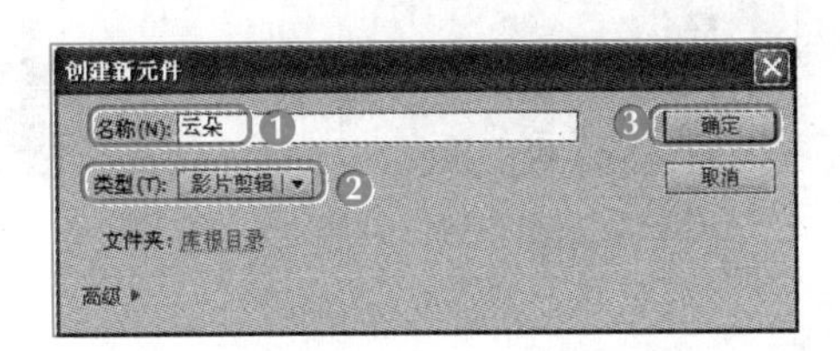

图5-5 新建元件

在场景中选中需要转换为元件的图形，按【F8】键，可以快速打开“转换为元件”对话框进行转换。

STEP 7 此时工作区显示为元件编辑模式，而不是在舞台场景中的文档编辑模式，在此状态下绘制的图形为元件中的元素。在元件编辑模式下使用“钢笔工具” 绘制云朵的轮廓，为使其与白色的背景区别开，这里使用“颜料桶工具” 将其填充为“淡蓝色”。

STEP 8 选中绘制的云朵，切换到“属性”面板，在“填充和笔触”栏中关闭笔触。在工作区的编辑栏中单击选择当前场景名称，这里单击“场景1”，返回主场景，如图5-6所示。

STEP 9 切换到“库”面板，在“库”面板的列表框中，单击“云朵”影片剪辑元件不放，将其拖曳到场景舞台中，此时舞台中出现的图形，即为“云朵”影片剪辑元件的实例。

STEP 10 选中舞台中的“云朵”实例，切换回“属性”面板，在“实例名称”文本框中输入该实例的名称，这里输入“云朵实例”，如图5-7所示。

图5-6 返回主场景

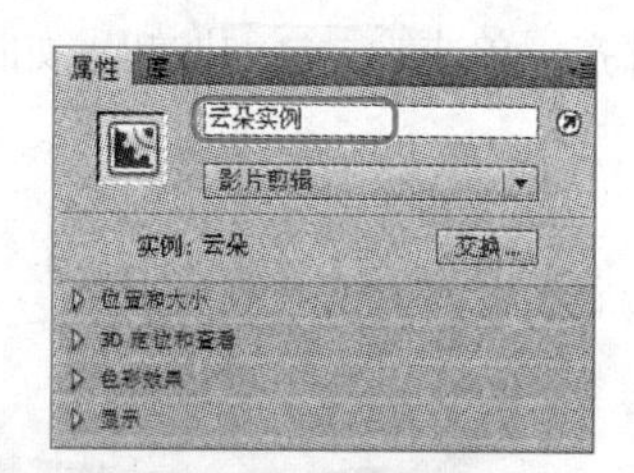

图5-7 设置实例名称

STEP 11 在“滤镜”栏中单击“添加滤镜”按钮，在弹出的下拉菜单中选择“投影”选项，分别设置“云朵实例”的“模糊X”和“模糊Y”为“8像素”，如图5-8所示。

STEP 12 使用【Ctrl+↓】组合键将“云朵实例”移至“草地”图形的下一层，复制两个“云朵实例”，调整其大小和层叠位置，效果如图5-9所示。

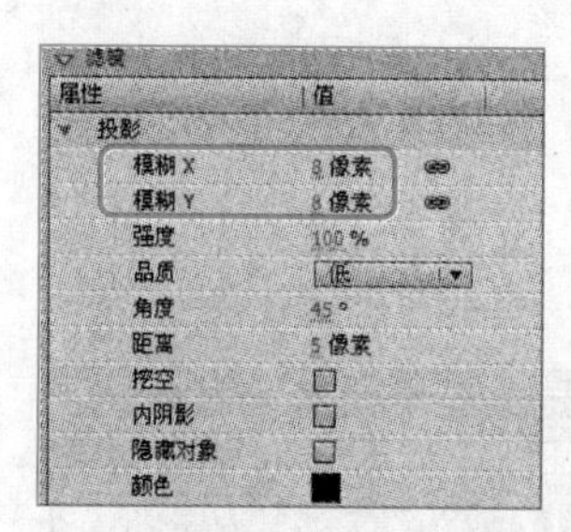

图5-8 为“云朵实例”添加投影滤镜

图5-9 图形设置效果

在步骤8中，除了可通过单击选择当前场景名称返回主场景，还可单击“返回”按钮，或选择【编辑】/【编辑文档】菜单命令返回主场景。

5.1.3 认识“库”面板

在Flash CS5中，“库”面板主要用于存放从外部导入的素材和管理储存元件，当需要某个素材或元件时，可直接从“库”面板中调用。选择【窗口】/【库】菜单命令，按【Ctrl+L】键或按【F11】键均可打开“库”面板。

如图5-10所示为“库”面板，其中的参数介绍如下。

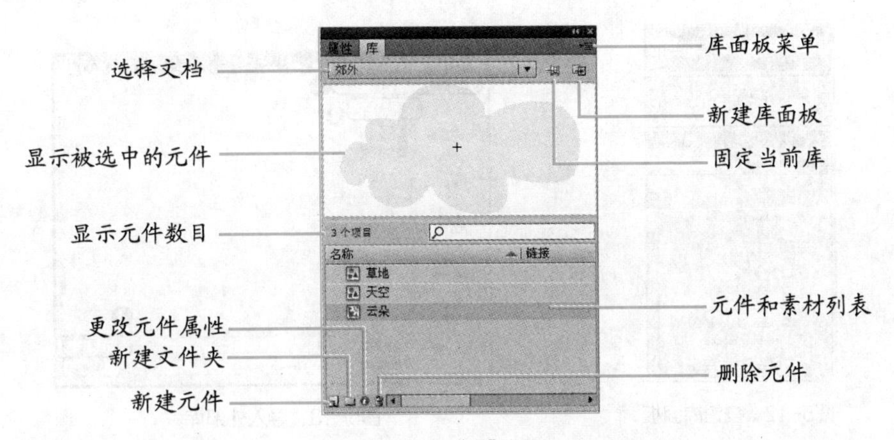

图5-10 “库”面板

- 选择文档：若在Flash中打开了多个文档，在“库”面板中可对这些不同的文档进行选择，在其下的列表框中可显示不同文档中的元件和素材。
- “新建元件”按钮：单击可新建元件。
- “新建文件夹”按钮：当“库”面板中存在很多素材和元件时，可单击该按钮，在“库”面板中新建文件夹，将同一类型的元素和元件放置在同一文件夹中，从而实现对素材和元件的管理。
- “属性”按钮：在“库”面板中选中需要更改属性的元件，然后单击该按钮打开“元件属性”对话框，在其中可更改元件的名称和类型等属性，如图5-11所示。

图5-11 “元件属性”对话框

- “删除”按钮：在“库”面板中选中需要删除的元件，单击该按钮，或按【Delete】键即可将所选元件删除。
- “固定当前库”按钮：固定当前库后，可切换到其他文档，然后将固定库中的元件，引用到其他文档中。单击该按钮后，按钮会变为形状。

- “新建库面板”按钮：单击该按钮可新建一个“库”面板，且该新建的面板中将包含当前“库”面板中的所有素材和元件。

在Flash CS5中还自带有公用库，在其中可选择预设的元件进行使用，选择【窗口】/【公用库】菜单命令，在其子菜单中即可选择声音、按钮和类这3种不同类型的元件，如图5-12所示为按钮库面板。

除此之外，还可调用其他文档中的元件，选择【文件】/【导入】/【打开外部库】菜单命令，在打开的“作为库打开”对话框中选择需要的文档，即可将该文档中的元件导入到当前文档的“库”面板中，如图5-13所示。

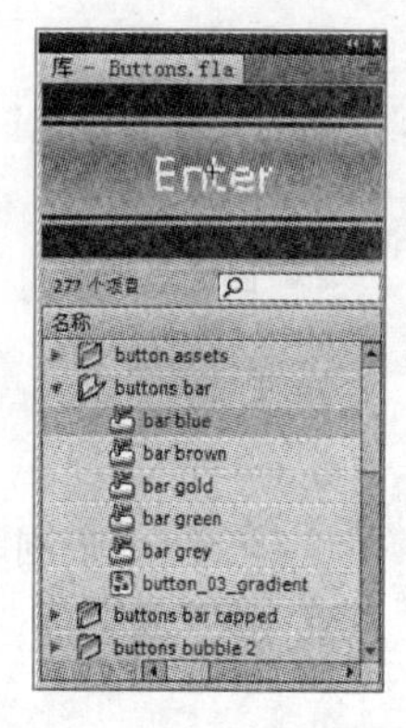

图5-12 按钮库面板

图5-13 导入外部库

5.1.4 导入位图

在Flash CS5中还可导入外部的图片文件，从而节省文档制作的时间，下面讲解如何在Flash中导入和使用位图。

STEP 1 选择【文件】/【导入】/【导入到舞台】菜单命令，打开“导入”对话框，打开素材文件夹中的“花.png”文件，如图5-14所示。

STEP 2 此时在舞台和“库”面板中均出现了导入的位图素材，如图5-15所示。

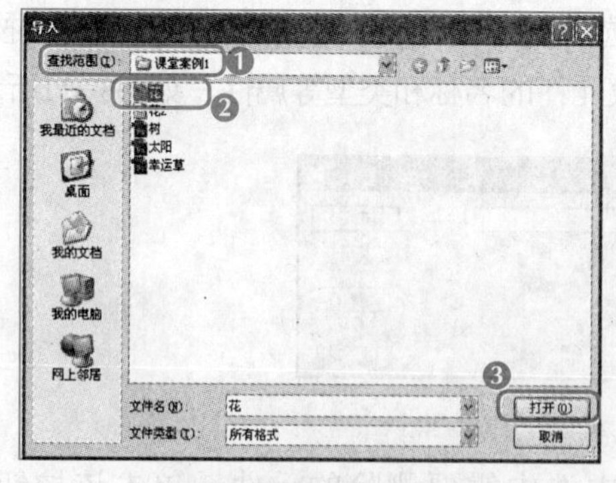

图5-14 导入位图文件

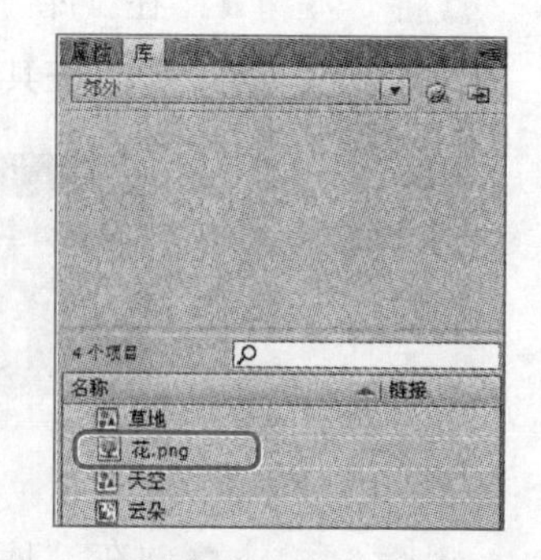

图5-15 素材文件存放在“库”面板中

STEP 3 在舞台中选中导入的“花.png”图片，将其拖动到合适的位置。

STEP 4 在舞台中复制该图形，通过【修改】/【变形】/【水平翻转】菜单命令和【修改】/【变形】/【任意变形】菜单命令，更改复制图形的大小和方向。多复制几次，并调节方向和大小，效果如图5-16所示。

STEP 5 选择【文件】/【导入】/【导入到库】菜单命令，在打开的“导入”对话框中选择“花2.png”图片，将图片导入到“库”面板中。

STEP 6 在“库”面板中单击“花2.png”图片不放，将其拖曳到舞台中，对其进行复制，并设置这些图形的大小和位置，结果如图5-17所示。

图5-16 设置导入的“花.png”图片

图5-17 设置和调整导入的位图图片

5.1.5 导入PSD文件

PSD文件是指使用Photoshop制作的文件，Flash CS5可以导入这类文件，并保留大部分图片数据。

1. 首选参数

选择【编辑】/【首选参数】菜单命令，打开“首选参数”对话框，在“类别”列表框中选择“PSD文件导入器”选项，在其右侧的“常规”面板中可设置PSD文件导入到Flash的方式，包括指定导入的PSD文件中的对象，或将文件转换为影片剪辑元件等，如图5-18所示。

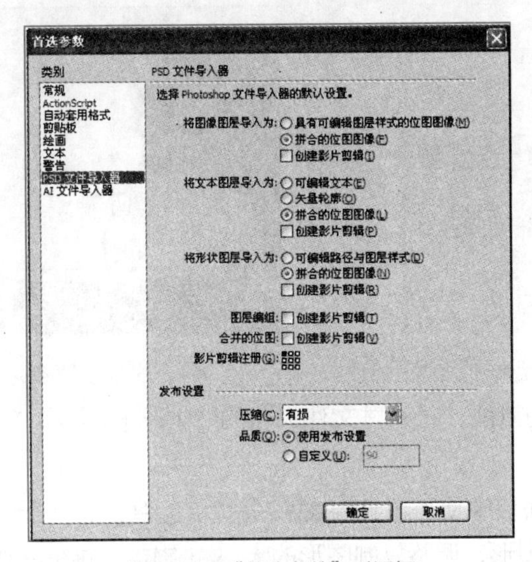

图5-18 “首选参数”对话框

2. 导入文件

下面在Flash中导入已制作好的PSD文件，其具体操作如下。

STEP 1 选择【文件】/【导入】/【导入到库】菜单命令，打开“导入到库”对话框，在素材文件夹中选择“树.psd”文件，单击 打开(O) 按钮，如图5-19所示，打开“将‘树.psd’导入到库”对话框。

STEP 2 在对话框的“检查要导入的Photoshop图层”列表框中选择要导入的图层，这里单击选中“树叶”和“树杆”选项前的复选框，单击 确定 按钮，如图5-20所示。

图5-19 选择PSD文件

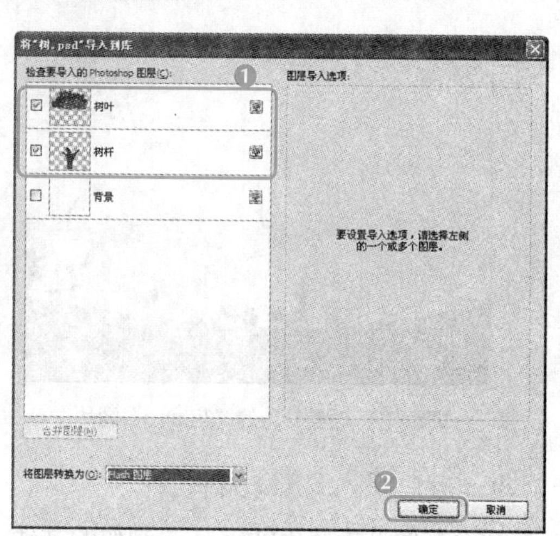

图5-20 选择需要导入的图层文件

STEP 3 在“库”面板中将自动生成一个“树.psd 资源”文件夹和“树.psd”图形元件，如图5-21所示，单击“树.psd 资源”文件夹，在展开的子列表中可看到分层的图片。

STEP 4 在“库”面板中单击“树.psd”图形元件不放，将其拖曳到舞台中，调整其大小和位置，利用【Ctrl+↓】组合键，调整其层叠位置，效果如图5-22所示。

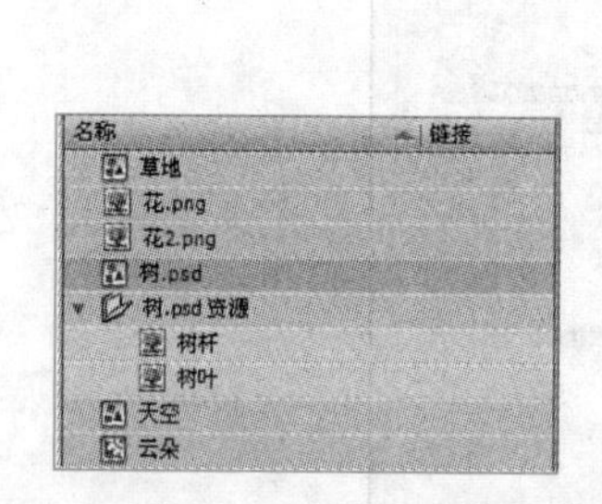

图5-21 “库”面板中导入的PSD文件

图5-22 添加“树.psd”图形元件

STEP 5 使用同样的方法，将素材文件夹中的“太阳.psd”和“幸运草.psd”文件导入到“库”面板中。

STEP 6 在“库”面板中使用鼠标左键双击“幸运草.psd”图形元件，进行元件编辑模式，在其中复制幸运草图形，调整复制图形的大小和旋转，如图5-23所示。

STEP 7 单击“返回”按钮，返回文档编辑状态，将“库”面板中的“幸运草.psd”图形元件拖曳到舞台中，调整其大小和位置。

STEP 8 选中舞台中的幸运草实例，切换到“属性”面板，在“色彩效果”栏的“样式”下拉列表中选择“色调”选项，保持右侧的着色“白色”不变，拖动“色调”控件，将着色量设置为“45%”，如图5-24所示。

图5-23 编辑“幸运草.psd”图形元件

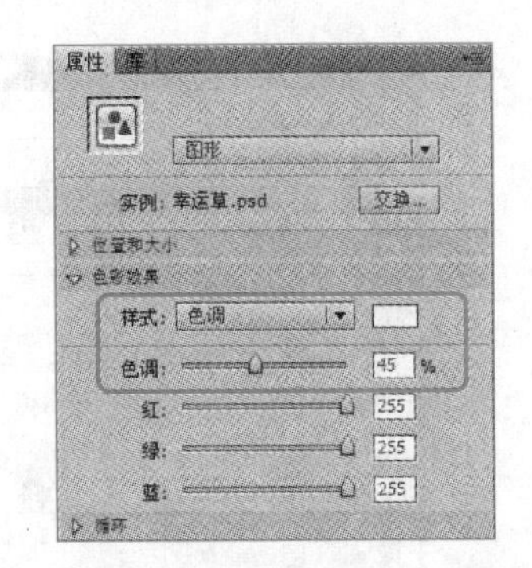

图5-24 改变幸运草实例的颜色

STEP 9 在“库”面板中将“太阳.psd”图形元件拖曳到舞台中，调整其大小和位置，最终效果如图5-25所示。

图5-25 “郊外”最终效果

5.1.6 导入AI文件

在Flash中除了可导入PSD文件，还可导入AI文件。在Flash CS5的首选参数中不仅包含“PSD文件导入器”，还包含“AI文件导入器”，其作用同PSD的导入器相同，用于指定AI文件导入到Flash中的方式。下面在文档中导入AI素材文件，其具体操作如下。

STEP 1 选择【文件】/【导入】/【导入到库】菜单命令，打开“导入到库”对话框，选择素材文件夹中的“房子.ai”文件，然后单击 打开(O) 按钮，打开“将‘房子.ai’导入到库”对话框。

STEP 2 在“检查要导入的 Illustrator 图层”列表框中，选中需要导入的图层。在打开时已默认选中了所有图层，单击撤销选中“<Compound path>”前的复选框，其余选项保持默认不变。

STEP 3 在“检查要导入的 Illustrator 图层”列表框中单击选中“图层1”前的复选框，在其右侧的“‘图层1’的图层导入选项”栏中单击选中“创建影片剪辑”复选框，在“实例名称”文本框中输入“房子”文本，单击“注册”选型右侧的中心点，单击 确定 按钮，如图5–26所示。

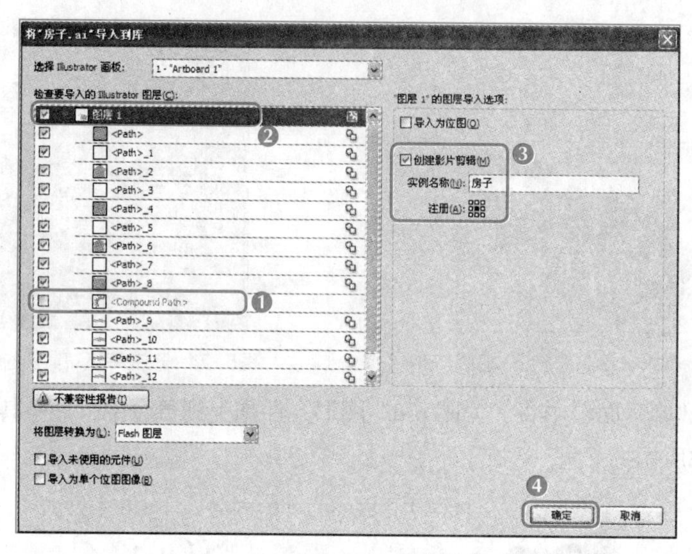

图5–26　导入AI文件

STEP 4 在“库”面板中单击“房子.ai 资源”文件夹前的▶按钮，将其展开，再展开其下的“图层1”文件夹，将其中的“房子”影片剪辑元件拖曳到舞台中。

STEP 5 在舞台中选中房子图形，在其“属性”面板中将实例名称更改为“房子实例”，调整其大小和位置，并按【Ctrl+↓】组合键调整其层叠位置，最终效果如图5–27所示。

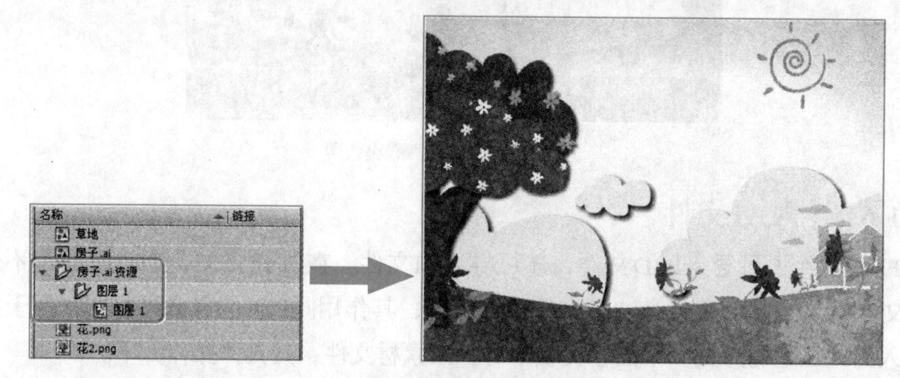

图5–27　在舞台中添加房子

5.1.7 将位图转换为矢量图

有些位图导入Flash后，进行大幅度的放大操作将出现锯齿现象，影响文档的整体效果。Flash提供了将位图转换为矢量图的功能，方便对图形进行更改。下面在Flash中导入位图，并将其转换为矢量图，具体操作如下。

STEP 1 选择【文件】/【导入】/【导入到舞台】菜单命令，导入“蝴蝶.jpg”位图文件。

STEP 2 选中导入的蝴蝶图形，选择【修改】/【位图】/【转换位图为矢量图】菜单命令，打开“转换位图为矢量图”对话框。

STEP 3 在“颜色阈值”数值框中输入“20”，在“最小区域”数值框中输入“8”，其他保持默认，单击 确定 按钮，即可将位图转换为矢量图，如图5-28所示。

STEP 4 按【V】键将鼠标指针切换为选择工具，单击蝴蝶图形外侧的白色背景，在白色背景上即可出现黑色的像素点，表示已单独选中作为背景的白色区域，按【Delete】键即可删除蝴蝶图层的白色背景。如图5-29所示。

转换位图为矢量图
颜色阈值(T): 20 确定
最小区域(M): 8 像素 取消
角阈值(N): 一般
曲线拟合(C): 平滑 预览

图5-28 将位图转换为矢量图

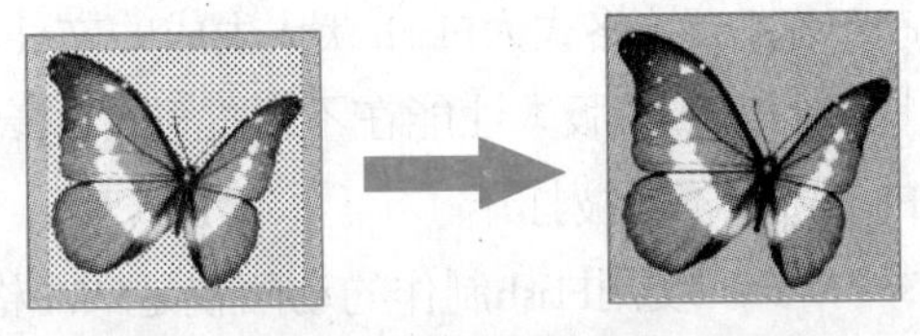

图5-29 删除白色背景

STEP 5 单击并拖曳鼠标框选蝴蝶图形，按【Ctrl+G】组合键将图形中的各个矢量色块组合成一个整体，调整图形的大小和位置，再复制一个蝴蝶图形，放置在合适位置，效果如图5-30所示，最后按【Ctrl+S】组合键保存文档即可。

图5-30 放置蝴蝶素材

将“颜色阈值”为“10”，“最小区域”为“1像素”，“角阈值”为“较多转角”，“曲线拟合”为“像素”，可创建最接近原始位图的矢量图形。转换为矢量图后的图形将不再链接到“库”面板中的位图元件。

一般情况下位图转换为矢量图形后，可减小文件的大小，但若导入的位图包含复杂的形状和许多颜色，则转换后的矢量图形的文件可能比原始的位图文件大，用户可调整对话框中的各个参数，找到文件大小和图像品质之间的平衡点。

下面将“转换位图为矢量图”中各参数介绍如下。

- 颜色阈值：当两个像素进行比较后，如果它们在 RGB 颜色值上的差异低于该颜色阈值，则认为这两个像素颜色相同。如果增大了该阈值，则意味着降低了颜色的数量。
- 最小区域：可设置为某个像素指定颜色时需要考虑的周围像素的数量。
- 角阈值：选择一个选项来确定保留锐边还是进行平滑处理。
- 曲线拟合：选择一个选项来确定绘制轮廓所用的平滑程。

5.1.8 Flash支持的文件格式

不同的应用程序创建的文件格式也不同，不同的文件格式通过不同的扩展名来区分，如BMP、TIFF、JPG和EPS等，这些扩展名会在文件以相应格式存储时自动出现在文件名后。Flash中常用的文件格式有如下几种。

- FLA格式：该格式为Flash默认生成的文件格式，并且只能在Flash中打开。Flash经过长期的发展，版本性能在不断提升，越高版本的Flash保存的FLA文件，在低版本的Flash中越不易被打开。
- SWF格式：使用Flash制作的动画就是SWF格式。SWF格式的动画图像能够用比较小的体积来表现丰富的多媒体形式。由于SWF动画支持边下载边播放，因此特别适合网络传输，且其在矢量技术的基础上制作，画质也不会因画面的放大而受损。它因其高清晰度的画质和小巧的体积，已成为网页动画和网页设计的主流。
- PSD格式：是Photoshop生成的文件格式，也是唯一可以存储Photoshop特有文件信息，以及所有色彩模式的格式。PSD格式可以将不同的对象以图层分离储存，便于修改和制作各种特效。
- AI格式：是Illustrator生成的文件格式，目前AI和PSD格式的图像都已得到了Flash的支持，可以导入到Flash中进行编辑。
- BMP格式：是Microsoft公司Windows操作系统下专用的图像格式，可以选择Windows或OS/2两种格式。
- GIF格式：是Compuserve公司制定的一种图形交换格式。这种经过压缩的格式可以使图形文件在通信传输时较为方便。它所使用的LZW压缩方式，可以将文件的大小压缩一半，而且解压时间较短。目前，GIF格式只能达到256色，但它的GIF89a格式能将图像存储为背景透明化的形式，并且可以将数张图存为一个文件，形成动画效果。
- EPS格式：是一种应用非常广泛的Postscript格式，常用于绘图和排版软件。用EPS格式存储图形文件时可通过对话框设定存储的各种参数。
- JPG格式：是一种高效的压缩图像文件格式。在存档时能够将人眼无法分辨的资料删除，以节省储存空间，但被删除的资料无法在解压时还原，所以低分辨率的JPG文件并不适合放大观看，输出成印刷品时品质也会受到影响。这种类型的压缩，称为“失真压缩”或“破坏性压缩”。
- PNG格式：PNG是一种新兴的网络图像格式，是目前最不失真的格式。它吸取了GIF

和JPG二者的优点，兼有GIF和JPG的色彩模式，不仅能把图像文件压缩到极限以利于网络传输，还能保留所有与图像品质有关的信息，这一点与牺牲品质以换取高压缩率的JPG格式不同。PNG支持透明图像的制作，但不支持动画。

行业提示

在将其他类型的文件素材导入Flash中时，应注意以下几点。

①为了将PSD或AI中的高斯模糊、内发光等特效保留为可编辑的Flash滤镜，应将这些特效的对象导入为影片剪辑元件，否则Flash会显示不兼容性警告，并建议将该对象导入为影片剪辑元件。

②由于Flash只支持RGB颜色，若导入的文件使用的是CMYK颜色，则会出现［不兼容性报告(I)］按钮，在此状态下导入的文件将以RGB颜色显示，读者也可在Illustrator中将文件的颜色更改为RGB后再导入。

5.2 制作“蓝雨片头”播放网页

小白今天的任务是将制作好的视频导入Flash，并对导入的Flash进行调整。要完成该任务，需要使用到视频导入向导，并需要熟悉视频属性面板中关于FLVPlayback播放组件的相关参数的作用和操作方法，更改组件的外观等属性。本例的参考效果如图5-31所示，下面将具体讲解其制作方法。

素材所在位置 光盘:\素材文件\第5章\课堂案例2\背景.png、蓝雨.flv

效果所在位置 光盘:\效果文件\第5章\蓝雨片头.fla

图5-31 “蓝雨片头”最终效果

5.2.1 导入视频

视频网站中的视频，通常都以嵌入的方式放置在网页中，Flash 作为网页三剑客之一，也支持将视频导入其中。下面在 Flash CS5 中导入“蓝雨 .flv”视频文件，其具体操作如下。

STEP 1 新建AS3.0文件，选择【文件】/【导入】/【导入到库】菜单命令，打开“导入视频”对话框，选择素材文件夹中的“背景.png”图片，导入到“库”面板中。

STEP 2 在“库”面板中选择“背景.png”图片，将其拖曳到舞台中，保持该图片被选中，单击面板组中的“对齐”按钮，打开“对齐”面板。

STEP 3 在“对齐”面板中单击选中“与舞台对齐”复选框，单击“对齐”栏下的“水平中齐”按钮和“垂直中齐”按钮，使背景图片与舞台对齐，如图5-32所示。

STEP 4 选择【文件】/【导入】/【导入视频】菜单命令，打开“导入视频”对话框，单击“文件路径”右侧的浏览...按钮，打开“打开”对话框，如图5-33所示。

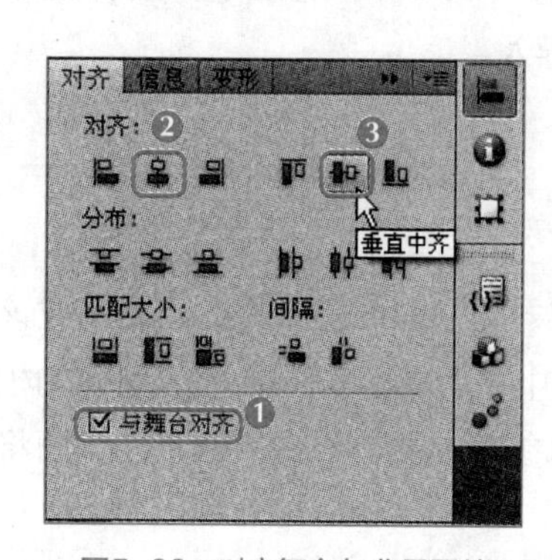

图5-32 对齐舞台与背景图片

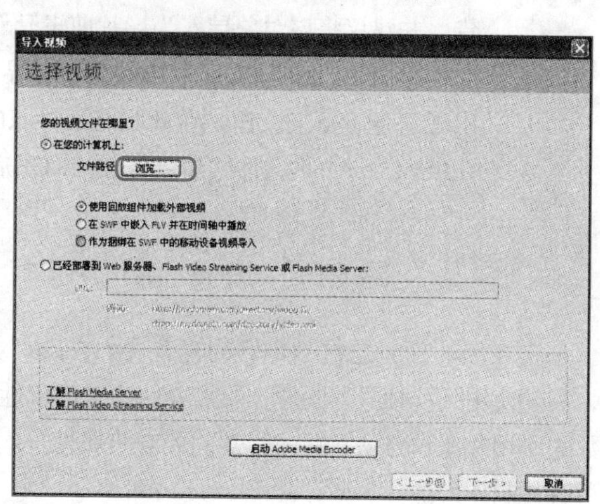

图5-33 “导入视频”对话框

STEP 5 在其中找到素材文件所在位置，选择“蓝雨.flv”视频文件，单击打开(O)按钮，如图5-34所示，返回“导入视频”对话框，单击下一步>按钮。

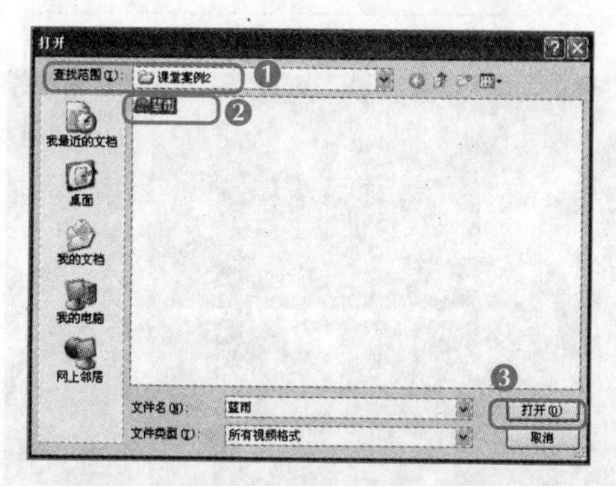

图5-34 选中视频文件

STEP 6 切换到“外观”面板，在“外观”下拉列表中选择FLVPlayback组件的皮肤样式，在Flash中可使用该组件控制视频的播放，单击右侧的“颜色”按钮，在弹出的颜色面板中为播放组件选择一种颜色，这里选择“#66CCFF”，单击下一步>按钮，如图5-35所示。

STEP 7 进入“完成视频导入”面板，单击完成按钮，即可将视频文件导入到舞台中央，按【Ctrl+Enter】组合键测试影片，效果如图5-36所示。

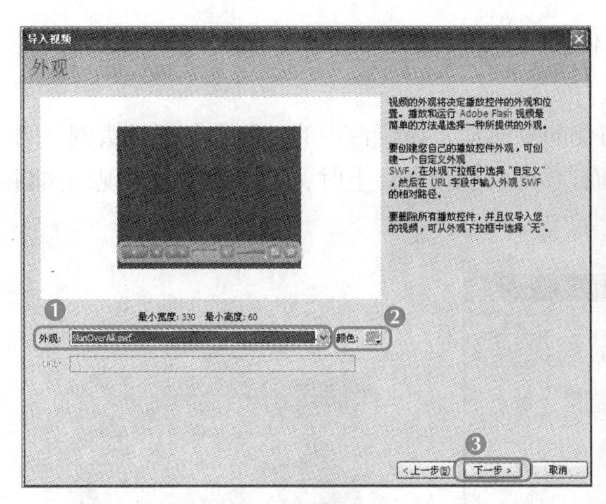

图5-35　选中视频文件

图5-36　视频文件导入效果

知识提示

Flash仅支持播放特定格式的视频，这些视频格式包括 FLV、F4V 和 MPEG 视频。将视频添加到 Flash Professional 有多种方法，在不同情形下各有优点。

5.2.2 编辑FLVPlayback组件外观

在使用视频导入向导将视频导入Flash时，选择了预定FLVPlayback组件来控制视频的播放，在视频的属性面板中可对FLVPlayback组件的属性进行设置。下面对FLVPlayback组件进行编辑，其具体操作如下。

STEP 1 选中舞台中的视频文件，切换到“属性”面板，在“实例名称”文本框中输入“蓝雨”文本，如图5-37所示。

STEP 2 单击撤销选中“autoPlay”右侧的复选框，在导出影片后，影片中的视频文件不会再自动开始播放。单击“skin”右侧的“编辑”按钮，如图5-38所示，打开“选择外观”对话框。

图 5-37　设置视频实例名称

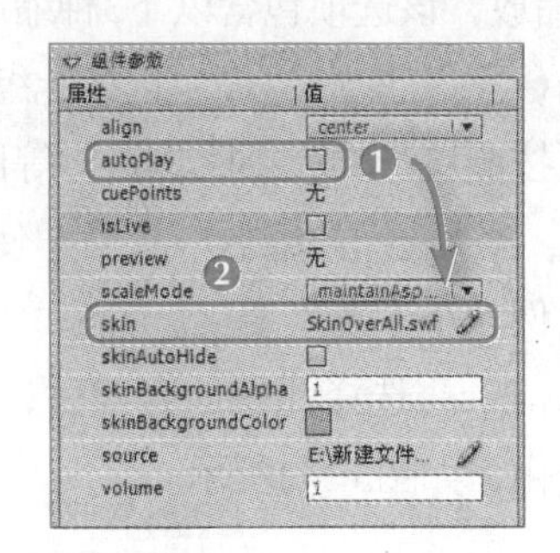

图 5-38　设置FLVPlayback组件参数

STEP 3 单击“外观”下拉列表右侧的下拉按钮，在弹出的列表中选择“SkinUnderPlaySeekStop.swf”选项，单击右侧的“颜色”按钮，在弹出的颜色面板中将FlVPlayback组件的颜色更改为紫色“#CC99FF”，单击 确定 按钮，如图5-39所示。

STEP 4 在“skinBackgroundAlpha”右侧的文本框中输入“0.5”，使FLVPlayback组件呈半透明显示。

STEP 5 单击选中“skinAutoHide”右侧的复选框，在舞台中的“蓝雨”视频实例下的FLVPlayback组件即可隐藏，只有当鼠标指针移动到视频文件上时，该组件才会出现，如图5-40所示，最后保存文件。

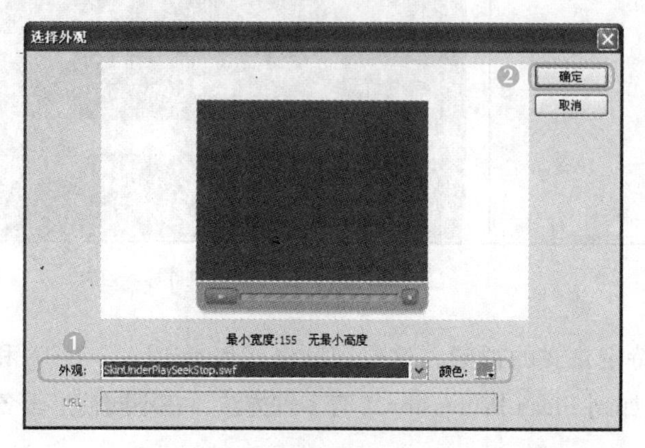

图5-39 更改FLVPlayback组件的外观

图5-40 设置组件透明和隐藏属性

多学一招

在“组件参数”栏中，单击“source”右侧的“编辑”按钮，可打开“内容路径”对话框，在其中单击“文件夹”按钮，可打开“浏览源文件”对话框，可在原位置重新指定一个视频文件，如图5-41所示。

图5-41 重新指定视频文件

在Flash中还可在“组件参数”栏的“scaleMode”右侧的下拉列表中选择相应的选项，对视频进行缩放，该选项包含以下3种缩放方式。

- maintainAspectRatio：选择此缩放方式后，使用“任意变形工具”进行拖曳，视频可按照自身的大小比例进行等比例缩放。
- noScale：选择此缩放方式后，使用“任意变形工具”进行拖曳，视频将保持原有的比例大小不发生变化。
- exactFit：选择此缩放方式后，进行变形时，视频的大小总是随着缩放框的大小进行变化，如图5-42所示。

图5-42 使用“exactFit”方式进行缩放

制作视频应注意以下几点。

①各个国家或各个地区的电视制式各有不同，在制作Flash视频之前需要根据播放的国家和地区创建不同制式的视频类型，在制作完成后还需根据播放制式导出不同播放速率的视频。

②对于一些特殊需要的视频，如无背景的视频，在拍摄时通常需要将背景铺设为蓝色或绿色的幕布，拍摄完成后再在一些后期软件，如Adobe Effect或Adobe Premier中，将蓝屏或绿屏的背景抠掉。

5.3 实训——合成“蘑菇森林”场景文件

5.3.1 实训目标

本实训的目标是利用已有的图片资料，合成一幅卡通蘑菇森林场景，要求使用导入命令，将不同文件格式的图片导入到库中，再将库中的文件拖曳到舞台上进行组合，并注意组合对象的层次。本实训的前后对比效果如图5-43所示。

素材所在位置　光盘:\素材文件\第5章\实训\蘑菇.png、草.png、森林.jpg、蘑菇.psd

效果所在位置　光盘:\效果文件\第5章\蘑菇森林.fla

图5-43　蘑菇森林合成效果

5.3.2 专业背景

在动画设计中经常需要设计场景，每一幅场景的绘制都需要注意到多方面的问题，比如近景、远景、景物的层叠、光线的明暗，以及画面的整体协调性。

由于Flash不是专业的绘图软件，在绘制图形方面要比Photoshop等其他绘图软件略逊一筹，因此在使用Flash制作视频短片等文件时，经常需要在其他软件中将需要的效果绘制完成后，再导入Flash的“库”面板中进行使用。

5.3.3 操作思路

完成本实训主要包括导入外部的素材文件、在舞台中编辑素材文件和组合调整添加的素材文件3大步操作，其操作思路如图5-44所示。

①添加背景图片　②添加蘑菇素材　③添加草叶素材

图5-44 “蘑菇森林”场景的制作思路

【步骤提示】

STEP 1 新建AS3.0文档，选择【文件】/【导入】/【导入到库】菜单命令，将素材文件夹中的素材文件导入到“库”面板中。

STEP 2 将“森林.png”素材图像拖曳到舞台中，并调整其大小与舞台的大小相同，然后再将“蘑菇.png”和“蘑菇.psd”素材图像拖曳到舞台中，复制并调整图形的大小。

STEP 3 调整蘑菇图形的层叠位置，选中下层的蘑菇图形，在其“属性”面板的“色彩效果”栏的“样式”下拉列表中选择“亮度”选项，在其下的“亮度”控件中单击滑块向左拖动，将亮度调暗。

STEP 4 依次调整蘑菇图形的明暗，调整完成后选中所有的蘑菇图形，按【Ctrl+G】组合键将其组合成一个整体。

STEP 5 将“库”面板中的“草.png”拖曳到舞台中，复制并调整草的大小，使其呈现出草丛的效果，然后选中草丛图形，按【Ctrl+G】组合键组合草丛图形，最后进行保存即可。

5.4 疑难解析

问：为什么在Flash中无法导入AVI视频文件？

答：AVI视频文件的编码不只一种，需要QuickTime编译的avi文件才能导入到Flash软件中，Flash支持的视频类型也会因系统中安装软件的不同而不同。

若电脑中安装了QuickTime 7及其以上版本，则在导入视频时还支持MOV（QuickTime影片）、AVI（音频视频交叉文件）和MPG/MPEG（运动图像专家组文件）等格式的视频剪辑文件。

问：在视频导入向导中单击选中了“在SWF中嵌入FLV并在时间轴中播放”单选项后，视频文件中的声音和视频不同步了，这是怎么回事？

答：在Flash中嵌入的视频还存在一些局限，较长的视频文件（长度超过 10 秒）通常在视频剪辑的视频和音频部分之间存在同步问题。一段时间以后，音频轨道的播放与视频的播放之间开始出现差异，导致不能达到预期的收看效果。

问：在导入视频时，不想加载FLVPlayback组件，该怎么取消呢？

答：可在视频导入向导的“外观”面板的“外观”下拉列表框中选择“无”选项，或在导入视频后，在其“属性”面板中单击“skin”右侧的“编辑”按钮，在打开的对话框的“外观”下拉列表框中选择“无”选项。

5.5 习题

本章主要介绍了外部素材的使用，包括对元件和库面板的认识、如何创建元件、导入位图、导入PSD文件、导入AI文件、将位图转换为矢量图以及视频文件的导入和编辑。对于本章的内容，读者应认真学习和掌握，为后面动画的制作打下基础。

素材所在位置 **光盘:\素材文件\第5章\习题\荷塘.png、蜻蜓.fla**
效果所在位置 **光盘:\效果文件\第5章\荷塘.fla**

使用提供的素材文件，制作如图5-45所示的“荷塘”场景，要求具体操作如下。

（1）新建AS3.0文档，使用矩形工具绘制一个背景图形，填充渐变色，并使用渐变调整工具调整渐变色，导入“荷塘.png”图片，将其拖曳到舞台中。

（2）选择【文件】/【导入】/【导入外部库】菜单命令，导入素材文件夹中“蜻蜓.fla”文件中的库内容，并将蜻蜓影片剪辑文件拖曳到舞台中，然后使用椭圆工具绘制水纹效果，将蜻蜓的层叠位置调整到水纹之上。

（3）使用文本工具，将文本方向更改为垂直，输入文本，并设置字体、字号和颜色，最后将文件保存。

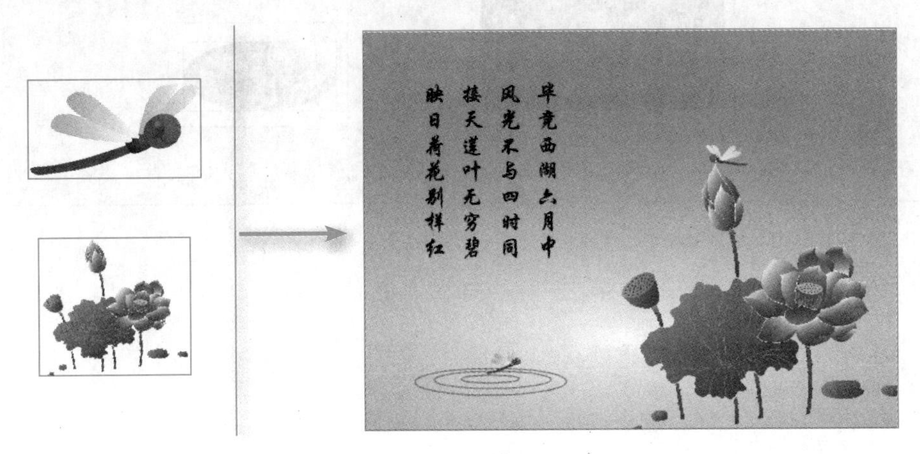

图5-45 “荷塘”效果

课后拓展知识

在Flash中经常需要使用到其他软件制作的文件，对于不同格式的图片及其特性，读者应当熟练掌握并予以应用，以便高效地制作出令人满意的作品。下面讲解使用位图填充图形的方法。

【步骤提示】

STEP 1 将位图文件导入到Flash的“库”面板中，并将其拖曳到舞台中。

STEP 2 使用选择工具选中舞台中的位图文件，按【Ctrl+B】组合键将其打散。

STEP 3 使用椭圆工具，在舞台空白处绘制一个椭圆形，如图5-46所示。

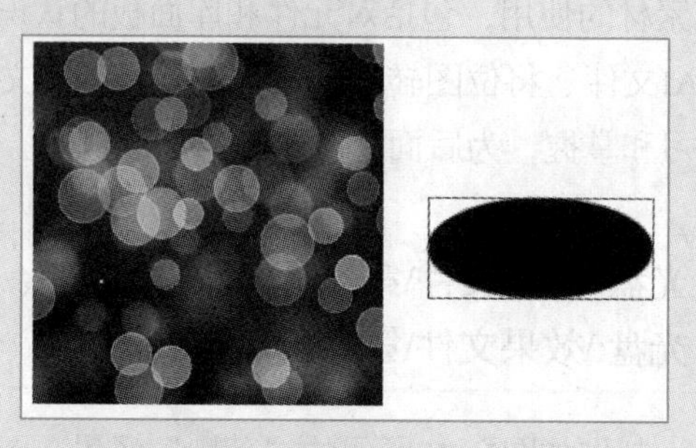

图5-46 打散位图并绘制椭圆

STEP 4 在工具箱中选择滴管工具，将鼠标指针移至打散的位图上，当其变为形状时，在打散的位图上单击鼠标左键汲取位图。

STEP 5 在绘制的圆形上单击鼠标左键即可填充位图，效果如图5-47所示。

图5-47 填充位图

第6章 制作基础动画

情景导入

前段时间小白的工作只涉及图形和文字等静态对象的编辑制作，老张决定从现在开始带领小白学习Flash动画的制作。

知识技能目标

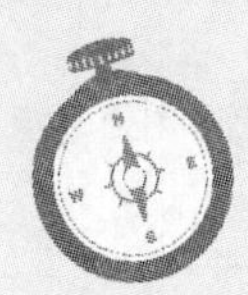

- 认识“时间轴”面板中的图层和帧。
- 熟练掌握图层和帧的基本操作。
- 熟练掌握逐帧动画、补间动画和引导动画的制作方法。

- 加强对时间轴面板的认识和理解，能够在制作动画时，正确地创建动画。
- 掌握“花开”逐帧动画、“跳动的小球”补间动画和“枫叶”引导动画的制作方法。

课堂案例展示

“花开”逐帧动画

“跳动的小球”补间动画

“枫叶”引导动画

6.1 制作“花开”逐帧动画

老张今天交给小白一个新任务，要求小白在Flash中制作一朵花盛开的动画，并提供了花朵盛开的序列图片。要完成该任务，首先需要了解Flash中图层和帧的基本操作，然后再将这些序列图片导入到Flash中制作花开动画。本例完成后的参考效果如图6-1所示，下面具体讲解其制作方法。

素材所在位置 光盘:\素材文件\第6章\课堂案例1\百合花开
效果所在位置 光盘:\效果文件\第6章\花开.fla

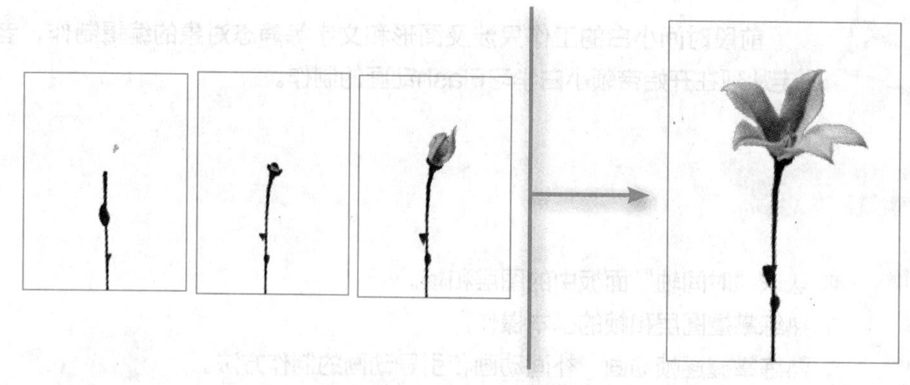

图6-1 “花开”最终效果

6.1.1 认识时间轴中的图层

在Flash中制作动画经常需要把动画对象放置在不同的图层中以便操作，若把动画对象全部放置在一个图层中，不仅不方便操作，还会显得杂乱无章。

Flash中的每个图层都相当于一张透明的纸，在每张纸上放置需要的动画对象，再将这些纸重叠，即可得到整个动画场景。每个图层都有一个独立的时间轴，在编辑和修改某一图层中的内容时，其他图层不会受到影响。

1. 图层区

把动画元素分散到不同的图层中，然后对各个图层中的元素进行编辑和管理，可有效地提高工作效率，Flash CS5中的图层区如图6-2所示。

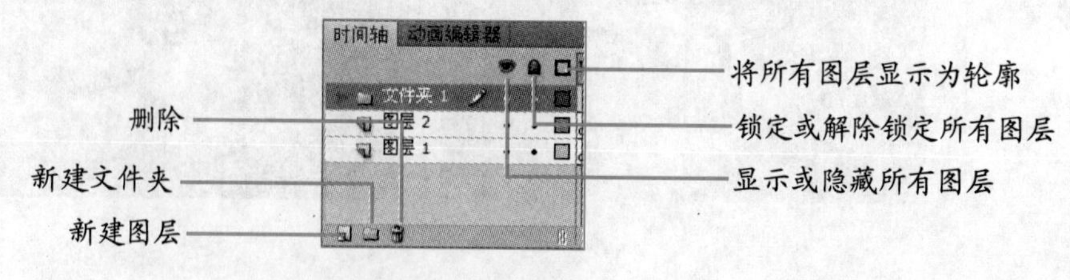

图6-2 图层区

图层区中各功能按钮介绍如下。

- “显示或隐藏所有图层”按钮：该按钮用于隐藏或显示所有图层，单击按钮即可在隐藏和显示状态之间进行切换。单击该按钮下方的•图标可隐藏对应的图层，图层隐藏后该位置上的图标变为×。
- “锁定或解除锁定所有图层”按钮：该按钮用于锁定所有图层，防止用户对图层中的对象进行误操作，再次单击该按钮可解锁图层。单击该按钮下方的•图标可锁定对应的图层，锁定后•图标会变为图标。
- “将所有图层显示为轮廓”按钮：单击该按钮可用图层的线框模式显示所有图层中的内容，单击该按钮下方的图标，将以线框模式显示该图标对应图层中的内容。
- “新建图层”按钮：单击该按钮可新建一个普通图层。
- “新建文件夹”按钮：单击该按钮可新建图层文件夹，常用于管理图层。
- “删除”按钮：单击该按钮可删除选中的图层。

2. 图层的类型

在Flash CS5中，根据图层的功能和用途，可将图层分为普通图层、引导层、遮罩层和被遮罩层4种，如图6-3所示。

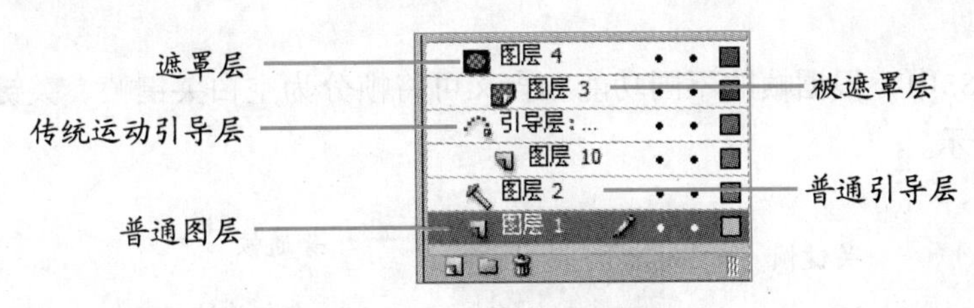

图6-3　图层的分类

- 普通图层：普通图层是Flash CS5中最常见的图层，主要用于放置动画中所需的动画元素。
- 引导层：在引导层中可绘制动画对象的运动路径，然后在引导层与普通图层建立链接关系，使普通图层中的动画对象可沿着路径运动。在导出动画时，引导层中的对象不会显示。
- 遮罩层：遮罩层是Flash中的一种特殊图层，用户可在遮罩层中绘制任意形状的图形或创建动画，实现特定的遮罩效果。
- 被遮罩层：被遮罩层通常位于遮罩层下方，主要用于放置需要被遮罩层遮罩的图形或动画。

6.1.2 认识时间轴中的帧

帧是组成Flash动画最基本的单位，通过在不同的帧中放置相应的动画元素，并对动画元素进行编辑，然后对帧进行连续地播放，即可实现Flash动画效果。

1. 帧区域

在时间轴的帧区域中，同样包含可对帧进行编辑的按钮，如图6-4所示。

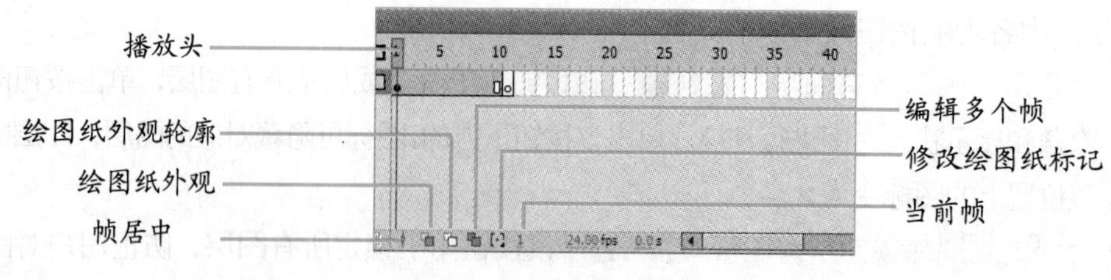

图6-4 帧区域

- “帧居中”按钮：单击此按钮，播放头所在帧会显示在时间轴的中间位置。
- “绘图纸外观”按钮：单击此按钮，时间轴标尺上出现绘图纸的标记显示，在标记范围内的帧上的对象将同时显示在舞台中。
- “绘图纸外观轮廓”按钮：单击此按钮，时间轴标尺上出现绘图纸的标记显示，在标记范围内的帧上的对象将以轮廓线的形式同时显示在舞台中。
- “编辑多个帧”按钮：单击此按钮，绘图纸标记范围内的帧上的对象将同时显示在舞台中，可以同时编辑所有的对象。
- “修改绘图纸标记”按钮：单击此按钮，在弹出的下拉菜单中可对绘图纸标记进行修改。

2. 帧的类型

在Flash CS5中，根据帧的不同功能和含义可将帧分为空白关键帧、关键帧和普通帧3种，如图6-5所示。

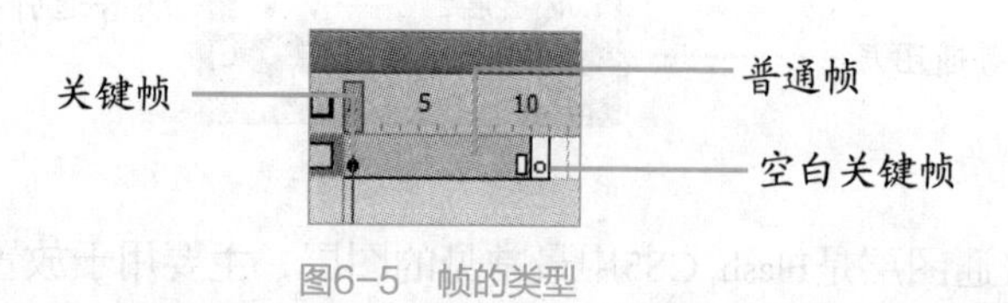

图6-5 帧的类型

- 关键帧：关键帧在时间轴中以一个黑色实心圆表示，用于放置动画中发生了运动或产生了变化的对象物体。关键帧有开始也有结束，用以表现一个动画对象从开始动作到结束动作的变化。
- 空白关键帧：空白关键帧在时间轴中以一个空心圆表示，该关键帧中没有任何内容，主要用于结束前一个关键帧的内容或用于分隔两个相连的补间动画，常用于制作物体消失的动画。
- 普通帧：普通帧在时间轴中以一个灰色方块表示，其通常处于关键帧的后方，作为关键帧之间的过渡，或用于延长关键帧中动画的播放时间。一个关键帧后的普通帧越多，该关键帧的播放时间越长。

6.1.3 制作逐帧动画

在时间轴上具有逐帧变化图像的动画称为逐帧动画，它由一帧一帧的图像组合而成，可以灵活地表现丰富多变的动画效果，但逐帧动画需要一帧一帧地去制作，因此会占用相当长的制作时间。逐帧动画中的每一帧都是关键帧，下面在Flash中导入图像序列素材制作花开逐帧动画，其具体操作如下。

STEP 1 启动Flash CS5，新建AS3.0文档，将其以“花开”为名进行保存。

STEP 2 选择【文件】/【导入】/【导入到舞台】菜单命令，打开“导入”对话框，打开素材文件所在位置，选中素材序列文件的第一个文件，这里选中“c_0000”，单击打开按钮，如图6-6所示。

图6-6 导入序列图片到舞台中

STEP 3 在打开的提示对话框中，单击是按钮，如图6-7所示，即可将图片序列导入到Flash中。

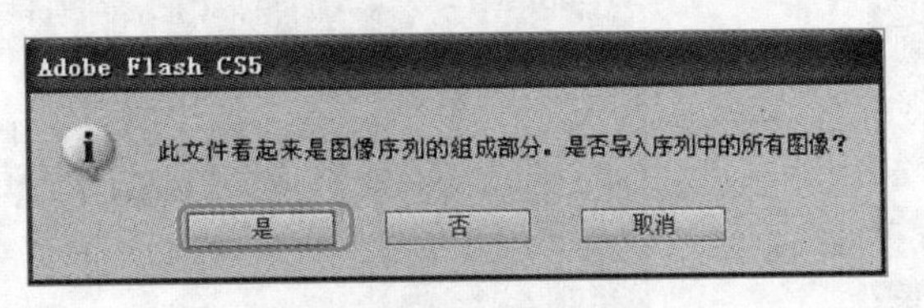

图6-7 自动导入图像序列

STEP 4 在“库”面板中即可看到导入的图片序列，单击“库”面板下的“新建文件夹”按钮，在“库”面板中新建一个文件夹，使用鼠标左键双击文件夹右侧的“新建文件夹”文本，使其呈可编辑状态，在其中输入“百合花开”，如图6-8所示。

STEP 5 在“库”面板的列表框中单击图像序列的第1张图片，拖动滚动条到列表框底部，按住【Shift】键不放，单击最后一张图片，全选图片序列。

STEP 6 单击选中的图片序列不放，将其拖曳到“百合花开”文件夹上，释放鼠标左键，即可将图片序列移动到文件夹中，如图6-9所示。

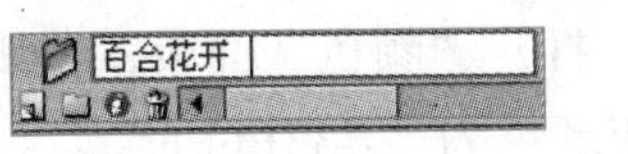

图6-8 新建文件夹

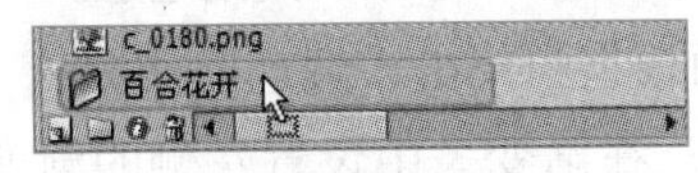

图6-9 将序列图片移至文件夹中

STEP 7 在时间轴中即可查看导入到舞台后，帧区域中的变化，如图6-10所示。

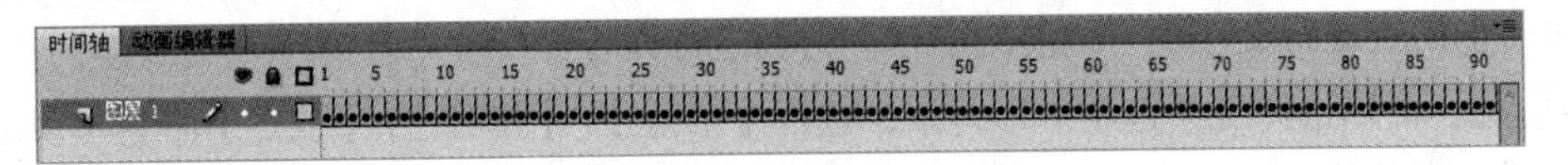

图6-10 时间轴中帧的变化

知识提示 读者也可先将图片序列导入到库面板之后，再逐一将图片拖曳到时间轴中的不同帧上，但此方法会使工作量变得非常庞大，只有在图片序列很少等特殊情况下才使用。

6.2 制作"跳动的小球"片头补间动画

小白接到的第二个任务是制作一个以跳动的小球为主要对象物体的片头动画，并且要为动画的主题制作一个字体变形动画。要完成该任务，需要使用动作补间动画和形状补间动画，以及图层的使用。本例的参考效果如图6-11所示，下面将具体讲解其制作方法。

效果所在位置 光盘:\效果文件\第6章\跳动的小球.fla

图6-11 "跳动的小球"最终效果

6.2.1 制作动作补间动画

动作补间动画可以使对象发生位置移动、缩放、旋转和颜色渐变等变化。这种动画只适用于文字、位图和实例，被打散的对象不能产生动作渐变，除非将它们转换为元件或组合。

STEP 1 新建AS3.0文档，使用矩形工具绘制与舞台相同大小的矩形作为背景，在其"属性"面板的"填充和笔触"栏中，关闭笔触。

STEP 2 在面板组中单击"颜色"按钮，打开"颜色"面板，在其中设置矩形背景为"径向渐变"，在渐变条中设置左侧的渐变颜色为"#33FFFF"，右侧的渐变颜色为"#66CCFF"，如图6-12所示。

STEP 3 选择渐变变形工具，调整矩形背景的渐变颜色，结果如图6-13所示，按【Ctrl+S】组合键将文件以"跳动的小球"为名进行保存。

STEP 4 使用选择工具选中矩形背景，选择【修改】/【排列】/【锁定】命令，锁定矩形背景，防止其在之后的操作中被更改。

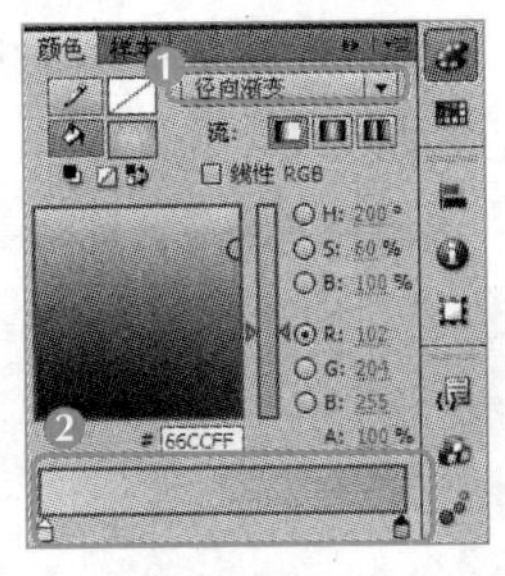

图6-12 设置矩形径向渐变颜色

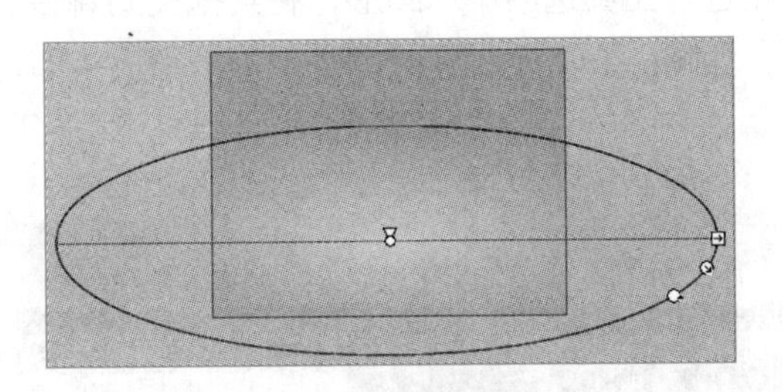

图6-13 调整渐变色

STEP 5 在时间轴中双击“图层1”文本，将其转换为可编辑模式，然后输入“背景”文本，选中“背景”图层中的第50帧，选择【插入】/【时间轴】/【帧】菜单命令，插入空白帧，使背景图形在这50帧中都能显示。

STEP 6 单击“背景”图层右侧对应的隐藏标记，隐藏背景图层，单击“新建图层”按钮，在“背景”图层之上新建一个图层，双击图层名称，使其呈可编辑状态，输入“小球”文本，如图6-14所示。

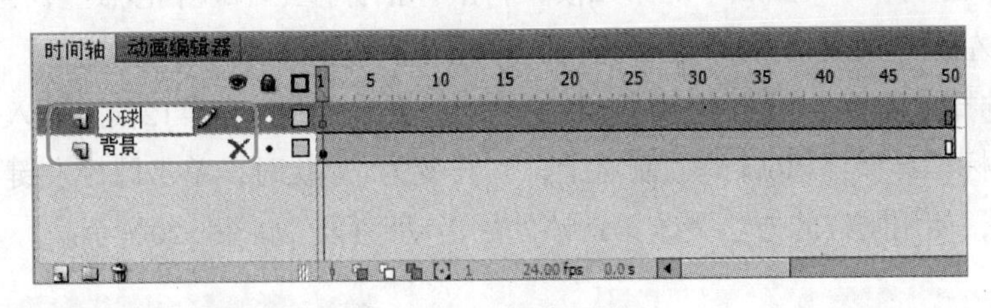

图6-14 设置背景图层

STEP 7 选中“小球”图层的第1帧，选择椭圆工具，在舞台中按住【Shift】键绘制一个圆形，在“属性”面板中设置圆形的笔触颜色为白色“#FFFFFF”，笔触宽度为“3.00”，填充颜色为“#669900”，如图6-15所示。

STEP 8 使用选择工具选中绘制的圆形，单击鼠标右键，在弹出的快捷菜单中选择“转换为元件”菜单命令，打开“转化为元件”对话框。

STEP 9 在“名称”文本框中输入“小球”文本，在“类型”下拉列表中选择“影片剪辑”，单击 确定 按钮，如图6-16所示。

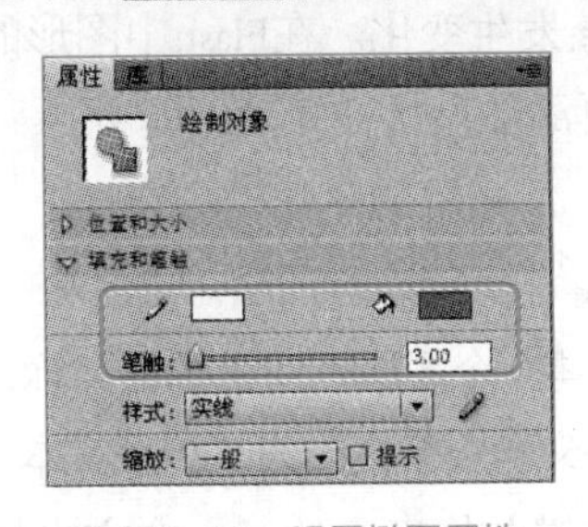

图6-15 设置椭圆属性

图6-16 将小球转换为元件

STEP 10 将小球移动到舞台左侧，单击“小球”图层的第25帧，选择【插入】/【时间轴】/【空白关键帧】菜单命令，插入一个空白关键帧。

STEP 11 单击“小球”图层的第24帧，选择【插入】/【补间动画】菜单命令，如图6-17

所示。使用选择工具选中小球图形，将其拖曳到舞台右侧，拖曳完毕后，在舞台中出现一条动作路径，如图6-18所示，在时间轴中拖动播放头即可查看运动效果。

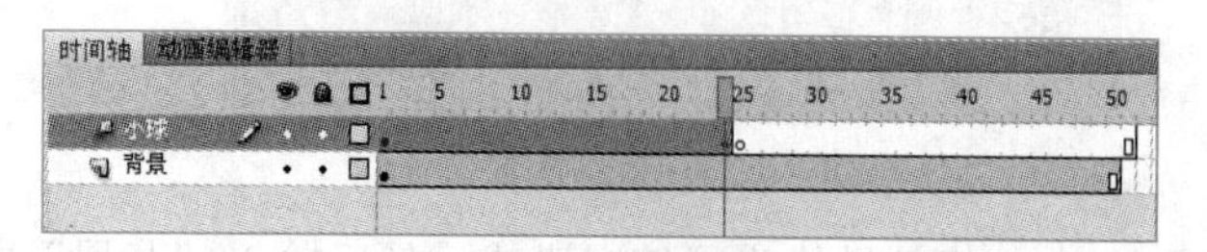

图6-17 插入空白关键帧和创建补间动画

图 6-18 拖动图形创建动画

创建补间动画后，其动作路径可在舞台中直接显示，创建了多少个帧的补间动画，动作路径上则会显示多少个控制点。

STEP 12 单击“小球”图层中的第12帧，将鼠标指针移至小球中心点上，当其变为形状时，单击鼠标左键并拖曳，将第12帧的控制点往下拖动，如图6-19所示。

STEP 13 选择【插入】/【时间轴】/【关键帧】菜单命令，在第12帧上插入一个关键帧，在舞台中将鼠标指针移至第6帧的控制点上，当其变为形状时，单击鼠标左键不放并拖曳，更改运动路径，使用同样的方法更改第18帧处的运动路径，如图6-20所示。

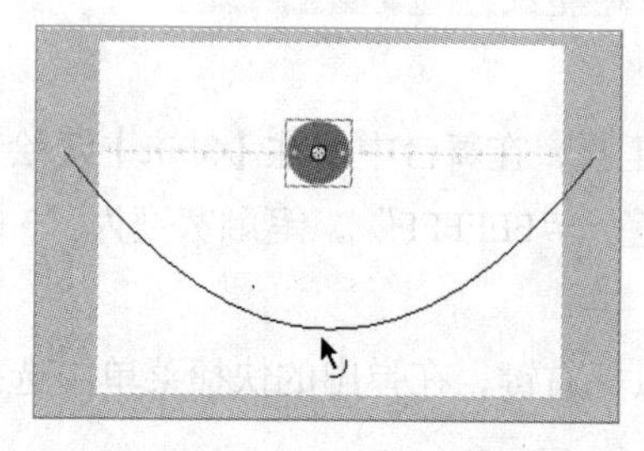
图 6-19 调整第12帧的路径

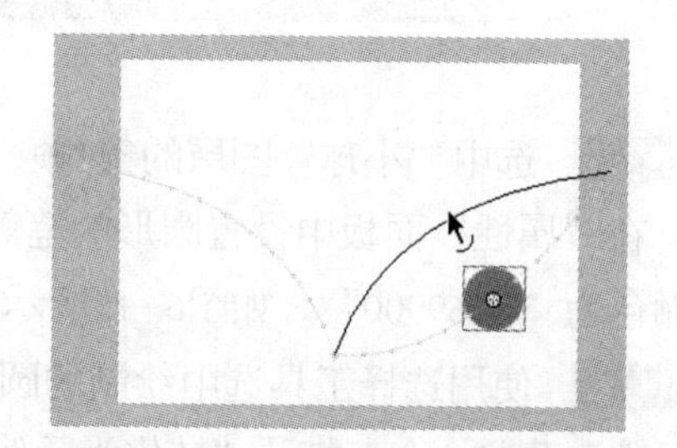
图6-20 调整第6帧和第18帧的路径

6.2.2 制作形状补间动画

形状补间动画指的是变形动画，指动画对象的形状逐渐发生变化。在Flash中图形的变形制作较为简单，只需确定变形前的形状和变形后的形状，再添加形状补间动画即可。

下面开始制作主题字体变形动画，其具体操作如下。

STEP 1 在时间轴中单击“小球”图层右侧的隐藏标记，隐藏小球图层。

STEP 2 单击“新建图层”按钮，在“小球”图层上新建一个图层，双击图层名称，将其更改为“文本”，选择“文本工具”，在“属性”面板中将文本引擎更改为“传统文本”。

STEP 3 将鼠标指针移至舞台中央的位置，单击鼠标左键并拖曳，绘制一个文本框，在其中输入“BLUE”文本，在文本的“属性”面板的“字符”栏中，在“系列”下拉列表中选择文本的字体为“Arial Black”，大小为“83”，字体颜色为“#669900”，效果如图6-21所示。

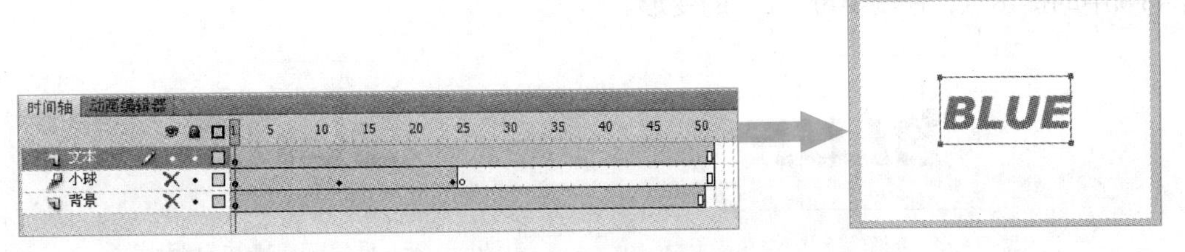

图 6-21 新建文本图层并输入文本

STEP 4 在“文本”图层中单击第1帧中的关键帧，当鼠标指针变为形状时，拖曳第1帧中的关键帧到第24帧。

STEP 5 按住【Alt】键不放并单击第24帧中的关键帧，当鼠标指针变为形状时，将第24帧中的关键帧拖曳到第48帧，复制一个关键帧，如图6-22所示。

STEP 6 单击第48帧，在舞台中选中“BLUE”文本，在其“属性”面板中将“字符”栏中的“系列”更改为“Gunship Condensed”，按两次【Ctrl+B】组合键，将文字打散。

STEP 7 单击第24帧，在舞台中选中“BLUE”文本，按两次【Ctrl+B】组合键将第24帧中的文本打散。在第24帧和第48帧之间的任意一帧上单击鼠标右键，在弹出的快捷菜单中选择“创建补间形状”菜单命令，在第24帧和第48帧之间生成一个绿底右向的箭头，表明成功创建形状补间动画，如图6-23所示。

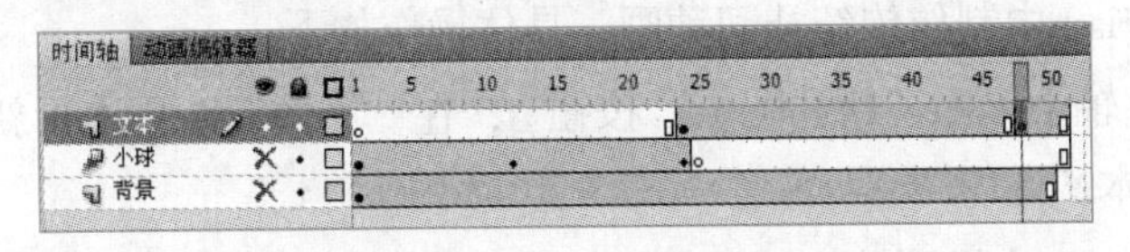

图 6-22 移动帧和复制帧

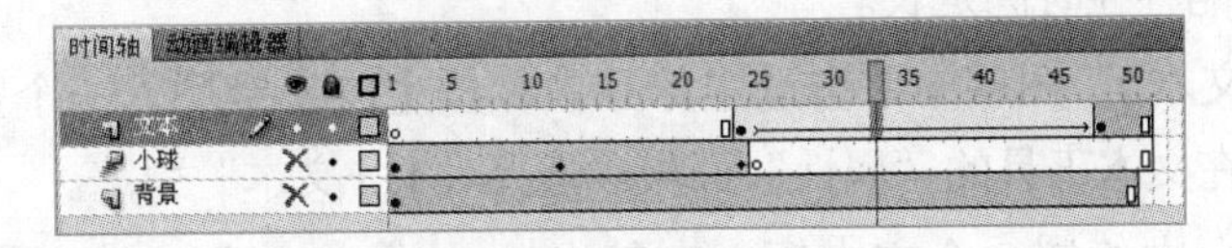

图 6-23 创建形状补间动画

知识提示

在Flash中只有将文本或图形打散后，才能创建形状补间动画。在Flash中还可通过添加形状提示，控制图形间对应部位的变形，使变形更有规律，从而制作出各种有趣的变形效果。

STEP 8 选中第24帧，选择【修改】/【形状】/【添加形状提示】菜单命令，在舞台中即可出现一个带有字母“a”的红色圆圈提示点，单击该提示点不放，当鼠标指针变为形状时，将其拖曳到字母“B”的左上角，如图6-24所示。

STEP 9 选中第48帧，在文本上将出现一个与第24帧对应的形状提示点，将其拖曳到字母“B”的左上角，此时提示点变为绿色，如图6-25所示，返回第24帧可看到该帧文本上的提示点已变为黄色。

STEP 10 在第24帧中，按【Ctrl+Shift+H】组合键继续添加提示点“b”，调整第24帧和第48帧中的提示点，控制字母“L”的变形。

图 6-24　调整第24帧中的提示点

图6-25　调整第48帧中的提示点

STEP 11　使用相同的方法为字母“U”的变形添加提示点，效果如图6-26所示。

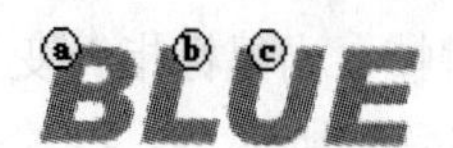

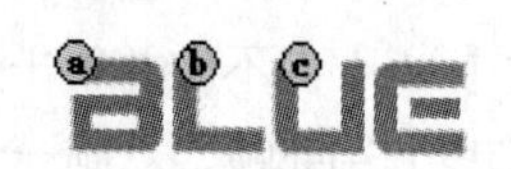

图6-26　为其他变形字母添加提示点

6.2.3 制作传统补间动画

“传统补间”与“补间动画”的区别在于：“传统补间”需要先在开始帧和结束帧中放入同一动画对象，即可选择插入传统补间的命令；而“补间动画”则只需要在开始帧中放入动画对象，并定义结束帧，即可选择插入补间动画的命令，且在补间动画中还可控制对象的动作路径。下面在Flash中制作传统补间动画，具体操作如下。

STEP 1　在时间轴中单击“新建图层”按钮，在“文本”图层上再新建一个图层，更改图层的名字为“文本2”。

STEP 2　按住【Shift】键不放，逐一单击选中每个图层的第73帧，按【F5】键插入帧，将动画对象在舞台中的存在时间延长。

STEP 3　在“文本2”图层中单击选中第48帧，按【F7】键插入一个空白关键帧，选择“文本工具”，在文本工具的“属性”面板中选择“TLF文本”引擎。

STEP 4　在舞台中绘制一个文本框，在其中输入“RAIN”，在对应“属性”面板的“字符”栏中，设置文本的字体大小为“83”，颜色为“#669900”，字号系列为“Gunship Condensed”，如图6-27所示。

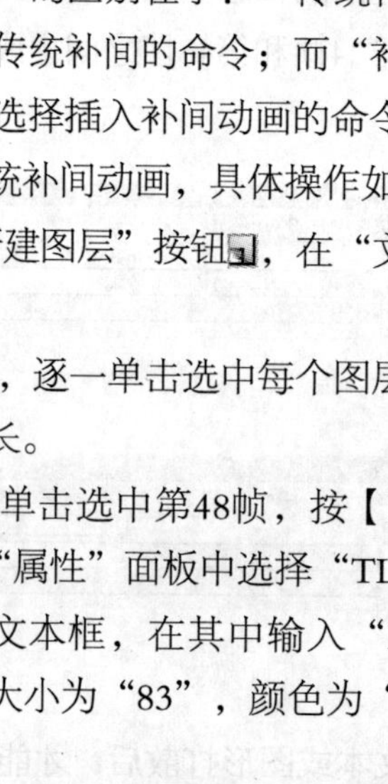

图6-27　创建文字

STEP 5　单击“文本2”图层中的第72帧，按【F6】键插入一个关键帧。

STEP 6 在第48帧到第72帧之间的任意一帧上单击鼠标右键，在弹出的快捷菜单中选择“创建传统补间”菜单命令，即可在第48帧和第71帧之间生成一个紫色底的右向的箭头，表明成功创建传统补间动画，如图6-28所示。

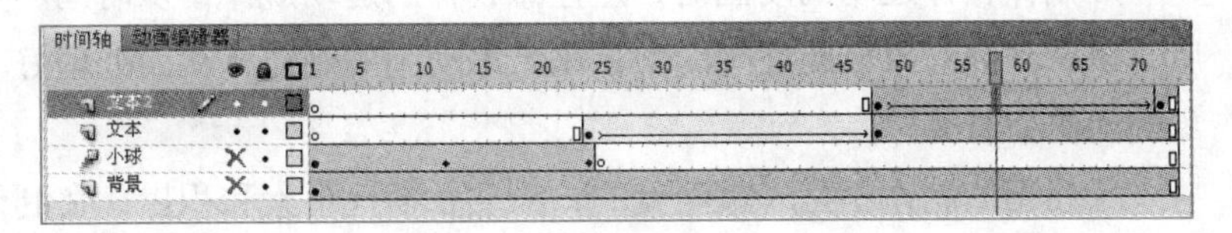

图6-28 创建传统补间动画

STEP 7 在“文本2”图层中单击选中第48帧，然后再在舞台中单击选中“RAIN”文本，在其“属性”面板的“色彩效果”栏中，单击“样式”右侧的下拉列表，在弹出的列表中选择“Alpha”选项。

STEP 8 在展开的“Alpha”控件中，将“Alpha”的值设置为“0”，如图6-29所示。

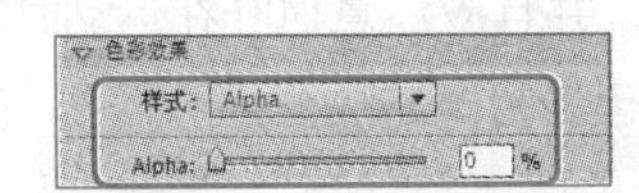

图6-29 设置文本的Alpha值

STEP 9 按【Ctrl+Enter】组合键，测试动画，测试完成发现文字的位置有点偏下，可在时间轴中单击“编辑多个帧”按钮，此时在帧面板的帧刻度上出现一个大括号。

STEP 10 单击左侧的括号不放，将其拖曳至第24帧前，再单击右侧的括号不放，将其拖曳至第72帧后，如图6-30所示。

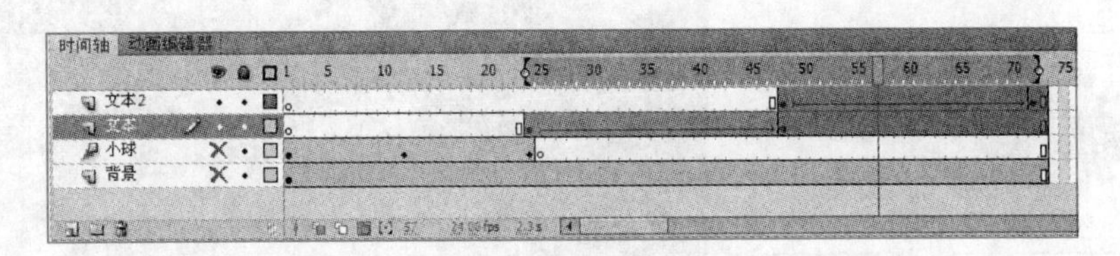

图6-30 编辑多个帧

STEP 11 使用选择工具框选舞台中的文本，单击选中的文本不放将其向上拖曳，调整文本的位置，再次按【Ctrl+Enter】组合键测试动画。

知识提示

在创建动画后，若只对其中一帧中的动画对象进行调整，如进行位移操作，之后再单击其他帧则会发现其他帧中的动画对象仍在原位置，只有被调整的帧中的动画对象的位置发生了变化。因此需要使用“编辑多个帧”命令，将选中的帧中的动画对象全部显示在舞台中，再对其进行位移等操作。

STEP 12 测试无误后，再次单击“编辑多个帧”按钮，取消其选中状态。

STEP 13 单击“小球”图层和“背景”图层右侧的隐藏标记，将“小球”图层和“背景”图层中的动画对象显示在舞台中，然后选择【文件】/【保存】菜单命令保存更改后的文档。

制作动画时应注意以下几点。

①不同的动画对象最好放置在不同的图层中进行设置，以免编辑混乱。

②制作物体运动的动画时，应注意物体的运动规律，从时间、空间、速度，以及动画对象彼此之间的关系来考虑动画的制作，从而处理好动画中对象的动作和节奏。

③动画的制作不是一蹴而就的，需要长期地观察和积累，在制作的过程中往往需要往复不断地进行测试。

6.3 制作“枫叶”引导动画

小白接到的第三个任务是制作一个枫叶场景动画。要完成该任务，需要使用运动引导图层，对枫叶的运动路径进行设置，并且应注意枫叶在运动时应有一定的变化。本例的参考效果如图6-31所示，下面将具体讲解其制作方法。

素材所在位置 光盘:\素材文件\第6章\课堂案例3\枫叶1.png、枫叶2.png、枫叶.fla

效果所在位置 光盘:\效果文件\第6章\枫叶.fla

图6-31 “枫叶”最终效果

6.3.1 引导动画的基本概念

引导动画是指创建一条路径引导动画对象按照一定路径进行移动，使用引导动画可制作出逼真的动画效果。

引导动画由引导层和被引导层组成，引导层位于被引导层的上方，在引导层中可绘制引导线，它可对动画对象的运动路径进行引导，且在最终输出时不会显示。在引导层中绘制路径应注意以下几点。

- **流畅的引导线：**引导线应为一条流畅的从头到尾连续贯穿的线条，不能出现中断的现象。

- **不宜过多转折**：引导线的转折不宜过多，且转折处的线条弯转不宜过急。
- **准确吸附动画对象**：被引导对象其中心点必须准确吸附在引导线上，否则将无法沿引导路径运动。
- **不可交叉**：引导线中不能出现交叉和重叠的现象。

6.3.2 创建引导动画

下面讲解如何在Flash中创建引导动画，其具体操作如下。

STEP 1 在Flash CS5中，选择【文件】/【打开】菜单命令，打开“打开”对话框，在其中选择素材文件夹中的“枫叶.fla”文件，将其打开。

STEP 2 在工具栏中选择“Deco工具”，在其“属性”面板的“绘制效果”栏中，单击下拉列表选择“树刷子”选项，在“高级选项”栏的下拉列表中选择“枫树”选项，单击“树叶颜色”右侧的色块，在弹出的颜色面板中选择“#FF6600”，如图6-32所示。

STEP 3 在舞台中绘制枫树，组合并调整枫树的大小和位置，如图6-33所示。

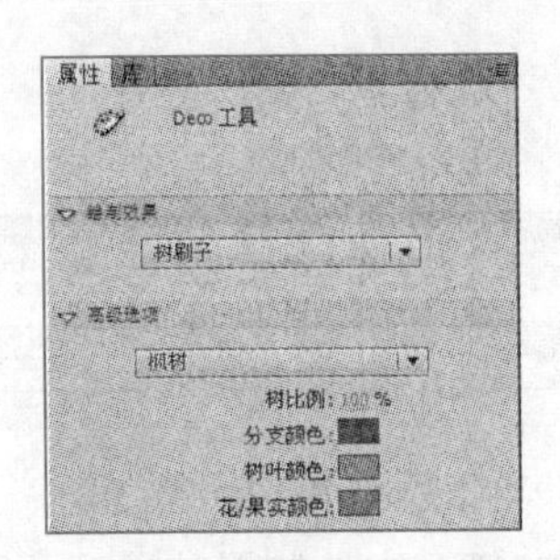

图6-32 设置Deco工具属性

图6-33 绘制枫树

STEP 4 选择【文件】/【导入】/【导入到库】菜单命令，打开“导入到库”对话框。在对话框中选择素材文件夹中的“枫叶1.png”和“枫叶2.png”素材文件，单击 打开(O) 按钮，将这两个素材图片导入到“库”面板中，如图6-34所示。

STEP 5 在“库”面板的列表中自动生成对应的“元件1”和“元件2”图形元件，分别将“元件1”和“元件2”的名称更改为“枫叶1”和“枫叶2”，如图6-35所示。

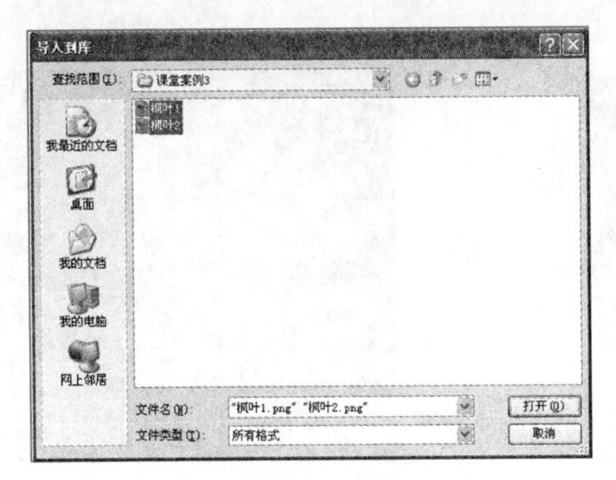

图6-34 导入图片

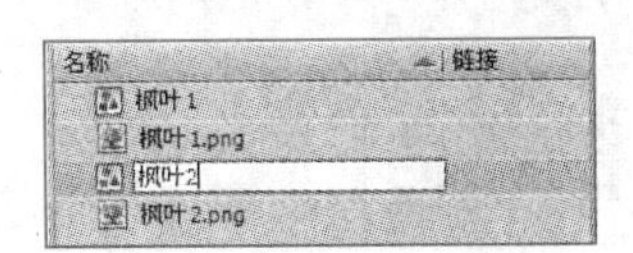

图6-35 更改元件名称

STEP 6 在时间轴中双击“图层1”的名称，将其更改为“背景”，单击其右侧的锁定标记，锁定“背景”图层。

STEP 7 单击“新建图层”按钮，在“风景”图层上，新建一个图层，将其名称更改为“枫叶1”。

STEP 8 单击“枫叶1”图层的第1帧，将“库”面板中的“枫叶1”图形元件拖动到舞台中，使用任意变形工具，配合【Shift】键等比例缩小舞台中的“枫叶1”图形元件。在时间轴中按【Shift】键选中两个图层的第75帧，按【F5】键插入帧，如图6-36所示。

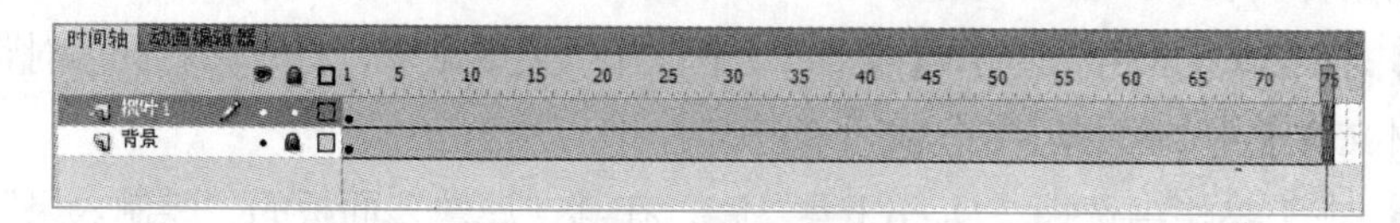

图6-36 新建图层并延长动画对象延续的时间

STEP 9 在“枫叶1”图层上单击鼠标右键，在弹出的快捷菜单中选择“添加传统运动引导层”命令，为“枫叶1”图层创建运动引导层，如图6-37所示。

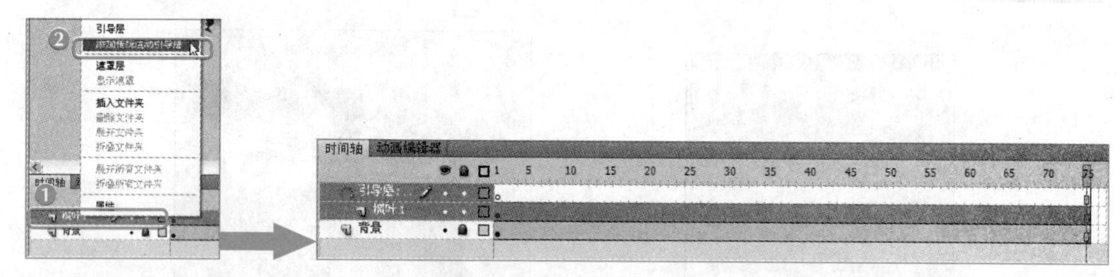

图6-37 创建传统运动层

STEP 10 单击“引导层”的第1帧，使用铅笔工具在舞台中绘制枫叶运动的路径，如图6-38所示。

STEP 11 按住【Shift】键不放，单击选中“引导层”和“枫叶1”图层中的第60帧，按【F6】键插入关键帧。

STEP 12 单击“枫叶1”图层的第1帧，使用任意变形工具选中“枫叶1”图形元件，将其拖动到引导路径的起点位置；单击该图层第60帧，将“枫叶1”图形实例拖动到引导路径的终点位置，如图6-39所示。

图6-38 绘制引导路径

图6-39 将被引导层中的动画对象吸附到引导路径上

STEP 13 在“枫叶1”图层的第1帧和第60帧之间的任意一帧上，单击鼠标右键，在弹出的快捷菜单中选择“创建传统补间”命令，如图6-40所示。

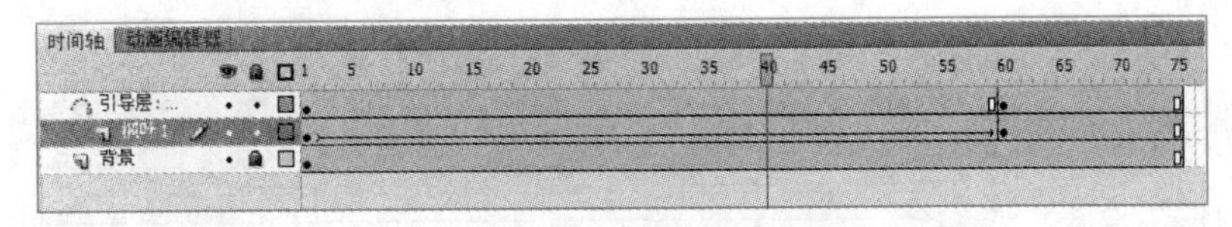

图6-40　创建传统补间动画

6.3.3 编辑引导动画

制作完成引导动画后，还可对引导动画中的动画对象进行编辑，使动画更加生动。下面在Flash中编辑引导动画，其具体操作如下。

STEP 1 在时间轴中，按住【Shift】键选中引导层和“枫叶1”图层中的第1帧至第75帧，单击鼠标右键，在弹出的快捷菜单中选择“复制帧”菜单命令，如图6-41所示。

STEP 2 单击“新建图层”按钮，在引导层上新建一个图层，选中新建图层的第1帧，单击鼠标右键，在弹出的快捷菜单中选择“粘贴帧”菜单命令，如图6-42所示。

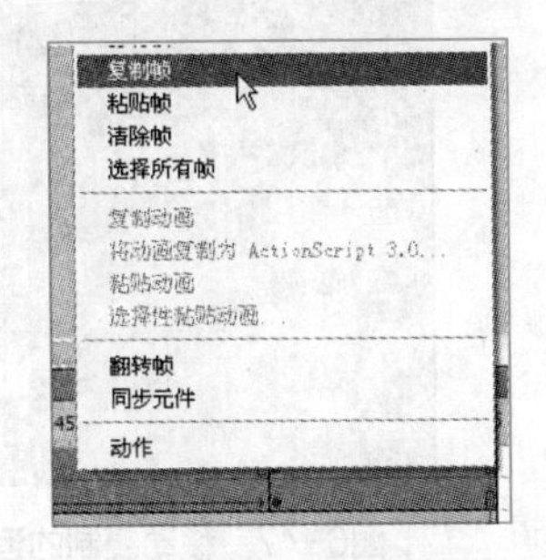

图6-41　复制引导层和被引导层中的帧

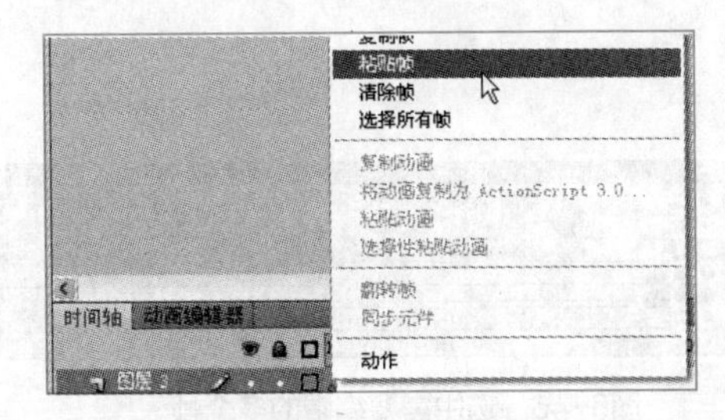

图6-42　粘贴帧

STEP 3 双击复制的“枫叶1”图层的名称，将其重新命名为“枫叶2”，分别单击引导层和“枫叶1”图层右侧的锁定标记，锁定这两个图层，如图6-43所示。

STEP 4 在粘贴帧后出现的两个图层中，枫叶对象并不会随着引导层的路径进行运动，单击“枫叶2”图层不放并向图层标记为的引导层，即“图层3”的右下侧拖动，当出现一条带有圆圈的黑色横线时，释放鼠标左键即可将“图层3”和“枫叶2”图层转换为运动引导层和被引导层，如图6-44所示。

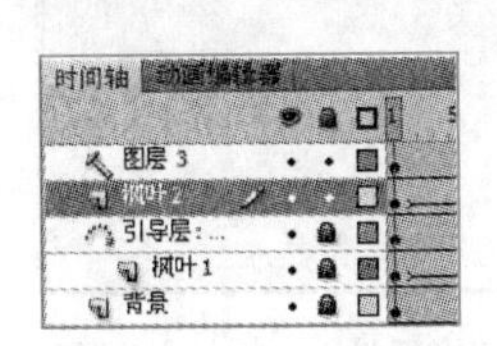

图6-43　锁定图层

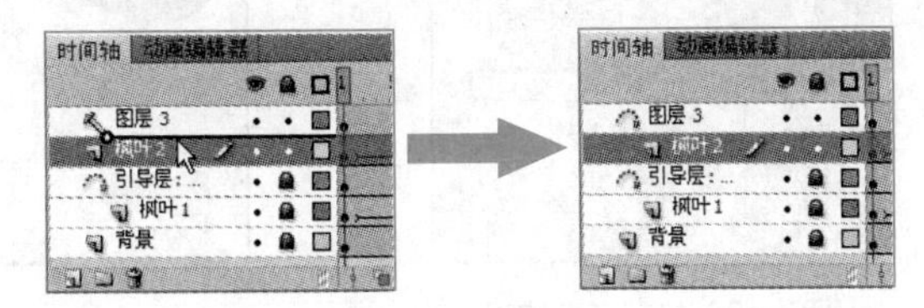

图6-44　粘贴帧

STEP 5 双击“图层3”引导层，将其图层名称更改为“引导层2”，按住【Shift】键不放，选中“引导层2”和“枫叶2”图层的第1帧至第60帧。

STEP 6 单击选中的帧序列不放并拖曳，将“引导层2”和“枫叶2”图层中的关键帧向右移动10帧，如图6-45所示。

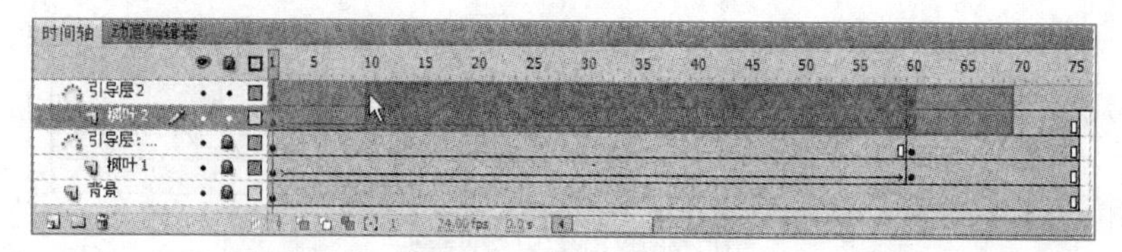

图6-45 移动帧

STEP 7 调整后的“枫叶2”图层中的枫叶将延迟10帧的时间再出现并进行运动。在时间轴中单击“编辑多个帧”按钮，选中需要编辑的“引导层2”和“枫叶2”图层中的帧，如图6-46所示。

STEP 8 使用选择工具在舞台中框选“引导层2”和“枫叶2”图层中的引导路径和枫叶实例，将他们拖曳到场景中另一位置，如图6-47所示。

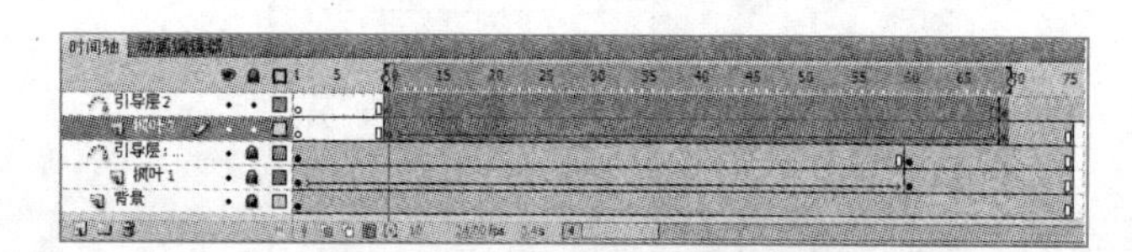

图6-46 选中需要编辑的多个帧

图6-47 移动复制的运动对象

STEP 9 在时间轴中再次单击“编辑多个帧”按钮。单击“枫叶2”图层的第10帧，在舞台中选中复制的枫叶图形，在其“属性”面板中单击 交换... 按钮，如图6-48所示。

STEP 10 在打开的“交换元件”对话框的元件列表中选择“枫叶2”图形元件，单击 确定 按钮，如图6-49所示。使用同样的方法交换第60帧中的枫叶元件。

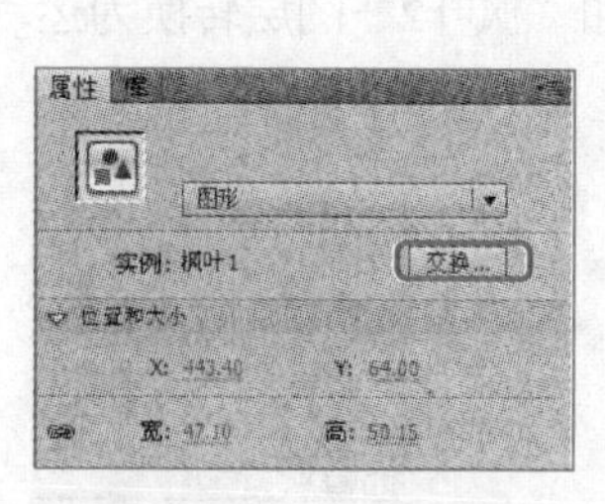

图6-48 单击交换按钮

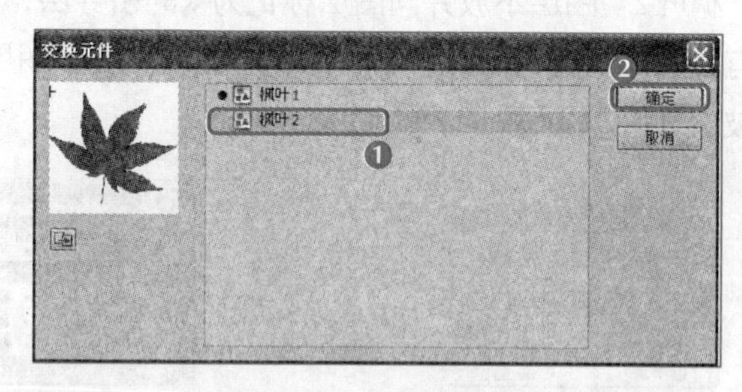

图6-49 选择交换元件

STEP 11 在舞台中即可看到复制的枫叶运动图形已更改，如图6-50所示。在“枫叶2”图层中单击第10帧至第70帧中的任意一帧（即枫叶补间动画中的任意一帧），在“属性”面板中将出现与“帧”相关的一些属性参数。

STEP 12 在“标签”栏的“名称”文本框中输入“枫叶2”文本，在“枫叶2”图层中的运动补间上即可出现帧的名称，如图6-51所示。

图6-50 交换元件后的效果

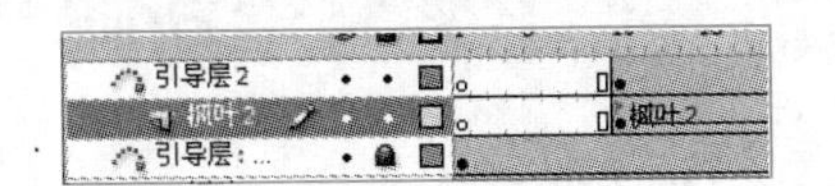

图6-51 更改名称

STEP 13 保持“类型”为“名称”不变，在“补间”栏中单击“编辑缓动”按钮，如图6-52所示，打开“自定义缓入/缓出”对话框。

STEP 14 单击左下角的黑色正方形控制点，将出现一个与直线平行的贝塞尔控制手柄，将鼠标指针移至该贝塞尔控制手柄上，当鼠标指针变为形状时，单击鼠标左键不放并向下拖曳，调节曲线弧度。使用同样的方法调节右上角的黑色正方形控制点，如图6-53所示。

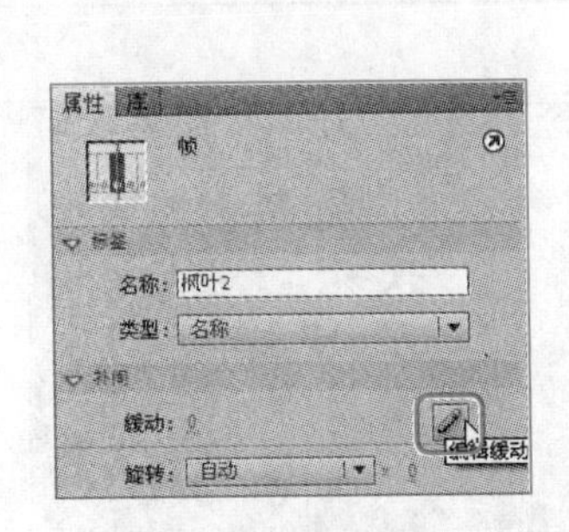

图6-52 编辑缓动

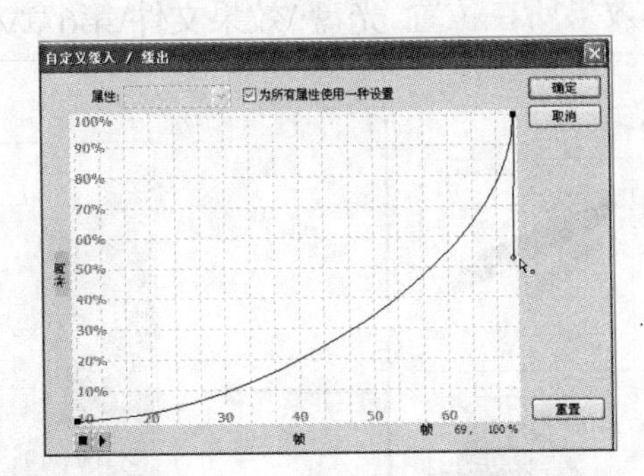

图6-53 调节顶点上的控制点

STEP 15 使用鼠标单击曲线，即可添加一个控制点，并带有贝塞尔控制手柄，对其进行调整，调整完成后单击 确定 按钮，如图6-54所示。

STEP 16 在“补间”栏中单击“旋转”右侧的下拉按钮，在弹出的下拉菜单中选择“顺时针”选项，“旋转次数”为“1”，如图6-55所示。删除“引导层2”中多余的帧，按【Ctrl+Enter】组合键进行测试，测试完成后保存文档。

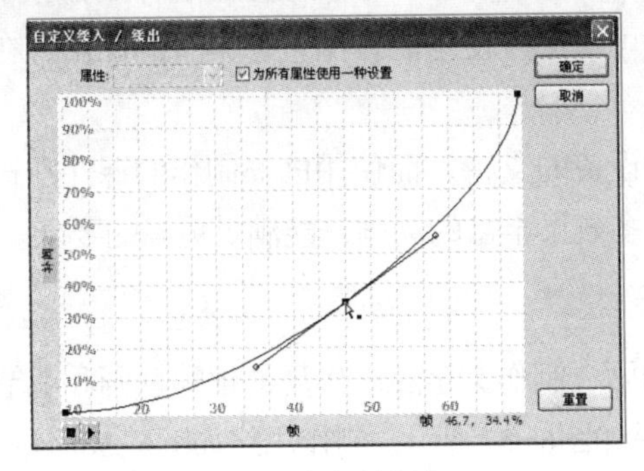

图6-54 添加控制点

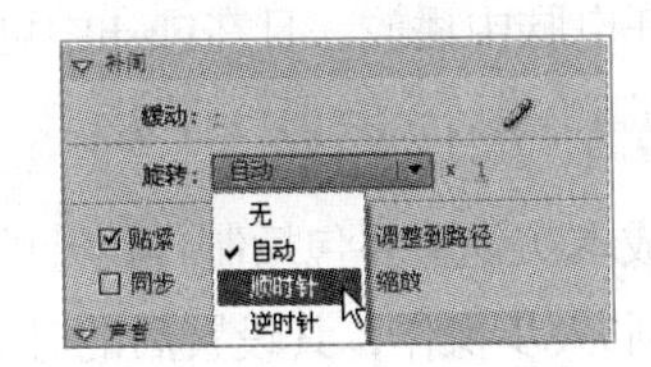

图6-55 添加旋转

在时间轴中若要选择不连续的多个帧，可按住【Ctrl】键不放，然后依次单击需要选择的帧即可。

6.4 实训——毛笔写字动画

6.4.1 实训目标

本实训的目标是制作毛笔写字动画，要求注意动画对象运动的先后顺序，毛笔位置与字的位置的同步等。制作树叶飘落可使用补间动画，文字的出现可使用逐帧动画，毛笔运动可使用引导动画。本实训的前后对比效果如图6-56所示。

素材所在位置 光盘:\素材文件\第6章\实训\树叶.png、毛笔.png、山水.jpg
效果所在位置 光盘:\效果文件\第6章\秋思.fla

图6-56 “秋思”制作效果

6.4.2 专业背景

随着科学技术的发展和电脑的普及，越来越多的老师开始使用电脑软件制作教学课件，比如Powerpoint，利用其自带的模板，老师可快速方便地制作出色彩丰富的课件，在其中还可添加一些动作，吸引学生的注意力。

但Powerpoint在播放上需要一定的技术设备的支持，而使用Flash制作的课件在输出后即可直接在电脑中播放，且在Flash中可制作更多效果丰富的动画，能满足更高的要求。

6.4.3 操作思路

完成本实训主要包括制作树叶的飘落动画、制作文字逐一出现的逐帧动画和毛笔运动的引导动画3大步操作，其设置后的时间轴效果如图6-57所示，制作思路如图6-58所示。

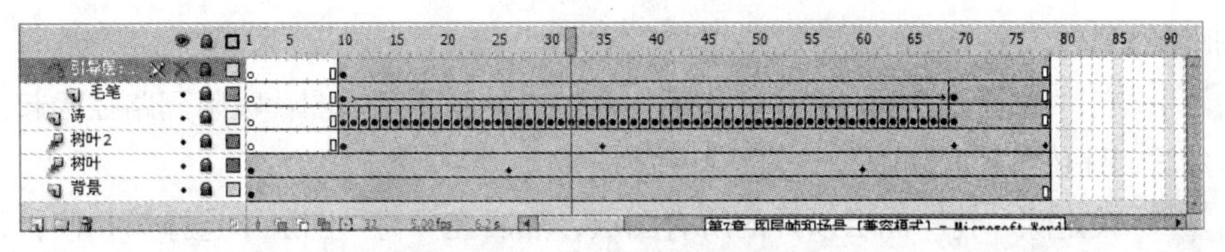

图6-57 “秋思”时间轴面板

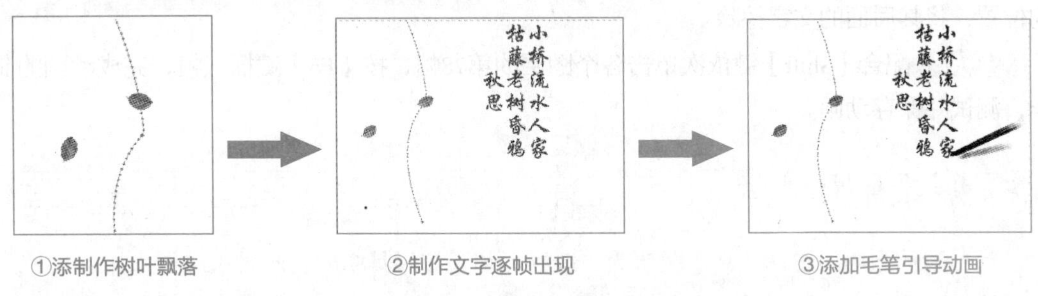

图6-58 “秋思”的制作思路

【步骤提示】

STEP 1 新建AS3.0文档，将素材文件中的“山水.jpg”、“树叶.png”和“毛笔.png”文件导入到“库”面板中。

STEP 2 在时间轴将“图层1”重命名为“背景”，在第1帧中将“山水”图片拖曳到场景中，调节图片的大小和位置。

STEP 3 新建“树叶”图层，在第1帧中将“库”面板中的“树叶.png”拖曳到场景中，在第60帧按【F5】键插入帧，在其间添加“补间动画”。选择第60帧，在舞台中将树叶图形拖动到场景底部。

STEP 4 调整“树叶”图层中树叶图形的运动路径。新建“树叶2”图层，在该图层第10帧插入空白关键帧。

STEP 5 在“树叶”图层中复制树叶运动的补间帧，单击“树叶2”图层中的第10帧空白关键帧，对复制的帧进行粘贴。然后删除70帧以后的内容。

STEP 6 锁定“树叶”图层，然后单击“树叶2”图层，选中其中的所有帧，将复制的运动树叶拖曳到其他位置，避免与原来的运动树叶重叠，选择【修改】/【变形】/【水平翻转】菜单命令，翻转复制树叶的运动路径。

STEP 7 新建“诗”图层，使用文本工具，在其“属性”面板中选择“传统文本”文本，并将文本方向更改为“垂直，从左向右”。在“诗”图层中，在第10帧插入空白关键帧，选中该帧，然后在舞台右侧绘制文本框，输入诗词。

STEP 8 按两次【Ctrl+B】组合键打散文本，然后配合【Shift】键选中第10帧至第70帧，单击鼠标右键，在弹出的快捷菜单中选择“转换为关键帧”菜单命令。

STEP 9 新建“毛笔”图层，在第10帧处插入关键帧并拖入“毛笔.png”图片，使用任意变形工具将毛笔的中心控制点移到笔尖上，并进行旋转，调整毛笔的大小和方向。

STEP 10 为“毛笔”图层添加运动引导层，使用铅笔工具在“引导层”的场景中沿着文字绘制路径。

STEP 11 在“毛笔”图层的第10帧和第70帧中，分别将毛笔图片吸附到路径的起点和终点上，然后创建传统补间动画。

STEP 12 锁定除“诗”图层以外的所有图层，然后在“诗”图层中选择第10帧，使用橡皮擦工具将毛笔笔尖位置以下的其他文字删除，依次选择其他的帧，然后根据帧中毛笔所在的位置，将其后面的文字擦除。

STEP 13 配合【Shift】键依次单击各个图层的第78帧，按【F5】键插入帧，完成动画的制作，测试并保存动画。

6.5 疑难解析

问：为什么明明选择了某个图层的关键帧，却无法对其中的动画对象进行操作？

答：在往舞台中放置动画对象时，一定要在对应的图层中选中需要放置动画对象的帧，否则往舞台中拖入的动画对象会在放置在其他图层的关键帧中，这就会导致明明选中了帧，却无法进行操作的情况出现。

问：选择某一帧后，在其对应的“属性”面板的“标签”栏中，可设置帧的名称和标签的类型，这些标签类型有什么区别？

答：帧的标签类型有名称、注释和锚记3种，帧标签和帧注释除了可以添加到关键帧上以外，还可以添加到空白关键帧上，但不能添加到普通帧上。

- 帧名称用于设置帧的名字，给帧命名的优点是可以移动它而不破坏ActionScript指定的调用，如图6-59所示。
- 帧注释以“//”开头，它并不能输出到动画中，因此不必注意注释内容的长短，如图6-60所示。
- 帧锚记用于记忆动画位置，当将Flash发布成HTML文件时，可在浏览器地址栏中输入锚点，方便直接跳转到对应的动画位置进行播放，如图6-61所示。

图6-59 帧名称 　　图6-60 帧注释 　　图6-61 帧锚记

问：对帧进行操作时，在帧的右键快捷菜单中有“删除帧”和“清除帧”两种命令，这两种命令有什么区别？

答：清除帧用于将选中帧内的所有内容清除，但继续保留该帧在时间轴中所占用的位置；删除帧用于将选中的帧从时间轴中完全清除，执行删除帧操作后，被删除帧后方的帧会自动前移并填补被删除帧所占的位置。

问：在制作引导层动画时，还需要添加其他的动画效果，该怎么办？

答：在被引导层中选中需要添加动画的帧后，需要在舞台中单击选中物体，才能跳转到图形相应的“属性”面板中，否则在“属性”面板中只会显示当前选中帧的属性，也就是说，在设置对象的属性时，一定要先在相应的帧中选中动画对象。

6.6 习题

本章主要介绍了图层和帧的基础知识，并讲解了如何创建逐帧动画、补间动画和引导动画，并对补间动画中3种不同补间的创建和区别进行了说明。对于本章的内容，读者应认真学习和掌握，为后面设计和动画制作打下良好的基础。

素材所在位置 光盘:\素材文件\第6章\习题\1.ai、2.ai、宇宙.jpg

效果所在位置 光盘:\效果文件\第6章\变形.fla、宇宙.fla

（1）新建文档，并设置背景，在图层1第25帧插入普通帧，绘制圆形并填充径向渐变，然后复制绘制圆形进行排列，将素材文件中的“1.ai”和“2.ai”图形导入到“库”面板中。新建图层2，在第1帧中放入“1.ai”图形，在第25帧中插入空白关键帧，放入“2.ai”图形，在图层2中创建形状补间，为补间动画添加形状提示，控制动画的变化，效果如图6-62所示。

（2）新建一个Flash文档，设置场景大小，将图形素材“宇宙.jpg”导入到库中。将库中的“宇宙.jpg”图片拖动到场景中，使用任意变形工具调整图片的大小，使其布满整个舞台。在第15帧中插入关键帧，然后创建补间动画，选中第1帧中的图片，在其“属性”面板中将其亮度设置为“-50%”，如图6-63所示。

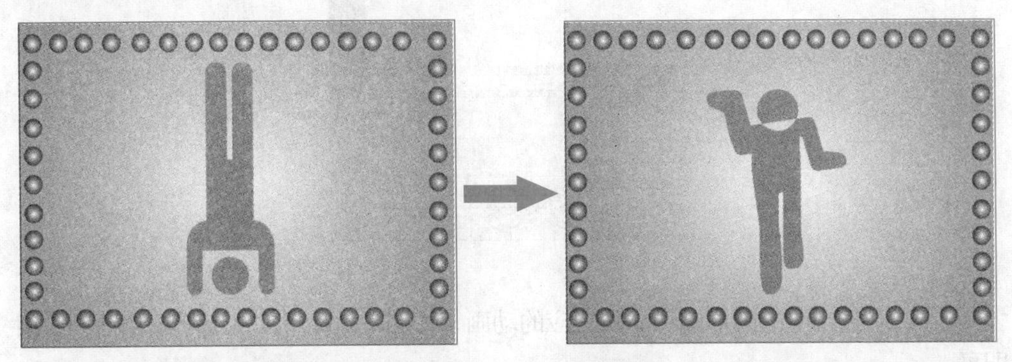

图6-62 “变形”动画效果

图6-63 “宇宙”动画效果

课后拓展知识

本章讲解了Flash中基础动画的制作，掌握这些基础动画的制作方法，可制作出千变万化的动画效果。在Flash中还预设了一些常用的动画效果，可帮助读者快速制作出理想的动画，节约制作时间。下面讲解如何添加预设的动画效果。

STEP 1 新建AS3.0文档，使用椭圆工具在场景中按住【Shift】键不放，绘制一个圆形，并设置圆形的笔触填充颜色。

STEP 2 选中圆形，单击鼠标右键，在弹出的快捷菜单中选择“转换为元件”命令，将其转换为影片剪辑元件。

STEP 3 在舞台中单击选中实例图形，在面板组中单击“动画预设”按钮，或选择【窗口】/【动画预设】菜单命令，打开“动画预设”面板。

STEP 4 在该面板中展开“默认预设”文件夹，在其子列表中选择一种预设动画，单击 应用 按钮将其应用到选中的图形上，如图6-64所示。

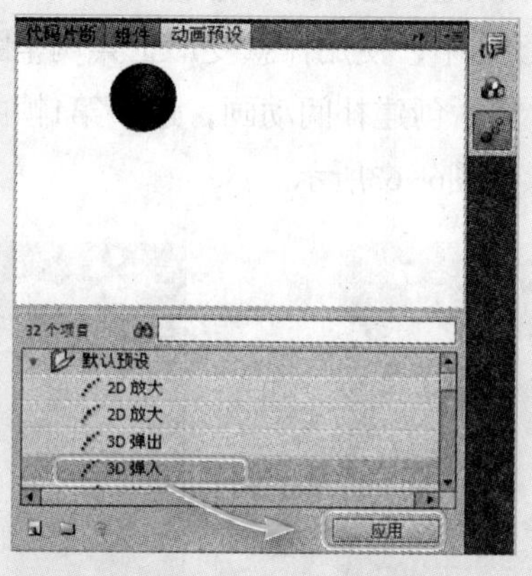

图6-64 添加预设动画

STEP 5 舞台中的图形即可添加对应的动画，如图6-65所示，最后测试并保存文件即可。

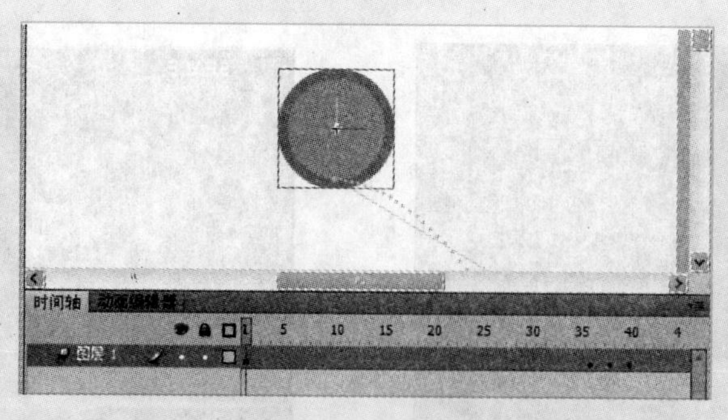

图6-65 添加动画的效果

第7章 制作高级动画

情景导入

小白已经掌握了Flash中基础动画的制作，她发现在Flash中除了可制作这些基础的动画效果，还可以利用其他属性制作更多丰富的动画。

知识技能目标

- 认识遮罩层的作用。
- 熟练掌握滤镜动画的添加与制作方法。
- 熟练掌握3D工具的使用和三维空间动画的制作方法。

- 加强对遮罩层和被遮罩层的认识、理解遮罩使用原理，熟练使用遮罩层制作动画。
- 掌握“百叶窗”遮罩动画、“文字片头”滤镜动画和“旋转立方体”3D动画的制作方法。

课堂案例展示

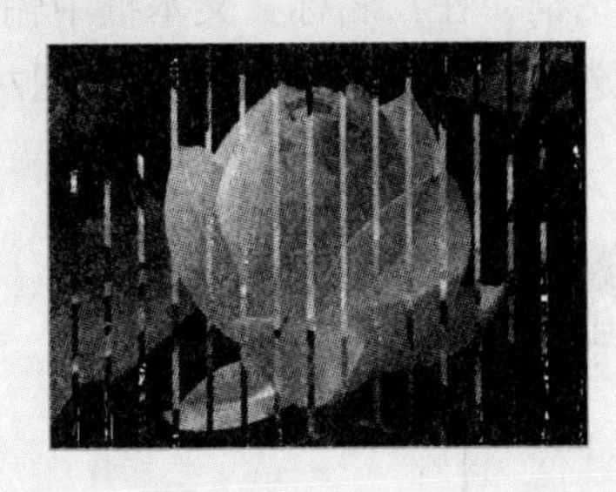

“百叶窗”遮罩动画

“文字片头”效果

“旋转立方体”3D动画

7.1 制作“百叶窗”遮罩动画

小白接到一个新任务，制作一个风景相册，且这个相册中的图片在切换时呈现百叶窗的效果。要完成该任务，需要使用遮罩动画，涉及的知识点有遮罩层的创建、遮罩的制作以及遮罩元件的使用。本例完成后的参考效果如图7-1所示，下面具体讲解其制作方法。

素材所在位置 光盘:\素材文件\第7章\课堂案例1\昙花.jpg、荷花.jpg
效果所在位置 光盘:\效果文件\第7章\百叶窗.fla

图7-1 “百叶窗”最终效果

7.1.1 创建遮罩元件

遮罩动画需要通过遮罩层创建，利用遮罩层可以决定被遮罩层中对象的显示情况，如被遮罩层中哪些地方显示，哪些地方不显示。在遮罩层中有对象的地方就是“透明”的，可以看到被遮罩层中的对象；而没有对象的地方就是不透明的，即被遮罩层中相应位置的对象不可见。在遮罩层上一般应放置填充形状、文字或元件的实例。

下面讲解如何创建遮罩元件，其具体操作如下。

STEP 1 新建AS3.0文档，以“百叶窗”为名进行保存。

STEP 2 按【Ctrl+F8】组合键打开“创建新元件”对话框，在“名称”文本框中输入“遮罩1”文本，在“类型”下拉列表中选择“影片剪辑”选项，单击确定按钮，如图7-2所示。

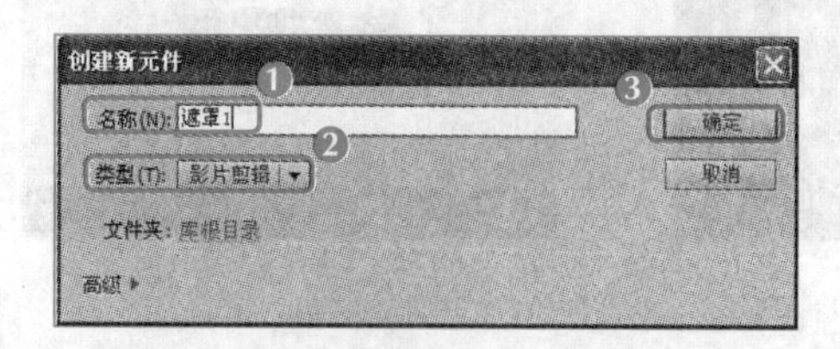

图7-2 创建“遮罩1”影片剪辑元件

STEP 3 在“库”面板中双击“遮罩1”影片剪辑元件，进入元件编辑模式，使用矩形工具在工作区中绘制一个矩形，在其“属性”面板的“位置和大小”栏中设置矩形的“宽”

为“35.00”，高为“400.00”，并在“填充和笔触”栏中关闭笔触，将填充颜色设置为“黑色”，如图7-3所示。

STEP 4 选中绘制的矩形，按【Ctrl+K】组合键打开“对齐”面板，单击选中“与舞台对齐”复选框，然后在“对齐”栏中分别单击“水平中齐”按钮和“垂直中齐”按钮，如图7-4所示。

图7-3 设置元件属性参数

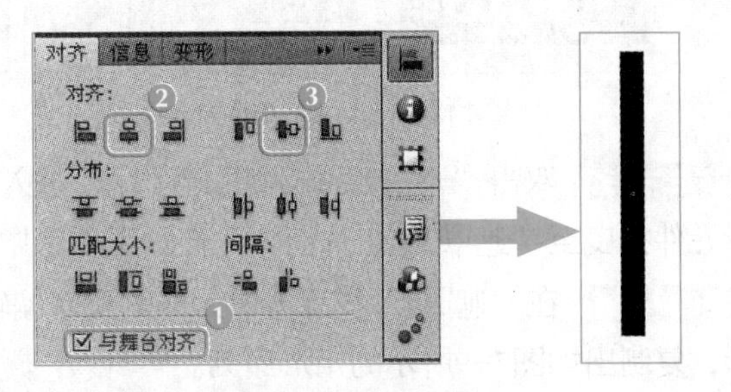

图7-4 对齐舞台

STEP 5 在“遮罩1”的元件编辑模式下，选中其时间轴的第1帧中，使用任意选择工具，将矩形的中心点移至左侧的控制点上，如图7-5所示。

STEP 6 选中第25帧，按【F6】键插入关键帧，在第25帧的工作区中，单击矩形右侧的控制点不放，将其向左拖曳，使矩形的宽度变为“1.00”，如图7-6所示。

读者可直接在对象的“属性”面板中通过调节“位置和大小”栏中的参数直接调整对象，可快速得到精确的效果。

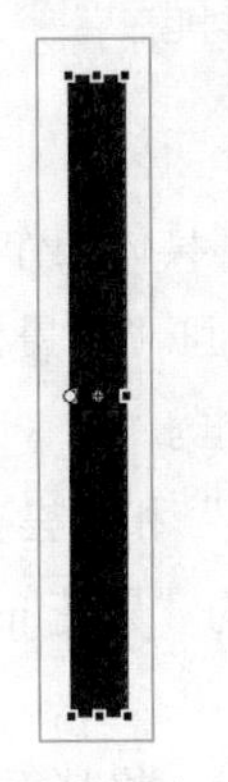
图7-5 调整矩形中心点

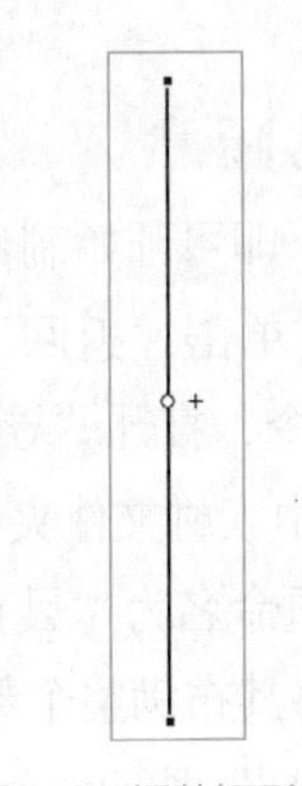
图7-6 调整矩形宽度

STEP 7 在第1帧至第25帧中的任意一帧上单击鼠标右键，在弹出的快捷菜单中选择“创建补间形状”菜单命令，单击选中第26帧，按【F7】键插入一个空白关键帧，如图7-7所示。

在第26帧，也就是补间动画结束后的第1帧，插入空白关键帧，是为了表现形状的消失效果。

STEP 8 按【Ctrl+F8】组合键打开“创建新元件”对话框，创建名为“遮罩2”的影片剪辑元件，如图7-8所示。

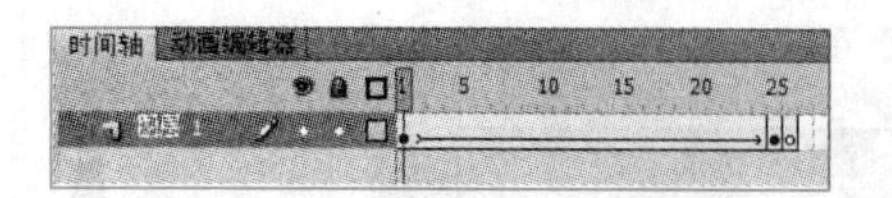

图7-7 “遮罩1”影片剪辑元件的时间轴

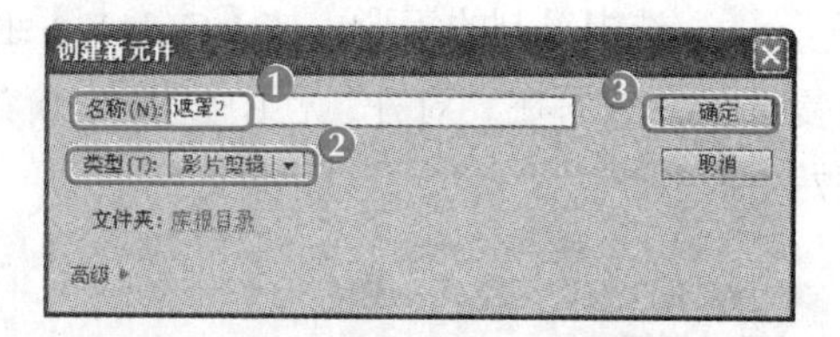

图7-8 创建“遮罩2”影片剪辑元件

STEP 9 双击“遮罩2”影片剪辑元件，进入元件编辑模式，将库中的“遮罩1”影片剪辑元件拖曳至“遮罩2”影片剪辑元件的工作区中。

STEP 10 在“遮罩2”影片剪辑元件的元件编辑模式下，按住【Alt】键向右拖曳并复制矩形，复制出如图7-9所示的矩形序列。

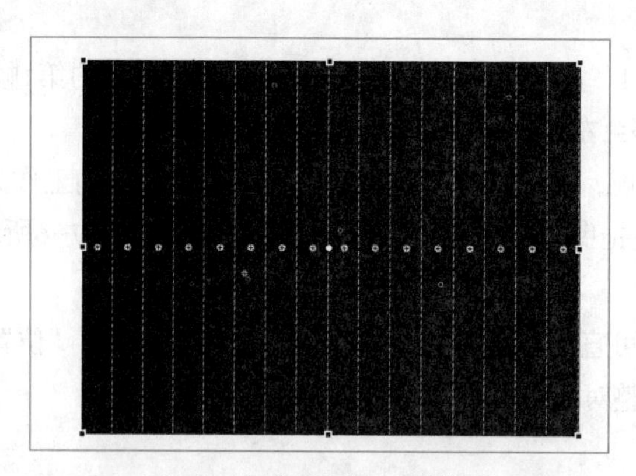

图7-9 在“遮罩2”中复制矩形

7.1.2 制作遮罩动画

遮罩元件制作完成后，即可开始制作遮罩动画，其具体操作如下。

STEP 1 在工作区上方单击“返回”按钮，返回“场景1”中，选择【文件】/【导入】/【导入到库】菜单命令，打开“导入到库”对话框。

STEP 2 在对话框中选中素材文件夹中的“荷花.jpg”和“昙花.jpg”，将其导入到库中。

STEP 3 将“图层1”重命名为“昙花”，将库中的“昙花.jpg”图片，拖曳到第1帧中，调整图片的大小和位置，将其布满整个舞台。

STEP 4 单击“新建图层”按钮，新建“图层2”，将其重命名为“荷花”，单击“荷花”图层的第1帧，将库中的“荷花.jpg”文件拖曳到舞台中，调整图片的大小和位置，将其布满整个舞台，时间轴如图7-10所示。

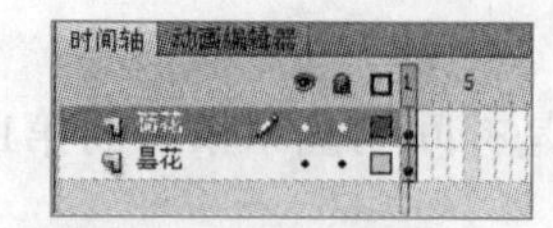

图7-10 将素材文件拖曳到舞台中

STEP 5 选择“荷花”图层的第45帧，按【F5】键插入普通帧，选择“昙花”图层的第65帧，按【F5】键插入普通帧。

STEP 6 选择“荷花”图层，单击“新建图层”按钮，在“荷花”图层上新建一个图层，将其重命名为“遮罩”。

STEP 7 在“遮罩”图层上单击鼠标右键，在弹出的快捷菜单中选择“遮罩层”命令，如图7-11所示。

STEP 8 此时“荷花”图层为被遮罩层，单击“荷花”图层和“遮罩图层”右侧的锁定标记解除锁定，选择“遮罩”图层的第25帧，按【F7】键插入空白关键帧，如图7-12所示。

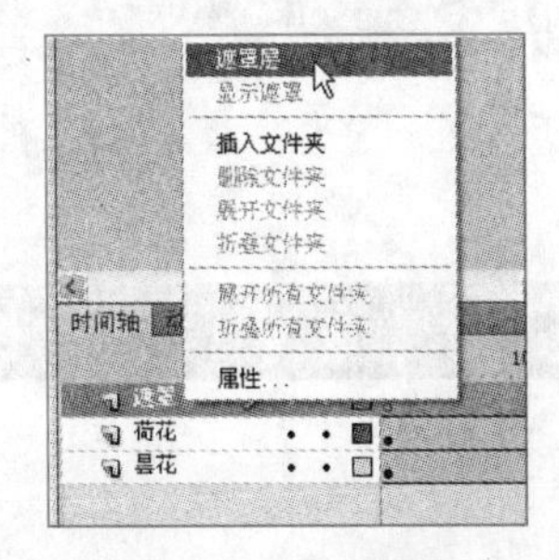

图7-11 设置遮罩层

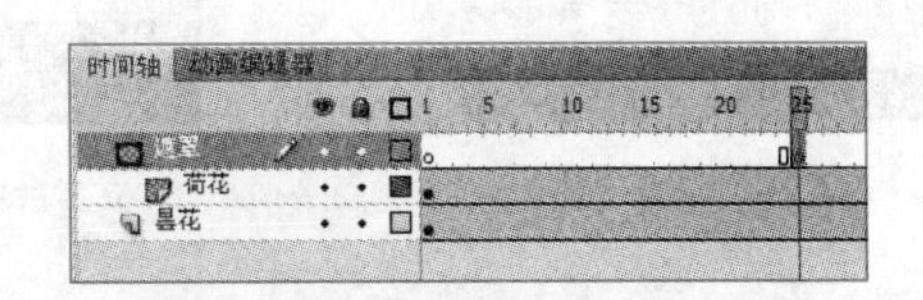

图7-12 在遮罩层中插入空白关键帧

STEP 9 将库中的“遮罩2”影片剪辑元件拖曳到遮罩图层的第25帧的舞台上，在舞台中调整“遮罩2”实例的位置和大小，按【Ctrl+Enter】组合键进行测试，如图7-13所示，测试完成后按【Ctrl+S】组合键保存文件即可。

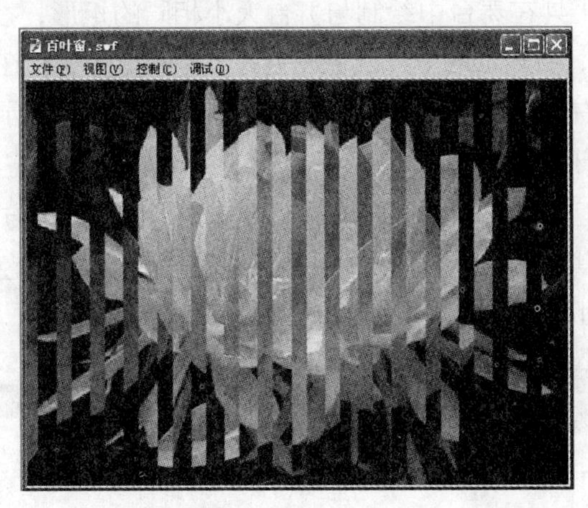

图7-13 测试动画效果

7.2 制作“文字片头”滤镜动画

小白接到的第二个任务是制作一个文字片头动画。要完成该任务，除了将用到文本工具和时间轴，还涉及滤镜的添加，以及滤镜动画的制作。本例的参考效果如图7-14所示，下面具体讲解其制作方法。

效果所在位置 光盘:\效果文件\第7章\文字片头.fla

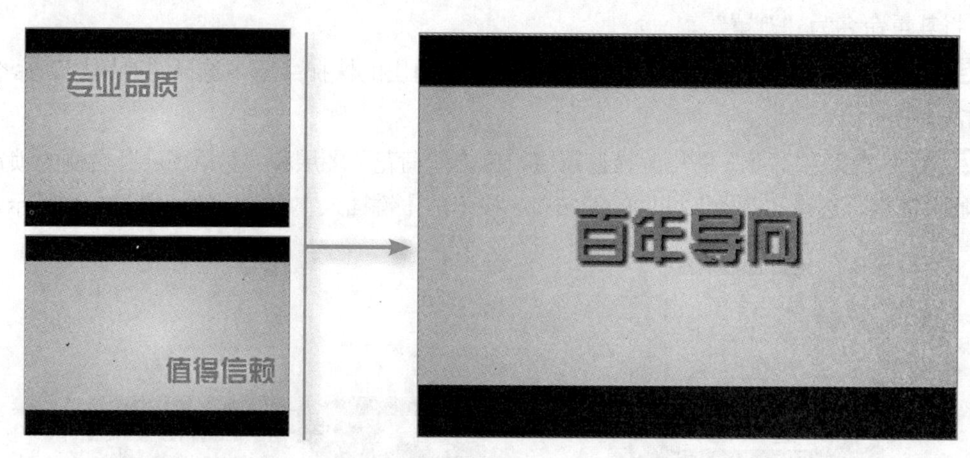

图7-14 “文字片头”最终效果

7.2.1 为文字添加动画

在第4章中介绍了与文字相关的滤镜特效，以及滤镜的添加方法。本节在讲解如何设置文字的滤镜动画之前，需要先为文字添加运动动画，其具体操作如下。

STEP 1 新建AS3.0文档，将其以“文字片头”为名进行保存。

STEP 2 使用矩形工具在舞台中绘制与舞台大小相同的矩形，按【Alt+Shift+F9】组合键，打开“颜色”面板，将矩形的填充颜色设置为“径向渐变”，在渐变条中设置左侧的渐变色为“#66FFFF”，右侧的渐变色为“#66CCFF”，如图7-15所示，在其“属性”面板的“填充和笔触”栏中关闭笔触。

STEP 3 使用矩形工具绘制一个长条矩形，将其放置在舞台上方，在“属性”面板中关闭其笔触，并填充为“黑色”，按住【Alt】键不放，拖曳绘制的褐色长条矩形到舞台下方，进行复制，效果如图7-16所示。

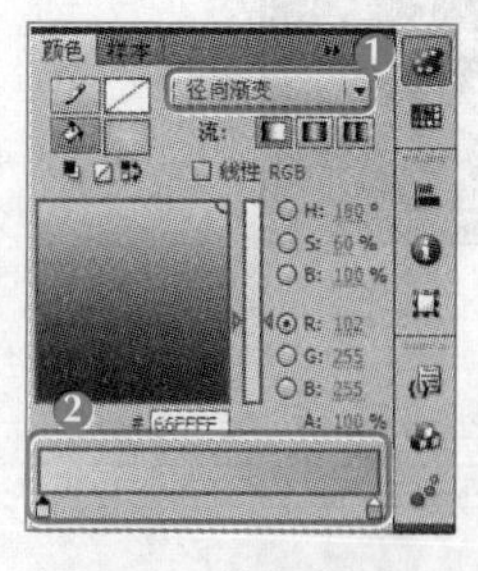

图7-15 绘制背景矩形

图7-16 绘制装饰矩形

STEP 4 在时间轴中将“图层1”重命名为“背景”图层，然后单击“背景”图层右侧的锁定标记🔒，将图层锁定。

STEP 5 在时间轴中单击“新建图层”按钮，将新建的图层重命名为“专业品质”。

选择矩形工具，在新建图层中绘制文本框并输入“专业品质”文本，设置其字号为“57”、字体为“汉仪综艺体简”，颜色为“#669900”，将其拖曳到舞台左侧，如图7-17所示。

STEP 6 在“专业品质”图层的第1帧上单击鼠标右键，在弹出的快捷菜单中选择“创建补间动画”命令，系统自动创建24序列帧的补间动画。将鼠标指针移至第24帧，当其变为↔形状时，单击鼠标左键并向右侧拖曳到第40帧，如图7-18所示，然后释放鼠标。

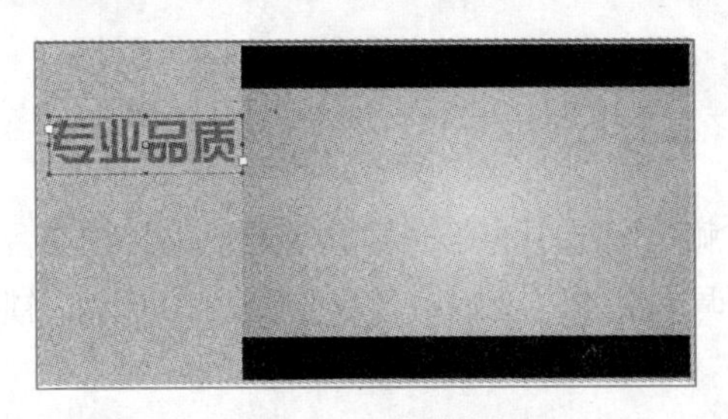

图7-17 绘制文本

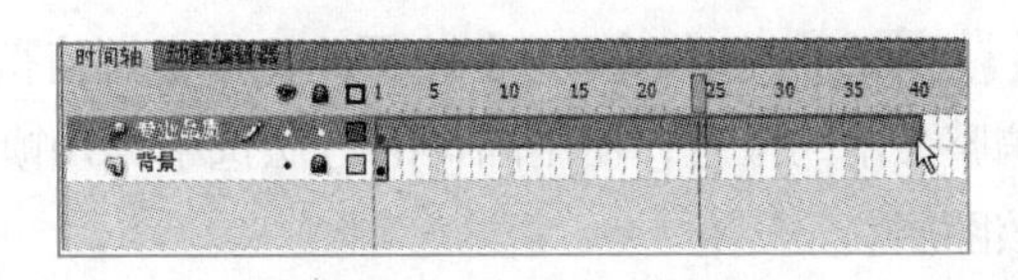

图7-18 调整补间帧数

STEP 7 将播放头移至第40帧，在舞台中从左往右水平拖曳“专业品质”文本，如图7-19所示。将播放头移动到第10帧，在工作区将文本完全拖曳进舞台中，如图7-20所示。

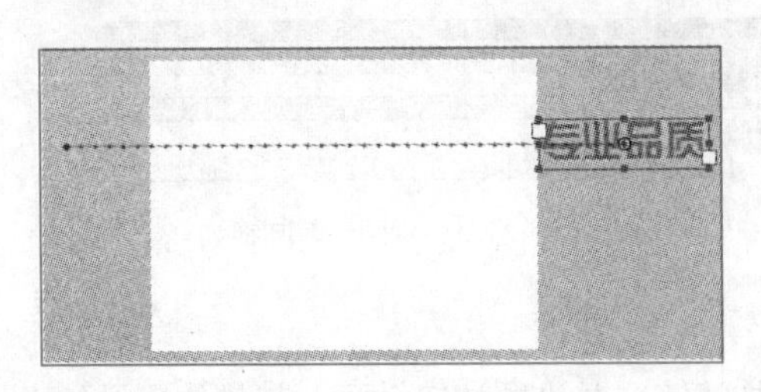

图 7-19 制作文本动画

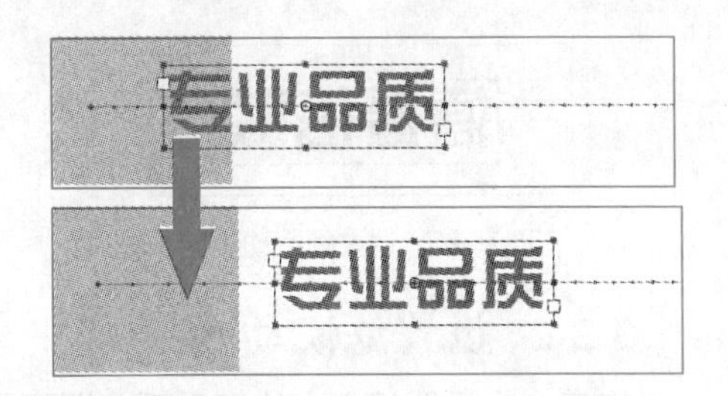

图7-20 调整第10帧中的文本

STEP 8 将播放头移至第30帧，在工作区将文本向左拖曳，使文本在第10帧至第30帧有个缓动的效果，如图7-21所示。

STEP 9 在时间轴中单击“新建图层”按钮，在“专业品质”图层上新建一个图层，将新建图层重命名为“值得信赖”，按【Shift】键选中新建图层的第2至第40序列帧，单击鼠标右键，在弹出的菜单中选择“删除帧”菜单命令。

STEP 10 选择“专业品质”图层中的序列帧，单击鼠标右键，在弹出的快捷菜单中选择“复制帧”命令，然后选择“值得信赖”图层中的第1帧，单击鼠标右键，在弹出的快捷菜单中选择“粘贴帧”菜单命令。

STEP 11 选择“值得信赖”图层中的序列帧不放并向右拖曳，将其中的序列帧拖动到以第40帧为起始，在舞台中将文本更改为“值得信赖”，时间轴如图7-22所示。

图7-21 设置第30帧中的文本

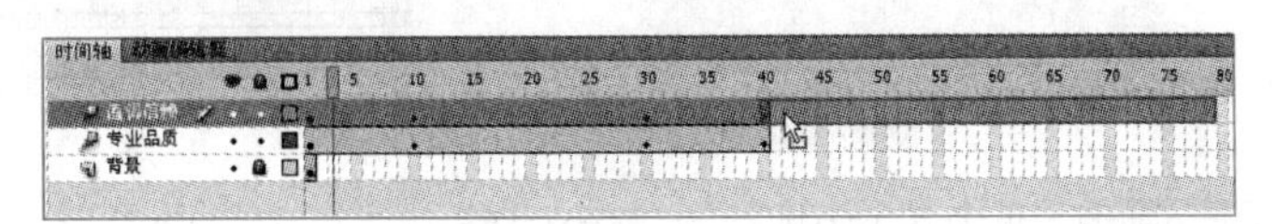

图7-22 新建图层并复制帧

STEP 12 锁定“专业品质”图层，在“值得信赖”图层中选择运动序列帧，单击鼠标右键，在弹出的快捷菜单中选择“翻转关键帧”菜单命令，如图7-23所示。

STEP 13 在舞台中框选“值得信赖”图层中的运动路径和文本，将其拖曳至舞台下方，如图7-24所示。

图7-23　选择“翻转关键帧”菜单命令

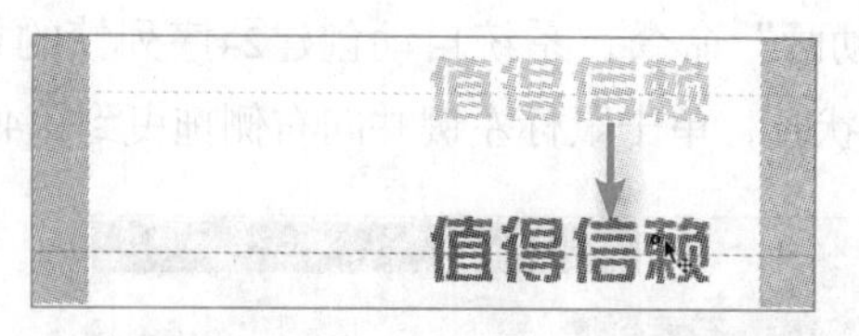

图7-24　移动路径和文本的位置

STEP 14 按住【Ctrl】键不放，单击“值得信赖”图层中的第50帧，将其选中，在舞台中调整文本的位置，使用同样的方法选中第70帧，调整文本的位置，效果如图7-25所示，锁定该图层。

STEP 15 单击“新建图层”按钮，在“值得信赖”图层上新建一个图层，将新建图层重命名为“百年导向”，选择第80帧，按【F7】键插入一个空白关键帧，使用文本工具在舞台中输入“百年导向”文本，将其对齐到舞台中央，时间轴如图7-26所示。

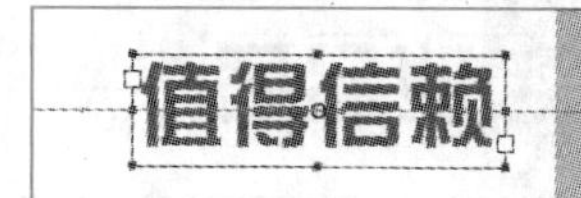

图7-25　调整帧运动位置

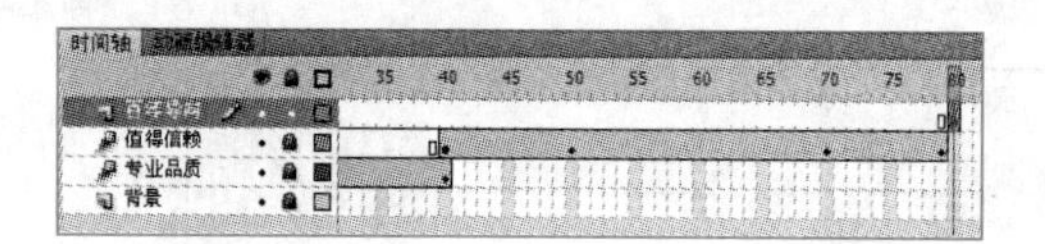

图7-26　“百年导向”时间轴

7.2.2 设置滤镜动画

在舞台中设置好文本的运动后，即可开始添加滤镜，并设置滤镜动画，其具体操作如下。

STEP 1 在“百年导向”图层中选择第110帧，按【F6】键插入关键帧。

STEP 2 选择第80帧，在舞台中单击“百年向导”文本，在其“属性”面板的“滤镜”栏中单击“添加滤镜”按钮，在弹出的下拉菜单中选择“模糊”命令，在“滤镜”栏的列表框中，设置“模糊”滤镜的“模糊X”和“模糊Y”为“200像素”，如图7-27所示。

STEP 3 在第80帧至第110帧中创建传统补间动画，分别选择第120帧和第130帧，按【F6】键插入关键帧，如图7-28所示。

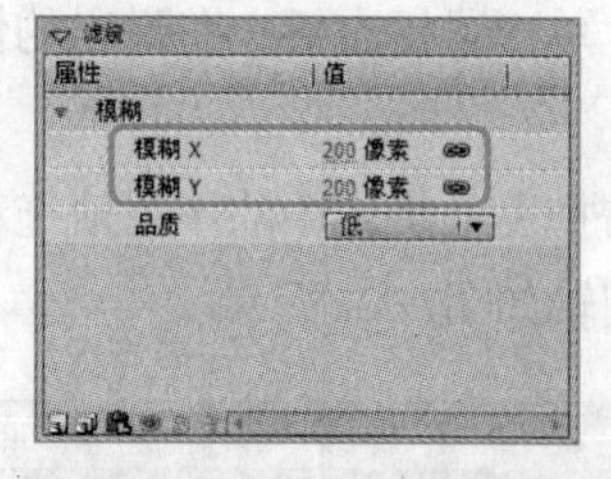

图 7-27　设置模糊滤镜

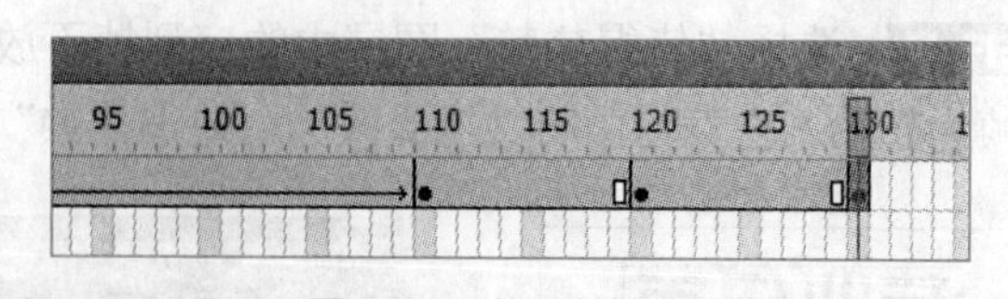

图 7-28　插入关键帧

STEP 4 选中第110帧，在舞台中单击“百年导向”文本，在其“属性”面板中的“滤镜”栏中单击“添加滤镜”按钮，在弹出的下拉菜单中选择“斜角”命令，保持其中的默认设置不变。

STEP 5 单击第120帧，在舞台中选中“百年导向”文本，在其“属性”面板的“滤镜”栏中单击“添加滤镜”按钮，在弹出的下拉菜单中选择“斜角”菜单命令。在“斜角”属性栏中将“角度”更改为“170°”，如图7-29所示。

STEP 6 在第110帧至第120帧中单击鼠标右键，在弹出的快捷菜单中选择“创建传统补间”菜单命令。选中第130帧，在舞台中单击“百年导向”文本，在其“属性”面板的“滤镜”栏中单击“添加滤镜”按钮，在弹出的下拉菜单中选择“投影”命令。

STEP 7 在第120帧至第130帧中单击鼠标右键，在弹出的快捷菜单中选择“创建传统补间”菜单命令，如图7-30所示。

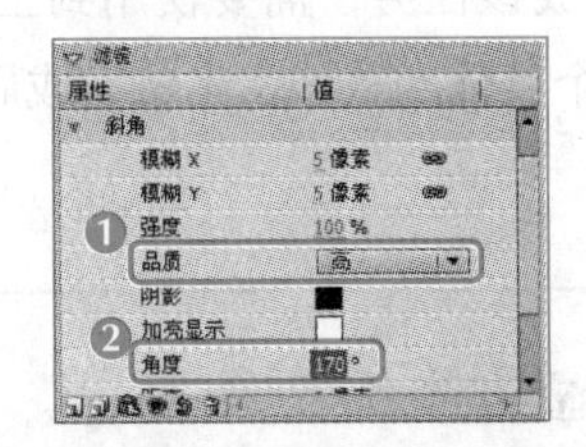

图7-29 调整“斜角”属性

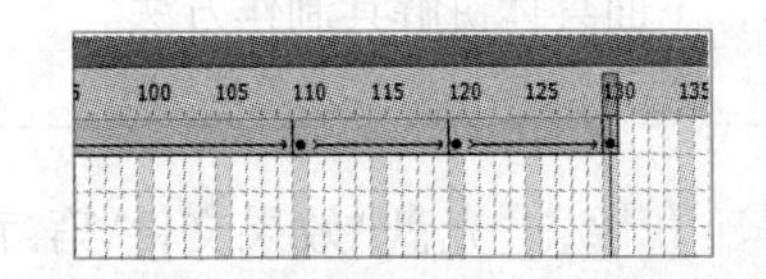

图7-30 创建传统补间动画

STEP 8 解除“值得信赖”图层的锁定，选择该图层中的运动序列，将播放头移至第40帧，在舞台中选择“值得信赖”文本，在其“属性”面板的“滤镜”栏中单击“添加滤镜”按钮，在弹出的下拉菜单中选择“发光”菜单命令，并将“发光”滤镜的颜色设置为黄色“#FFFF00”，如图7-31所示。

STEP 9 将播放头移至第50帧，在舞台中单击“值得信赖”文本，在其“滤镜”栏中将“发光”滤镜的“模糊X”和“模糊Y”设置为“55像素”，如图7-32所示。

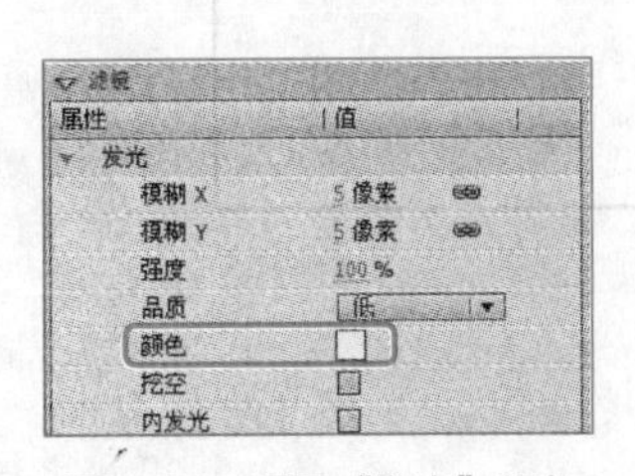

图7-31 设置“发光”颜色

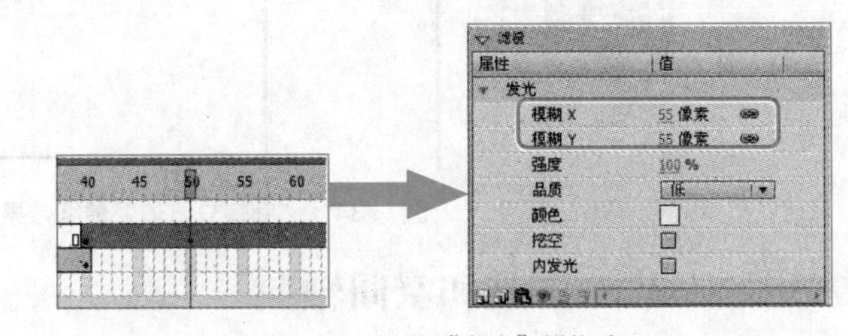

图7-32 调整“发光”模糊度

STEP 10 将播放头移至第70帧，在舞台中单击“值得信赖”文本，在其“滤镜”栏中将“发光”滤镜的“模糊X”和“模糊Y”设置为“5像素”。

STEP 11 使用同样的方法设置“专业品质”图层中文本的滤镜效果。

STEP 12 解锁“背景”图层，单击选中该图层第150帧，按【F5】键插入普通帧。选择“百年导向”图层的第150帧，按【F5】键插入普通帧，如图7-33所示。

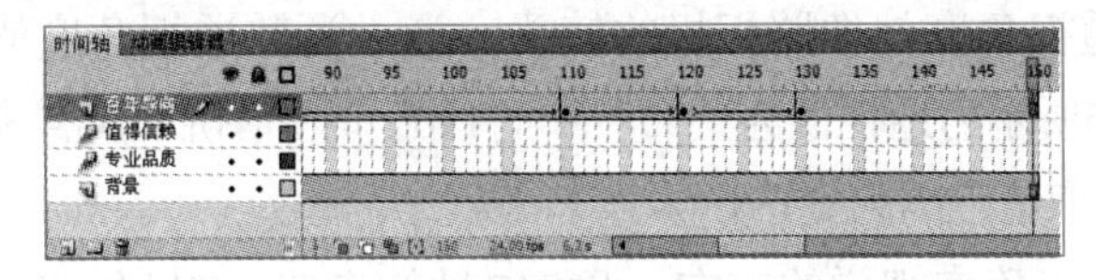

图7-33 延续需要停留的图层

STEP 13 按【Ctrl+Enter】组合键测试动画效果，测试完成后保存文件。

知识提示 在Flash CS5中，凡是可调整的数值，如240.95类的的参数，均可对其设置相应的动画效果。

7.3 制作“旋转的立方体”3D动画

小白今天的任务是制作一个旋转的立方体。要完成该任务，需要使用到工具栏中的3D旋转工具和3D平移工具，并且需要对空间的轴向有一个具体的认识。本例完成后的参考效果如图7-34所示，下面具体讲解其制作方法。

效果所在位置 光盘:\效果文件\第7章\旋转立方体.fla

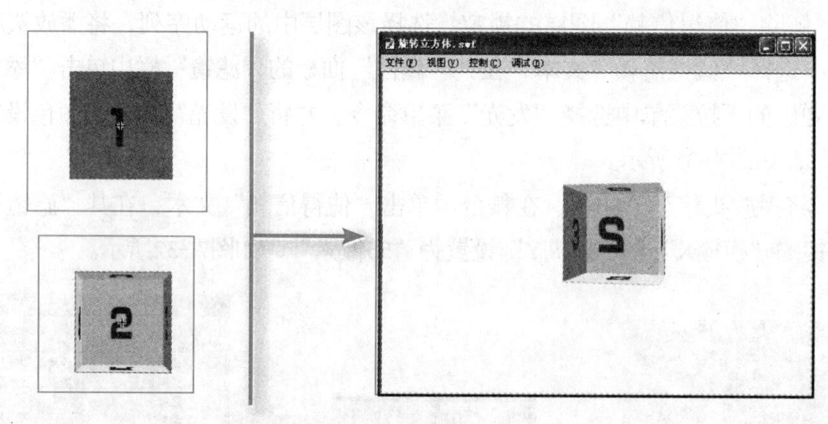

图7-34 “旋转立方体”最终效果

7.3.1 认识3D工具和空间轴向

在老版本的Flash中，舞台坐标只有X轴和Y轴两个方向。从CS4版本开始，Flash引进了三维定位系统，增加了Z轴的概念，在工具栏中使用3D旋转工具和3D平移工具，可对对象进行空间上的旋转和位移。

在使用3D工具制作动画之前，需要对新增的概念进行了解，具体介绍如下。

- 透视角度：在舞台上放一个影片剪辑实例，选中该实例，在其属性面板中会出现一个“3D定位和查看”栏，在其中有个小相机图标，调整其右侧的数值即可调整透视角度。透视角度就像照相机的镜头，通过调整透视角度值，可将镜头推近拉远，如图7-35所示为透视值为“55”和“110”时，图形的现实效果。系统默认值为“55”，且其取值范围为“1~180”。
- 消失点：消失点确定视觉的方向，确定Z轴的走向，Z轴始终是指向消失点的。在

“3D定位和查看”栏中通过调节“消失点”右侧的X和Y轴的坐标，可设置消失点的位置。系统默认的消失点在舞台的中心，X和Y坐标为（275,200）处，如图7-36所示为“3D定位和查看”栏。

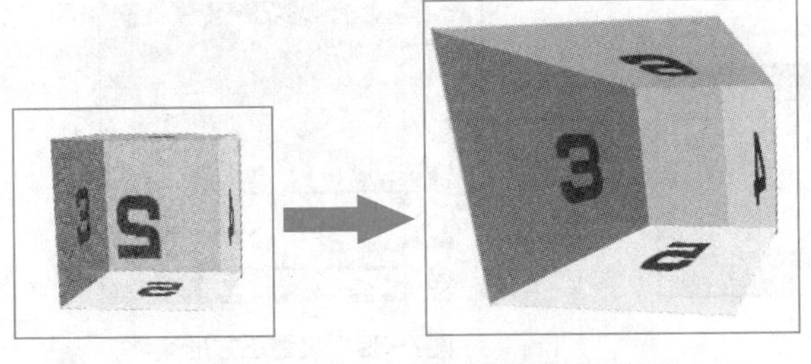
图7-35　不同透视参数下的透视效果

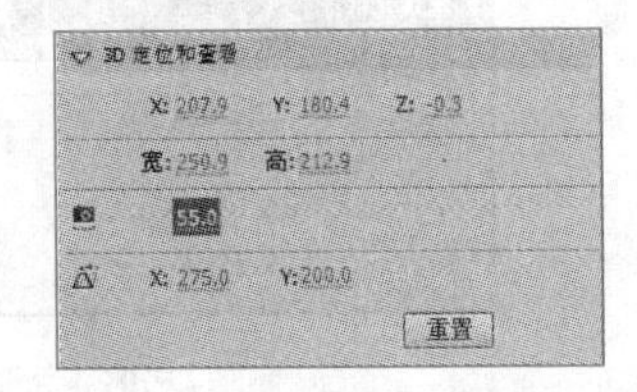

图7-36　3D定位和查看面板

3D旋转工具和3D平移工具只能对影片剪辑元件起作用，也就是说要想在舞台中对一个对象进行3D旋转或平移，必须先将此对象转换成影片剪辑元件，如图7-37所示为使用3D旋转工具选中影片剪辑元件后出现的旋转控件。

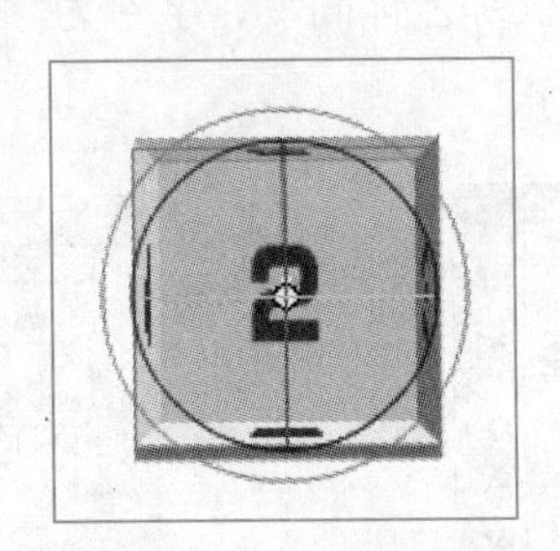
图7-37　3D旋转控件

- **红色线条**：将鼠标指针移动到红色垂直的线条上，当鼠标指针变为形状时，表示可围绕X轴，对对象进行旋转。
- **绿色线条**：将鼠标指针移动到绿色垂直的线条上，当鼠标指针变为形状时，表示可围绕Y轴，对对象进行旋转。
- **蓝色线条**：将鼠标指针移动到蓝色圆形的线条上，当鼠标指针变为形状时，表示可围绕Z轴，对对象进行旋转。
- **橙色线条**：将鼠标指针移动到橙色圆形的线条上，当鼠标指针变为形状时，表示可进行自由旋转，不受轴向约束。

7.3.2 创建影片剪辑元件

在了解轴向的概念后，即可制作创建立方体需要的面，这里直接在Flash中创建六个影片剪辑元件作为元件需要的面，其具体操作如下。

STEP 1 新建AS3.0文档，将其以“旋转立方体”为名进行保存。

STEP 2 按【Ctrl+F8】组合键打开“创建新元件”对话框，在“名称”文本框中输入“元件1”文本，在“类型”下拉列表中选择“影片剪辑”选项，单击确定按钮，如图7-38所示。

STEP 3 在“元件1”影片剪辑元件的编辑模式中，使用矩形工具绘制一个高和宽均为100的正方形，在其“属性”面板中，关闭正方形的笔触，设置填充颜色为“#669900”，如图7-39所示。

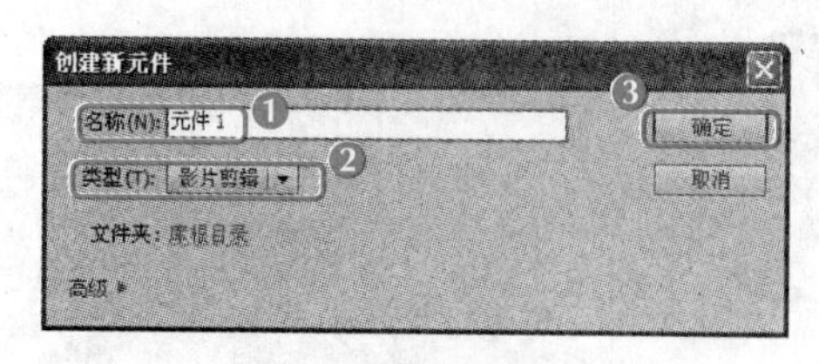

图7-38 新建元件

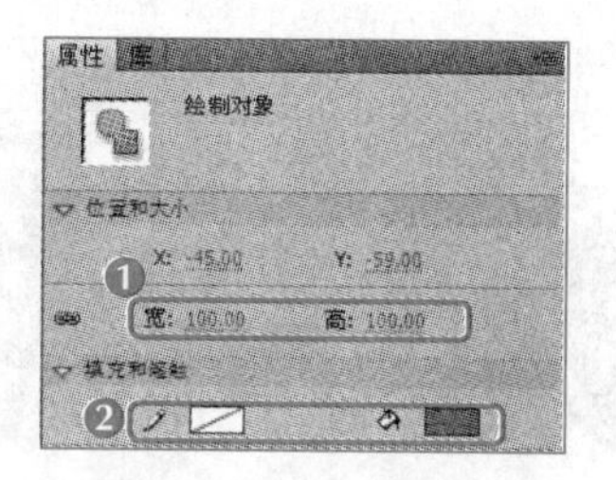

图7-39 设置正方形属性

STEP 4 按【Ctrl+K】组合键打开“对齐”面板，单击选中“与舞台对齐”复选框，在“对齐”栏中依次单击“水平中齐”按钮和“垂直中齐”按钮，如图7-40所示。

STEP 5 使用文本工具，在正方形上绘制文本框，输入“1”，在文本的属性面板中，展开“字符”栏，将字体设置为“汉仪综艺体简”，字号为“57”，字体颜色为“#3333FF”，如图7-41所示。

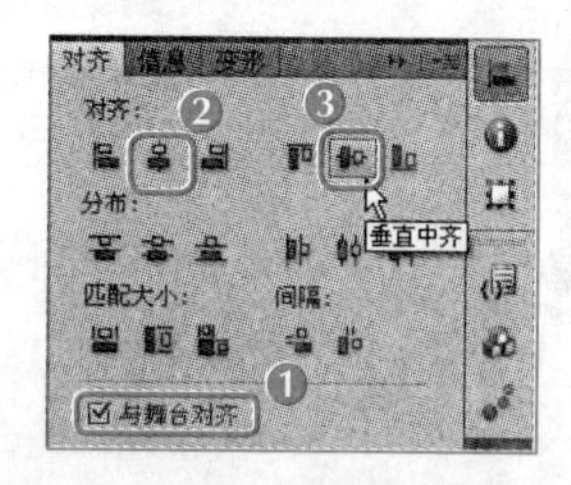

图7-40 设置正方形对齐方式

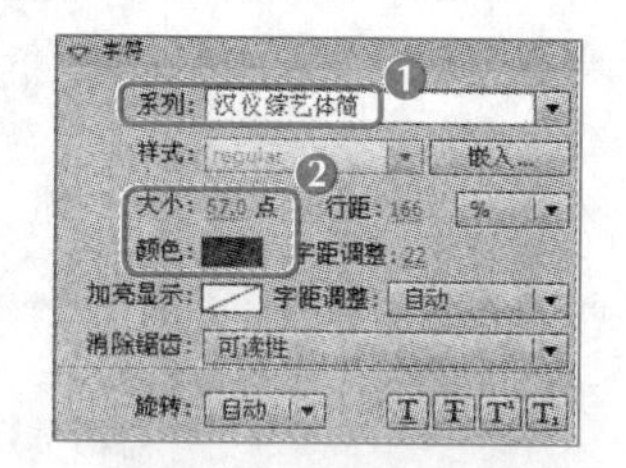

图7-41 设置文本字符格式

STEP 6 拖动文本与正方形中心对齐，结果如图7-42所示。使用选择工具框选“元件1”中绘制的矩形和文本对象，按【Ctrl+C】组合键进行复制。

STEP 7 按【Ctrl+F8】组合键，打开“创建新元件”对话框，创建名为“元件2”的影片剪辑元件，在该元件的编辑模式下，按【Ctrl+V】组合键进行粘贴。

STEP 8 双击粘贴的文本对象，使其呈可编辑状态，将文本框中的数字“1”更改为数字“2”，使用选择工具选中粘贴的正方形对象，在其“属性”面板的“填充和笔触”栏中，将正方形的颜色更改为“#FFCC00”，如图7-43所示。

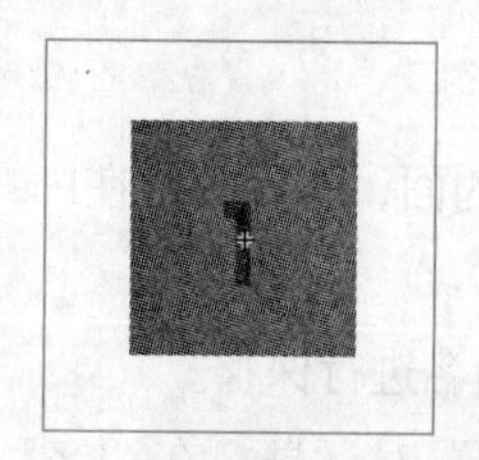

图7-42 设置完成第1个面的效果

图7-43 更改粘贴的对象

STEP 9 使用同样的方法创建其余4个影片剪辑元件，依次命名为“元件3”、“元件4”、“元件5”和“元件6”。

STEP 10 依次更改对应元件中的正方形颜色和数字，效果如图7-44所示。

图7-44 更改其余4个元件中对应的对象

7.3.3 创建3D立方体

在制作完成创建立方体需要的6个面后，即可开始新建影片剪辑元件，并在其中创建立方体，其具体操作如下。

STEP 1 按【Ctrl+F8】组合键，打开“创建新元件”对话框，在“名称”文本框中输入“立方体”文本，在“类型”下拉列表中选择“影片剪辑”选项，单击 确定 按钮，如图7-45所示。

STEP 2 进入“立方体”元件编辑模式，把之前创建的6个元件拖曳到“立方体”影片剪辑元件工作区中，如图7-46所示。

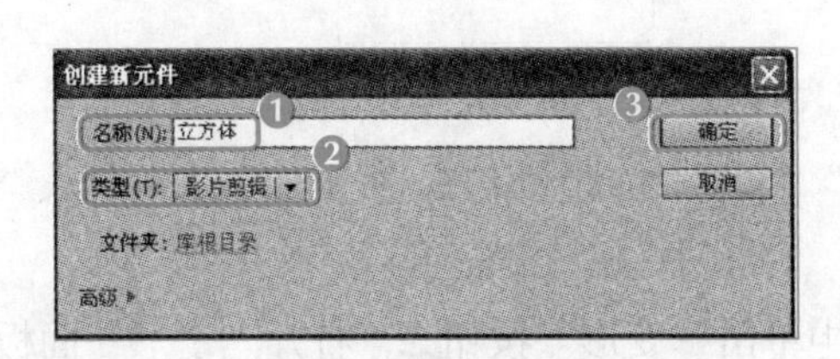

图7-45 新建元件

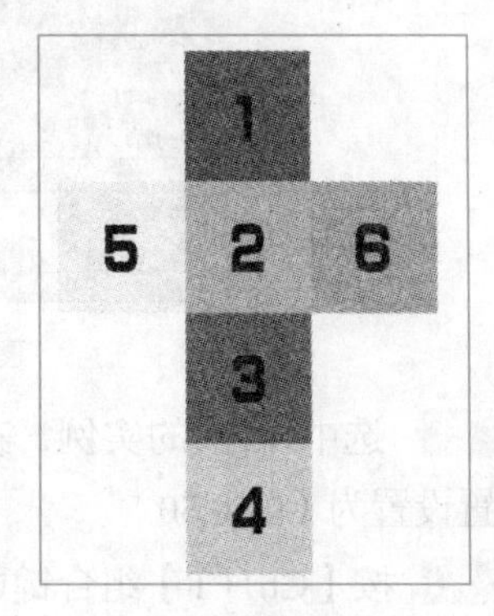

图7-46 在“立方体”元件中放入创建的6个元件

STEP 3 选中元件1实例，在其“属性”面板中，展开“3D定位和查看器”栏，在其中将X、Y和Z轴的位置设置为（0,0,0），如图7-47所示。

STEP 4 选中元件2的实例，在其“属性”面的“3D定位和查看器”栏中，将X、Y和Z轴的位置设置为（0,0,100），如图7-48所示。

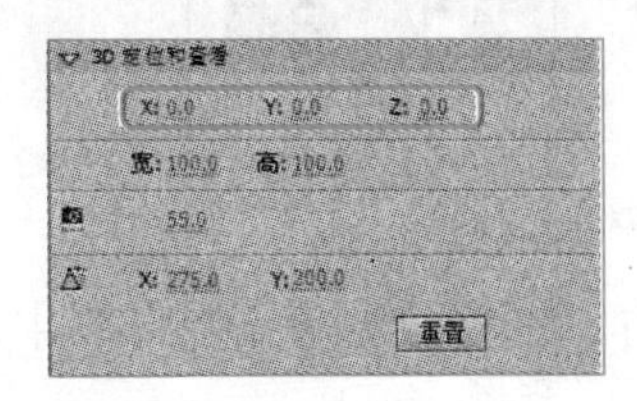

图7-47 定位元件1实例位置

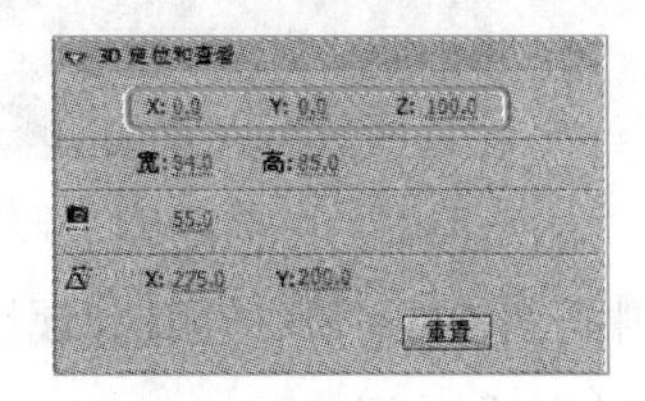

图7-48 定位元件2实例位置

STEP 5 选中元件3的实例，在其“属性”面的“3D定位和查看器”栏中，将X、Y和Z轴的位置设置为（50,0,50）。

STEP 6 按【Ctrl+T】组合键或在面板组中单击“变形”按钮，打开“变形”面板，在“3D”旋转栏中将Y轴设置为“90°”，如图7-49所示。

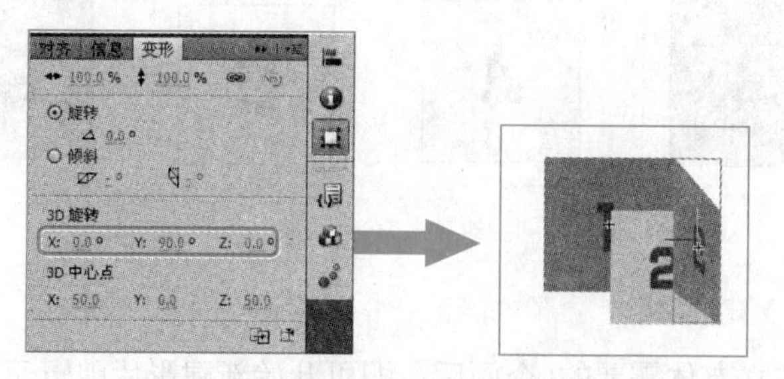

图7-49 设置元件3实例的3D属性

STEP 7 选中元件4的实例，在其“属性”面板的“3D定位和查看器”栏中，将X、Y和Z轴的位置设置为（-50,0,50）。

STEP 8 按【Ctrl+T】组合键或在面板组中单击“变形”按钮，打开“变形”面板，在“3D”旋转栏中将Y轴设置为“-90°”，如图7-50所示。

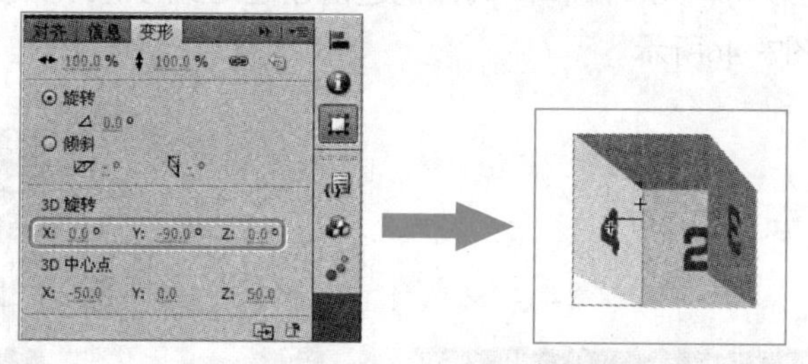

图7-50 设置元件4实例的3D属性

STEP 9 选中元件5的实例，在其“属性”面的“3D定位和查看器”栏中，将X、Y和Z轴的位置设置为（0,50,50）。

STEP 10 按【Ctrl+T】组合键或在面板组中单击“变形”按钮，打开“变形”面板，在“3D”旋转栏中将X轴设置为“90°”，如图7-51所示。

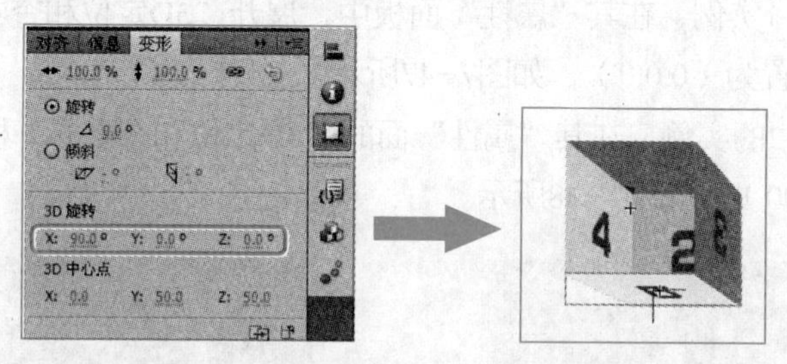

图7-51 设置元件5实例的3D属性

STEP 11 选中元件5的实例，在其“属性”面的“3D定位和查看器”栏中，将X、Y和Z轴的位置设置为（0,-50,50）。

STEP 12 按【Ctrl+T】组合键或在面板组中单击“变形”按钮，打开“变形”面板，在“3D”旋转栏中将X轴设置为“-90°”，如图7-52所示。

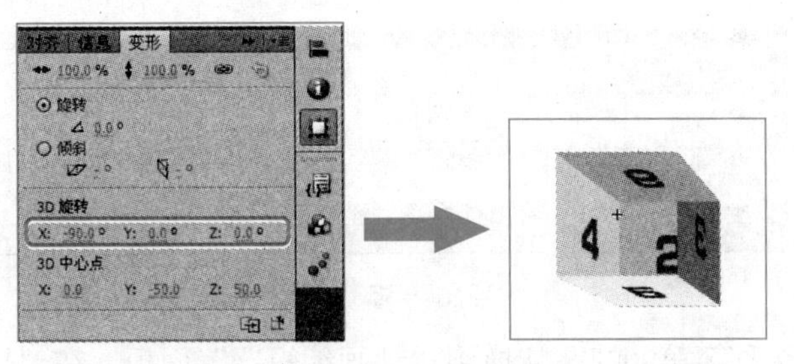

图7-52 设置元件6实例的3D属性

STEP 13 完成立方体的创建，按【Ctrl+S】组合键进行保存。

7.3.4 创建立方体动画

下面即可对创建完成的立方体设置动画效果，其具体操作如下。

STEP 1 在工作区中单击左上角的“返回”按钮，返回“场景1”工作区，进入文档编辑模式。

STEP 2 从“库”面板中将“立方体”影片剪辑元件拖曳到舞台中，按【Ctrl+K】组合键打开“对齐”面板，单击选中“与舞台对齐”复选框，在“对齐”栏中依次单击“水平中齐”按钮和“垂直中齐”按钮，如图7-53所示。

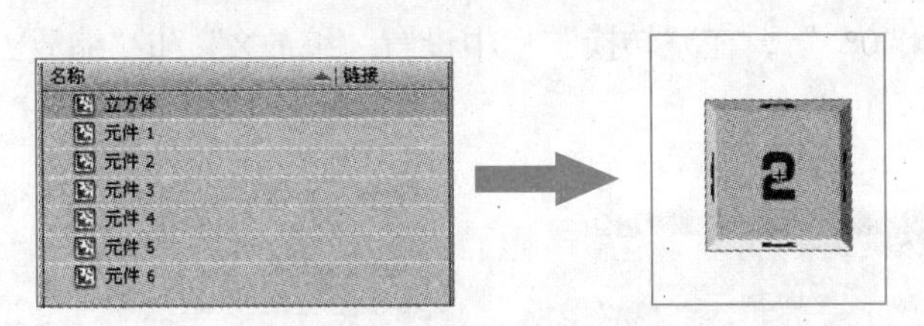

图7-53 将“立方体”拖曳到舞台中并对齐

STEP 3 在时间轴的“图层1”中，选择第60帧，按【F7】键插入空白关键帧，如图7-54所示。

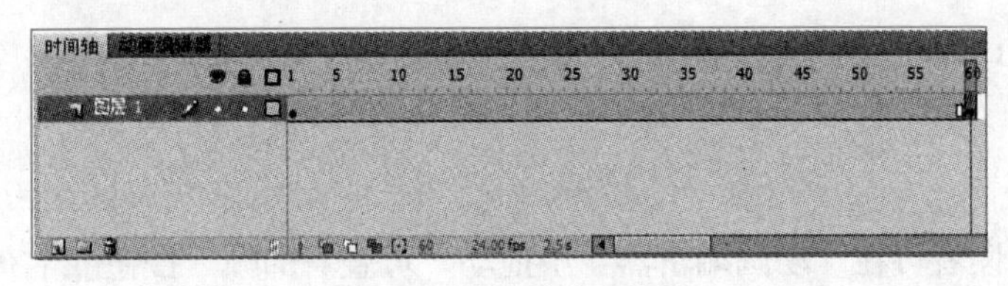

图7-54 插入空白关键帧

STEP 4 在第1帧至第60帧中的任意一帧上单击鼠标右键，在弹出的快捷菜单中选择“创建补间动画”菜单命令。将播放头移至第59帧，使用3D旋转工具，在舞台中单击绿色控线不放并拖曳，进行旋转，如图7-55所示，此时第59帧自动插入关键帧。

STEP 5 选择【窗口】/【动画编辑器】菜单命令，打开“动画编辑器”面板，将“基本动画”栏中“旋转Y”右侧的参数更改为“360° ”，如图7-56所示。

STEP 6 返回时间轴面板，选中补间动画序列，单击鼠标右键，在弹出的快捷菜单中选择“复制帧”菜单命令。选择第60帧，单击鼠标右键，在弹出的快捷菜单中选择“粘贴帧”菜单命令，即可将补间动画序列粘贴到第60帧后。

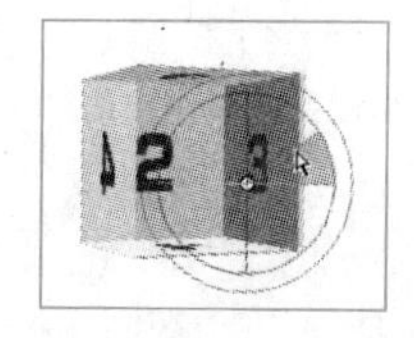

图7-55　旋转立方体

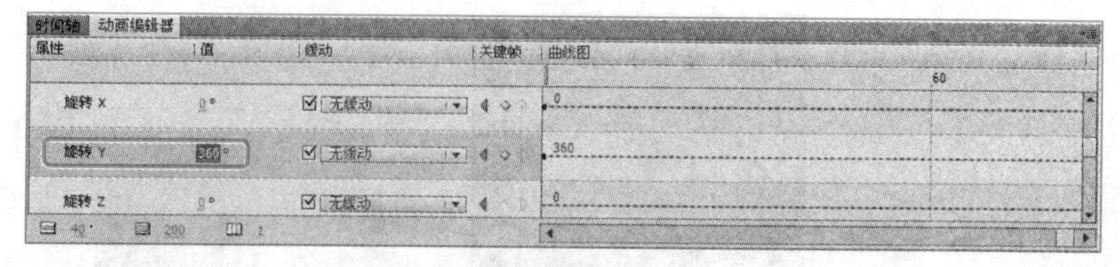

图7-56　设置旋转动画参数

STEP 7 将播放头移至第90帧，切换到“动画编辑器”面板，在“转换”栏中设置“缩放X”和“缩放Y”右侧的数值为“200%”，如图7-57所示。

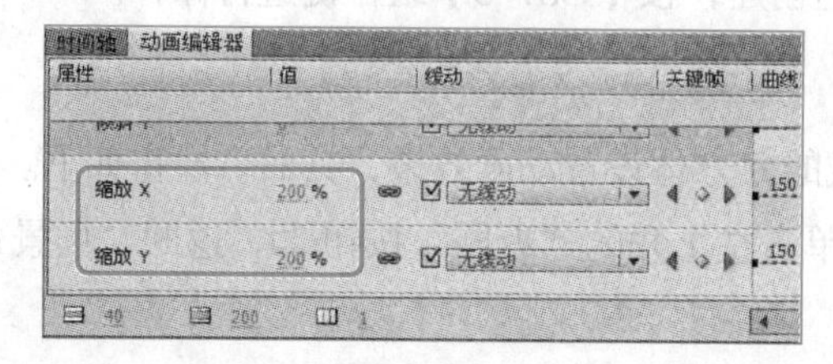

图7-57　设置第90帧的动画参数

STEP 8 回到时间轴面板，将播放头移至第118帧，也就是动画序列的最后一帧，再切换到“动画编辑器”面板，在“基本动画”栏中设置“旋转X”右侧的参数为“360°”，“旋转Y”右侧的参数为“0°”，在“转换”栏中设置“缩放X”和“缩放Y”为“100%”，如图7-58所示。

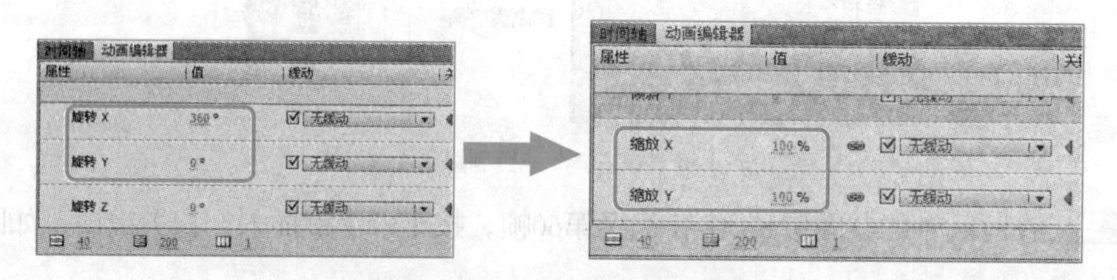

图7-58　设置第118帧的动画参数

STEP 9 按【Ctrl+Enter】键测试动画效果，测试完成后，按【Ctrl+S】组合键进行保存即可。

读者可在“动画编辑器”中拖动“可查看的帧”按钮右侧的数值，在右侧的曲线图中显示需要查看的帧数。

在Flash中制作3D动画时应注意一下几个方面。

①在制作立体物体时，首先应确定物体的中心点，以及各个面的中心点，然后再通过计算中心点的位置，得到物体各个面的位置，从而使立体对象的制作事半功倍。

②在Flash中创建3D动画最好通过在“属性”面板中调节参数进行创建。

7.4 实训——制作“光球”动画效果

7.4.1 实训目标

本实训的目标是制作一个光球旋转的动画效果，要注意时间轴中各物体变换时需要用到的效果添加方式、遮罩的制作方法，以及3D旋转工具的使用等，本实训的前后对比效果如图7-59所示。

效果所在位置 光盘:\效果文件\第7章\光球.fla

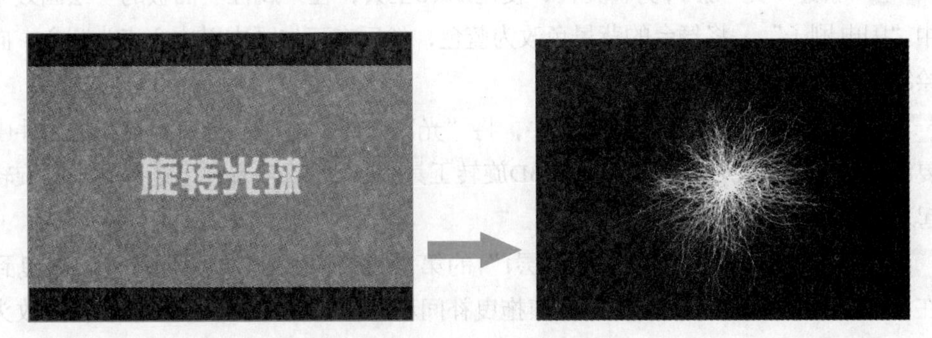

图7-59 “光球”动画效果

7.4.2 专业背景

随着Flash的普及，其在动画领域的应用范围越来越广，竞争也越来越激烈，若想在这个行业里拔得头筹，就得不断锻炼自己的技术，扩展自己的思维，举一反三地制作出更多更好的作品。

7.4.3 操作思路

完成本实训主要包括制作3D旋转光球、制作文字滤镜动画和制作遮罩动画3大步操作，最后整合制作的动画素材，其操作思路如图7-60所示。

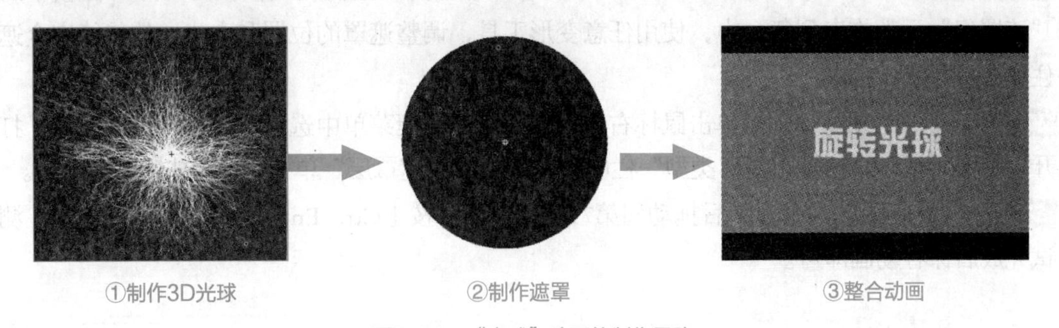

图7-60 “光球”动画的制作思路

【步骤提示】

STEP 1 启动Flash CS5，新建AS3.0文档，新建“遮罩”影片剪辑元件，使用基本椭圆工具，按住【Shift】键不放，在“遮罩”元件编辑模式下绘制一个圆。

STEP 2 单击第1帧，选择工作区中的圆形，在其“属性”面板的“椭圆选项”栏中将“开始角度”设置为“330”；选中第20帧，按【F6】键插入关键帧，在其“属性”面板中将“开始角度”设置为“359”；然后添加补间动画并在第21帧中插入一个空白关键帧。

STEP 3 新建“遮罩组”影片剪辑元件，将“遮罩”元件中的对象拖动到该新建的元件中。

STEP 4 按【Ctrl+C】组合键进行复制，再在工作区空白位置单击鼠标右键，在弹出的快捷菜单中选择“粘贴到当前位置”命令。选择【修改】/【变形】/【缩放和旋转】菜单命令，在打开的“缩放和旋转”对话框中设置旋转的角度为“30°”。

STEP 5 重复第4步的操作，改变旋转角度，使遮罩成为一个整体的圆形。

STEP 6 新建“光”影片剪辑元件，使用Deco工具，在“属性”面板的“绘画效果”栏中选中“闪电刷子”，将舞台的背景色改为蓝色，然后在工作区中以中心点为圆心，向不同方向绘制闪电。

STEP 7 新建“光球”影片剪辑元件，将“光”元件中的对象拖曳到该新建元件中，在其中复制几个“光”元件的实例，使用3D旋转工具在X轴和Y轴方向上进行不同的旋转，使其看起来像一个光球。

STEP 8 回到主场景中，单击“图层1”的第1帧，将“光球”元件从库中拖曳到舞台上，在第1帧上创建补间动画，在第24帧拖曳补间动画，将其延长至第70帧。将播放头移动到第70帧，使用3D旋转工具在舞台中旋转“光球”实例，创建补间动画。

STEP 9 新建“图层2”，在该图层的第1帧中绘制绿色的背景和上下两个黑色装饰黑条，单击第91帧，按【F5】键插入帧。

STEP 10 新建“图层3”，选中第1帧，使用文本工具在舞台中绘制文本框，输入“旋转光球”文本，在该层第25帧、50帧和70帧分别插入关键帧，然后选中不同的关键帧，设置滤镜动画，设置完成后，在各个帧之间添加传统补间动画，单击第91帧，按【F5】插入帧。

STEP 11 新建“图层4”，在其上单击鼠标右键，在弹出的快捷菜单中选择“遮罩层”菜单命令，即可将“图层4”转换为遮罩层，“图层3”自动转换为被遮罩层。

STEP 12 在“图层4”中选择第71帧，按【F7】键插入空白关键帧，将“库”面板中的“遮罩组”元件拖曳到舞台中，使用任意变形工具，调整遮罩的位置和大小，使其能完全遮住舞台。

STEP 13 在“图层2”上单击鼠标右键，在弹出的快捷菜单中选择“属性”菜单命令，打开“图层属性”对话框，在“类型”栏中单击选中“被遮罩层”单选项，单击 确定 按钮。

STEP 14 将图层1第1帧向后拖动到第71帧处，然后按【Ctrl+Enter】组合键测试动画，测试完成后保存动画即可。

7.5 疑难解析

问：“变形”面板中3D中心点的轴向和“3D定位和查看”栏中的轴向有什么区别？

答：“3D定位和查看”栏下的X、Y和Z轴用于调整工作区中的对象在舞台中的位置；

而“变形”面板中的3D中心点主要用于调整轴向控件的中心点相对于对象的位置，在使用3D旋转工具进行旋转时，对象将沿着3D中心点所在的位置进行旋转。

问：为什么在复制选择补间动画中的帧时，总是会将其序列帧全部选中？

答：在Flash CS5中补间动画被看作1帧，若要单独选中其中的某一帧，读者可先按住【Ctrl】键，然后再单击选择需要的帧。

问：为什么要使用动画编辑器来编辑动画，在时间轴和属性面板中不是也可以编辑吗？

答：目前市场上编辑视频的主流软件大都采用线性编辑方式或节点编辑方式，Flash CS5中的动画编辑器则是一种线性动画编辑器。在其中可一览无余地查看各个帧中动画的设置效果，且如添加不同定义的缓动之类的动画效果只有在动画编辑器中才能实现。

7.6 习题

本章主要介绍了Flash中高级动画的制作，包括遮罩的制作、遮罩图层的创建、文字滤镜动画的制作，3D旋转工具的使用，以及3D动画的制作等知识。对于本章的内容，读者应认真学习和掌握，为将来从事Flash动画制作打下良好的基础。

效果所在位置 **光盘:\效果文件\第7章\文字介绍.fla**

利用本章知识，制作“文字介绍”动画，要求具体操作如下。

（1）新建AS3.0文档，新建“圆”影片剪辑元件，使用基本椭圆工具，配合【Shift】键绘制圆。在属性面板中调整绘制的圆的内径，使其成为一个空心圆。

（2）新建“圆球”影片剪辑元件，将“圆”元件中的对象拖曳至该元件中，并在其中设置3D旋转动画。新建“遮罩”影片剪辑元件，在其中制作文字逐一出现需要用到的遮罩，并在其中制作遮罩动画。

（3）回到主场景，新建图层，在图层1中绘制背景，在图层2中放入“圆球”影片剪辑元件，在图层3中制作斜线条出现的的动画，在图层4中制作水平线条出现的动画，在图层5中输入文字。

（4）将图层6转换为遮罩层，在相应的位置放入遮罩动画。调整图层5和图层6中的遮罩动画时间，在图层5中制作文字滤镜动画，如图7-61所示。

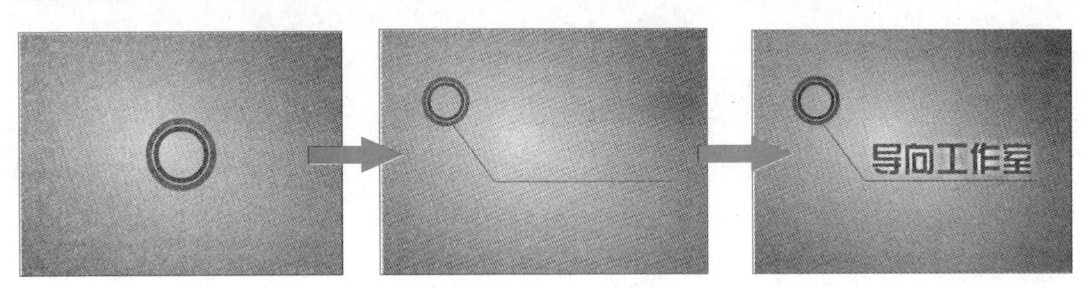

图7-61 “文字介绍”效果

课后拓展知识

自从Flash CS4以来，除了新增了补间动画，还新增了“动画编辑器”面板。在该面板中读者可轻松制作更多效果出色的动画，如图7-62所示即为“动画编辑器”面板，下面进行具体介绍。

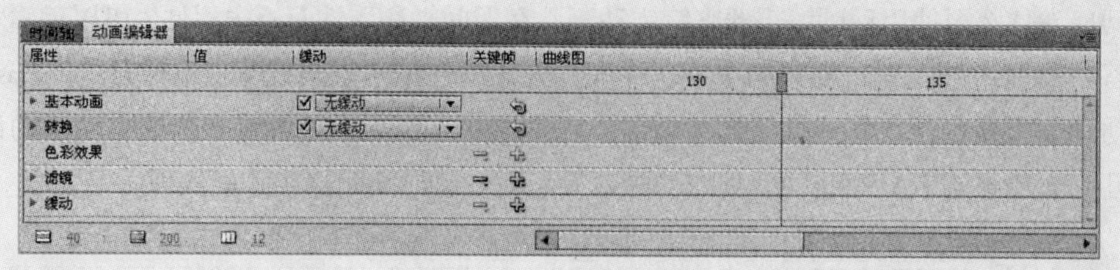

图7-62 动画编辑器面板

“动画编辑器”面板主要由属性、值、缓动、关键帧和曲线图等部分组成，在其面板中有5个卷展栏，用户可在不同的卷展栏中为相应关键帧上的对象添加不同的动画效果。

- 基本动画：在该卷展栏中可调整对象的位移和旋转动画，单击右侧两个三角之间的菱形按钮，使其呈选中状态，可在曲线图中播放头所在的位置添加一个关键帧，如图7-63所示。播放头所在位置即为当前对象添加效果所在帧的位置。

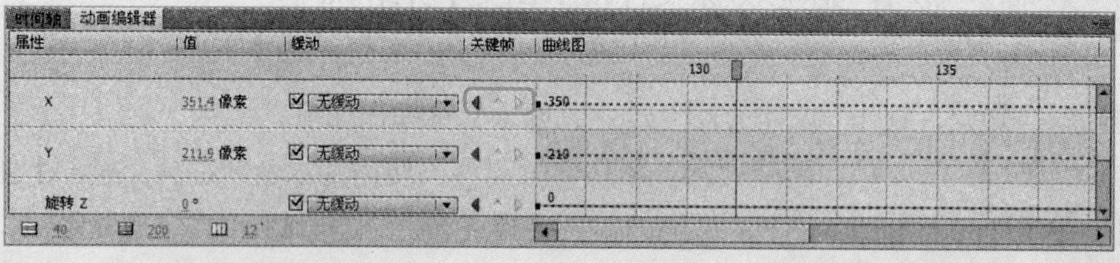

图7-63 添加关键帧

- 转换：在该卷展栏中可对物体的倾斜和缩放设置变形动画，单击右侧的“重置”按钮，可重置当前帧中设置的动画参数。
- 色彩效果：在该卷展栏中可设置物体颜色变化的动画。
- 滤镜：在该卷展览中可设置物体的滤镜动画，单击其右侧的按钮，可添加滤镜效果，单击按钮可删除添加的相应滤镜效果。
- 缓动：在该卷展栏中可设置物体相应的缓动效果，如由快到慢或由慢到快等。

PART 8

第8章 制作视觉特效和骨骼动画

情景导入

经过几个月的学习，小白已经掌握了许多制作动画的方法，现在老张要求她学习制作特效以使动画更加丰富。

知识技能目标

- 认识骨骼工具的作用。
- 熟练掌握使用Deco工具制作烟雾、火焰和粒子效果等动画的基本操作。
- 熟练掌握骨骼工具的使用和编辑骨骼动画的方法。

- 能够使用Deco工具制作更多视觉特效动画。
- 掌握“雪夜”特效动画和“火柴人框”骨骼动画的制作。

课堂案例展示

制作“雪夜”特效动画

制作“火柴人”骨骼动画

8.1 制作“雪夜”特效动画

利用这几个月所学的知识，小白已经能独立完成Flash动画的制作，今天老张把一个项目交给小白，让她为一个场景制作动画特效。小白本想使用引导层来制作，老张告诉她，使用Deco工具可快速地达到想要的效果，制作出令人满意的特效动画。本例的参考效果如图8-1所示，下面具体讲解其制作方法。

素材所在位置 光盘:\素材文件\第8章\课堂案例1\茶壶.png、椅子.png、炉子.png、花枝.png

效果所在位置 光盘:\效果文件\第8章\雪夜.fla

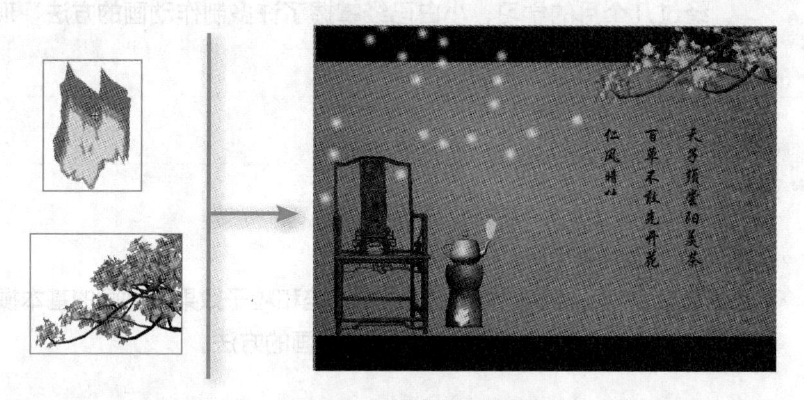

图8-1 “雪夜”最终效果

8.1.1 什么是视觉特效动画

在生活中，我们可以通过触摸，感知物体的硬度和温度，也可以通过观察，从视觉上感知物体的属性。视觉动画就是通过艺术设计将动画视觉化和符号化的过程，它可以使动画产生自然的视觉触感，给人最佳的视觉感受。

视觉特效动画就是将特殊的动画效果，如花瓣的飘落感和雪花的轻盈感等，制作为视觉化、符号化的动画，使其给人以视觉上的冲击，使动画欣赏者从视觉上感受到空间的变化，从而享受特效动画。

8.1.2 制作雪花飘落动画

在CS3版本以前的Flash中，制作雪花飘落动画非常麻烦，需要使用引导层制作一个雪花飘落的动画元件，然后在主场景中添加多个这样的元件，或者需要通过编译一大段的ActionScript语句来实现。

1. 粒子系统面板

CS4以后的Flash版本中新增了Deco工具，使用Deco工具的粒子系统可轻松制作雪花飘落特效，除此之外还可创建火、烟、水、气泡，以及其他效果的粒子动画。Flash 将根据粒子系统的设置的属性创建逐帧动画的粒子效果。在工作区中生成的粒子包含在动画的每个帧的组中。

粒子系统的“属性”面板如图8-2所示，其中包含的属性介绍如下。

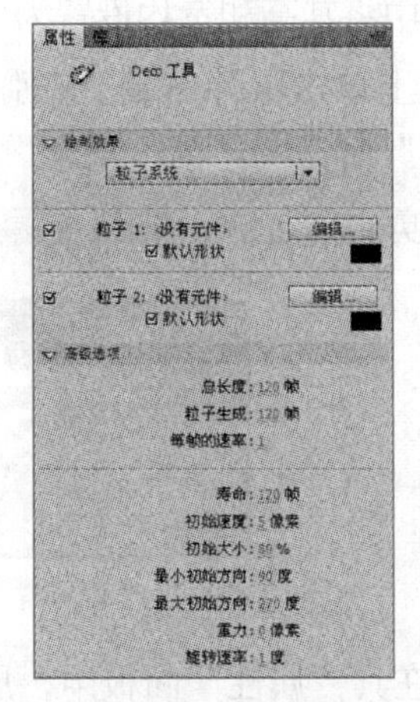

图8-2　粒子系统的“属性”面板

- 粒子 1：在“绘制效果”栏中可分配两个元件用作粒子，这是第一个。若未指定元件，将使用黑色的小正方形作为粒子。
- 粒子 2 ：第二个可分配用作粒子的元件，通过设置粒子的元件图形，可生成许多不同的逼真效果。
- 总长度：从当前帧开始，动画的持续时间（以帧为单位）。
- 粒子生成：在其中生成粒子的帧数目。如果帧数小于“总长度”属性，则该工具会在剩余帧中停止生成新粒子，但是已生成的粒子将继续添加动画效果。
- 每帧的速率：每个帧生成的粒子数。
- 寿命：单个粒子在工作区中可见的帧数。
- 初始速度：每个粒子在其寿命开始时移动的速度，单位是“像素/帧”。
- 初始大小：每个粒子在其寿命开始时的缩放。
- 最小初始方向：每个粒子在其寿命开始时可能移动方向的最小范围，单位是“度”。零表示向上；90 表示向右；180 表示向下，270 表示向左，而 360 还是表示向上，并且允许使用负数。
- 最大初始方向：每个粒子在其寿命开始时可能移动方向的最大范围，单位和方向与“最小初始方向”相同。
- 重力效果：当此数字为正数时，粒子方向更改为向下且进行加速运动；若重力为负数，则粒子方向更改为向上。
- 旋转速率：应用到每个粒子的每帧旋转角度。

2. 创建飘雪动画

了解粒子系统面板中各参数的意义，有助于读者快速为粒子设置不同的属性，从而达到不同的效果。下面开始制作雪花飘落动画，其具体操作如下。

STEP 1　在Flash CS5中新建AS3.0文档，在文档“属性”面板的“属性”栏中，单击“背景”右侧的色块，将背景色设置为“#006699”，然后以“雪夜”为名进行保存。

STEP 2 选择椭圆工具，按住【Shift】键在舞台中绘制一个圆，选中绘制的圆形，在其“属性”面板的“位置和大小”栏中将其高和宽均设置为“10.00”，如图8-3所示。

STEP 3 选中绘制的圆，在其上单击鼠标右键，在弹出的快捷菜单中选择“转换为元件”菜单命令，打开“转换为元件”对话框，在“名称”文本框中输入“雪花元件”文本，在“类型”下拉列表中选择“影片剪辑”选项，单击确定按钮，如图8-4所示。

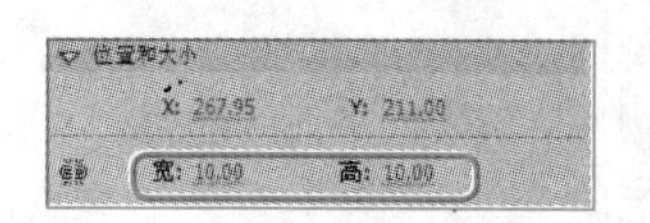

图8-3 设置圆形的直径

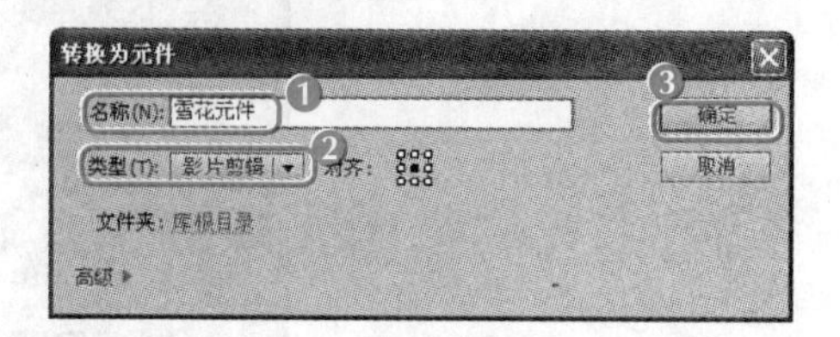

图8-4 将圆形转换为元件

STEP 4 在舞台中选中圆形，在其“属性”面板中，展开“滤镜”卷展栏，单击卷展栏下方的“添加滤镜”按钮，在弹出的下拉菜单中选择“模糊”选项，添加“模糊”滤镜，将“模糊X”和“模糊Y”均设置为“9像素”。

STEP 5 再次单击“添加滤镜”按钮，在弹出的下拉菜单中选择“发光”选项，添加“发光”滤镜，将发光颜色设置为白色，如图8-5所示。

STEP 6 选中舞台中添加了滤镜的图形，单击鼠标右键，在弹出的快捷菜单中选择“转换为元件”菜单命令，打开“转换为元件”对话框，在“名称”文本框中输入“雪花”，在“类型”下拉列表中选择“影片剪辑”选项，单击确定按钮，如图8-6所示。

图8-5 添加模糊和发光滤镜

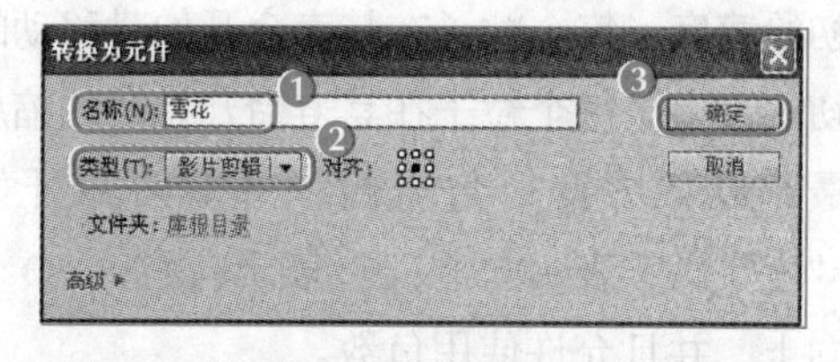

图8-6 将添加了滤镜的圆形再次转换为元件

STEP 7 按【Ctrl+F8】组合键打开“创建新元件”对话框，在“名称”文本框中输入“雪花飘落”文本，在“类型”下拉列表中选择“影片剪辑”选项，单击确定按钮。

STEP 8 进入“雪花飘落”影片剪辑的元件编辑模式，选择“Deco工具”，在其“属性”面板的“绘制效果”栏中选择“粒子系统”选项，撤销选中“粒子2”前的复选框，在“粒子1”后单击编辑...按钮，如图8-7所示，打开“选择元件”对话框。

STEP 9 在中间的列表框中选择“雪花”影片剪辑元件，单击确定按钮，即可将“雪花”影片剪辑元件中的图形对象作为粒子系统的发射粒子，如图8-8所示。

STEP 10 返回Deco工具的属性面板，展开“高级选项”卷展栏，将“总长度”设置为“120帧”，“粒子生成”为“120帧”，“每帧速率”为“1”。

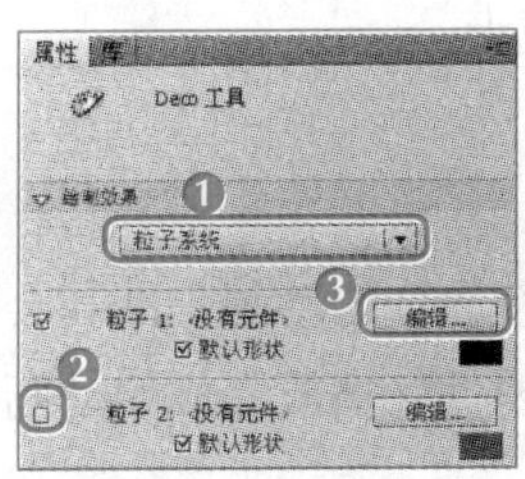

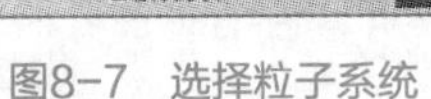
图8-7 选择粒子系统

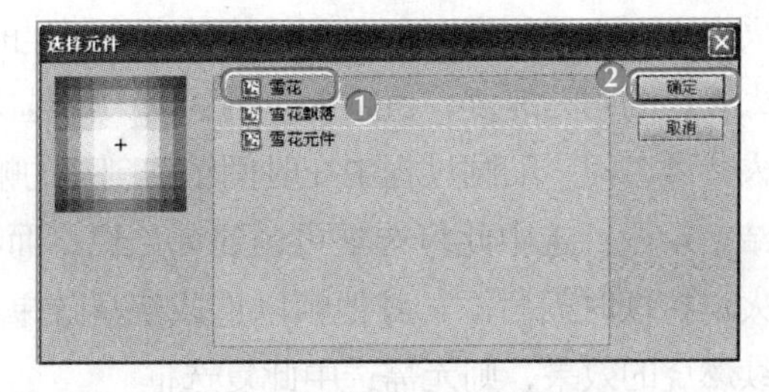

图8-8 设置粒子系统的发射图形

STEP 11 继续在“高级选项”卷展栏中设置粒子属性，将粒子的“寿命”设置为“120帧”，粒子的“初始速度”为“5像素”，“初始大小”为“80%”，“最小初始方向”为“90度”，“最大初始方向”为“270度”，“重力”为“0像素”，“旋转速率”为“1度”，如图8-9所示。

STEP 12 在“雪花飘落”影片剪辑的元件编辑模式下，将鼠标指针移至工作区中，当其变为形状时，在工作区中单击鼠标右键即可开始创建雪花飘落逐帧动画，完成效果如图8-10所示。

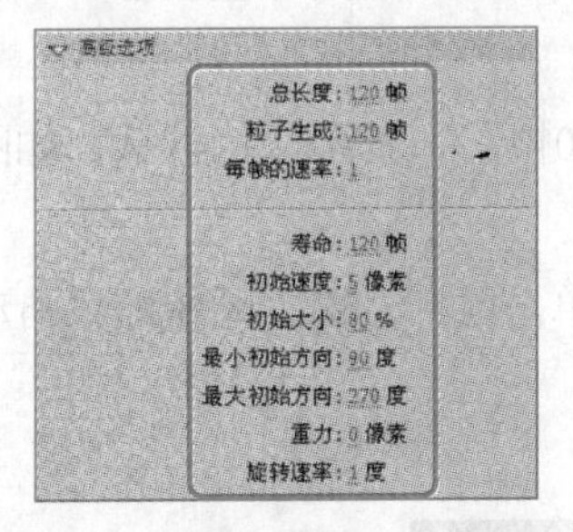

图8-9 设置粒子系统的发射属性

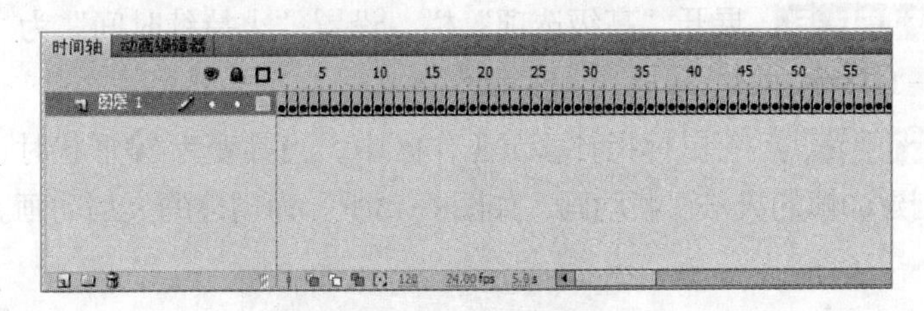

图8-10 创建逐帧动画

8.1.3 制作火焰动画

在Flash CS5中使用Deco工具可轻松制作出逐帧火焰动画，其操作方法同粒子系统的操作方法类似。

1. 火焰动画面板

选择Deco工具后，在“绘制效果”栏的下拉列表中选择“火焰动画”选项，即可将面板中的参数转换为与火焰动画相关的参数，如图8-11所示，具体介绍如下。

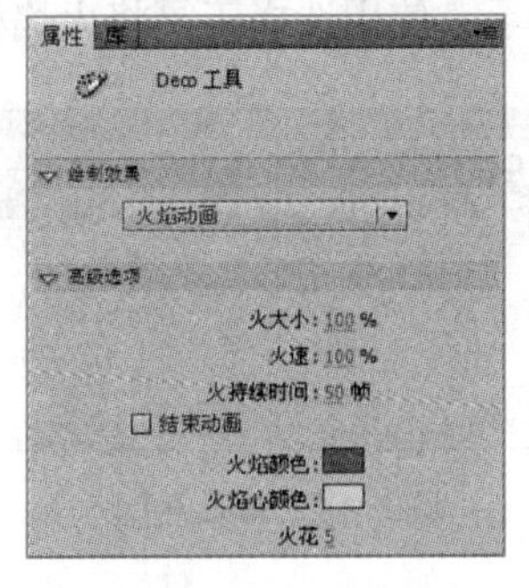

图8-11 火焰动画面板

- 火大小：火焰的宽度和高度，值越高，创建的火焰越大。
- 火速：动画的速度，值越大，创建的火焰越快。
- 火持续时间：动画过程中在时间轴中创建的帧数。
- 结束动画：选中此复选框可创建火焰燃尽而不是持续燃烧的动画，Flash会在指定的火焰持续时间后添加其他帧以造成烧尽效果。如果要循环播放完成的动画以创建持续燃烧的效果，则无需选中此复选框。
- 火焰颜色：火苗的颜色。
- 火焰心颜色：火焰底部的颜色。
- 火花：火源底部各个火焰的数量。

2. 制作火焰动画

下面开始制作火焰动画，其具体操作如下。

STEP 1 按【Ctrl+F8】组合键打开“创建新元件”对话框，在“名称”文本框中输入“火焰动画”，设置“类型”为“影片剪辑”，单击 确定 按钮。

STEP 2 进入“火焰动画”影片剪辑的元件编辑模式，选择“Deco工具”，在其“属性”面板的“绘制效果”栏中选择“火焰动画”选项。

STEP 3 展开“高级选项”栏，设置“火持续时间”为“60帧”，其余保持默认，如图8-12所示。

STEP 4 将鼠标指针移至工作区中，当其变为形状时，单击鼠标左键，系统即可自动创建60帧的火焰逐帧动画，如图8-13所示为创建的火焰动画。

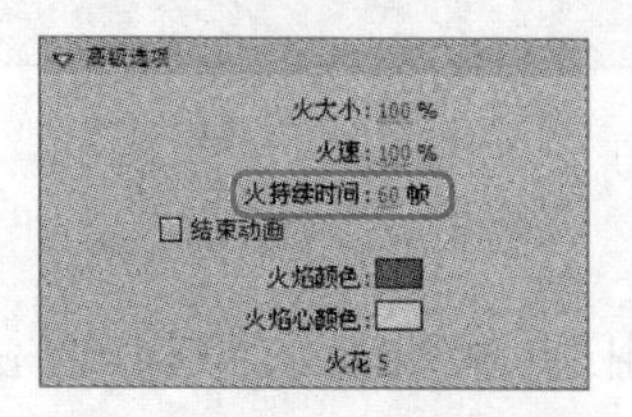

图8-12 设置火焰持续时间

图8-13 创建火焰动画

STEP 5 按【Shift】键选中第1帧至第10帧，单击鼠标右键，在弹出的快捷菜单中选择“删除帧”菜单命令，将前10帧中的火焰动画删除。

STEP 6 在时间轴中单击“编辑多个帧”按钮，在帧面板中拖动时间刻度上的大括号，选中第1帧至第50帧，如图8-14所示，使用选择工具将火焰移动到舞台中心位置。

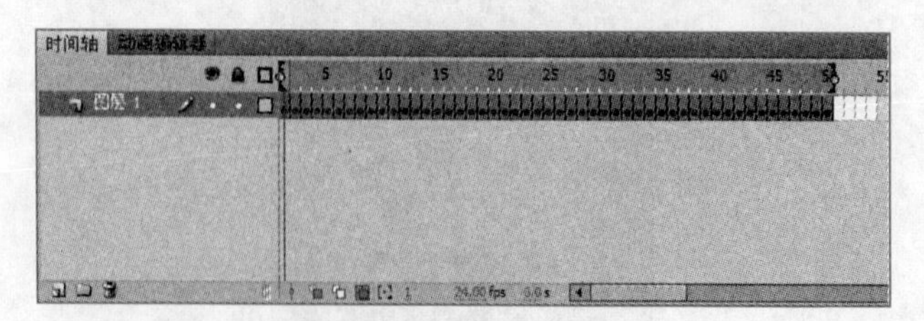

图8-14 编辑多个帧

此处不能使用“对齐”面板进行中心对齐，因为每一帧上的火焰都由无数个单独的色块组成，使用“对齐”面板或命令会将每一帧中的每个色块都对齐到中心位置。

8.1.4 制作烟动画

选择Deco工具后，还可使用其中的“烟动画”，通过设置不同的属性参数，创建诸如云雾、水蒸气和烟雾等动画。

1. 烟动画面板

“烟动画”的属性面板如图8-15所示，具体介绍如下。

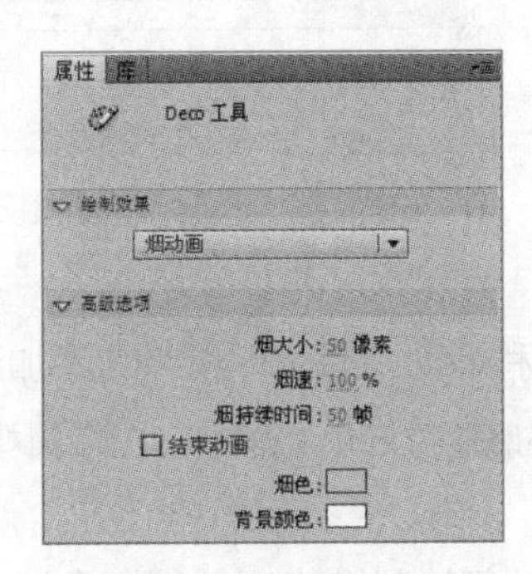

图8-15 烟动画面板

- 烟大小：烟的宽度和高度，值越高，创建的火焰越大。
- 烟速：动画的速度，值越大，创建的烟越快。
- 烟持续时间：动画过程中在时间轴中创建的帧数。
- 结束动画：选中此复选框可创建烟消散而不是持续冒烟的动画，Flash会在指定的烟持续时间后添加其他帧以造成消散效果。如果要循环播放完成的动画以创建持续冒烟的效果，则无需选中此复选框。
- 烟色：烟的颜色。
- 背景色：烟的背景色，烟在消散后更改为此颜色。

2. 制作烟动画

下面开始制作烟动画，其具体操作如下。

STEP 1 按【Ctrl+F8】组合键打开“创建新元件”对话框，创建一个以“烟雾”为名的影片剪辑元件。

STEP 2 进入该元件的编辑模式，选择“Deco工具”，在其“属性”面板的“绘制效果”栏中选择“烟动画”选项。

STEP 3 打开“高级选项”栏，设置“烟大小”为“15像素”，单击选中“结束动画”复选框，其余保持不变，如图8-16所示。

STEP 4 将鼠标指针移至工作区中，当其变为形状时，在舞台中心位置单击鼠标左键，系统即可自动创建120帧的烟从开始到结束的动画，如图8-17所示。

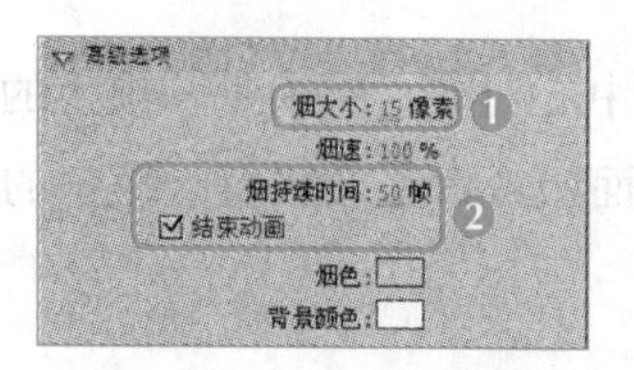

图8-16 设置烟动画参数

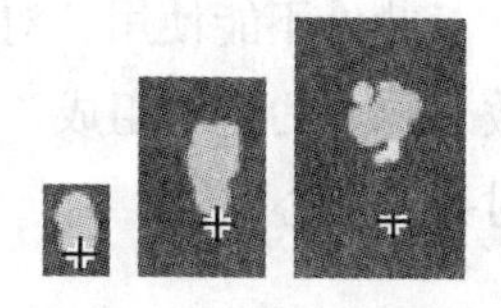

图8-17 创建烟动画

STEP 5 按【Crtl+F8】组合键打开“创建新元件”对话框，创建名为“文字动画”的影片剪辑元件，在该影片剪辑元件中创建文字出现遮罩动画，如图8-18所示。

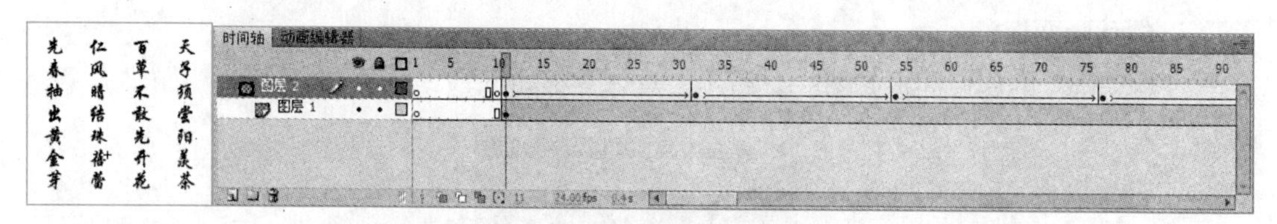

图8-18 创建文字遮罩动画影片剪辑元件

3. 合成最终动画

创建好飘雪动画、火焰动画和烟动画后，即可将其添加到场景中，其具体操作如下。

STEP 1 单击工作区左上角的按钮，返回文档编辑模式，在时间轴中将“图层1”更名为“背景”。

STEP 2 使用矩形工具，在对象绘制模式下绘制一个矩形，选中绘制的矩形，在其“属性”面板的“位置和大小”栏中将其“宽”设置为“550.00”，“高”为“400.00”，“X”和“Y”轴的位置均为“0.00”。

STEP 3 在面板组中单击“颜色”按钮，打开“颜色”面板，设置背景颜色为“径向渐变”，设置渐变条左侧的颜色为“#CC9966”，右侧为“#666600”，如图8-19所示。

STEP 4 使用渐变变形工具调整渐变的位置和大小，再使用矩形工具绘制与舞台背景同宽的黑色矩形条，将其放置在舞台顶部。按住【Alt】键不放，单击黑色矩形条并拖曳，将其复制一个至舞台底部，如图8-20所示。

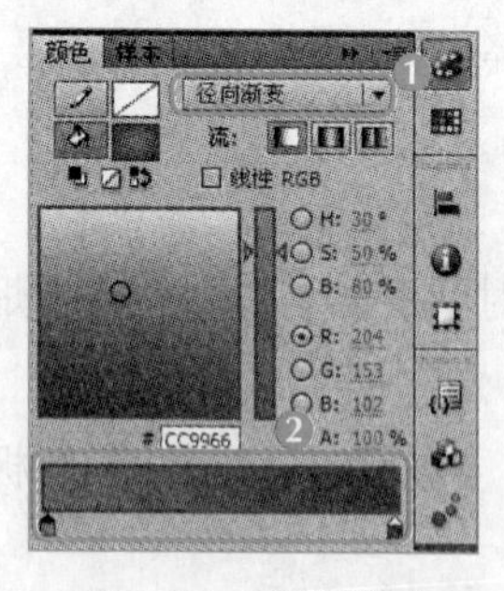

图8-19 设置背景色

图8-20 绘制背景

STEP 5 在时间轴中单击“新建图层”按钮，新建5个图层，依次命名为“椅子”、“文字”、“火焰”、“雪”和“蒸汽”，如图8-21所示。

STEP 6 选择【文件】/【导入】/【导入到库】命令，打开“导入到库”对话框，将素材文件夹中的“茶壶.png”、“花枝.png”、“炉子.png”和“椅子.png”图片导入到“库”面板中。

STEP 7 在时间轴中选择"椅子"图层的第1帧，将导入的图片放置在舞台中，调整图片的位置和大小，如图8-22所示。

图8-21 新建图层

图8-22 设置场景

STEP 8 选择"文字"图层的第1帧，将"库"面板中的"文字动画"影片剪辑元件拖曳到舞台右侧空白位置。

STEP 9 选择"火焰"图层的第1帧，将"库"面板中的"火焰动画"影片剪辑元件拖曳到炉口的位置。

STEP 10 选择"蒸汽"图层的第1帧，将"库"面板中的"烟雾"影片剪辑元件拖曳到茶壶嘴上的位置。

STEP 11 选择"雪"图层的第1帧，将"库"面板中的"雪花飘落"影片剪辑元件拖曳到舞台外部左上角，如图8-23所示。

STEP 12 按【Ctrl+Enter】组合键测试动画，如图8-24所示，测试无误后按【Ctrl+S】组合键进行保存。

图8-23 将影片剪辑元件拖动到场景中

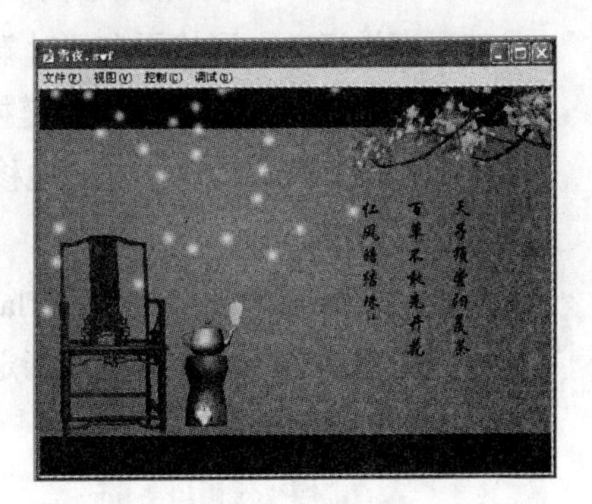
图8-24 测试动画

8.2 制作"火柴人"骨骼动画

小白接到的第二个任务是为一个游戏公司制作火柴人走动动画。要完成该任务，需要用到骨骼工具对火柴人的各个部分进行链接，再制作动画。本例的参考效果如图8-25所示，下面具体讲解其制作方法。

效果所在位置 光盘:\效果文件\第8章\火柴人.fla

图8-25 “火柴人”最终效果

8.2.1 什么是IK（反向运动）

反向运动 (IK) 是一种使用骨骼对对象进行动画处理的方式，这些骨骼按父子关系链接成线性或枝状的骨架，当一个骨骼移动时，与其链接的骨骼也发生相应的移动。

使用反向运动可以方便地创建自然运动。若要使用反向运动进行动画处理，只需在时间轴上指定骨骼的开始和结束位置，Flash将自动在起始帧和结束帧之间对骨架中骨骼的位置进行处理。IK一般用于以下两种方式。

- 在形状上添加：使用形状作为多块骨骼的容器，可向鞭等形状图画中添加骨骼，使其逼真地运动，形状需在“对象绘制”模式下绘制。
- 在元件上添加：将元件实例链接起来，可将躯干、手臂、前臂和手的影片剪辑链接起来，使其彼此协调、逼真地移动。每个实例都只有一个骨骼。

知识提示

要使用反向运动，.fla文件必须在“发布设置”对话框的“Flash”选项卡中将 ActionScript 3.0 指定为“脚本”设置。

8.2.2 为元件添加骨骼

在Flash CS5中可为元件或形状添加骨骼，在元件和形状上添加骨骼的操作方法相同，但这两者之间还是存在一些差别，下面讲解为元件添加骨骼。

1. 创建元件

在Flash CS5中可向影片剪辑、图形和按钮的元件实例添加IK骨骼。在添加骨骼之前，元件实例可以位于不同的图层上，Flash可将它们添加到姿势图层中。下面在Flash中创建添加骨骼需要的元件，其具体操作如下。

STEP 1 新键AS3.0文档，以“火柴人”为名进行保存。

STEP 2 按【Ctrl+F8】组合键打开“创建新元件”对话框，在“名称”文本框中输入“火柴”文本，在“类型”下拉列表中选择“影片剪辑”选项，单击 确定 按钮，如图8-26所示。

STEP 3 选择矩形工具，在工具栏中单击“对象绘制”按钮，使其呈选中状态，进入对象绘制模式。切换至矩形工具的“属性”面板，在“填充和笔触”栏中关闭笔触，将填充设置为黑色，在“矩形选项”栏中设置矩形的边角半径为“15.00”，如图8-27所示。

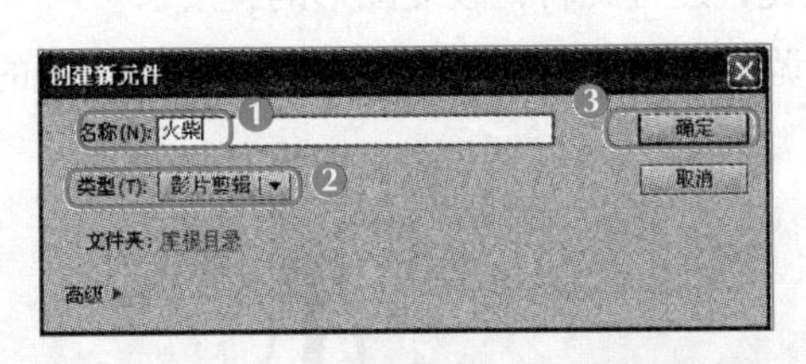

图8-26 新建“火柴”影片剪辑元件

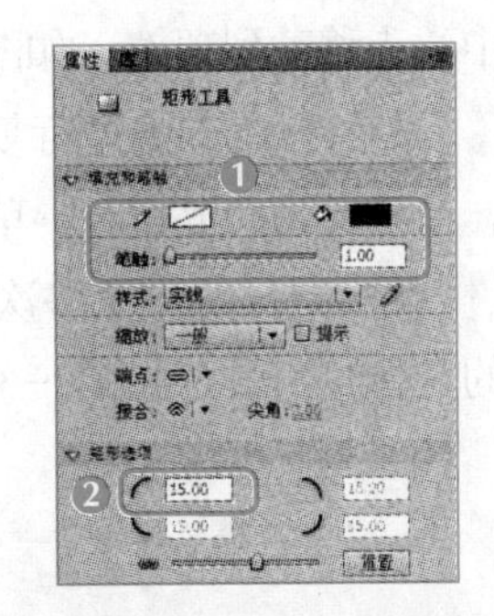

图8-27 设置矩形工具属性

STEP 4 在“火柴”影片剪辑的元件编辑模式下，在工作区中绘制一个圆角矩形，绘制完成后在其“属性”面板的“位置和大小”栏中将“宽”设置为“22.00”，“高”设置为“122.00”，并将“X”和“Y”轴的位置分别设置为“-11.00”和“-61.00”，如图8-28所示。

STEP 5 按【Ctrl+F8】组合键打开“创建新元件”对话框，创建名为“掌”的影片剪辑元件，进入其编辑模式。

STEP 6 使用基本矩形工具，按住【Shift】键不放，在工作区中绘制一个圆形。在其“属性”面板的“位置和大小”栏中将图形的宽和高均设置为“50.00”，将“X”和“Y”轴的位置均设置为“-25.00”，在“椭圆选项”栏中将“开始角度”设置为“180.00”，如图8-29所示。

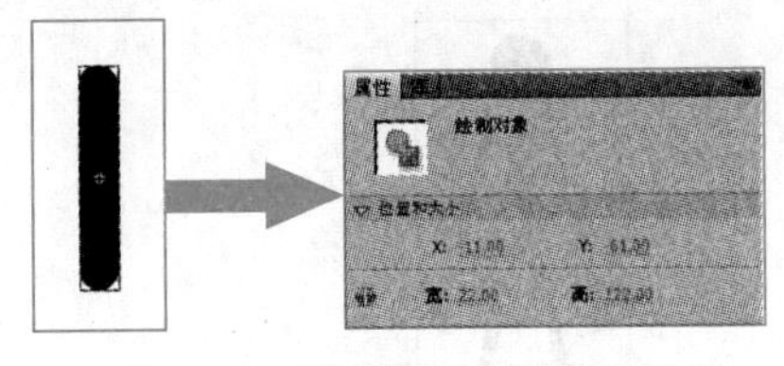

图8-28 设置圆角矩形位置和大小

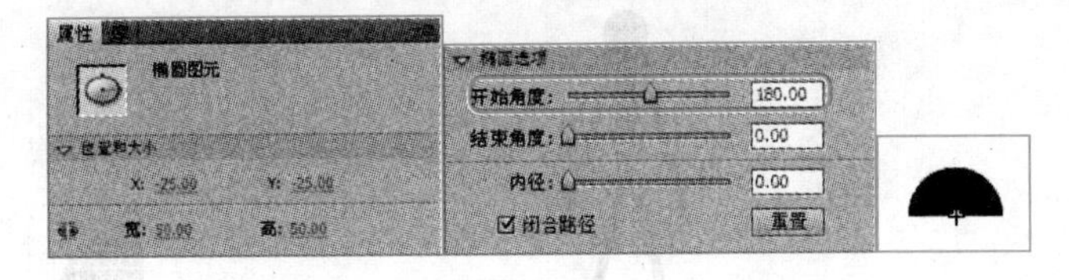

图8-29 设置圆形位置、大小和开始角度

STEP 7 按【Ctrl+F8】组合键打开“创建新元件”对话框，创建名为“头”的影片剪辑元件，进入其编辑模式。

STEP 8 使用椭圆工具，按住【Shift】键不放，在工作区中绘制一个圆形。在其“属性”面板的“位置和大小”栏中将图形的宽和高均设置为“50.00”，将“X”和“Y”轴的位置均设置为“-25.00”。

2. 添加骨骼

制作完需要的元件之后，即可在新舞台中组合这些元件，然后对其添加骨骼，其具体操作如下。

STEP 1 按【Ctrl+F8】组合键，打开“创建新元件”对话框，创建名为“火柴人”的影片剪辑元件，进入其编辑模式。

STEP 2 将“库”面板中的“火柴”元件拖曳到工作区中，使用任意变形工具，将该元件实例的中心点移动到顶部，如图8-30所示。

STEP 3 按住【Alt】键进行复制，调整复制图形的大小，将鼠标指针移至复制元件实例的边角上，当其变为↶形状时，单击并拖曳，进行旋转，改变图形的角度。

STEP 4 使用同样的方法多次复制并调整实例，并将复制的图形放置到合适的位置，制作火柴人的身体和四肢，如图8-31所示。

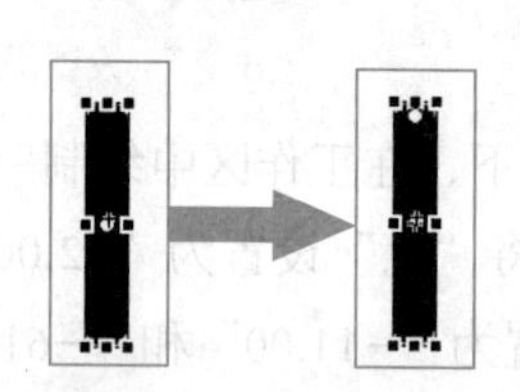

图8-30　调整中心点

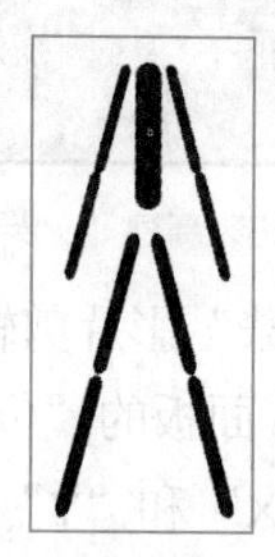

图8-31　制作火柴人的身体和四肢

STEP 5 将“库”面板中的“头”元件拖曳到工作区中，放置在身体顶部，按住【Alt】键再复制一个“头”元件的实例，调整其大小和位置，如图8-32所示，将其作为运动的关节。

STEP 6 将“库”面板中的“掌”元件拖曳到工作区中，使用任意变形工具，进行旋转并调整其中心点位置，将其放置到手臂底部，按住【Alt】键进行复制，选中复制的实例，选择【修改】/【变形】/【水平翻转】菜单命令，将其放置在另一侧手臂的底部，如图8-33所示。

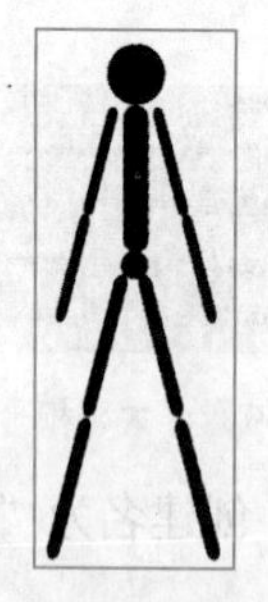

图8-32　复制“头”元件

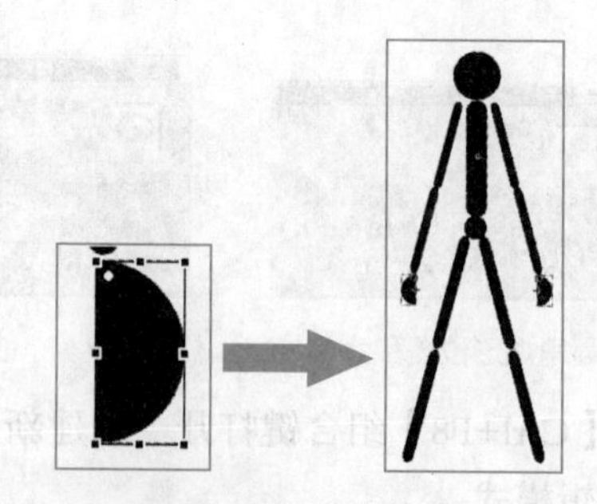

图8-33　制作手掌

STEP 7 在工具栏中选择“骨骼工具”，将其移动到舞台上，当鼠标指针变为形状时，将其移动到头部的圆形上，在中心点单击鼠标左键不放，将其拖曳到身体骨骼上，再释放鼠标，即可绘制一个根骨骼，如图8-34所示。

STEP 8 单击根骨骼尾部不放并向下拖曳至作为关节点的小圆中心，再释放鼠标左键，即可绘制一条与父级根骨骼链接在一起的子级骨骼，如图8-35所示。

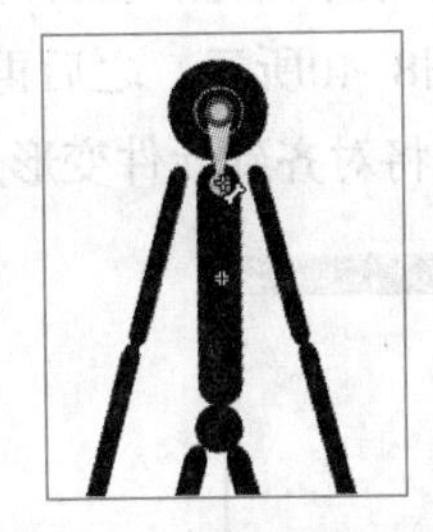
图8-34 绘制根骨骼

图8-35 绘制躯干上的骨骼

STEP 9 单击关节上的骨骼点，拖曳一条骨骼到右侧腿部元件实例上，继续单击并绘制链接上下腿部的骨骼，如图8-36所示。

STEP 10 再次单击关节上的骨骼点，拖曳一条骨骼到左侧腿部元件实例上，继续单击并绘制链接左侧腿部的骨骼，如图8-37所示。

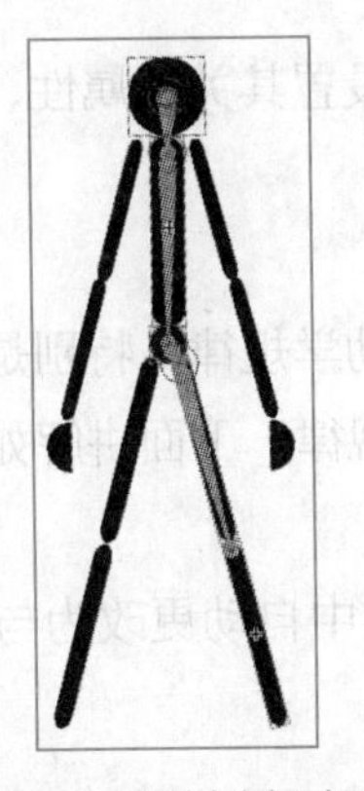
图8-36 绘制右侧腿部骨骼

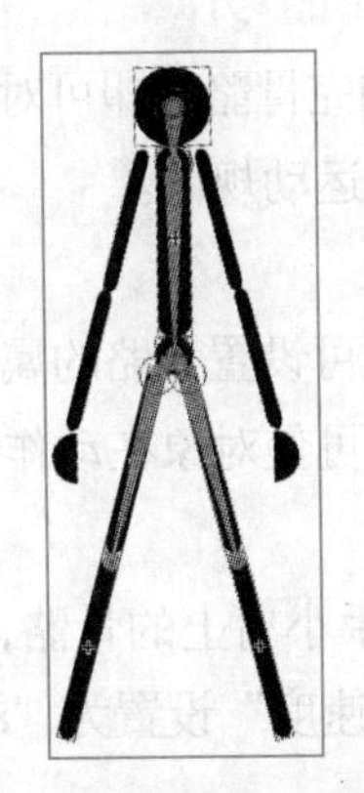
图8-37 绘制左侧腿部骨骼

STEP 11 在根骨骼的下端单击鼠标不放，拖曳一条骨骼到右侧的手臂实例上，继续单击并绘制链接右手的骨骼，如图8-38所示。

STEP 12 使用相同的方法绘制左手的骨骼，至此完成骨骼的绘制，效果如图8-39所示。

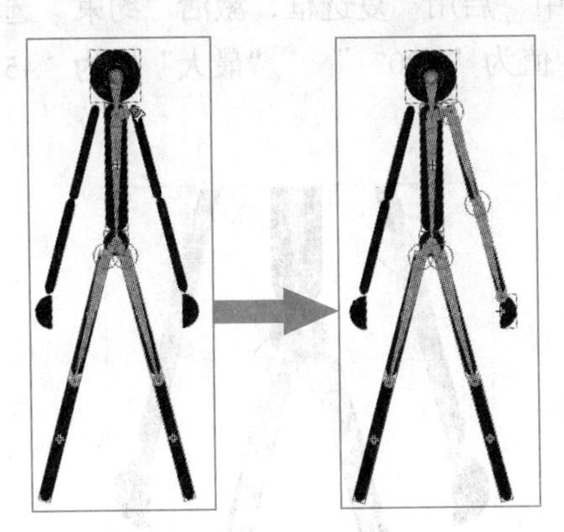
图8-38 绘制右手骨骼

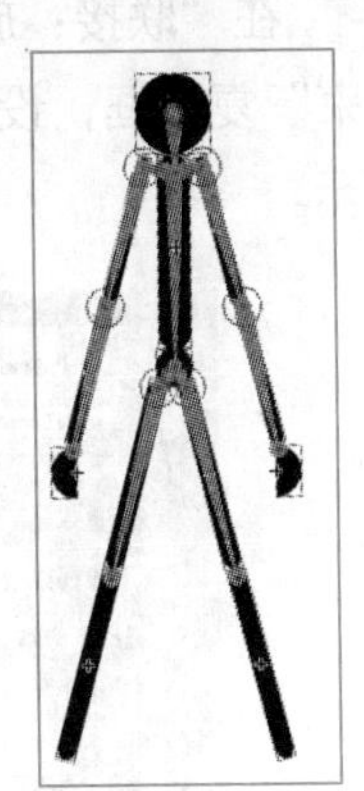
图8-39 绘制左手骨骼

默认情况下，Flash 会在鼠标单击的位置创建骨骼。若要使骨骼的节点位置更精确，可选择【编辑】/【首选参数】菜单命令，打开“首选参数”对话框，撤销选中“自动设置变形点”，如图8-40所示。之后再次创建骨骼，当从一个元件到下一元件依次单击时，骨骼将对齐到元件变形点。

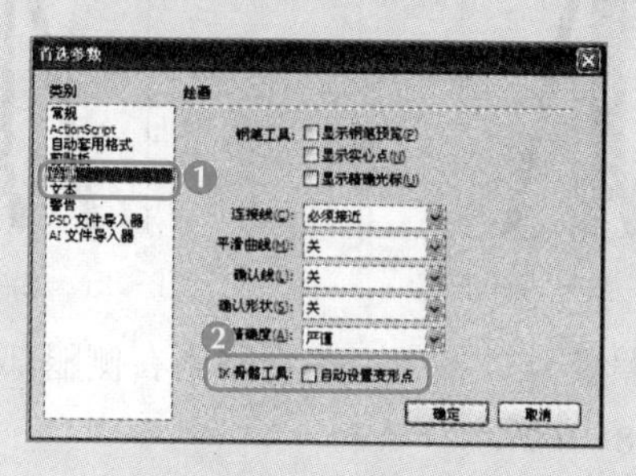

图8-40　自动设置变形点

8.2.3　编辑骨骼动画

为元件实例添加完骨骼后即可对每个添加的骨骼设置其关联属性，比如约束骨骼旋转和平移，使其更加符合运动规律。

1. 编辑骨骼属性

添加完骨骼后即可设置骨骼的属性，使其符合运动学规律，特别是在制作人物或动物动画时，约束骨骼属性可使对象在动作时，不违背自然规律。下面讲解如何约束骨骼，其具体操作如下。

STEP 1 选中右手小臂上的骨骼，在“属性”面板中自动更改为与其相关的属性参数，在“位置”栏中将“速度”设置为“80%”。

速度影响骨骼被操纵时的反应，值越低相当于给骨骼的负重越高，添加负重能给人更真实的感觉。

STEP 2 在“联接：旋转”栏中，单击选中“启用”复选框，激活“约束”选项，单击选中“约束”复选框，设置其右侧的“最小”值为“-90°”，“最大”值为“45°”，如图8-41所示。

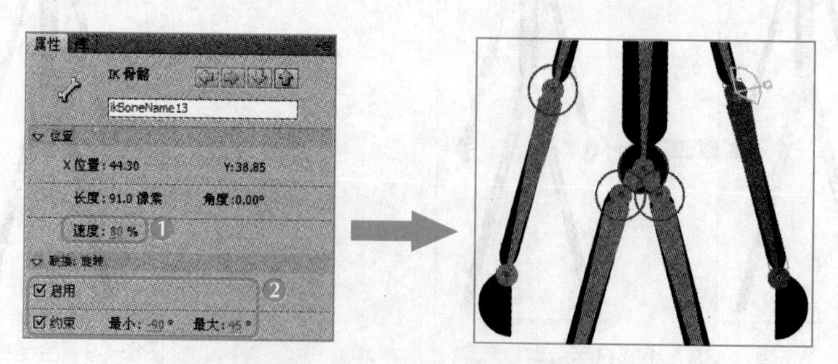

图8-41　约束小臂骨骼的旋转

STEP 3 单击左手小臂的骨骼，在其“属性”面板的“位置”栏中设置“速度”为“80%”，在“联接：旋转”栏中，单击选中“启用”复选框，如图8-42所示。

STEP 4 使用同样的方法，约束左手两个骨骼和腿部骨骼的旋转，效果如图8-43所示。

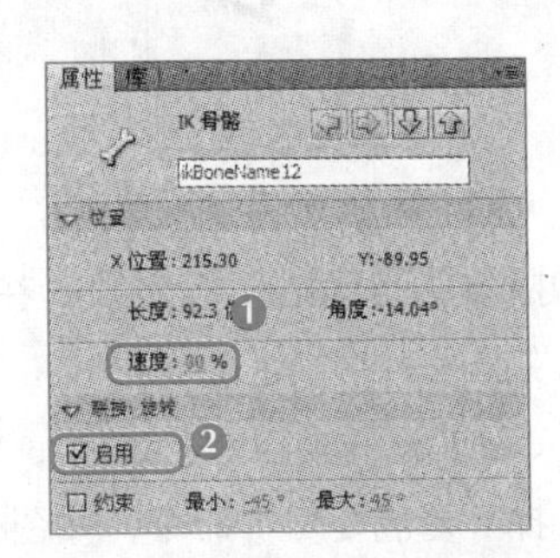

图8-42 约束上臂骨骼的旋转

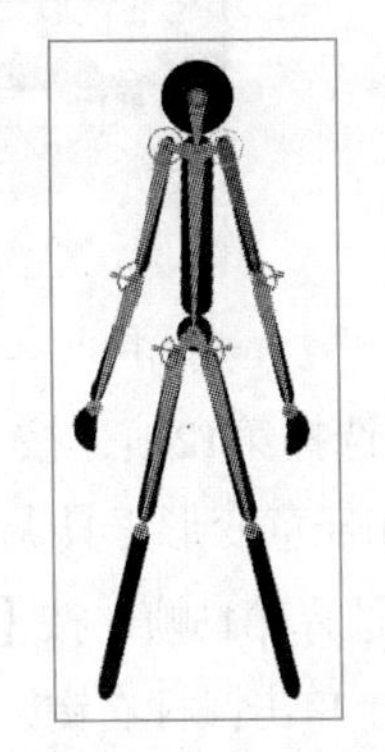

图8-43 约束其他骨骼

2. 制作骨骼动画

约束好骨骼的旋转后，即可开始编辑动画，其具体操作如下。

STEP 1 添加骨骼后，系统将自动在相应元件的时间轴中添加存放骨骼的骨架图层，如图8-44所示。

STEP 2 选择【视图】/【标尺】菜单命令，启用标尺，在上方的标尺中单击并拖曳一条辅助线到工作区中，作为脚步站立的水平线。

STEP 3 将播放头移至第1帧，使用任意选择工具，框选图形，调整图形的旋转，再使用选择工具，将鼠标指针移至骨骼上，当鼠标指针变为形状时，单击鼠标左键不放并拖曳调整骨骼的位置，如图8-45所示。

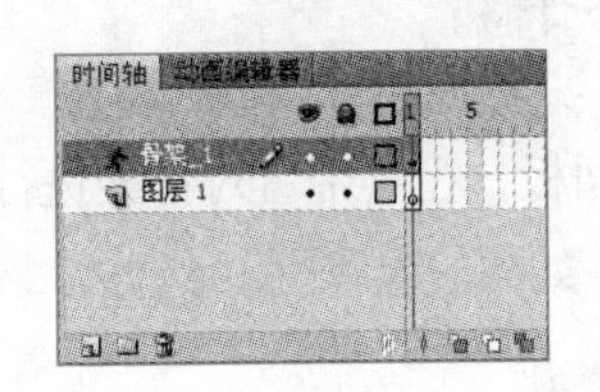

图8-44 自动建立的骨架图层

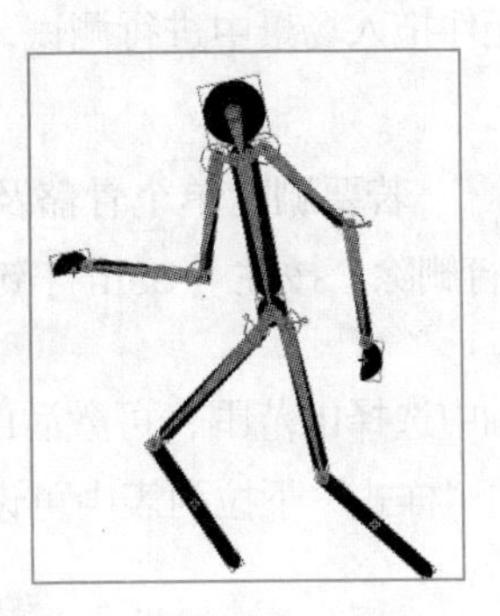

图8-45 编辑第1帧中的动作

STEP 4 在“骨架_1”图层上，选择第4帧，按【F5】键延续帧，此时播放头自动跳到第4帧，如图8-46所示。

STEP 5 在第4帧中使用选择工具和任意变形工具调整骨骼的动作和位置，如图8-47所示。

STEP 6 选择第8帧，按【F5】键延续帧，此时播放头自动跳至第8帧，在第8帧中使用选择工具和任意变形工具调整骨骼的动作和位置。

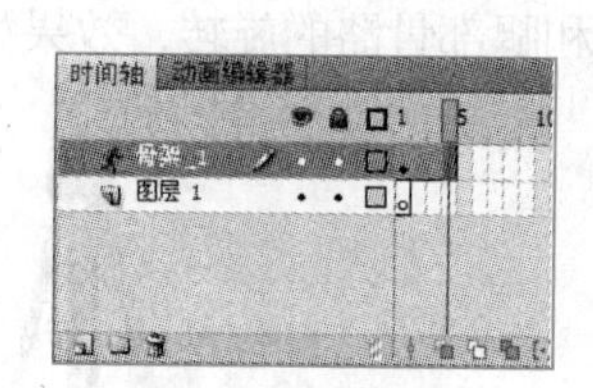

图8-46 延续帧

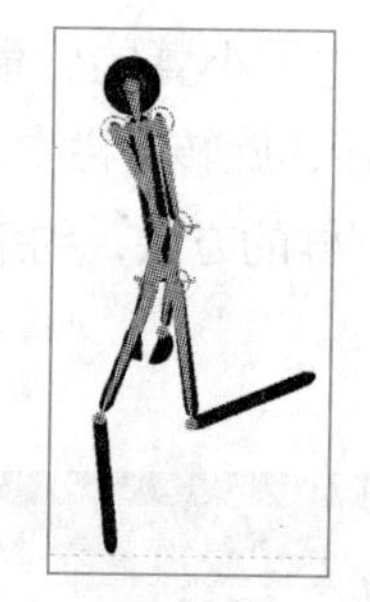

图8-47 编辑第4帧中的动作

STEP 7 选择第12帧，按【F5】键延续帧，此时播放头自动跳至第12帧，在这一帧中使用选择工具和任意变形工具调整骨骼的动作和位置，如图8-48所示。

STEP 8 选择第15帧，按【F5】键延续帧。按住【Ctrl】键不放，单击第1帧，将第1帧中选中，在第1帧上单击鼠标右键，在弹出的快捷菜单中选择“复制姿势”命令，如图8-49所示。

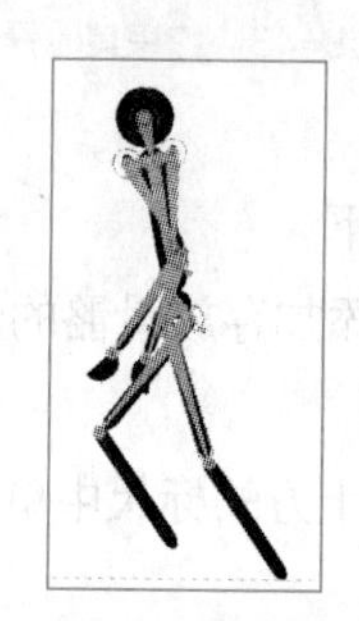

图8-48 编辑第8帧和第12帧中的动作

图8-49 复制姿势

STEP 9 右键选择第15帧，在第15帧上单击鼠标右键，在弹出的快捷菜单中选择“粘贴姿势”命令，将第1帧中的姿势直接粘贴到第15帧上，完成动画的制作。返回场景中，将“火柴人”元件拖入场景中进行测试，最后按【Ctrl+S】组合键进行保存。

若要删除单个骨骼及其所有子级，可单击该骨骼然后按【Delete】键进行删除。按住【Shift】键可单击选择多个骨骼。

在时间轴中选择IK范围，可激活IK骨架“属性”面板，在其中可对骨架进行设置，如在“选项”栏的“样式”下拉列表中可设置骨骼的样式，如图8-50所示，具体介绍如下。

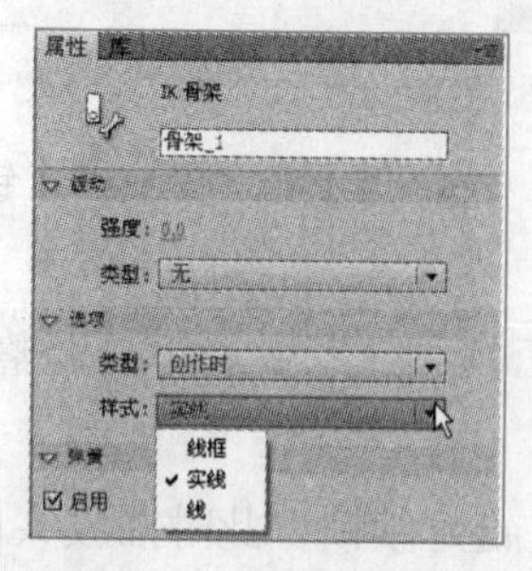

图8-50 骨架属性面板

- 纯色：这是默认样式。
- 线框：此方法在纯色样式遮住骨骼下的插图太多时很有用。
- 线：对于较小的骨架很有用。

在“IK骨架”属性面板的“弹簧”栏中单击选中“启用”复选框，可启用弹簧属性；在选中骨骼时，在其“IK骨骼”属性面板的“弹簧”栏中，可设置骨骼的“强度”和“阻尼”，如图8-51所示，具体介绍如下。

图8-51 “弹簧”属性

- 强度：弹簧强度，值越高，创建的弹簧效果越强。
- 阻尼：弹簧效果的衰减速率，值越高，弹簧属性减小得越快。如果值为“0”，则弹簧属性在姿势图层的所有帧中保持其最大强度。

行业提示

骨骼工具的出现为Flash动画制作者提供了很大的便利，制作者不用通过烦琐的脚本语言，即可即时观察到动画结果。在学习使用骨骼工具前，应着重了解IK反向运动学，在以后的动画制作中将大有裨益。

8.3 实训——制作“新年快乐”动画

8.3.1 实训目标

本实训的目标是制作Flash动态电子贺卡，要求为文档制作烟花和礼花，使电子文档看起来充满活力。为了符合新年的主题，在制作时还应注意文档配色，以达到赏心悦目的效果。本实训的效果如图8-52所示。

效果所在位置 光盘:\效果文件\第8章\新年快乐.fla

图8-52 “新年快乐”动画效果

8.3.2 专业背景

随着网络的发展，越来越多的人在过节时选择为朋友和家人发送一封电子贺卡，不仅可快速传达自己的心意，使家人与自己的联系更加紧密，而且省时省力。现在网络上也有许多免费制作电子贺卡的网站，即使没有任何美学基础，也可制作出让人满意的作品。

8.3.3 操作思路

完成本实训主要包括制作礼花元件和烟花元件、在主场景中添加制作的元件，然后进行合成3大步操作，其操作思路如图8-53所示。

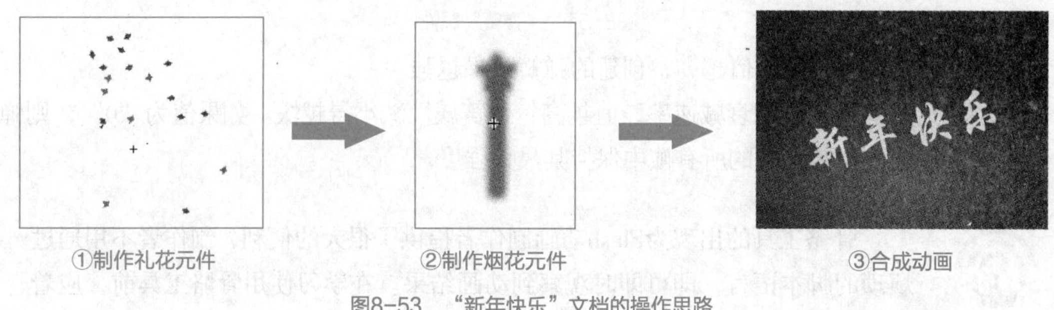

图8-53 “新年快乐”文档的操作思路

【步骤提示】

STEP 1 新建AS3.0文档，按【Ctrl+F8】组合键，在打开的对话框中新建“纸片1”和“纸片2”影片剪辑元件，然后使用矩形工具绘制矩形，并填充不同的颜色。

STEP 2 选择任意变形工具，在工具栏中激活“封套”选项，通过调整图形周围的贝塞尔控制点，将矩形调整成纸片的形状。

STEP 3 新建“礼花”影片剪辑元件，选择Deco工具，在其“属性”面板中设置“绘制效果”为“粒子系统”，“粒子1”为“纸片1”，“粒子2”为“纸片2”，“总长度”为“120帧”，“粒子生成”为“80帧”，“每帧速率”为“1”，“寿命”为“120帧”，“初始速度”为“20像素”，“初始大小”为“10%”，“最小初始方向”为“-45° ”，“最大初始方向”为“90° ”，“重力”为“1像素”，“旋转速率”为“0度”。

STEP 4 在“礼花”影片剪辑的元件编辑模式下，在工作区中单击鼠标左键，创建礼花效果。

STEP 5 新建“烟花1”影片剪辑元件，在其中使用矩形工具和多变形工具绘制元素，再将该元素转换为“烟花2”和“烟花3”影片剪辑元件，对其设置滤镜效果。

STEP 6 新建“烟花”影片剪辑元件，使用Deco工具，在其“属性”面板中设置“绘制效果”为“粒子系统”，“粒子1”为“烟花2”，“粒子2”为“烟花3”，“总长度”为“24帧”，“粒子生成”为“11帧”，“每帧速率”为“5”，“寿命”为“24帧”，“初始速度”为“67像素”，“初始大小”为“10%”，“最小初始方向”为“-180° ”，“最大初始方向”为“180° ”，“重力”为“1像素”，“旋转速率”为“0度”，在元件编辑模式下单击鼠标创建烟花效果。

STEP 7 返回主场景中，将“图层1”更名为“背景”，使用矩形工具和“颜色”面板设置背景颜色，新建三个图层，依次命名为“礼花”、“烟花”和“文字”。

STEP 8 同时选择每个图层的120帧，按【F5】键插入帧，然后将“礼花”和“烟花”影片剪辑元件依次拖曳到相应的图层中。在“文字”图层中使用文本工具输入“新年快乐”文本，按【Ctrl+B】组合键将其打散，渐入和旋转的补间动画即可。

8.4 疑难解析

问：为什么有时操控元件实例上的骨骼，骨骼会被拉长？

答：这是因为给对象添加的骨骼后，并不是每一个骨骼上都需要添加约束条件，在Flash中有时为骨骼添加约束，反而会发生操作错误的情况。

问：为什么属性面板一会儿是“IK骨架”，一会儿又是“IK骨骼”，二者有何区别？

答：当在时间轴中选中其中的帧或帧序列，出现的则是“IK骨架”面板，该面板主要控制整个骨架的属性；当在工作区中选中了某个或多个骨骼，出现的则是“IK骨骼”面板，该面板主要对选中的骨架添加约束条件。

8.5 习题

本章主要介绍了视觉特效和骨骼动画的制作方法，包括图层的基本操作，包括Deco工具中粒子系统的选择、粒子系统中各参数的意义和设置、飘雪动画的制作、火焰动画的制作、烟雾动画的制作、反向运动的概念和骨骼工具的使用等知识。对于本章的内容，读者应认真学习和掌握，为以后制作人物动画打下良好的基础。

效果所在位置 **光盘:\效果文件\第8章\立定跳远.fla**

利用本章所讲知识，制作如图8-54所示的“立定跳远”火柴人动画，要求操作如下。

（1）新建AS3.0文档，创建“圆”和“圆角矩形”影片剪辑元件，使用椭圆工具和矩形工具分别在其中绘制圆形和圆角矩形。

（2）新建“立定跳远”影片剪辑文档，将“圆”和“圆角矩形”元件拖曳到其中，创建一个火柴人，并使用骨骼工具添加骨骼，最后创建骨骼动画即可。

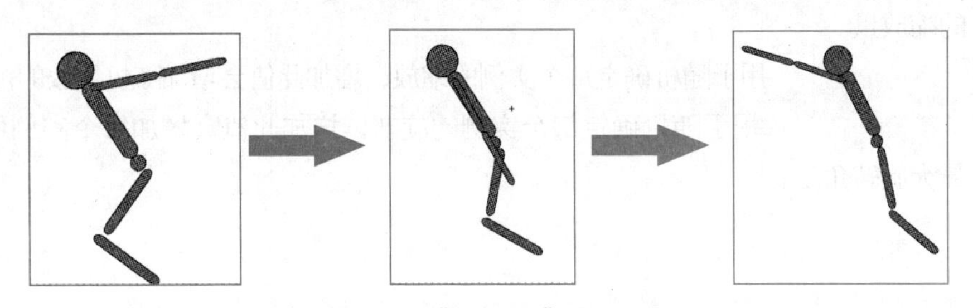

图8-54 “立定跳远”动画效果

课后拓展知识

本章主要讲解了使用Deco工具制作视觉特效动画和使骨骼工具对元件实例制作骨骼动画。Flash CS5中的Deco工具在Flash CS4版本的基础上有所增强，下面讲解Deco工具中3D刷子的作用，如图8-55所示。

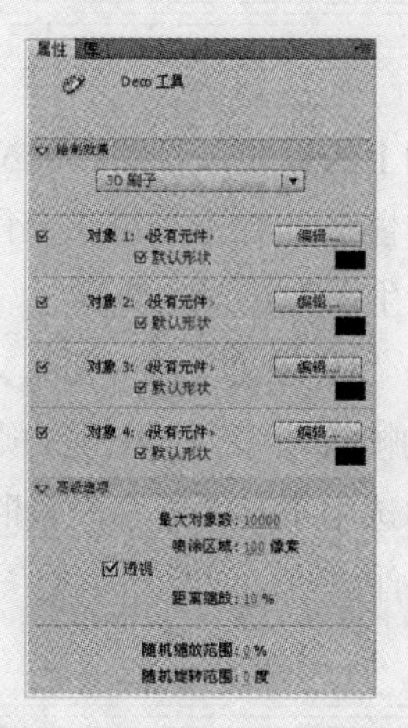

图8-55　3D刷子参数面板

使用3D刷子可在舞台上对某个元件的多个实例涂色，使其具有3D透视效果。Flash通过在舞台顶部（背景）附近缩小元件，并在舞台底部（前景）附近放大元件来创建3D透视。无论绘制顺序如何，接近舞台底部绘制的元件位于接近舞台顶部的元件之上。

在3D刷子的属性面板中可设置1~4个实例元件，舞台上显示的每个元件实例都位于其自己的组中。使用3D刷子还可在元件内部涂色，设置好3D刷子属性后，首先在形状内部单击，则3D刷子仅在形状内部进行涂色。

3D刷子包括以下属性。

- 最大对象数：要涂色的对象的最大数目。
- 喷涂区域：与对实例涂色的光标的最大距离。
- 透视：单击选中此复选框会切换3D效果，若要为大小一致的实例涂色，请撤销选中此复选框。
- 距离缩放：控制3D透视效果的量，当由向上或向下进行绘制时，会增加绘制对象的缩放量。
- 随机缩放范围：用于随机确定每个实例的缩放，增加此值会增加随机缩放的范围。
- 随机旋转范围：用于随机确定每个实例的旋转，增加此值会增加每个实例可能的最大旋转角度。

第9章 使用ActionScript脚本

情景导入

经过这段时间的学习，小白已经能独立完整地制作各种类型的动画，现在她准备开始学习脚本的使用。

知识技能目标

- 认识ActionScript脚本的基本使用方法。
- 熟练掌握动作面板的使用和脚本的输入方法。
- 熟练掌握脚本的语法和规则，并能区分不同类型的数据。

- 加强对ActionScript 3.0脚本的认识和理解，并掌握基本知识。
- 掌握添加按钮并设置开始播放的方法，和制作电子时钟并获取当前系统时间的方法。

课堂案例展示

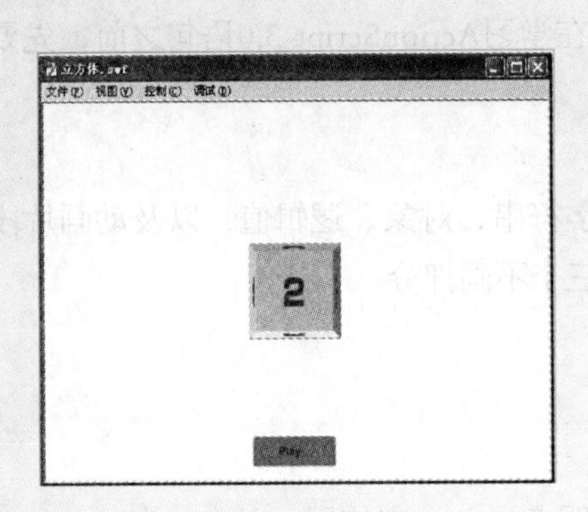

设置文档控制属性

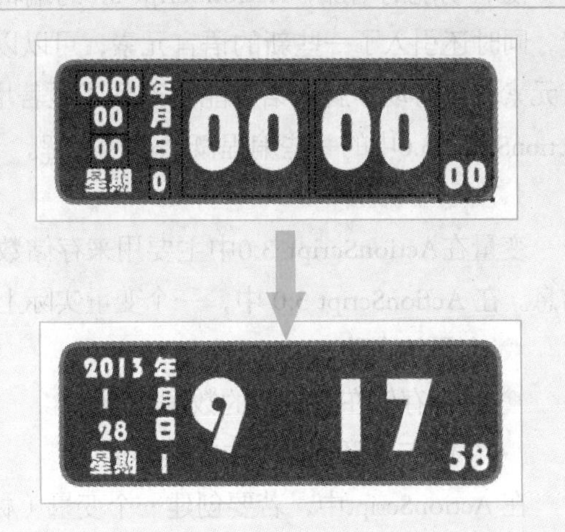

创建电子时钟

9.1 设置“立方体”文档的控制属性

今天老张交给小白一个任务，让她为一个已做好的Flash成品文件制作控制按钮，并为控制按钮添加脚本，使Flash在播放时，可通过按钮进行控制。完成该任务，需要熟悉Flash中ActionScript脚本的使用。本例完成后的参考效果如图9-1所示，下面具体讲解其制作方法。

素材所在位置 光盘:\素材文件\第9章\课堂案例1\button_a1.png、button_a2.png、button_a3.png、立方体.fla

效果所在位置 光盘:\效果文件\第9章\立方体.fla

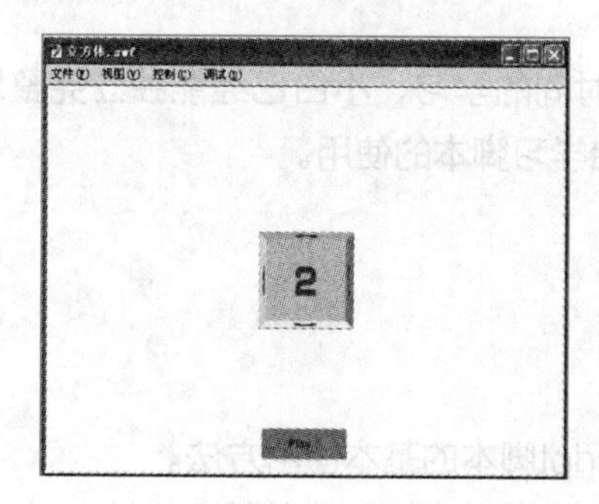

图9-1 “立方体”文档最终设置效果

9.1.1 认识ActionScript

ActionScript是一种面向对象的编程语言，符合ECMA-262脚本语言规范，是在Flash影片中实现交互功能的重要组成部分，也是Flash优越于其他动画制作软件的主要因素。使用ActionScript可向应用程序中添加交互语言，应用程序可以是简单的SWF动画文件，也可以是功能丰富的Internet应用程序。

随着功能的增加，ActionScript 3.0的编辑功能更加强大，编辑出的脚本也更加稳定、完善，同时还引入了一些新的语言元素，可以以更加标准的方式实施面向对象的编程，这些语言元素使核心动作脚本语言能力得到了显著增强。在学习ActionScript 3.0语句之前，先要对ActionScript 3.0中的一些编程概念进行了解。

1. 变量与常量

变量在ActionScript 3.0中主要用来存储数值、字符串、对象、逻辑值，以及动画片段等信息。在 ActionScript 3.0 中，一个变量实际上包含三个不同部分。

- 变量的名称。
- 可以存储在变量中的数据类型。
- 存储在计算机内存中的实际值。

在 ActionScript中，若要创建一个变量（称为声明变量），应使用var语句，如：

var value1:Number;

或var value1:Numbe=4r;

在将一个影片剪辑元件、按钮元件或文本字段放置在舞台上时，可以在属性检查器中为它指定一个实例名称，Flash将自动在后台创建与实例同名的变量。

变量名可以为单个字母，也可以是一个单词或几个单词构成的字符串，在ActionScript 3.0中变量的命名规则主要包括以下几点。

- 包含字符：变量名中不能有空格和特殊符号，但可以使用英文和数字。
- 唯一性：在一个动画中变量名必须是唯一的，即不能在同一范围内为两个变量指定同一变量名。
- 非关键字：变量名不能是关键字、ActionScript文本或ActionScript的元素，如true、false、null或undefined等。
- 大小写区分：变量名区分大小写，当变量名中出现一个新单词时，新单词的第一个字母要大写。

常量类似于变量，它是使用指定的数据类型表示计算机内存中的值的名称。不同之处在于，在ActionScript应用程序运行期间只能为常量赋值一次。一旦为某个常量赋值之后，该常量的值在整个应用程序运行期间都保持不变。声明常量的语法与声明变量的语法唯一的不同之处在于，需要使用关键字const，而不是关键字 var，如：

```
const value2:Number = 3;
```

2. 数据类型

在ActionScript中可将变量的数据类型分为简单和复杂两种。“简单”数据类型表示单条信息。如单个数字或单个文本序列。常用的“简单”数据类型如下。

- String：一个文本值，如一个名称或书中某一章的文字。
- Numeric：对于Numeric型数据，ActionScript 3.0包含3种特定的数据类型，Number表示任何数值，包括有小数部分或没有小数部分的值；Int表示一个整数（不带小数部分）；Uint表示一个“无符号”整数，即不能为负数。
- Boolean：一个true或false值，如开关是否开启或两个值是否相等。

ActionScript中定义的大部分数据类型都可以被描述为“复杂”数据类型，因为它们表示组合在一起的一组值。大部分内置数据类型，以及程序员定义的数据类型都是复杂数据类型，下面列出一些复杂数据类型。

- MovieClip：影片剪辑元件。
- TextField：动态文本字段或输入文本字段。
- SimpleButton：按钮元件。
- Date：有关时间的某个片刻的信息（日期和时间）。

3. 处理对象

Flash舞台中的实例图形都是ActionScript中的对象。在ActionScript面向对象的编辑中，任何类都可以包含以下3种特征。

- 属性：是对象的基本特性，如影片剪辑元件的位置、大小和透明度等，它表示某个对象中绑定在一起的若干数据块中的一个，如：

```
angle.x=50;
// 将名为 angle 的影片剪辑元件移动到 X 坐标为 50 像素的地方
```

- **方法**：是指可由对象执行的操作。若在Flash中使用时间轴上的关键帧和基本动画语句制作了影片剪辑元件，则可播放或停止该影片剪辑，或指示它将播放头移到特定的帧，如：

```
longFilm.play();
// 指示名为 longFilm 的影片剪辑元件开始播放
```

- **事件**：是确定计算机执行哪些指令以及何时执行的机制。“事件”本质上就是所发生的、ActionScript能够识别并响应的事情。许多事件与用户交互动作有关，如用户单击按钮，或按键盘上的键等。

无论编写怎样的事件处理代码，都会包括事件源、事件和响应 3 个元素，其中事件源就是发生事件的对象，也称为“事件目标”；事件是将要发生的事情，有时一个对象会触发多个事件，读者要注意识别；响应是指当事件发生时，执行的操作。

编写事件代码时，要遵循以下的基本结构：

```
function eventResponse(eventObject:EventType):void
{
// 响应事件而执行的动作。
}
eventSource.addEventListener(EventType.EVENT_NAME, eventResponse);
```

在此结构中，eventResponse、eventObject:EventType、eventSource 和 EventType.EVENT_NAME 表示的是占位符，可根据实际情况进行改变。首先定义了一个函数，这是指定为响应事件而要执行的动作的方法，其次调用源对象的 addEventListener() 方法，表示当事件发生时，执行该函数的动作。所有具有事件的对象都具有 addEventListener() 方法，从上面可以看到，它有两个参数。第一个参数是响应特定事件的名称 EventType.EVENT_NAME；第二个参数是事件响应函数的名称 eventResponse。

4. 基本的语言和语法

使用ActionScript语句，还需要先了解一些ActionScript的基本语法规则，下面对这些基本的语法规则进行介绍。

- **区分大小写**：这是用于变量的命名的基本语法，在ActionScript 3.0中，不仅变量遵循该规则，各种关键字也需要区分大小写，若大小写不同，则被认为是不同的关键字，若输入不正确，则会无法被识别。
- **点语法**：点“.”用于指定对象的相关属性和方法，并标识指向的动画对象、变量或函数的目标路径，如：

```
square.x=100;
```

则是将实例名称为square的实例移动到X坐标为100像素处。

```
square.rotation=triangle.rotation;
```

则是使用rotation属性旋转名为square的影片剪辑以便与名为triangle的影片剪辑的旋转相匹配。

- 分号：分号“;”一般用于终止语句，如果在编写程序时省略了分号，则编译器将假设每一行代码代表一条语句。
- 括号：括号分为大括号{}和小括号()两种，其中大括号用于将代码分成不同的块或定义函数；而小括号通常用于放置使用动作时的参数、定义一个函数，以及对函数进行调用等，也可用于改变ActionScript语句的优先级。
- 注释：在ActionScript语句的编辑过程中，为了便于语句的阅读和理解，可为相应的语句添加注释，注释不会被执行，通常包括单行注释和多行注释两种。单行注释以两个正斜杠字符“//”开头并持续到该行的末尾；多行注释以一个正斜杠和一个星号“/*”开头，以一个星号和一个正斜杠“*/”结尾。
- 关键字：在ActionScript 3.0中，具有特殊含义且供ActionScript语言调用的特定单词，被称为关键字。除了用户自定义的关键字外，在ActionScript 3.0中还有保留的关键字，主要包括词汇关键字、句法关键字和供将来使用的保留字3种。用户在定义变量、函数以及标签等的名字时，不能使用ActionScript 3.0这些保留的关键字。

9.1.2 为影片添加控制属性

对ActionScript脚本语言的基础进行了解后，即可对影片添加属性控制。用户可在时间轴中选择需要添加脚本的帧，然后选择【窗口】/【动作】菜单命令打开“动作 - 帧”面板，在其中添加脚本。

1. 认识“动作 - 帧”面板

在该面板中可以查看所有添加的脚本，如图9-2所示，具体介绍如下。

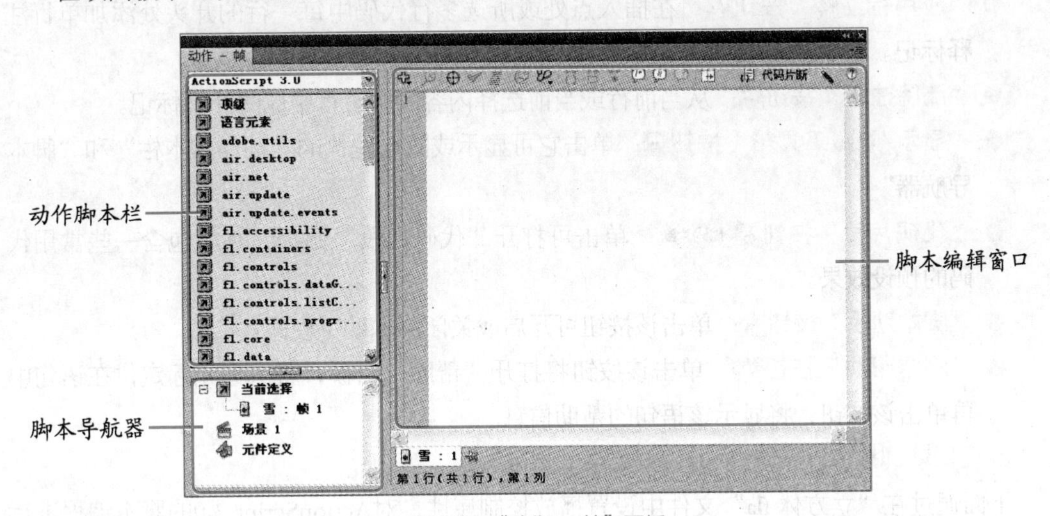

图9-2 “动作 — 帧”面板

- 动作脚本栏：列出了各种动作脚本，可通过双击或拖曳的方式从中调用动作脚本。
- 脚本导航器：它将FLA文件结构可视化，在这里可以选择动作的对象，快速地为该对象添加动作脚本。

- 脚本窗口：用于添加和编辑动作脚本，是“动作－帧”面板中最重要的部分。

在“脚本窗口”上方还有一排工具按钮，通过这些按钮可帮助读者快速添加脚本，当在“脚本窗口”中输入脚本时，将激活所有的按钮，各工具按钮的作用介绍如下。

- “将新项目添加到脚本中”按钮：单击该按钮可弹出下拉菜单，在对应的子菜单中进行选择，即可将需要的ActionScript语句插入到脚本窗口中。
- “查找”按钮：可对脚本编辑栏中的动作脚本内容进行查找并替换。
- “插入目标路径”按钮：单击可打开“插入目标路径”对话框，在其中进行相应设置并选择对象，可在语句中插入该对象的路径。
- “语法检查”按钮：检查当前脚本语句的语法是否正确，如果语法有错误将在输出窗口中提示出现错误的位置和错误的数量等信息。
- “自动套用格式”按钮：单击该按钮可使当前语句自动套用标准的格式，实现正确的编码语法和更好的可读性。
- “显示代码提示”按钮：将鼠标光标定位到语句的小括号中，单击该按钮可显示该语句的语法格式和相关的提示信息。
- “调试选项”按钮：单击该按钮将弹出下拉菜单，在其中选择命令可实现断点的切换或删除断点，以便在调试时可以逐行执行语言。
- “折叠成对大括号”按钮：单击该按钮可对成对大括号中的语句进行折叠。
- “折叠所选”按钮：折叠当前所选的代码块。
- “展开全部”按钮：展开当前脚本中所有折叠的代码。
- “应用块注释”按钮：将注释标记添加到所选代码块的开头和结尾。
- “应用行注释”按钮：在插入点处或所选多行代码中每一行的开头处添加单行注释标记。
- “删除注释”按钮：从当前行或当前选择内容的所有行中删除注释标记。
- “显示/隐藏工具箱”按钮：单击它可显示或隐藏左侧的“动作脚本栏”和“脚本导航器”。
- “代码片段”按钮 代码片断：单击可打开“代码片段”面板，其中包含一些常用代码的预设效果。
- “脚本助手”按钮：单击该按钮可开启或关闭脚本助手模式。
- “脚本帮助”按钮：单击该按钮将打开“帮助”面板，若鼠标光标定位在语句中再单击该按钮，将显示该语句的帮助信息。

2. 设置动画播放

下面通过在“立方体.fla”文件中设置播放控制属性，对ActionScript 3.0的脚本编程进行深入的理解，其具体操作如下。

STEP 1 启动Flash CS5，按【Ctrl+O】组合键打开“打开”对话框，在其中选择素材文件夹中的“立方体.fla”文件，单击 打开(O) 按钮将其打开，如图9-3所示。

STEP 2 在时间轴中单击“新建图层”按钮，在最上一层新建一个图层，并将该图层重命名为“buttons”。

STEP 3 在时间轴中单击“新建图层”按钮，再在最上一层新建一个图层，并将该图层重命名为“actions”，如图9-4所示。

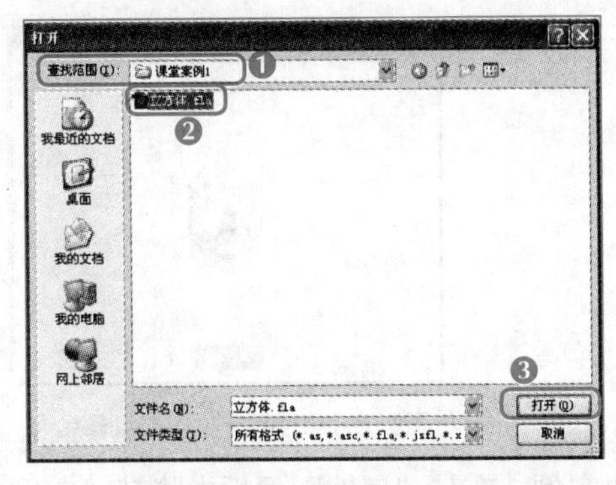

图9-3 打开文档

图9-4 新建图层

STEP 4 在时间轴中将除“buttons”图层和“actions”图层的其他图层全部锁定，选择【文件】/【导入】/【导入到库】菜单命令，将素材文件夹中的“button_a1.png”、“button_a2.png”和“button_a3.png”图片导入到“库”面板中。

STEP 5 按【Ctrl+F8】组合键打开“创建新元件”对话框，创建名为“button”的按钮元件，如图9-5所示。

STEP 6 进入“button”按钮元件的编辑模式，在时间轴中选择第1帧“弹起”，将“button_a1.png”图片从库中拖曳到工作区中，如图9-6所示。

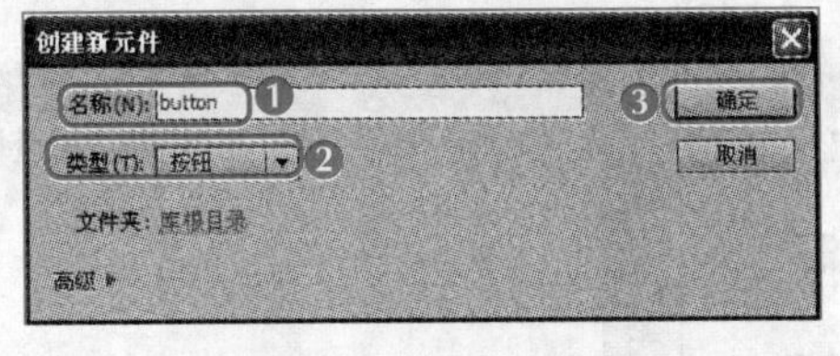

图9-5 创建按钮元件

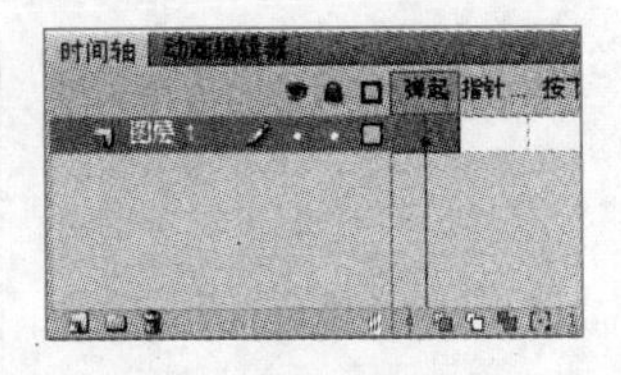

图9-6 设置“弹起”帧

STEP 7 在面板组单击“对齐”按钮，打开“对齐”面板，在其中单击选中“与舞台对齐”复选框，然后在“对齐”栏分别单击“水平中齐”按钮和“垂直中齐”按钮进行对齐。

STEP 8 选择第2帧“指针”，按【F7】键插入空白关键帧，将“button_a2.png”图片从库中拖曳到工作区中，然后在“对齐”面板中单击“水平中齐”按钮和“垂直中齐”按钮进行对齐。

STEP 9 选择第3帧“按下”，按【F7】键插入空白关键帧，将“button_a3.png”图片从库中拖曳到工作区中，然后在“对齐”面板中单击“水平中齐”按钮和“垂直中齐”按钮进行对齐。

STEP 10 选择第4帧“点击”，按【F7】键插入空白关键帧，将“button_a1.png”图片从库中拖曳到工作区中，然后在“对齐”面板中单击“水平中齐”按钮和“垂直中齐”按钮进行对齐，时间轴效果如图9-7所示。

STEP 11 单击工作区上方的“返回”按钮，返回场景中，在时间轴的“buttons”图层上选择第1帧，将“库”面板中的“button”按钮元件拖曳到舞台上，如图9-8所示。

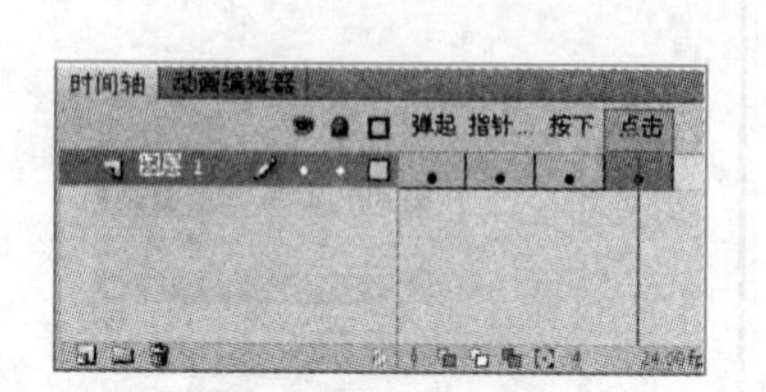

图9-7 在按钮元件各帧中放置图形

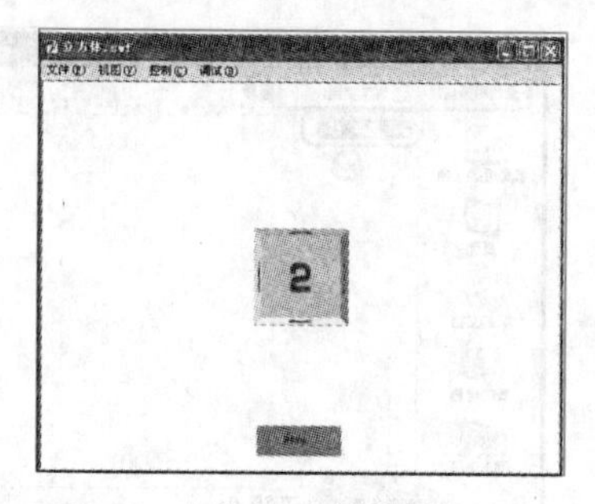

图9-8 将按钮元件拖曳到舞台中

STEP 12 在舞台上选择“button”按钮实例，在其“属性”面板中将其“实例名称”更改为“greenbutton”，如图9-9所示。

STEP 13 在“actions”图层中选择第1帧，选择【窗口】/【动作】菜单命令，打开“动作-帧”面板，在脚本窗口中输入代码“stop();”，如图9-10所示，表示在进入第1帧时即停止播放。

知识提示

在“动作-帧”面板中，必须在英文状态下输入脚本代码，否则将会出错，导致无法运行。

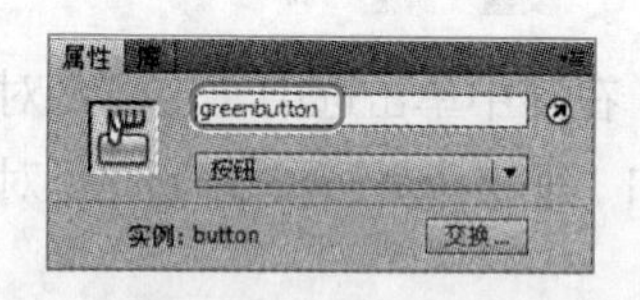

图9-9 更改实例名称

图9-10 使文档在播放时停止在第1帧

STEP 14 在“stop();”代码末尾处按两次【Enter】键，跳到下下一行，输入如图9-11所示的代码，此代码是定义一个名为startMovie()的函数。调用startMovie()时，该函数会使主时间轴开始播放。

STEP 15 再按【Enter】键，跳到下一行空行，输入如图9-12所示的代码，此代码行是将startMovie()函数注册为greenbutton的click事件的侦听器，也就是说只要单击名为greenbutton的按钮，则会调用startMovie()函数。

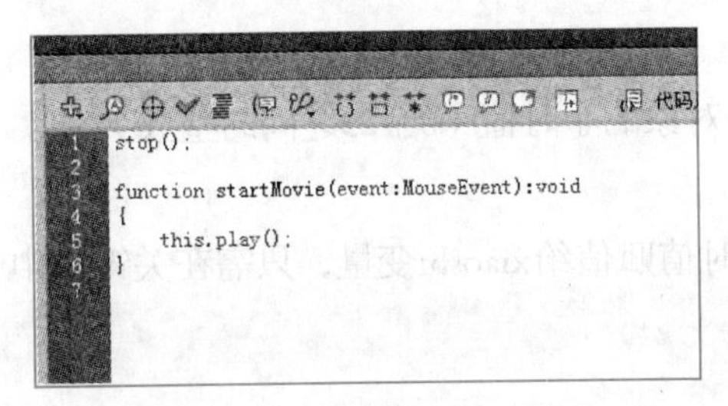

图9-11 定义startMovie()函数

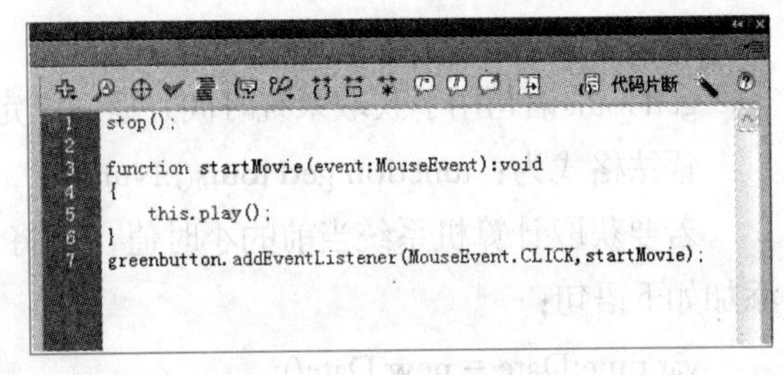

图9-12 添加时间侦听

STEP 16 单击脚本窗口栏上的“语法检查”按钮，检查语法，若语法出现错误，会在“时间轴”的位置出现一个“编译器错误”面板，在其中将列出出错的原因和位置。

STEP 17 检查无误后，按【Ctrl+Enter】组合键进行测试，无误后选择【文件】/【另存为】菜单命令，将其另存到需要的位置即可。

9.2 制作“电子时钟”动画文档

小白接到的第二个任务是制作一个与计算机系统时间同步的电子时钟。要完成该任务，首先需要了解与获取时间相关的ActionScript脚本语句，以及这些语句的意义和用法，然后配合动态文本的应用，制作出可显示当前时间和日期的电子时钟动画。本例的参考效果如图9-13所示，下面将具体讲解其制作方法。

效果所在位置 **光盘:\效果文件\第9章\电子时钟.fla、电子时钟.swf**

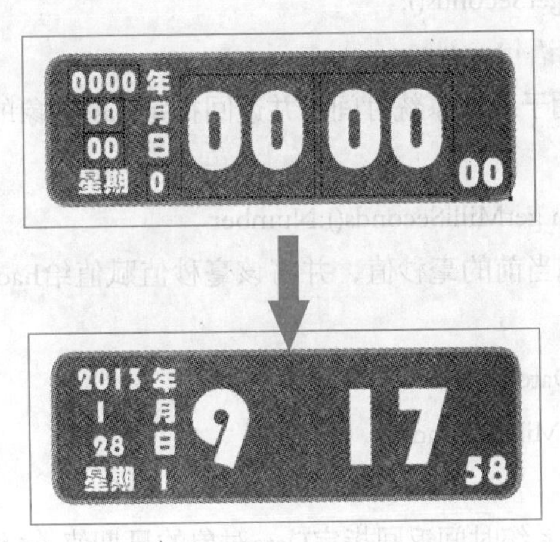

图9-13 “电子时钟”动画文档最终效果

9.2.1 常用时间获取语句

在Flash动画中使用时间获取语句，可对计算机中的系统时间进行提取，利用提取的时间可制作电子时钟等与时间相关的效果。

1. getHours语句

getHours语句用于获取系统时间并返回指定Date对象的小时值（0至23之间的整数）。

语法格式为：function getHours():Number

若要获取计算机系统当前的小时值，并将该小时值赋值给xiaoshi变量，只需在关键帧中添加如下语句：

```
var time:Date = new Date();
var xiaoshi= time.getHours();
```

2. getMinutes语句

getMinutes语句用于获取系统时间并返回Date对象的分钟值（0至59之间的整数）。

语法格式为：function getMinutes():Number

若要获取计算机系统当前的分钟值，并将该分钟值赋值给fenzhong变量，只需在关键帧中添加如下语句：

```
var time:Date = new Date();
var fenzhong= time.getMinutes();
```

3. getSeconds语句

getSeconds语句用于获取系统时间，并返回Date对象的秒钟值（0至59之间的整数）。

语法格式为：function getSeconds():Number

若要获取计算机系统当前的秒钟值，并将该秒钟值赋值给miaozhong变量，只需在关键帧中添加如下语句：

```
var time:Date = new Date();
var miaozhong= time.getSeconds();
```

4. getMilliSeconds语句

getMilliSeconds语句用于获取系统时间，并返回指定Date对象的毫秒值（0至999之间的整数）。

语法格式为：function getMilliSeconds():Number

若要获取计算机系统当前的毫秒值，并将该毫秒值赋值给haomiao变量，只需在关键帧中添加如下语句：

```
var time:Date = new Date();
var haomiao= time.getMilliSeconds();
```

5. getDate语句

getDate语句用于获取系统时间返回指定Date对象的日期值（1到31之间的整数）。

语法格式为：function getDate():Number

若要获取计算机系统当前的日期值，并将该日期值赋值给riqi变量，只需在关键帧中添加如下语句：

```
var time:Date = new Date();
var riqi= time.getDate();
```

6. getFullYear语句

getFullYear语句用于获取系统时间，并返回指定Date对象完整的年份值（一个4位数，如2006）。

语法格式为：function getFullYear():Number

若要获取计算机系统当前的年份值，并将该年份值赋值给nianfen变量，只需在关键帧中添加如下语句：

```
var time:Date = new Date();
var nianfen= time.getFullYear();
```

7. getMonth语句

getMonth语句用于获取系统时间，并返回指定Date对象的月份值（0到11之间的整数，0代表一月，1代表二月，依此类推）。

语法格式为：function getMonth():Number

若要获取计算机系统当前的月份值，并将该月份值赋值给yuefen变量，只需在关键帧中添加如下语句：

```
var time:Date = new Date();
var yuefen= time.getMonth();
```

8. getDay语句

getDay语句用于获取系统时间，并返回指定Date对象表示星期的值（0代表星期日，1代表星期一，依此类推）。

语法格式为：function getDay():Number

若要获取计算机系统当前的星期值，并将该星期值赋值给week变量，只需在关键帧中添加如下语句：

```
var time:Date = new Date();
var week= time.getDay();
```

9.2.2 制作电子时钟

在了解了与获取时间相关的脚本语句后，即可开始制作电子时钟，其具体操作如下。

STEP 1 新建AS3.0文档，在文档“属性”面板的“属性”栏中设置舞台大小为“550×200像素”，如图9-14所示。

STEP 2 使用“基本矩形工具”，在舞台中绘制一个矩形，选中绘制的矩形，在其“属性”面板中将其笔触颜色为“#33CC00”，笔触大小为“5”，填充颜色设置为“#339900”，在其“矩形选项”面板中将矩形边角半径设置为“20.00”，如图9-15所示。

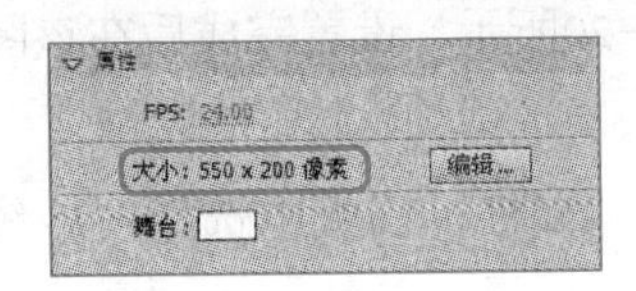

图9-14 设置舞台背景

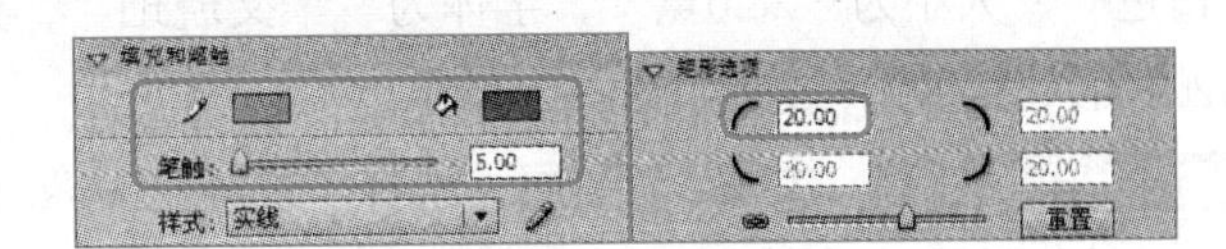

图9-15 设置矩形笔触和填充

STEP 3 继续设置矩形，在其“位置和大小”栏中将矩形的宽和高分别设置为“500.00”和“155.00”，在面板组中单击“对齐”按钮，打开“对齐”面板，在其中单击选中“与舞台对齐”复选框，然后在“对齐”栏分别单击“水平中齐”按钮和“垂直中齐”按钮进行对齐，效果如图9-16所示。

STEP 4 按【Ctrl+F8】组合键打开“创建新元件”对话框，创建名为“点”的影片剪辑，进入其元件编辑模式。

STEP 5 使用“矩形工具”，在舞台中绘制一个矩形，选中绘制的矩形，在其“属性”面板的“位置和大小”栏中将其高和宽均设置为“22.00”，在“填充和笔触”栏中关闭笔触，将填充颜色设置为“#CC6600”，如图9-17所示。

图9-16　绘制主场景中的矩形

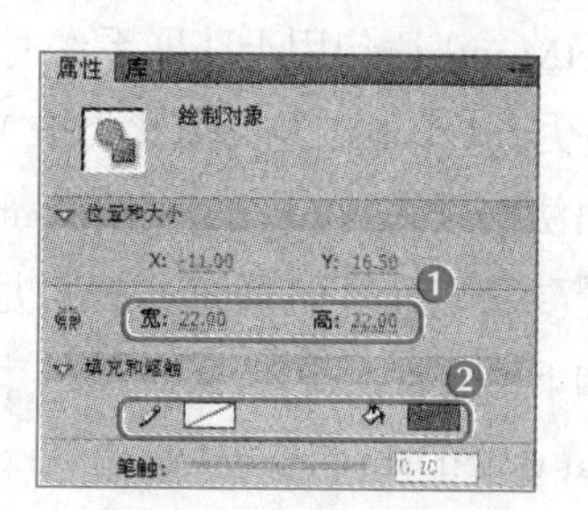

图9-17　设置“点”元件中的矩形

STEP 6 按住【Alt】键不放，单击绘制的矩形并向下拖曳，复制一个矩形，使用选择工具框选这两个矩形，按【Ctrl+G】组合键进行组合。

STEP 7 在其时间轴中选择第10帧，按【F7】键插入一个空白关键帧，选择第20帧，按【F5】键插入普通帧，如图9-18所示，从而制作闪烁动画。

STEP 8 单击工作区上方的“返回”按钮，返回场景中，将图层1重命名为“背景”图层，选择第2帧，按【F5】键插入普通帧，然后锁定该图层。

STEP 9 在时间轴中单击“新建图层”按钮，新建一个图层，然后将新建的图层重命名为“文本”，如图9-19所示。

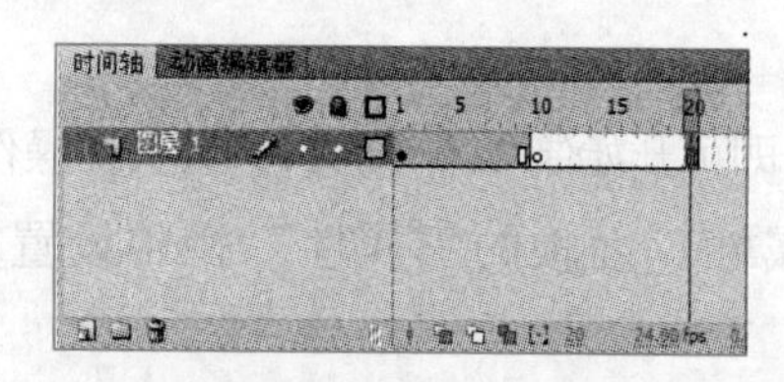

图9-18　制作闪烁动画

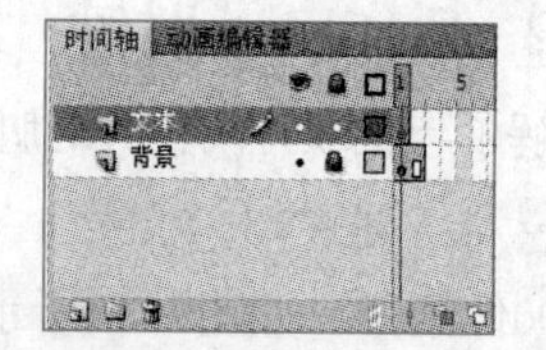

图9-19　新建“文本”图层

STEP 10 选择该图层的第1帧，使用“文本工具”在舞台中绘制4个文本框，分别输入文本“年”、“月”、“日”和“星期”，在“属性”面板中将这几个文本的颜色均设置为“白色”、大小为“28.0点”，字体为“华文琥珀”，如图9-20所示，设置完成后在该图层第2帧插入普通帧，效果如图9-21所示。

STEP 11 新建“文本2”图层，选择“文本工具”，在“属性”面板中选择“传统文本”文本，在舞台中输入“00”文字。

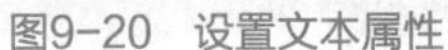

图9-20 设置文本属性

图9-21 设置文本后的效果

STEP 12 选择文字，选择【文本】/【大小】菜单命令，在弹出的子菜单中选择“120”，在“属性”面板中将文本类型设置为动态文本，并将其实例名称设置为“xh”，如图9-22所示。

STEP 13 按住【Alt】键，水平复制“xh”实例，在“属性”面板中将其实例名称更改为“fz”，如图9-23所示。

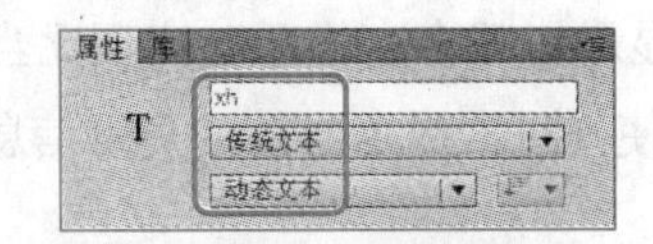

图9-22 创建“xh”实例

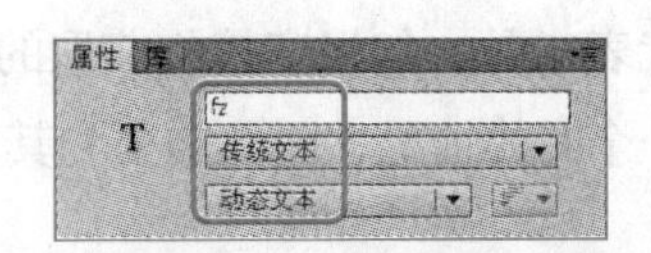

图9-23 创建“fz”实例

STEP 14 继续复制实例，将其实例名称更改为“mz”，将其大小更改为“45.00”，效果如图9-24所示。

STEP 15 使用同样的方法在“年”、“月”、“日”文本的前面和“星期”文本的后复制动态文本，依次将其实例名称更改为“nian”、“yue”、“ri”和“xq”，并将文本内容的大小更改为“32.00”。

STEP 16 在“nian”实例中将其中的文本内容更改为“0000”，在“xq”实例中将文本内容更改为“0”，效果如图9-25所示。

图9-24 创建“mz”实例

图9-25 创建其他实例

STEP 17 在时间轴中新建一个图层，将其命名为“actions”，选择该图层的第1帧，按【F9】键打开“动作－帧”窗口。

STEP 18 在脚本窗口中输入如图9-26所示的代码，定义“time”对象，并将获取的年份值显示在“nian”动态文本框中。

STEP 19 按【Enter】键换行，继续输入如图9-27所示的代码，为其他动态文本框获取时间值。

STEP 20 选择“actions”图层的第2帧，按【F7】键插入空白关键帧，打开“动作－帧”窗口，在脚本窗口中输入“gotoAndPlay(1);”，如图9-28所示。

STEP 21 选择“文本2”图层的第1帧，然后将“库”面板中的“点”元件拖曳到“xh”

和“fz”元件实例之间，并使用任意变形工具调整其大小，如图9-29所示。

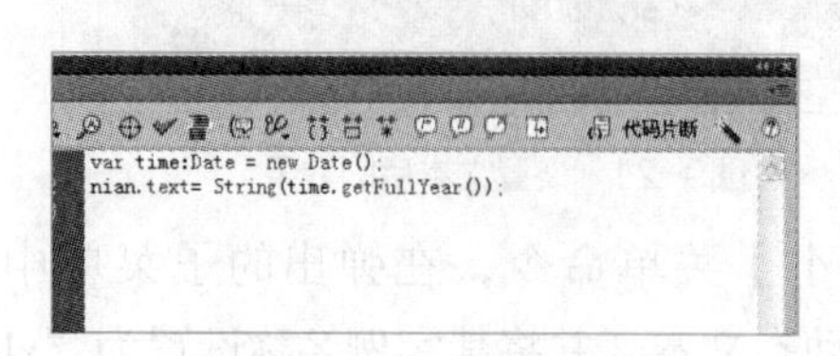

图9-26　定义“time”对象

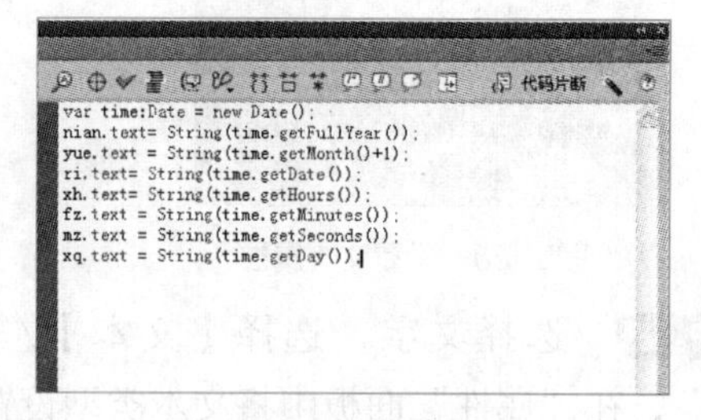

图9-27　获取时间值

对于本例的图层名，之所以要在为获取的月份值加上1之后，才通过舞台中的“yue”文本框显示，是因为getMonth语句获取的月份值0代表一月，1代表二月，如果直接将获取的月份值显示，就会在显示时出现比当前月份少一个月的情况，因此需要为其加上1，使其正常显示当前的月份信息。

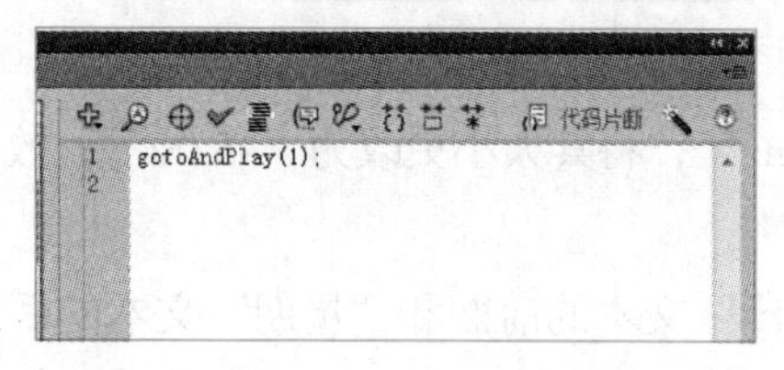

图9-28　在第2帧中添加脚本

图9-29　设置“点”元件实例

STEP 22 按【Ctrl+Enter】组合键进行测试，效果如图9-30所示，测试完成后保存文件。

图9-30　设置结果

在设置代码时应注意以下几点。

①如果在构建较大的应用程序或包括重要的ActionScript代码时，最好在单独的ActionScript源文件（扩展名为.as的文本文件）中组织代码，因为在时间轴上输入代码容易导致无法跟踪哪些帧包含哪些脚本，随着时间的流逝，应用程序越来越难以维护。

②在构建代码时，输入的代码一定要尽量简洁、干净，即用最少的代码表达最好的效果。

③在输入代码符号时应切换到英文输入方式，否则在以后的调试中无法正确运行文件。

9.3 实训——制作“钟表”脚本动画

9.3.1 实训目标

本实训的目标是制作时针、分针和秒针围绕中心点旋转的钟表，要求在添加脚本时，尽量以最简洁的脚本使钟表上的时针、分针和秒针转动，并显示当前系统时间。本实训的效果如图9-31所示。

效果所在位置 光盘:\效果文件\第9章\钟表.fla

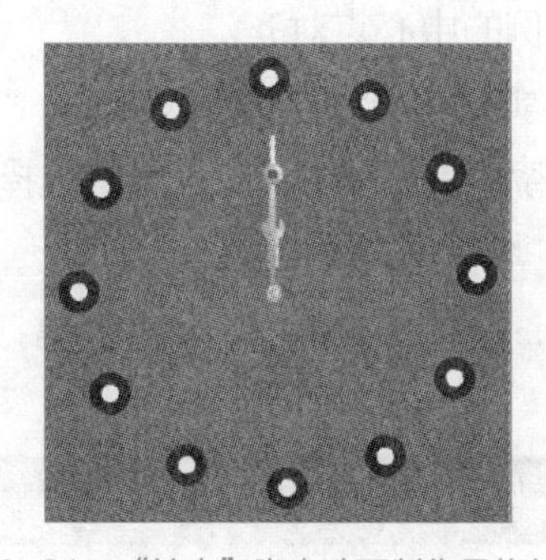

图9-31 “钟表”脚本动画制作最终效果

9.3.2 专业背景

利用Flash中的ActionScript 3.0脚本，可创造许多让人意想不到的动画效果，许多的动画师在使用Flash创建动画时，多多少少都会使用脚本使动画看上去更引人注目，这也是Flash强于其他二维动画软件，并受到众多动画爱好者喜爱的原因之一。

9.3.3 操作思路

完成本实训主要包括设置舞台背景和大小，制作时针、分针等元件，在主场景中添加图层制作钟表和脚本3大步操作，其操作思路如图9-32所示。

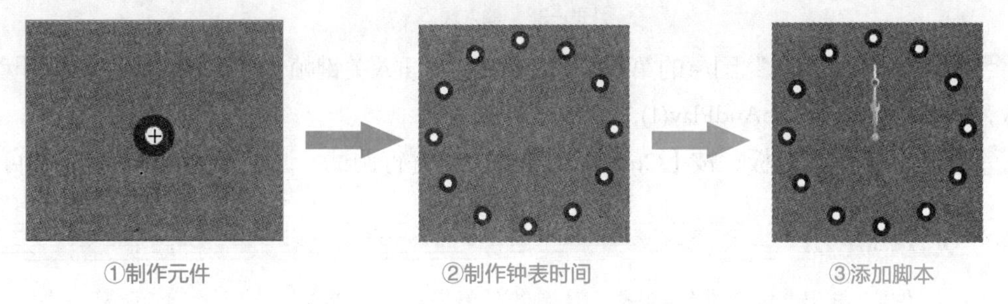

图9-32 “钟表”脚本动画的制作思路

【步骤提示】

STEP 1 新建AS3.0文档，将背景大小设置为320×320像素，背景颜色设置为

“#3399FF”。

STEP 2 新建“点数”和“针轴”图形元件，在其中绘制代表时间点数的点，以及时针、分针和秒针围绕旋转的针轴图形。

STEP 3 新建“时针”、“分针”和“秒针”影片剪辑元件，分别在其中绘制时针、分针和秒针图形。

STEP 4 回到场景，将“图层1”重命名为“背景”，使用Deco工具，在其“绘制效果”栏中选择“对称刷子”选项，将“模块”的元件更改为“点数”图形元件，然后在“背景”图层中绘制时间点，再将其与舞台中心对齐。

STEP 5 新建“指针”图层，将“针轴”元件拖曳到舞台中，并使其对齐舞台中央。再将其余3个影片剪辑元件拖曳到舞台中，使用任意变形工具改变其中心点到尾部，并将这3个元件实例的中心点与“针轴”实例的中心点对齐。

STEP 6 将“秒针”元件的实例名称设置为“se”，“分针”元件的实例名称设置为“min”，“时针”元件的实例名称设置为“ho”，然后选择这两个图层的第2帧，按【F5】键插入普通帧。

STEP 7 新建“脚本”图层，选中第1帧，按【F9】键打开动作面板，在其中输入如图9-33所示的代码。

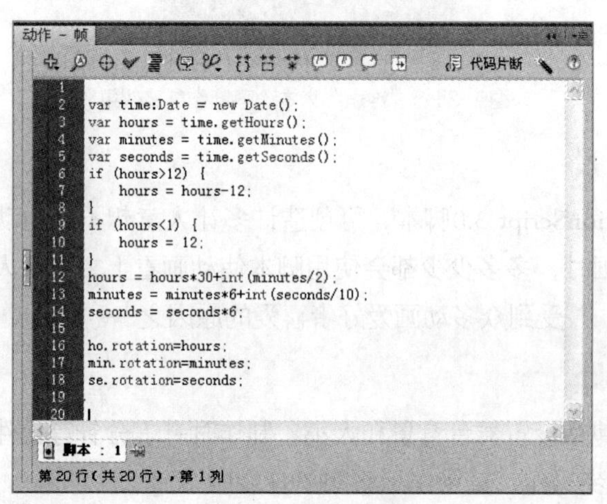

图9-33 输入代码

STEP 8 选择“脚本”图层的第2帧，按【F6】键插入关键帧，然后按【F9】键打开动作面板，在其中输入“gotoAndPlay(1);”。

STEP 9 关闭动作面板，按【Ctrl+Enter】组合键进行调试，调试无误后进行保存即可。

9.4 疑难解析

问：制作完按钮动画后进行测试，但测试时单击按钮无反应，这是怎么回事？

答：如果按钮不起作用，应从以下几个方面进行查看。

- 存在的按钮是否具有不同的实例名。
- addEventListener() 方法调用使用的名称是否与按钮的实例名相同。

● addEventListener() 方法调用中使用的事件名称是否正确。

● 为各个函数指定的参数是否正确（两种方法都需要一个数据类型为 MouseEvent 的参数）。

问：在设计Flash时，ActionScript 3.0怎么样处理错误程序？

答：在ActionScript 2.0中，运行错误的注释主要提供给用户一个帮助，所有的帮助方式都是动态的。而在ActionScript 3.0中，这些信息将被保存到一定的数量，Flash player将提供时间型检查以提高系统的运行安全。这些信息将记录下来用于监视变量在计算机中的运行情况，以优化应用项目，减少对内存的使用。

问：如果在ActionScript 3.0中调用ActionScript 1.0或ActionScript 2.0编译的语句时，出现错误应该怎么办呢？

答：如果创建的动画并非一定要在Flash CS5中运行，那么可以在保存时将文件保存为较低版本。如果必须在ActionScript 3.0模式下运行，则需对出错的语句进行分析：ActionScript 1.0和ActionScript 2.0语句的用法与ActionScript 3.0版本不同，应根据ActionScript 3.0版本的语法规则，修改语句中的相应参数；若该语句在ActionScript 3.0中被删除，则需要用ActionScript 3.0中的类似语句替换原语句。

9.5 习题

本章主要介绍了ActionScript脚本的基础，包括常量与变量、数据类型、处理对象、基本的语言和语法等脚本概念，并通过两个例子讲解了如何添加按钮控制文件的播放，以及设置电子时钟以提取显示当前系统时间等知识。对于本章的内容，读者应认真学习和掌握，为后面制作动画交互打下良好的基础。

素材所在位置 **光盘:\素材文件\第9章\习题\帆船.fla**

效果所在位置 **光盘:\效果文件\第9章\帆船.fla**

利用本章知识，制作如图9-34所示的“帆船”动画，要求操作如下。

（1）打开提供的“帆船.fla”素材文件，在其中已制作好帆船运动的动画，新建一个图层作为放置脚本的图层。

（2）选择新建图层的第48帧，按【F7】键插入空白关键帧，按【F9】键打开动作面板，在其中输入“stop();”即可，测试文件可发现动画播放一次后就停止，并不会循环播放。

图9-34 帆船动画效果

课后拓展知识

这一章主要讲解了Flash中ActionScript 3.0脚本的基础知识，下面对脚本助手进行介绍。

脚本助手允许通过选择动作工具箱中的项目来构建脚本。在动作面板中单击“脚本窗格”右上角的“脚本助手”按钮，即可打开“脚本助手”面板，在左侧的动作脚本栏中单击某个项目，“脚本助手”面板右上方将显示该项目的描述，如图9-35所示；若双击某个项目，该项目就会被添加到动作面板的“脚本”窗格中。

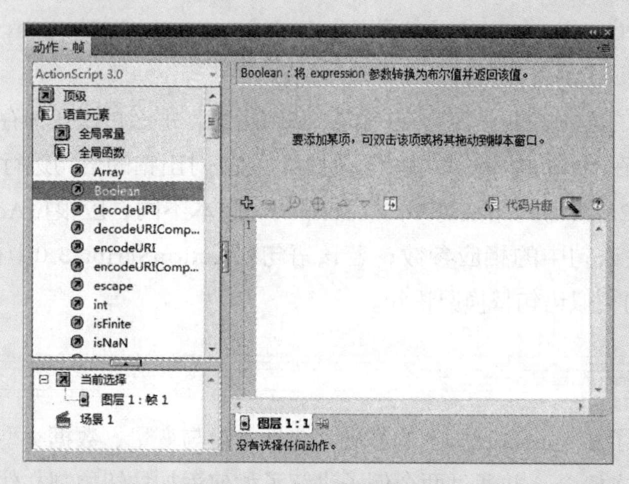

图9-35 “脚本助手”面板

在“脚本助手”模式下，可以添加、删除或更改“脚本”窗格中语句的顺序；在“脚本”窗格上方的参数框中可输入动作的参数、查找和替换文本，以及查看脚本行号，不仅如此还可以固定脚本（即在单击对象或帧以外的地方时保持“脚本”窗格中的脚本）。

在“脚本助手”模式中，动作面板发生了如下变化。

- 在“脚本助手”模式下，“将新项目添加到脚本中”按钮的功能有所变化。在动作脚本栏或该按钮的菜单中选择某个项目时，该项目将添加到当前所选文本块的后面。
- 使用“删除所选动作”按钮可以删除“脚本”窗格中当前所选的项目。
- 使用向上和向下箭头可以将“脚本”窗格中当前所选的项目在代码内向上方或下方移动。
- “动作”面板中可见的“语法检查”、“自动套用格式”、“显示代码提示”和“调试选项”按钮和菜单项会禁用，因为这些按钮和菜单项不适用于“脚本助手”模式。
- 只有在列表框中键入文本时，“插入目标路径”按钮才可用。单击该按钮将生成的代码放入当前框。

PART 10

第10章 处理声音和视频

情景导入

通过前段时间对ActionScript的学习，小白已经掌握了使用一些简单脚本制作特效的方法，她现在需要学习的是处理声音和视频。

知识技能目标

- 掌握Flash CS5中音频和视频的导入方法。
- 熟练掌握使用封套编辑声音的方法。
- 熟练掌握为视频添加提示点并将提示点应用到按钮上的方法。

- 加强对Flash CS5导入音频和视频，以及对声音封套和提示点的认识和理解，并熟练掌握代码片段的使用方法。
- 掌握“跳动的音符”动画文档和“雨珠”视频文档的制作方法。

课堂案例展示

“跳动的音符”动画效果

“雨珠”视频效果

10.1 制作“跳动的音符”音乐文件

今天老张给了小白一个制作完成的动画成品，让小白为其添加背景音乐。要完成该任务，首先需要了解怎么在Flash CS5中添加音乐，其次再对添加到文件中的音乐进行编辑，使其与动画效果更加吻合。本例完成后的参考效果如图10-1所示，下面具体讲解其制作方法。

素材所在位置 光盘:\素材文件\第10章\课堂案例1\B1.png、B2.png、B3.png、bg.mp3、按钮声音.wav、跳动的音符.fla……

效果所在位置 光盘:\效果文件\第10章\跳动的音符.fla

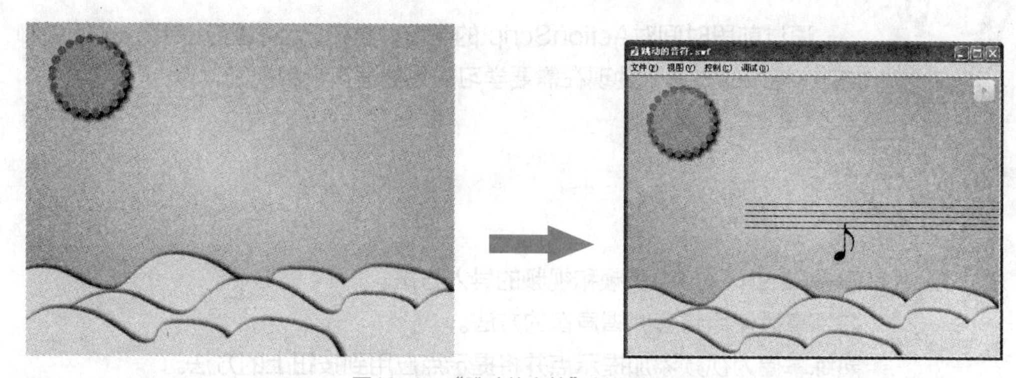

图10-1 “跳动的音符”制作效果

10.1.1 Flash支持的声音文件格式

制作Flash动画时常常需要为其添加声音，在添加声音之前需要将声音文件导入到当前文档的“库”面板中，再从“库”面板中将其拖曳到舞台中为动画添加声音。一般情况下，Flash CS5中可以导入WAV和MP3两种格式的声音文件。

- WAV格式：WAV格式是PC标准声音格式，它直接保存了声音的原始数据，因此音质较好，但相对的其数据容量也就很大。Flash动画大多数都是在网络中传播，其动画文件的大小直接影响到了动画的传播，因而在制作动画时一般不使用这种格式的声音文件。
- MP3格式：MP3格式是大众最熟悉的声音格式，这种格式的声音体积小、传输方便、音质较好，因而受到亲睐，大多数动画都会使用这种格式的声音文件。

10.1.2 为文档添加声音

Flash CS5本身没有制作音频的功能，但读者可在Flash CS5中对导入到其中的声音素材进行编辑，其导入的方法与导入图片等素材的方法类似。

1．在关键帧中添加声音

在Flash动画的制作过程中，为了使动画播放到特定帧或某个动作时出现某种指定的音效，可在该帧或动作处添加声音，在Flash CS5中为动画添加声音的方法有如下两种。

- 直接拖曳：先将声音文件导入到库中，然后添加声音图层，在要播放声音的帧位置拖入声音文件即可。
- “属性”面板：先将声音文件导入到库中，然后选择要添加声音的帧，在“属性”面板中选择所需声音文件，将自动添加声音。

2. 为文档添加声音

下面讲解如何为文档添加声音素材，其具体操作如下。

STEP 1 启动Flash CS5，选择【文件】/【打开】菜单命令，打开素材文件夹中的“跳动的音符.fla”素材文件。

STEP 2 选择【文件】/【导入】/【导入到库】菜单命令，打开“导入到库”对话框，在其中选择素材文件夹中的“bg.mp3”声音素材文件，将其导入到库中，如图10-2所示。

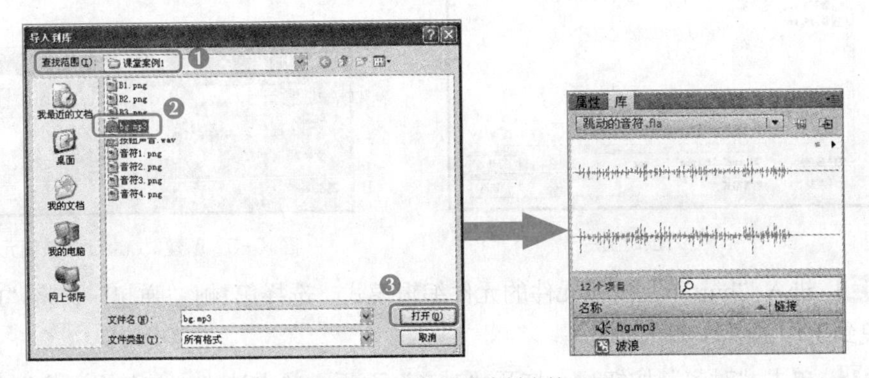

图10-2 导入声音素材文件

STEP 3 在时间轴中单击“新建图层”按钮，在所有图层的最上层新建一个图层，将其重命名为“背景音乐”，选择第1帧，将“bg.mp3”音频文件拖曳到舞台中，效果如图10-3所示。

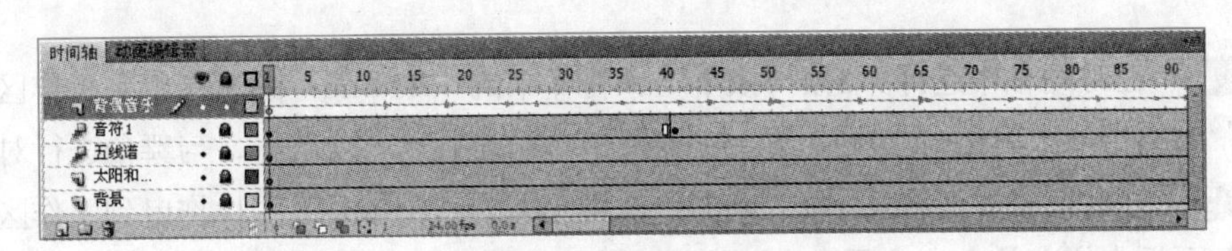

图10-3 添加音频文件

STEP 4 完成操作后，按【Ctrl+Enter】组合键进行测试。

知识提示

首先在需要播放音乐的帧上，如第20帧，插入一个空白关键帧，再将声音文件拖曳到舞台中，即可在其他帧中开始播放音乐。

3. 为按钮添加声音

在浏览网页时，经常会遇到在单击某个按钮时有轻微声响发出的情况，这是因为为按钮添加了声音。在Flash中为按钮添加声音通常是在不同的按钮状态下添加不同的声音文件，其添加方法与为帧添加声音的方法相似。

下面为文件中的播放按钮添加声音，其具体操作如下。

STEP 1 选择【文件】/【导入】/【导入到库】菜单命令，打开“导入到库”对话框，在其中选择素材文件夹中的“B1.png”、“B2.png”和“B3.png”，将这3个图片导入到库中，如图10-4所示。

STEP 2 按【Ctrl+F8】组合键打开“创建新元件”对话框，创建以“button”为名的按钮元件，如图10-5所示。

图10-4 导入按钮图片

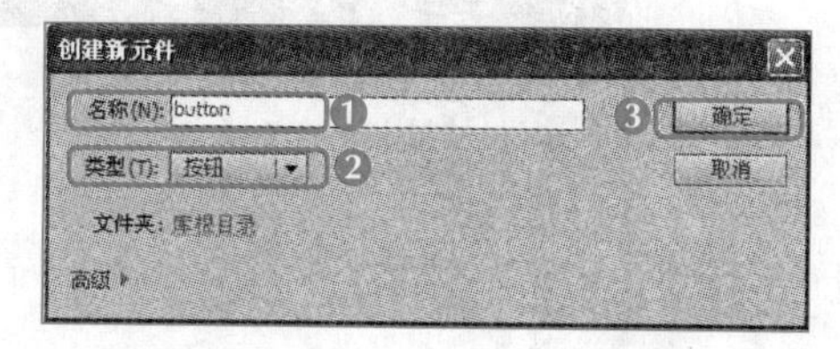

图10-5 新建“button”按钮元件

STEP 3 进入“button”按钮元件的元件编辑模式，选择第1帧“弹起”，将“B1.png”图片拖曳到工作区中。

STEP 4 单击“对齐”按钮，打开“对齐”面板，单击选中“与舞台对齐”复选框，在“对齐”栏中依次单击“水平中齐”按钮和“垂直中齐”按钮，如图10-6所示。

STEP 5 在时间轴中选择第2帧“指针经过”，将库中的“B2.png”图片拖曳到工作区中，然后在“对齐”面板中依次单击“水平中齐”按钮和“垂直中齐”按钮，与舞台进行对齐。

STEP 6 在时间轴中选择第3帧“按下”，将库中的“B3.png”图片拖曳到工作区中，在“对齐”面板中依次单击“水平中齐”按钮和“垂直中齐”按钮，与舞台进行对齐。

STEP 7 在时间轴中选择第4帧“点击”，将库中的“B1.png”图片拖曳到工作区中，在“对齐”面板中依次单击“水平中齐”按钮和“垂直中齐”按钮，与舞台进行对齐，时间轴效果如图10-7所示。

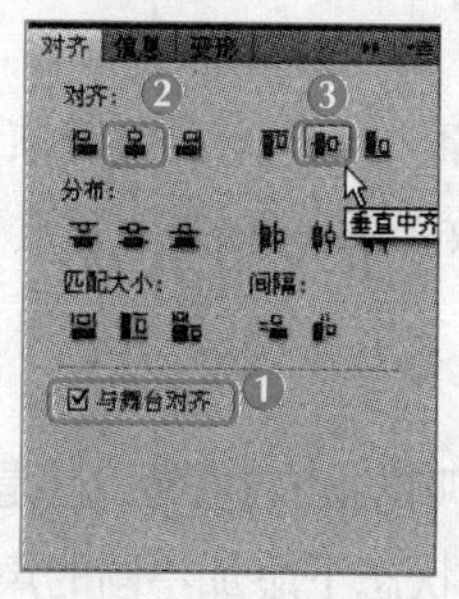

图10-6 对齐舞台

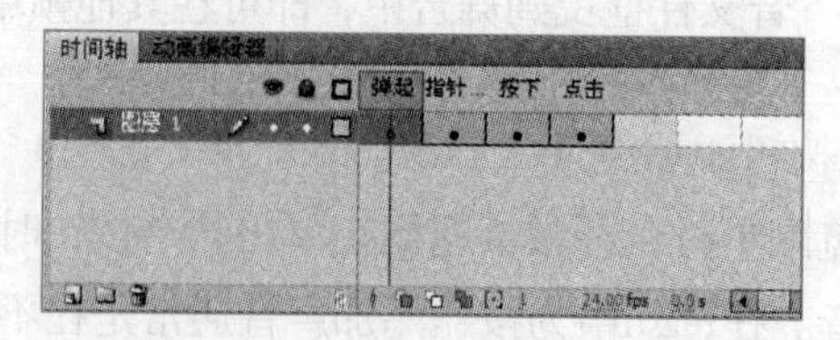

图10-7 按钮元件时间轴效果

STEP 8 选择【文件】/【导入】/【导入到库】菜单命令，打开“导入到库”对话框，在素材文件夹中选择“按钮声音.wav”音频素材，将其导入到库中，如图10-8所示。

STEP 9 在“button”按钮元件的编辑模式下，选择其时间轴中的第2帧“指针经过”，单击“属性”面板，切换到该帧的“属性”面板，在“声音”栏中单击“名称”右侧的下拉按钮，在弹出的列表中选择“按钮声音.wav”选项，即可为该帧添加声音，如图10-9所示。

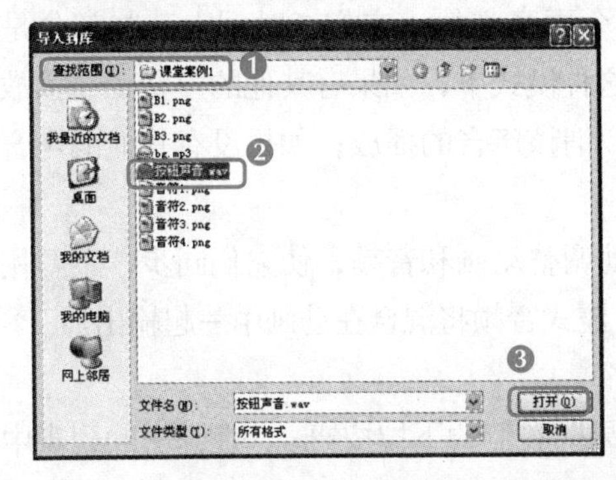

图10-8 导入按钮声音

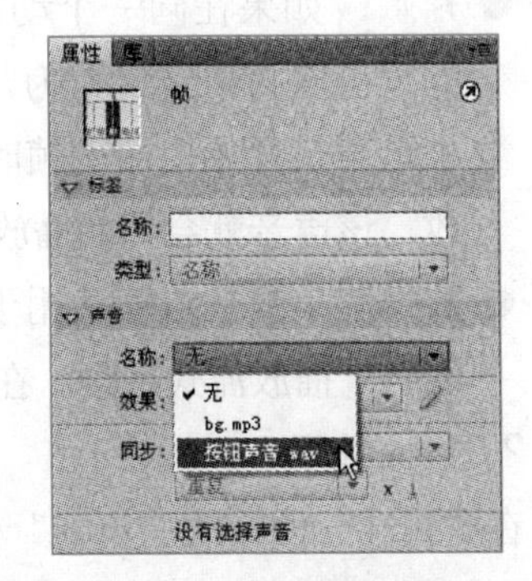

图10-9 选择声音

STEP 10 在工作区上方单击“返回”按钮，返回“场景1”中；在时间轴中单击“新建图层”按钮，在图层的最上层新建一个图层，并将其重命名为“按钮”，如图10-10所示。

STEP 11 将“库”面板中的“button”按钮元件拖曳到舞台中，选中舞台中的按钮实例，在其“属性”面板中将其实例名称更改为“whitebutton”，如图10-11所示。

图10-10 创建“按钮”图层

图10-11 将“button”按钮元件拖曳到舞台中

10.1.3 设置声音属性

在动画中添加声音后，还需要对声音进行后期处理，才能达到令人满意的效果。在时间轴上选择添加声音文件后的任意一帧，即可在“属性”面板中对声音的同步模式、音效、重复次数进行设置，还可以在“编辑封套”对话框中对声音进行更细化的处理。

1．设置同步

在“属性”面板中的“同步”下拉列表框中包含4个选项，如图10-12所示，各选项的含义介绍如下。

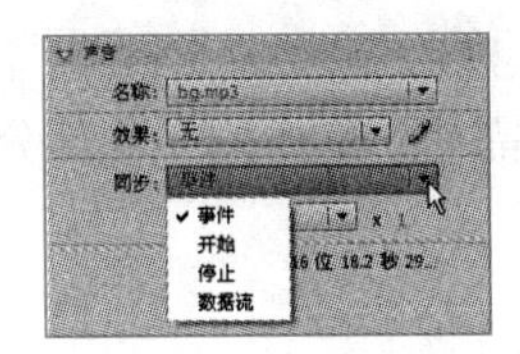

图10-12 设置声音同步

- 事件：该模式为默认模式，选择该模式可以使声音与事件的发生同步开始。当动画播放到声音的开始关键帧时，事件音频开始独立于时间轴播放，即使动画停止，声音也会继续播放直至全部播放完。
- 停止：停止模式用于停止播放指定的声音，如果将某个声音设置为停止模式，则当动画播放到该声音的开始帧时，该声音和其他正在播放的声音都会在此时停止。
- 开始：如果在同一个动画中添加了多个声音文件，它们在时间上某些部分是重合的，可以将声音设置为开始模式。在这种模式下，如果有其他的声音正在播放，到了该声音开始播放的帧时，则会自动取消该声音的播放；如果没有其他的声音在播放，该声音就会开始播放。
- 数据流：数据流模式用于在Flash中自动调整动画和音频，使它们同步，主要用于在网络上播放流式音频。在输出动画时，流式音频将混合在动画中一起输出。

2．设置效果

在“属性”面板的“声音”栏中单击“效果”右侧的下拉按钮，在弹出的列表中可选择相应的音效，如图10-13所示。选择需要的音效后，单击“库”面板预览窗口的播放按钮即可试听改变后的声音效果，如图10-14所示。

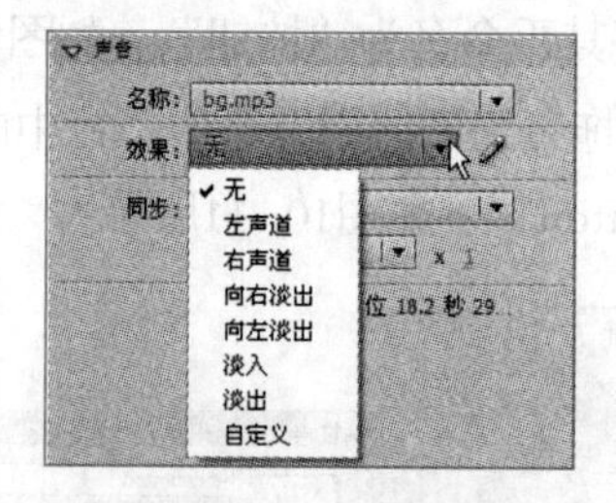

图10-13　设置声音效果

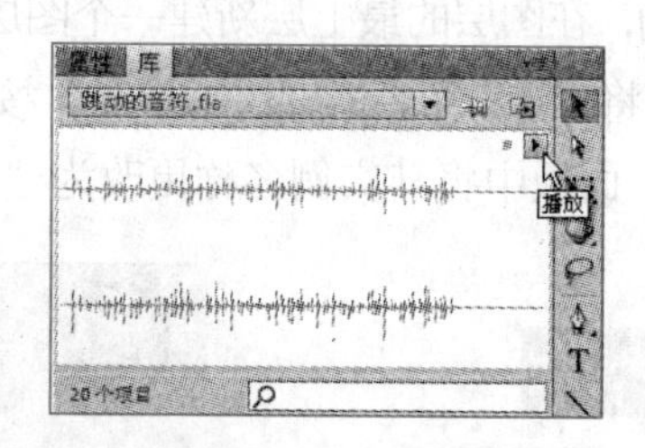

图10-14　试听音效

在“属性”面板中的“效果”下拉列表中包含8个选项，各选项的含义如下。

- 无：不使用任何效果，选择此选项将删除以前应用过的效果。
- 左声道：只在左声道播放音频。
- 右声道：只在右声道播放音频。
- 向右淡出：声音从左声道传到右声道，并逐渐减小其幅度。
- 向左淡出：声音从右声道传到左声道，并逐渐减小其幅度。
- 淡入：会在声音的持续时间内逐渐增加其幅度。
- 淡出：会在声音的持续时间内逐渐减小其幅度。
- 自定义：自己创建声音效果，并可利用音频编辑对话框编辑音频。

10.1.4 使用封套编辑声音

在Flash中添加的声音，经常只需使用其中的一小部分，所以在添加完声音文件后，还需要对导入的声音文件进行编辑。

1．认识编辑封套

在时间轴上选择添加声音文件后的任意一帧，然后在“属性”面板的“声音”栏中单击

“效果”下拉列表右侧的“编辑声音封套”按钮，打开“编辑封套”对话框，如图10-15所示，在此对话框中即可对声音的属性进行编辑。

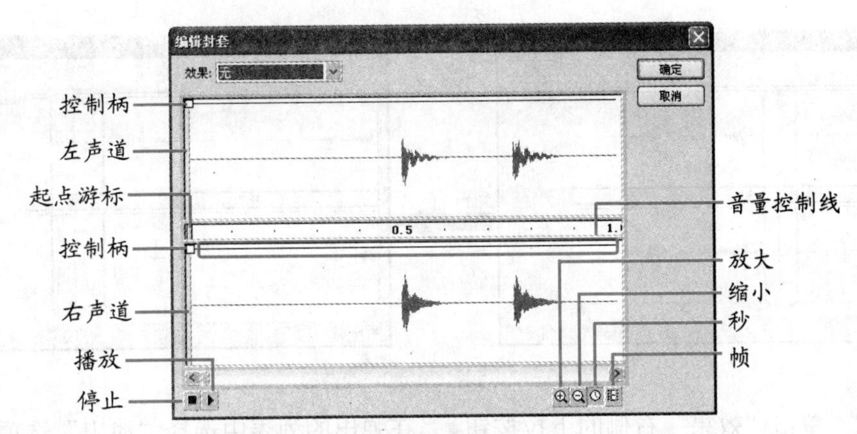

图10-15 “编辑封套”对话框

下面具体介绍在“编辑封套”对话框中各选项的作用。

- **控制柄**：上下调整控制柄，可以升高或降低音调。在左右声道编辑区中各有对应的控制柄，可以对左右声道进行独立调整。
- **“播放”按钮和“停止”按钮**：控制音频的播放，单击“播放”按钮可以测试播放效果，单击“停止”按钮则终止播放。
- **“放大”按钮和“缩小”按钮**：单击“放大”按钮可将音频显示窗口放大，单击“缩小”按钮可将音频显示窗口缩小。
- **“秒”按钮和“帧”按钮**：改变时间轴的单位。“秒”按钮显示的单位为秒，“帧”按钮显示的单位为帧。
- **起点游标和终点游标**：调整其位置可定义音频开始和终止的位置，常用于剪裁声音文件大小。
- **音量控制线**：在音量控制线上单击可添加控制柄，控制播放音量与声音的长短，向上拖动声音变大，向下拖动声音变小。

2. 在“编辑封套”中编辑声音

下面通过在“编辑封套”对话框中进行设置，对背景音乐进行调整，其具体操作如下。

STEP 1 在时间轴中选择“背景音乐”图层中包含声音的任意一帧，在其“属性”面板的“声音”栏中单击“编辑声音封套”按钮，如图10-16所示，打开“编辑封套”对话框。

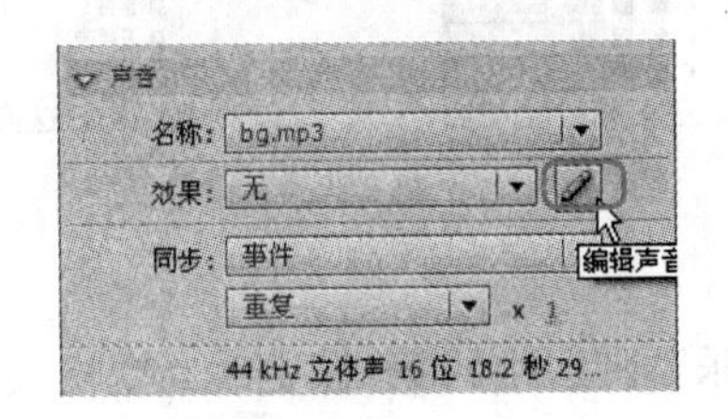

图10-16 单击“编辑声音封套”按钮

STEP 2 单击起点游标不放，将其拖曳到0.4秒的位置，单击其下的滚动条，将终点游标移动到15.5秒的位置，如图10-17所示。

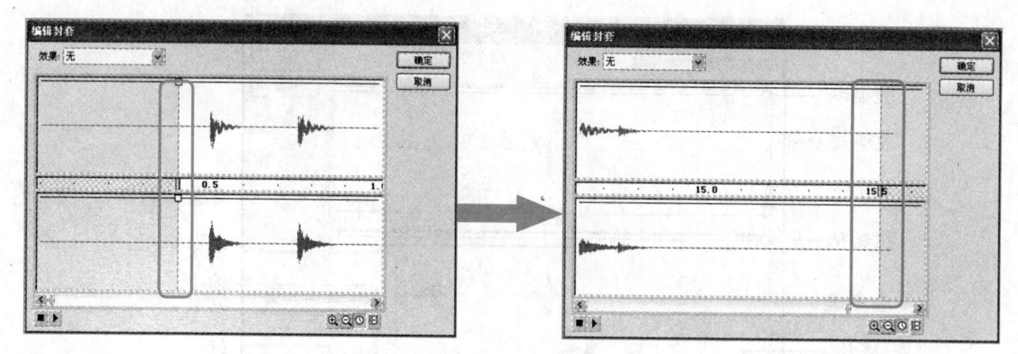

图10-17 调整起点和终点游标

STEP 3 单击"效果"右侧的下拉按钮，在弹出的列表中选择"淡出"选项，如图10-18所示，单击确定按钮，完成对声音的编辑。

STEP 4 在时间轴上单击"新建图层"按钮，在图层的最上层新建一个图层，并将其重命名为"动作"，选择第1帧，按【F9】键打开动作面板，在其中输入如图10-19所示的脚本语言。

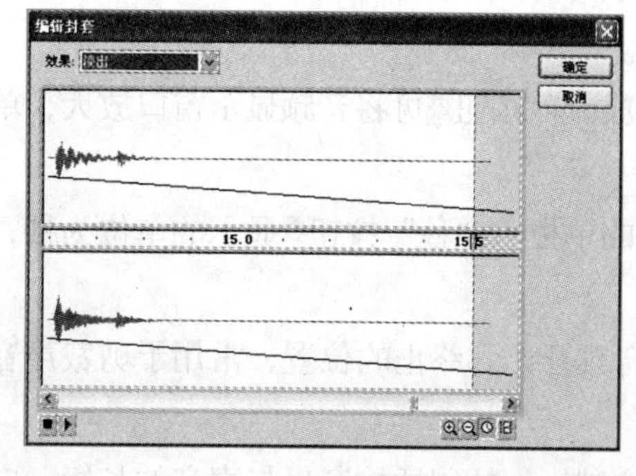

图10-18 设置"淡出"效果

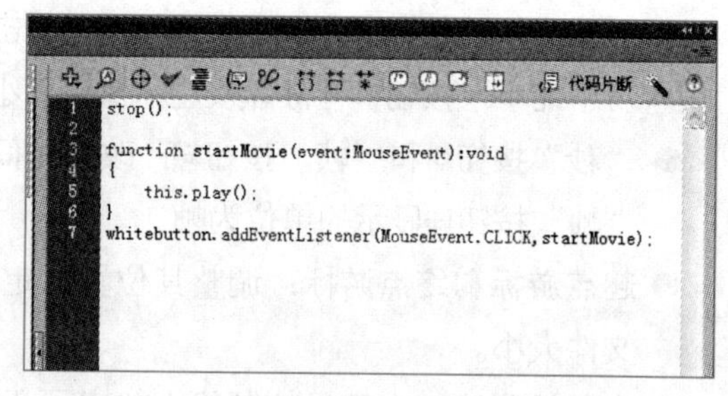

图10-19 输入代码

STEP 5 再次单击【F9】按钮关闭动作面板，在时间轴中选择"背景音乐"图层的第1帧不放并向右拖曳一帧，如图10-20所示，使其第1帧为空白关键帧。

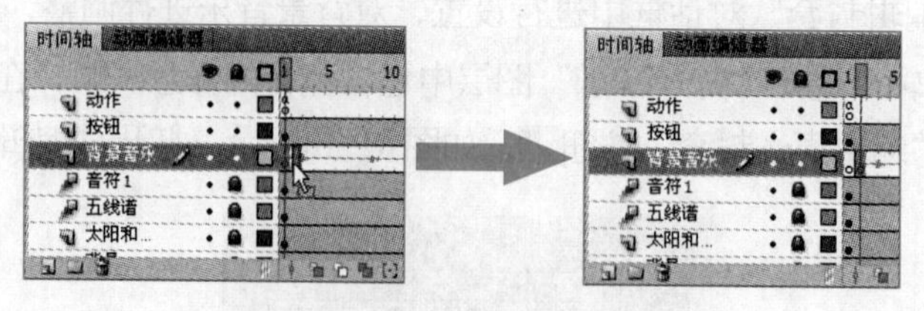

图10-20 调整"背景音乐"图层

将"背景音乐"图层中的第1帧更改为空白关键帧，是为了设置在单击"播放"按钮后，音乐才开始播放，否则音乐将单独进行播放。

STEP 6 按【Ctrl+Enter】组合键进行测试，测试完成后将文件另存在其他位置即可，测试结果如图10-21所示。

图10-21 测试文档

10.1.5 压缩声音文件

Flash视频文件在网络中传播的速度取决于文件的大小，在Flash文件中置入的声音文件一般都比较大，因此在导出前需要对声音文件进行压缩以减小Flash动画文件的体积。

在Flash中压缩声音文件的方法包括在“声音属性”对话框中进行压缩和在编辑动画的过程中进行压缩两种。

1．在“声音属性”对话框中压缩声音

在声音文件上单击鼠标右键，在弹出的快捷菜单中选择“属性”菜单命令，在打开的“声音属性”对话框的“压缩”下拉列表框中可选择“ADPCM”、“MP3”、“原始”和“语音”4个选项，根据声音文件的不同类型可选择不同的选项，如图10-22所示。

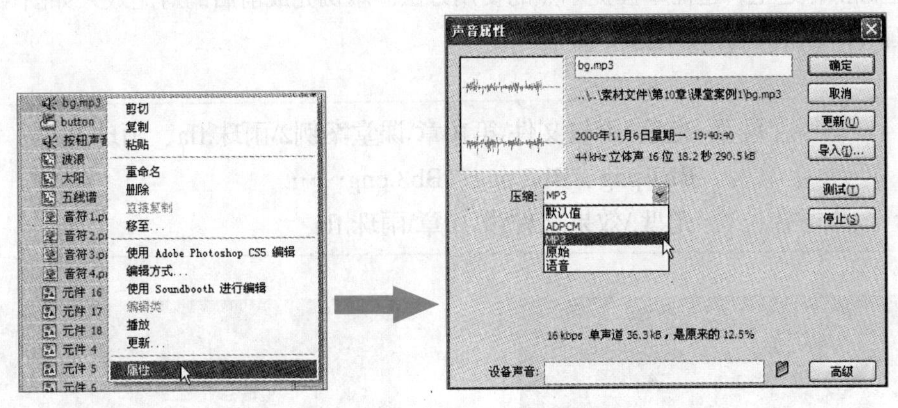

图10-22 “声音属性”对话框

下面介绍“声音属性”对话框的“压缩”下拉列表框中各选项的功能。

- “ADPCM”压缩选项：当导出的是按钮这类短事件声音时，可使用“ADPCM”选项来设置。
- “MP3”压缩选项：在导出歌曲等较长的音频文件时，应使用“MP3”选项。
- “原始”压缩选项：如果在“声音属性”对话框的“压缩”下拉列表框中选择“原始”选项，此时导出的声音文件没有进行任何压缩。

- “语音”压缩选项：选择该选项可使用一个适合于语音的压缩方式导出声音文件。

2. 在编辑动画的过程中压缩声音

在输出动画的音频过程中，压缩声音的方法又分为以下3种。

- 设置音频的起点游标和终点游标，将音频文件中的无声部分删除。
- 在不同关键帧上尽量使用相同的音频，并对其设置不同的效果，这样只用了一个音频文件就可设置多种声音，因此能大大减小文件的体积。
- 利用循环效果将长度很短的音频组织成背景音乐。

在为动画文件添加声音时应注意以下几点。

①在一个动画中引用多个声音会造成Flash文件的体积过大，如果动画太长，需要添加和动画长度相等的音乐时，可使用循环播放的方式来解决。

②在给按钮添加声音文件时，不同的关键帧应使用不同的声音。在给主时间轴添加声音时，建立单独的声音图层，能更方便地组织动画，当动画播放时，所有的声音图层将会融合在一起。

10.2 编辑“雨珠”视频文件

小白已经熟练掌握在Flash动画中导入并设置和编辑音频文件的操作方法，今天老张又交给她一项新任务，编辑一段视频文件，并为视频添加提示点。要完成该任务，在掌握视频编辑的基础操作之上，还需掌握提示点的使用方法。本例完成前后的对比效果如图10-23所示，下面具体讲解其制作方法。

素材所在位置 **光盘:\素材文件\第10章\课堂案例2\雨珠.fla、雨珠.flv、Bb1.png、Bb2.png、Bb3.png……**

效果所在位置 **光盘:\效果文件\第10章\雨珠.fla**

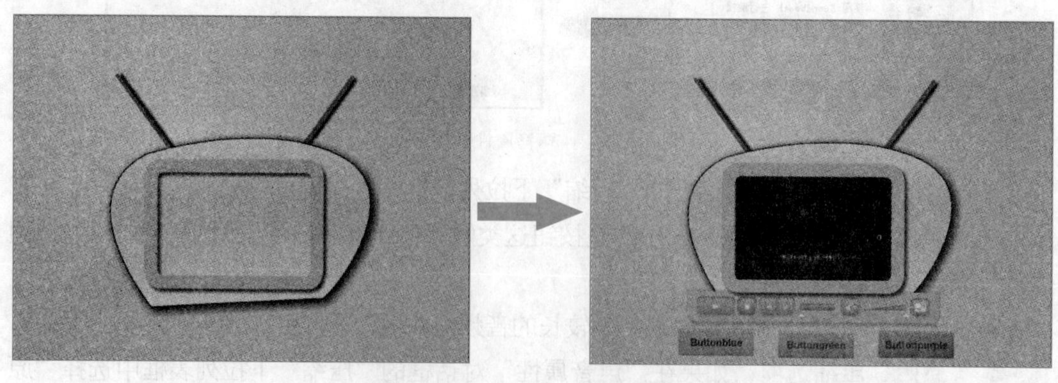

图10-23 “雨珠”视频编辑效果对比

10.2.1 打开视频文件

在第5章中介绍了如何编辑导入的视频，下面介绍另一种置入视频的方法，其具体操作如下。

STEP 1 选择【文件】/【打开】菜单命令，打开素材文件夹中的“雨珠.fla”文件。

STEP 2 在时间轴中单击“新建图层”按钮，在“电视内层”和“电视外层”两个图层中间新建一个图层，将其重命名为“视频”，如图10-24所示。

STEP 3 选择“视频”图层的第1帧，在面板组中单击“组件”按钮，打开“组件”面板，在其中单击“Video”文件夹将其展开。

STEP 4 在“Video”文件夹中单击“FLVPlayback 2.5”组件不放，将其拖曳到舞台中，即可在舞台中创建一个视频组件，如图10-25所示。

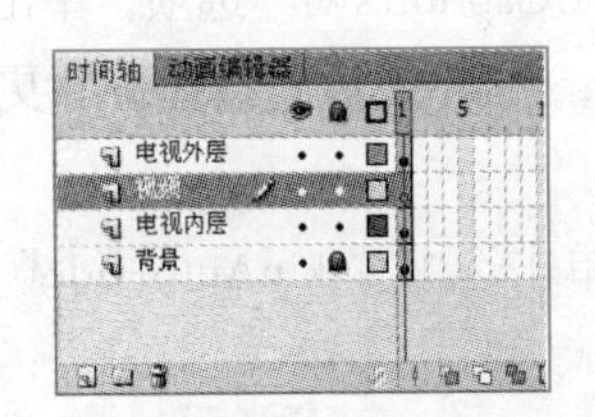

图10-24 新建“视频”图层

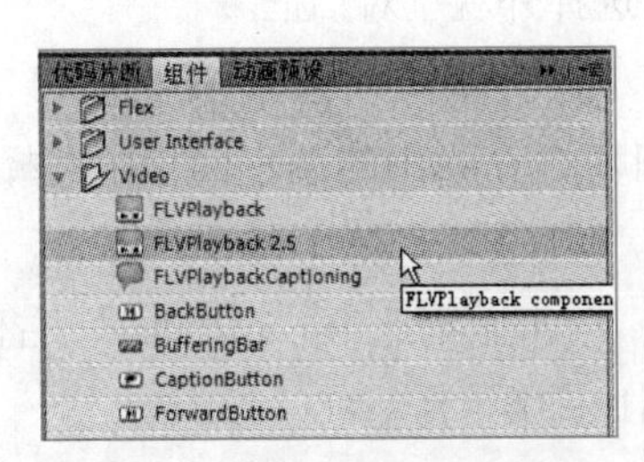

图10-25 “组件”面板

STEP 5 在舞台中选择“FLVPlayback 2.5”组件，在其“属性”面板的“组件参数”栏中，单击“属性”列表框中“source”选项右侧的“编辑”按钮，打开“内容路径”对话框，如图10-26所示。

STEP 6 在其中单击文本框右侧的“文件夹”按钮，打开“浏览源文件”对话框，在其中选择素材文件夹中的“雨珠.flv”视频素材，单击打开(O)按钮将其打开，如图10-27所示。

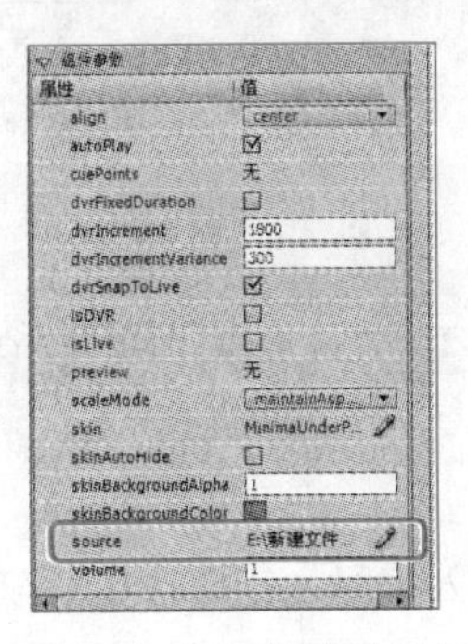

图10-26 单击“编辑”按钮

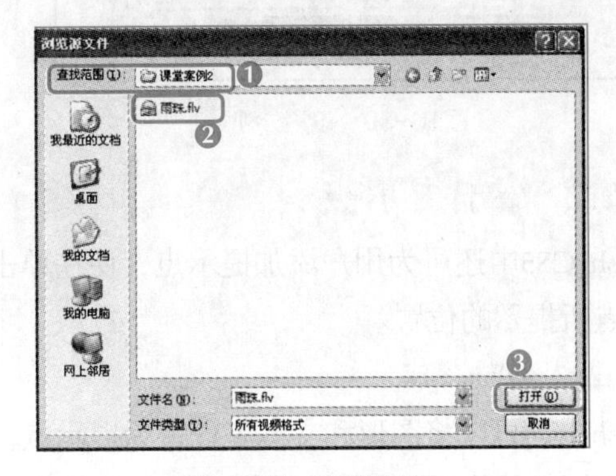

图10-27 选择源文件

STEP 7 返回“内容路径”对话框，单击选中“匹配源尺寸”复选框，然后单击确定按钮，如图10-28所示，视频文件即可添加到舞台中的“FLVPlayback 2.5”视频组件中。

STEP 8 使用任意变形工具，调整视频的大小，使其刚好放置在电视显示的位置，如图10-29所示。

图10-28 选中“匹配原尺寸”复选框

图10-29 调整视频大小

STEP 9 在“组件参数”栏的“属性”列表框中，单击“skin”选项右侧的“编辑”按钮，打开“选择外观”对话框。

STEP 10 在“外观”下拉列表中选择“SkinUnderAllNoCaption.swf”选项，单击“颜色”右侧的按钮，在弹出的颜色面板中选择“#FF9933”，单击确定按钮确认更改，如图10−30所示。

STEP 11 单击撤销选中“autoPlay”右侧的复选框，单击选中“skinAutoHide”右侧的复选框，如图10−31所示。

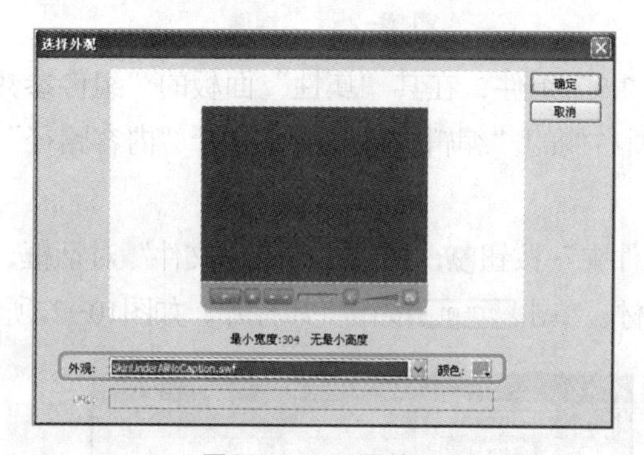

图10−30 设置外观

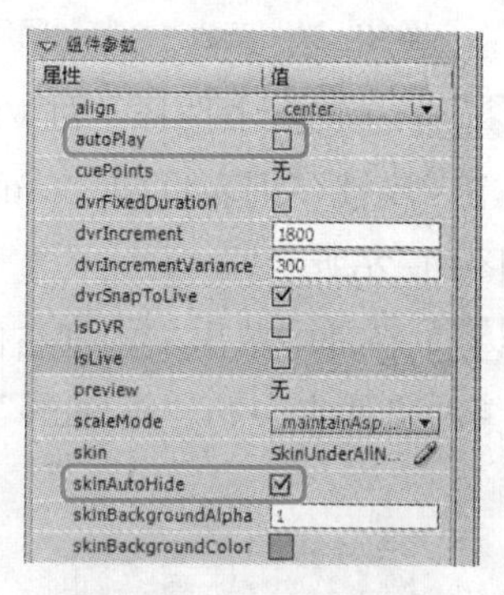

图10−31 设置其他参数

10.2.2 添加提示点

在Flash CS5中还可为用户添加提示点，使在单击这些提示点时，视频中的内容将直接跳转到提示点所提示的位置。

1. 创建提示点按钮

在Flash中，可以将图形和文本等设置为提示点，下面导入素材文件夹中的按钮图形，将其制作成按钮，并将这些按钮作为提示点，其具体操作如下。

STEP 1 选择【文件】/【导入】/【导入到库】菜单命令，打开“导入到库”对话框，将素材文件夹中的所有图片导入到库中。

STEP 2 按【Ctrl+F8】组合键，在打开的对话框中新建“button1”按钮元件，将“Bb1.png”图片拖曳到该按钮元件的“弹起”帧中，在面板组中单击“对齐”按钮，弹出“对齐”面板，单击选中“与舞台对齐”复选框，在“对齐”栏中依次单击“水平中齐”按钮和“垂直中齐”按钮，使其与舞台中心对齐。

STEP 3 选择“指针经过”帧，按【F7】键插入空白关键帧，将“Bb2.png”图片拖入到舞台中，在“对齐”面板中设置其中心对齐。

STEP 4 选择“按下”帧，按【F7】键插入空白关键帧，将“Bb3.png”图片拖入到舞台中，在“对齐”面板中设置其中心对齐。

STEP 5 选择“点击”帧，按【F7】键插入空白关键帧，将“Bb1.png”图片拖入到舞台中，在“对齐”面板中设置其中心对齐。

STEP 6 使用同样的方法创建“button2”按钮元件，并将“Bg1.png”、“Bg2.png”和“Bg3.png”依次放入相应的帧中，再创建“button3”按钮元件，将“Bp1.png”、“Bp2.png”和“Bp3.png”依次放入相应的帧中。

STEP 7 单击工作区上方的“返回”按钮，返回“场景1”，在时间轴中新建一个图层，命名为“按钮”，选择该按钮的第1帧，然后将库中的“button1”、“button2”和“button3”依次拖曳到舞台中，如图10-32所示。

STEP 8 从左往右依次将舞台中的元件实例命名为“buttonblue”、“buttongreen”和“buttonpurple”，如图10-33所示为“buttonblue”实例。

图10-32 创建按钮层

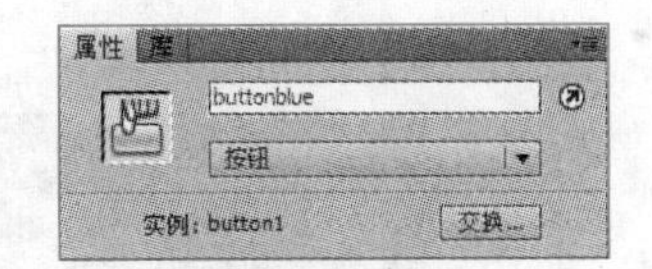

图10-33 命名实例

2. 创建提示点

在Flash中导入视频并设置好需要添加提示点的按钮后，即可开始为视频设置提示点，并将其添加到按钮中。添加提示点需要用到“代码片段”面板，如图10-34所示。用户可直接利用其中的代码片段，避免重复编写代码，同时还可在其中添加自己编写的代码片段。

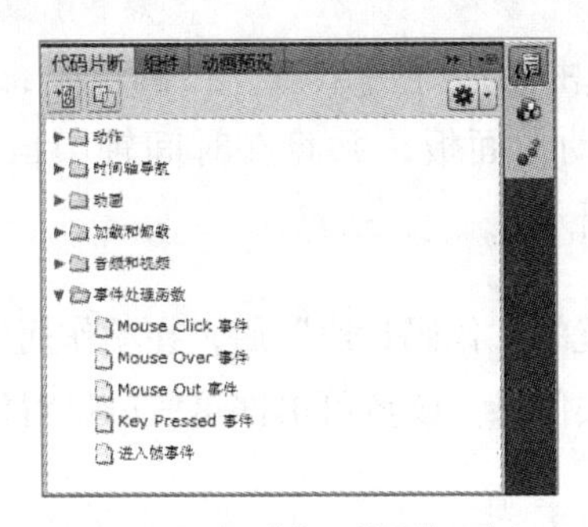

图10-34 “代码片段”面板

下面分别在视频的第4秒、第8秒和第12秒添加提示点，并将提示点应用到按钮中，其具体操作如下。

STEP 1 在舞台中单击选中视频文件，在其“属性”面板中将其实例名称更改为“myVideo”，如图10-35所示。

STEP 2 展开“属性”面板中的“提示点”栏，单击“添加 ActionScript 提示点”按钮，即可在该栏的列表框中添加一个“提示点1”。

STEP 3 双击“提示点1”，使其呈可编辑状态，将其更改为“Buttonblue”，再双击其后的时间，使其呈可编辑状态，将时间设置为“00:00:04:00”，表示该提示点指向第4秒，如图10-36所示。

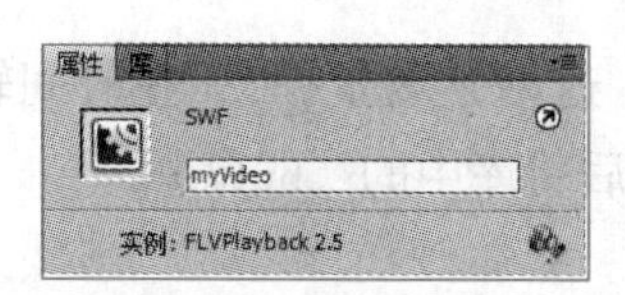

图10-35 更改视频实例名称

图10-36 添加第1个提示点

STEP 4 再次单击“添加 ActionScript 提示点”按钮，即可在该栏的列表框中添加一个“提示点2”，将此提示点名称更改为“buttongreen”，时间设置为“00:00:08:00”，如图10-37所示。

STEP 5 继续单击“添加 ActionScript 提示点”按钮，即可在该栏的列表框中添加一个“提示点3”，将此提示点名称更改为“buttonpurple”，时间设置为“00:00:12:00”，如图10-38所示。

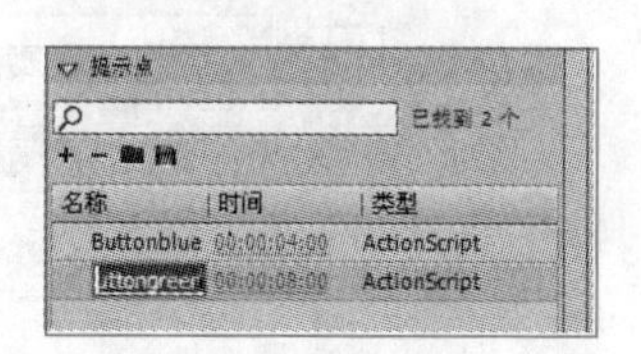

图10-37 添加第2个提示点

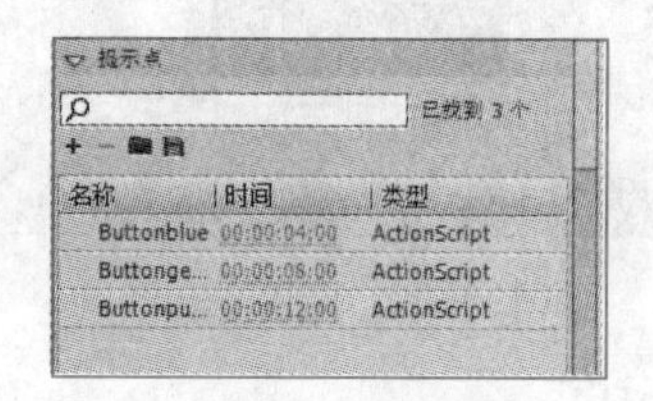

图10-38 添加第3个提示点

STEP 6 在舞台中单击选中“Buttonblue”按钮实例，在面板组中单击“代码片段”按钮，打开“代码片段”面板，在其中单击“音频和视频”文件夹前的三角形按钮▶，展开其中的代码片段。

STEP 7 在其中双击“单击以搜寻提示点”代码片段，将其添加到当前对象上，如图10-39所示，同时将打开动作面板，并将在时间轴中自动添加一个用于存放脚本的“Actions”图层，如图10-40所示。

当使用了内置的“代码片段”后，在动作面板中除了显示代码，还将显示与该代码的相关信息，读者可根据这些信息对代码进行相应的修改，以达到需要的效果。

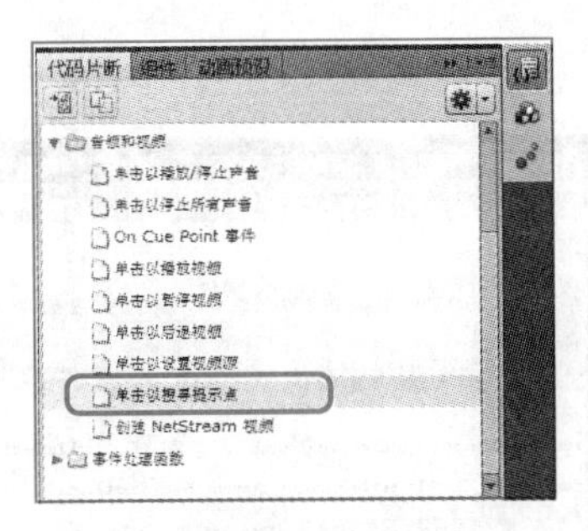

图10-39 添加提示点

图10-40 增加“Actions”图层

STEP 8 在动作面板中已添加的内置的代码片段，如图10-41所示。

STEP 9 在该代码片段中双击绿色的“提示点 1”代码，可直接选中“提示点 1”，将其更改为“Buttonblue”，在“var cuePointInstance:Object = video_instance_nam.findCuePoint("Buttonblue");”脚本代码中双击“video_instance_nam”，使其呈选中状态，将其更改为“myVideo”，双击更改后的“myVideo”，按【Ctrl+C】组合键进行复制。

STEP 10 在“myVideo.seek(cuePointInstance.time);”脚本代码中双击“video_instance_nam”，使其呈选中状态，按【Ctrl+V】组合键进行复制，将“myVideo”粘贴到该位置，如图10-42所示。

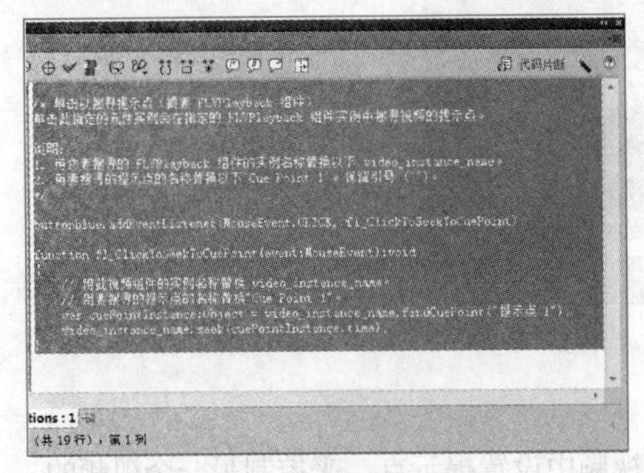

图10-41 添加代码片段

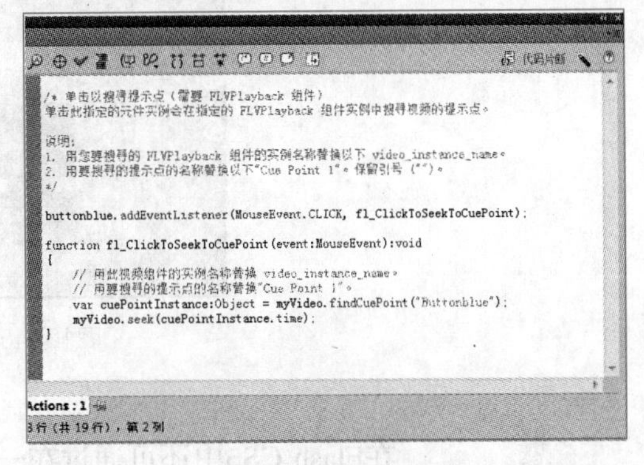

图10-42 更改代码

STEP 11 按【F9】键退出动作面板，在舞台中单击选中“buttongreen”对象，在面板组中单击“代码片段”按钮，打开“代码片段”面板，在其中双击“音频和视频”文件夹中的“单击以搜寻提示点”代码片段，将其添加到“buttongreen”对象上。

STEP 12 在打开的动作面板中，在之前的代码片段后新增了一段代码片段，在新增的代码片段中将“提示点 1”更改为“Buttongreen”，将该段代码中的“video_instance_nam”更改为“myVideo”，如图10-43所示。

STEP 13 按【F9】键退出动作面板，在舞台中单击选中“buttonpurple”对象，在面板组中单击“代码片段”按钮，打开“代码片段”面板，在其中双击“音频和视频”文件夹中的“单击以搜寻提示点”代码片段，将其添加到“buttonpurple”对象上。

STEP 14 在打开的动作面板中，在之前的代码片段后新增了一段代码片段，在新增的代码片段中将“提示点 1”更改为“Buttonpurple”，将该段代码中的“video_instance_nam”更改为“myVideo”，如图10-44所示。

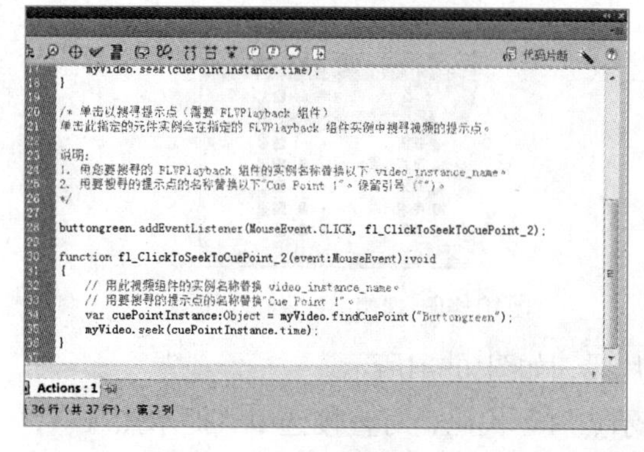

图10-43　为“buttongreen”按钮实例添加代码片段

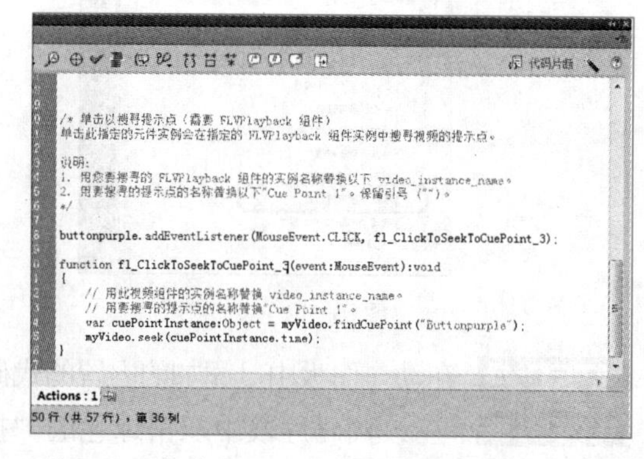

图10-44　为“buttonpurple”按钮实例添加代码片段

STEP 15 设置完成后按【F9】退出动作面板，按【Ctrl+Enter】组合键进行测试，如图10-45所示，在测试的过程中单击并查看是否可跳转到相应的播放位置，测试完成后对文件进行另存，将其保存在一个新位置。

图10-45　测试效果

多学一招

在Flash CS5中还可通过在一个视频中设置提示点，来控制另一个视频的播放，从而达到让人意想不到的效果。

知识提示

在导入视频文件时，因为导入的路径为本地计算机的绝对路径，所以如果视频文件改变了位置，将不能正常浏览插入的视频文件。

10.3 实训——制作“窗外”动画文档

10.3.1 实训目标

本实训的目标是为动画文件添加按钮声音，并设置视频提示点，读者可根据本章所学内容进行操作。最终设置效果如图10-46所示。

素材所在位置 光盘:\素材文件\第10章\实训\窗外风景.flv、背景音乐.wav、窗外.fla

效果所在位置 光盘:\效果文件\第10章\窗外.fla

图10-46 “窗外”动画文档最终设置效果

10.3.2 专业背景

在创建Flash音乐和视频文档时，需要在合适的位置添加视频和音乐。特别是在一些视频门户网站，经常需要用到相关的技术，因此这类人才的需求量也相当大，掌握好使用Flash设置音频和视频的方法，将对读者大有好处。

10.3.3 操作思路

完成本实训主要包括将音频和视频文件的导入、音频和视频文件的添加，以及音频和视频文件的设置3大步操作，其操作思路如图10-47所示。

图10-47 “窗外”动画文档制作思路

【步骤提示】

STEP 1 打开“窗外.fla”动画文档，选择“图层1”的第1帧。

STEP 2 选择【文件】/【导入】/【导入到库】命令，打开“导入到库”对话框，在其中选择要导入的Flash视频文件“窗外风景.flv”，单击打开(O)按钮。

STEP 3 在打开的“导入视频”对话框中直接单击下一步>按钮，在打开的“外观”对话框中继续单击下一步>按钮。

STEP 4 在打开的“完成视频导入”对话框中单击完成按钮，完成视频的导入，导入的视频文件出现在场景中。

STEP 5 调整视频文件大小与场景大小完全相同，在“属性”面板的“位置和大小”栏中将“X”和“Y”轴上的数值更改为“0.00”，让视频文件完全覆盖场景。

STEP 6 选择“图层2”，单击“新建图层”按钮，在“图层2”上方插入一个新图层，并修改图层名为“背景音乐”。

STEP 7 选择【文件】/【导入】/【导入到舞台】命令，打开“导入”对话框，在其中选择需要导入的声音文件“背景音乐.wav”，单击打开(O)按钮，声音文件即被导入到“库”面板中。

STEP 8 选择“背景音乐”图层的第1帧，在“属性”面板的“声音”栏中，单击“名称”右侧的下拉列表，在弹出的列表中选择“背景音乐.wav”选项，声音添加成功。单击“效果”右侧的下拉列表，在弹出的列表中选择“淡入”选项，让背景音乐呈现淡入效果。

STEP 9 保存动画文档，按【Ctrl+Enter】组合键测试动画。

10.4 疑难解析

问：在Flash CS5中能够打开ActionScript 2.0动画，并且能够正常播放，为什么使用ActionScript 3.0按照相同的方法制作动画却不能播放，且制作都不能完成？

答：在ActionScript 1.0和ActionScript 2.0中，可以在时间轴、选择的按钮或影片剪辑元件上添加代码。代码加入在on()或onClipEvent()代码块中以及一些相关的事件，如press、enterFrame等。这些在ActionScript 3.0中已经不再使用了。而且，ActionScript 2.0动画能够在Flash CS5中播放，是因为Flash CS5支持ActionScript 2.0，但并不是ActionScript 1.0和ActionScript 2.0的代码能够直接使用到ActionScript 3.0中。

问：除了可通过选择右键快捷菜单命令打开“声音属性”对话框外，还可通过什么方法打开该对话框，在其中除了可以对压缩和采样率进行设置外，还可以进行什么操作？

答：双击“库”面板中的声音文件的图标，也能打开“声音属性”对话框，在其中显示了声音文件的相关信息，包括文件名、文件路径、创建时间和声音的长度等。如果导入的文件在外部进行了编辑，则可通过单击右侧的更新(U)按钮更新文件的属性，单击右侧的导入(I)...按钮可以选择其他的声音文件来替换当前的声音文件，测试(T)按钮和停止(S)按钮则用于测试和停止声音文件的播放。

问：在测试动画之前，必须对动画中的声音文件进行设置吗？

答：如果动画中的声音文件是.mp3格式的，可以不对声音文件进行处理，使用该文件导入时的默认设置就可以了。其中，比特率确定已导出声音文件中每秒的位数。Flash支持

8Kbps~160Kbps（恒定比特率），为获得最佳效果，应将比特率设置为16Kbps或更高。其他格式的声音文件可进行更细致的设置，最终达到更好的效果。

问：怎样删除动画中添加的声音文件？

答：选择添加了声音文件的帧，在"属性"面板中的"声音"下拉列表框中选择"无"选项，或者直接在"库"面板中删除导入的声音文件，即可删除动画中添加的声音。

10.5 习题

本章主要对Flash CS5中音频和视频的添加和设置进行了介绍，主要包括为文档添加声音、设置声音属性、使用封套编辑声音、压缩声音文件等与音频相关的操作，以及使用组件导入视频素材、添加提示点按钮和设置提示点内容等与视频相关的操作，读者应认真学习和掌握，为后面设计Flash网页打下基础。

素材所在位置 **光盘:\素材文件\第10章\习题\按钮.fla、Button20.wav**
效果所在位置 **光盘:\效果文件\第10章\按钮.fla**

利用本章知识和提供的素材，制作如图10-48所示的"按钮"动画，要求操作如下。

（1）启动Flash CS5，选择【文件】/【打开】菜单命令，在打开的"打开"对话框中选择素材文件夹中的"按钮.fla"动画文档，将其打开。选择【文件】/【导入】/【导入到库】菜单命令，在打开的"导入到库"对话框中选择声音素材文件"Button20.wav"，将其导入到文档的"库"面板中。

（2）在"库"面板中双击其中的按钮元件"annu"前的 图标，进入元件编辑区。在图层2中选择"点击"帧，在"属性"面板的"声音"下拉列表框中选择已经导入的声音文件"Button20.wav"。

（3）在时间轴中的"点击"帧中出现声音波形，表示声音添加成功。保存动画并按【Ctrl+Enter】组合键打开测试窗口进行测试，移动鼠标光标到按钮上并按下点击时，会发出声音。

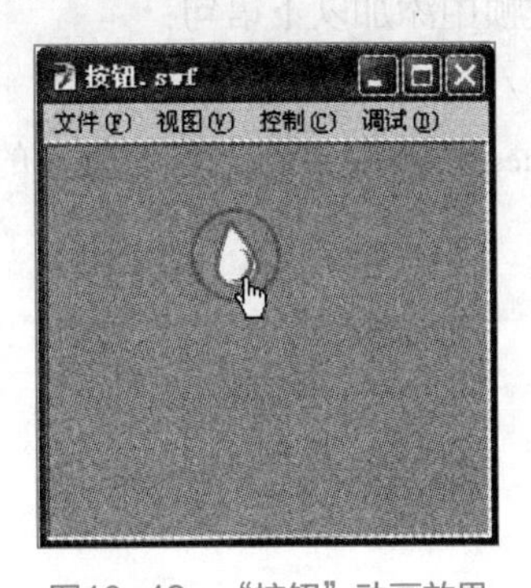

图10-48 "按钮"动画效果

课后拓展知识

在Flash中有时需要使声音在特定的情况下进行播放，而这些动作在“属性”面板中却又难以实现，此时则可使用脚本代码对声音的播放进行设置。下面了解一些与声音有关的控制语句。

1. load语句

load语句用于从指定的URL位置加载外部的MP3文件到动画中。

语法格式为：public function load(stream:URLRequest, context:SoundLoaderContext = null):void

参数为：stream:URLRequest表示外部MP3文件的URL位置。

context:SoundLoaderContext (default = null)表示MP3数据保留在Sound对象缓冲区中的最小毫秒数，在开始回放后和网络中断后继续回放之前，Sound对象将一直等待直到至少拥有这一数量的数据为止，默认值为“1000”（1秒）。

若要将与动画同一个文件夹中的“bg.mp3”文件加载到动画中，只需在关键帧中添加以下语句：

```
var BG= new Sound(); //新建BG声音对象
BG.load(new URLRequest("bg.mp3")); //加载外部的“bg.mp3”文件。
```

2. play语句

play语句用于生成一个新的SoundChannel对象来播放指定的声音。

语法格式为：public function load(stream:URLRequest, context:SoundLoaderContext = null):void

参数为：startTime:Number (default = 0)表示开始播放的初始位置（毫秒为单位）。

loops:int (default = 0)表示声道停止播放前，声音循环startTime值的次数。

sndTransform:SoundTransform (default = null)表示分配给该声道的初始SoundTransform对象。

若要将与动画同一个文件夹中的“bg.mp3”文件加载到动画中，并从开始位置播放该声音文件，只需在关键帧中添加以下语句：

```
var BG = new Sound(); //新建BG声音对象
BG.load(new URLRequest("bg.mp3")); //加载外部的“bg.mp3”文件
BG.play(); //播放声音
```

PART 11

第11章 使用组件

情景导入

经过这段时间的学习，小白已经能掌握Flash CS5中的大部分功能，现在她要学习组件的应用。

知识技能目标

- 认识“组件”面板的作用。
- 熟练掌握组件的添加、属性的设置和脚本的添加操作。
- 熟练掌握不同组件的不同属性设置方法。

- 加强对组件的认识和理解，能够在设计作品时熟练地使用组件创建内容。
- 掌握“美食问卷调查”文档和“个人信息登记”文档的制作。

课堂案例展示

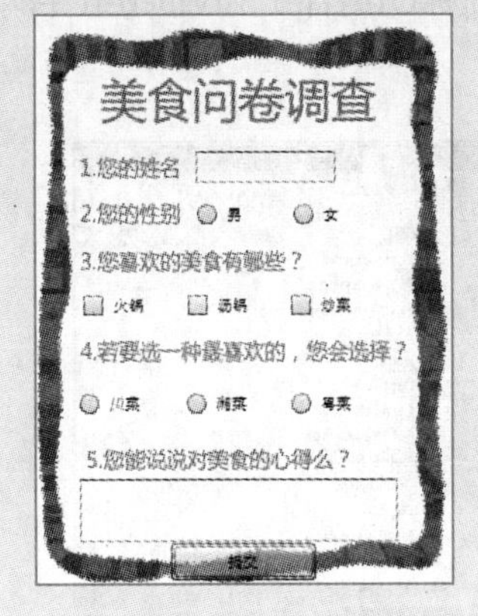

“美食问卷调查”文档

“个人信息登记”文档

11.1 制作“美食问卷调查”文档

老张今天交给小白一个任务，制作一张美食问卷调查表。小白拿着这个任务可犯难了，她对ActionScript还没有到百分之百熟悉的地步，这种交互式的文档要怎么做呢？老张告诉小白，在Flash CS5的“组件”面板中，可直接调用其中的交互组件进行制作，从而节约大量时间。本例完成后的参考效果如图11-1所示，下面具体讲解其制作方法。

素材所在位置 光盘:\素材文件\第11章\课堂案例1\美食问卷调查.fla
效果所在位置 光盘:\效果文件\第11章\美食问卷调查.fla

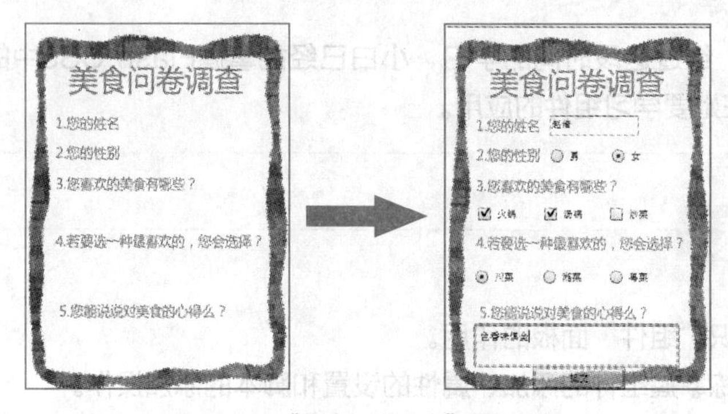

图11-1 “美食问卷调查”最终效果

11.1.1 认识组件

Flash CS5中的组件可以提供很多常用的交互功能，利用不同类型的组件，可以制作出简单的用户界面控件，也可以制作出包含多项功能的交互页面。用户还可根据需要，对组件的参数进行设置，从而修改组件的外观和交互行为。巧妙地应用组件，可以让制作者无需自行构建复杂的用户界面元素，只需通过选择相应的组件，并为其添加适当的ActionScript脚本，即可轻松实现所需的交互功能。

Flash中的组件主要分为User Interface组件（以下简称UI组件）和Video组件两大类，如图11-2所示。

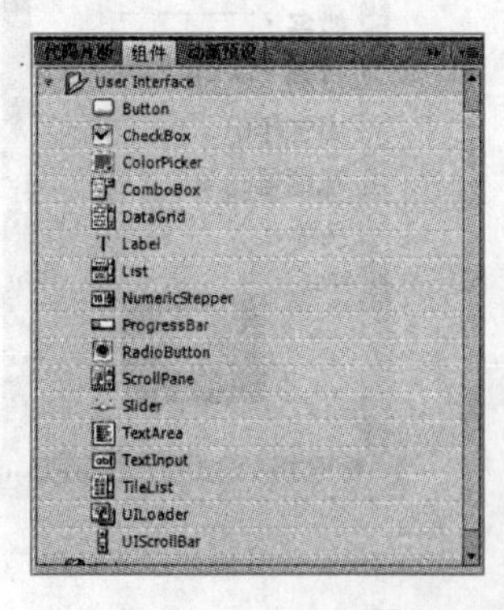

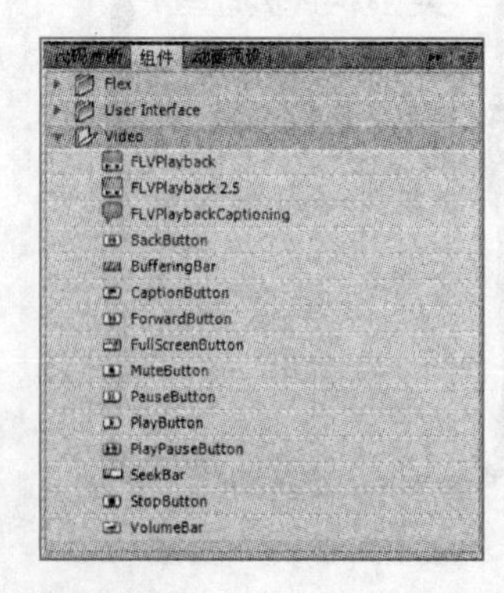

图11-2 UI组件和Video组件

- **UI组件**：User Interface组件主要用于设置用户交互界面，并通过交互界面使用户与应用程序进行交互操作，在Flash CS5中，大多数交互操作都通过UI组件实现。在UI组件中，包含的组件主要有Button、CheckBox、RadioButton、ComboBox、TextArea和TextInput等。
- **Video组件**：Video组件主要用于对动画中的视频播放器和视频流进行交互操作。其中主要包括FLVPlayback、FLVPlaybackCaptioning、BackButton、PlayButton、SeekBar、PlayPauseButton、VolumeBar和FullScreenButton等交互组件。

11.1.2 制作问卷调查

在制作问卷调查表一类的文档时，经常需要使用组件来快速达到想要的效果，下面以制作“美食问卷调查”文档为例，具体讲解如何使用组件。

1. TextInput组件

TextInupt组件主要用于显示或获取动画中所需的文本，与TextArea组件不同的是TextInupt组件只用于显示或获取交互动画中的单行文本字段，如图11-3所示。

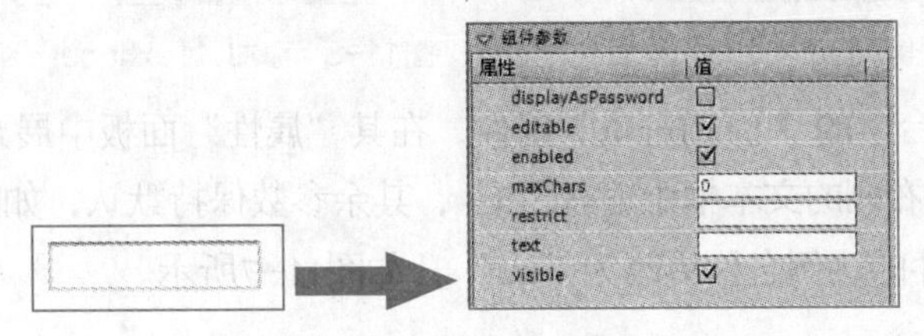

图11-3　TextInput组件

- **displayAsPassword**：输入字段是否为密码字段，默认不选中该选项，值为“flase”，表示不是密码字段。
- **editable**：指示组件是否为可编辑，默认选中该选项，表示用户可编辑其中的文本，值为true。
- **enabled**：是一个布尔值，它指示组件是否可以接受焦点和输入，默认选中该选项，值为true，表示接受。
- **maxChars**：表示文本输入字段最多可容纳的字符数，默认为“null”，表示无限制。
- **restrict**：用于设置TextInupt组件可从用户处接受的字符串。需注意的是，未包含在本字符串中的，以编程方式输入的字符也会被TextInupt组件所接受。如果此属性的值为null，则TextInupt组件会接受所有字符；若将值设置为“空字符串("")”，则不接受任何字符。其默认值为“null”。
- **text**：用于获取或设置TextInupt组件中的字符串。此属性包含无格式文本，不包含HTML标签。若要检索格式为HTML的文本，应使用TextArea组件的htmlText属性。
- **visible**：是一个布尔值，当该选项选中时，值为“true”，该组件在文档中不可见。

下面在文档中添加TextInput组件，并设置其属性，其具体操作如下。

STEP 1 启动Flash CS5，打开素材文件夹中的"美食问卷调查.fla"素材文档。

STEP 2 在时间轴上单击"新建图层"按钮，新建一个图层，将其重命名为"组件"，选择该图层第1帧，如图11-4所示。

STEP 3 在面板组中单击"组件"按钮，打开"组件"面板，在其中双击"User Interface"文件夹，在其中单击"TextInput"组件不放，并将其拖曳到舞台中如图11-5所示的位置。

图11-4 新建"组件"图层

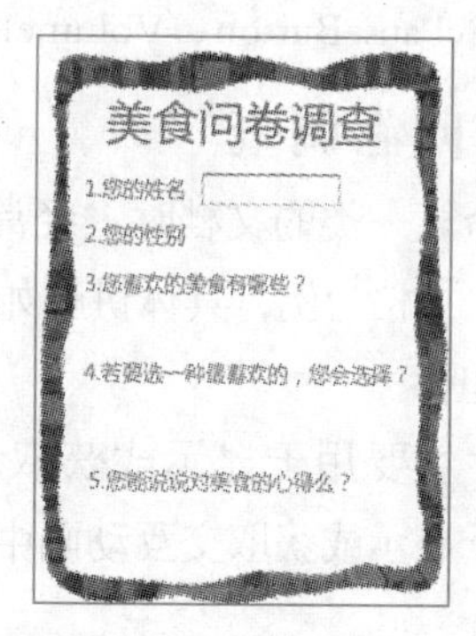

图11-5 添加"TextInput"组件

STEP 4 选择舞台中的"TextInput"组件，在其"属性"面板中展开"组件参数"栏，在"maxChars"参数右侧的文本框中输入"5"，其余参数保持默认，如图11-6所示。

STEP 5 将该组件的实例名称更改为"mz"，如图11-7所示。

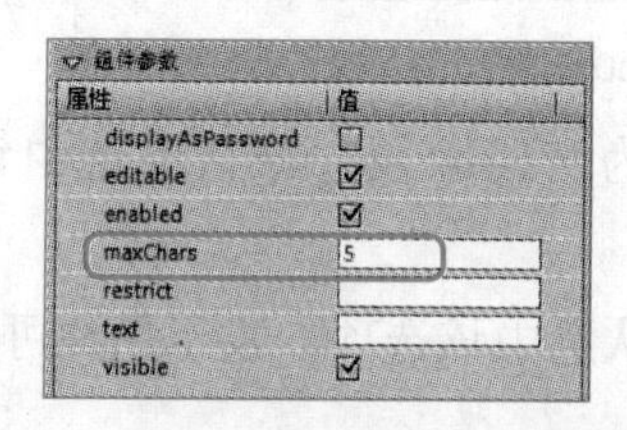

图11-6 更改"组件参数"栏中的参数

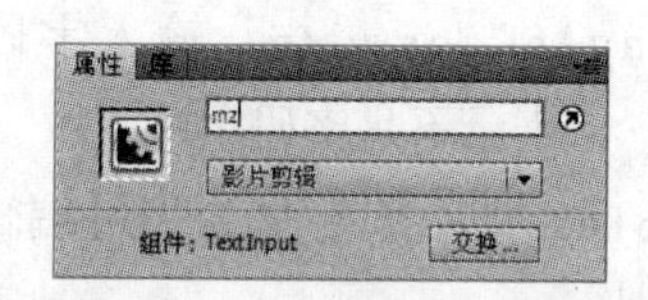

图11-7 更改实例名称

2. TextArea组件

TextArea组件主要用于显示或获取动画中所需的文本。在交互动画中需要显示或获取多行文本字段的任何地方，都可使用TextArea组件来实现，如图11-8所示。

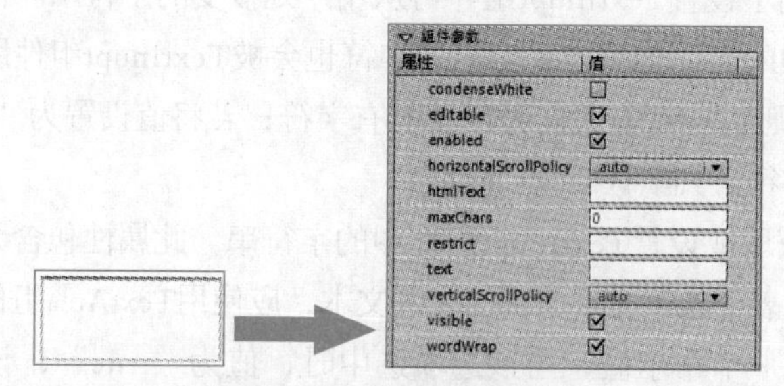

图11-8 TextArea组件

- condenseWhite：用于设置是否从包含 HTML文本的TextArea组件中删除多余的空白。当值为"true"时表示删除多余的空白；值为"false"时表示不删除多余空白。

其默认值为“false”。

- editable：用于设置允许用户编辑TextArea组件中的文本。值为“true”表示用户可以编辑TextArea组件所包含的文本；值为“false”则表示不能进行编辑。其默认值为“true”。
- enabled：是一个布尔值，它指示组件是否可以接受焦点和输入，默认选中该选项，值为“true”，表示接受。
- horizontalScrollPolicy：用于设置TextArea组件中的水平滚动条是否始终打开。包括on、off和auto3个选项。其默认值为“auto”。
- htmlText：用于设置或获取TextArea组件中文本字段所含字符串的HTML 表示形式。其默认值为“null”。
- maxChars：用于设置用户可以在TextArea组件中输入的最大字符数。
- restrict：用于设置TextArea组件可从用户处接受的字符串。如果此属性的值为null，则TextArea组件会接受所有字符。如果此属性值设置为“空字符串 ("")”，则TextInupt组件不接受任何字符。其默认值为“null”。
- text：用于获取或设置TextArea组件中的字符串，其中也包含当前TextInput组件中的文本。此属性包含无格式文本，不包含HTML标签。若要检索格式为HTML的文本，应使用htmlText属性。
- verticalScrollPolicy：用于设置TextArea组件中的垂直滚动条是否始终打开。包括on、off和auto这3个选项。其默认值为“auto”。
- visible：是一个布尔值，当该选项选中时，值为“true”，该组件在文档中不可见。
- wordWrap：用于设置文本是否在行末换行。若值为“true”，表示文本在行末换行；若值为“false”则表示文本不换行。其默认值为“true”。

下面在文档中为最后一个问题添加TextArea组件，其具体操作如下。

STEP 1 选择【窗口】/【组件】菜单命令，打开“组件”面板，双击“User Interface”文件夹，在其中单击“TextArea”组件不放，并将其拖曳到舞台中如图11-9所示的位置。

STEP 2 选中该组件，在其“属性”面板中将其实例名称更改为“xd”，如图11-10所示。

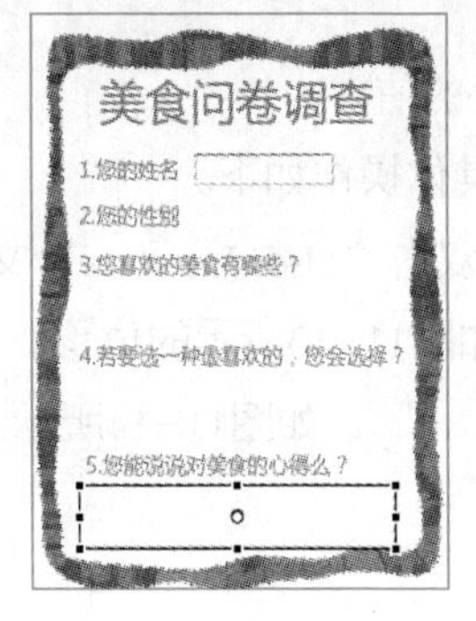

图11-9 添加“TextArea”组件

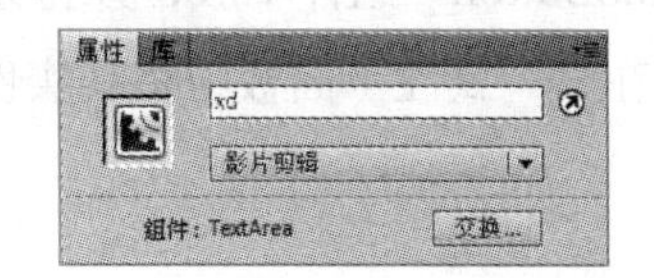

图11-10 更改实例名称

STEP 3 在“组件参数”栏中单击“horizontalScrollPolicy”右侧的下拉按钮，在弹出的列表中选择“off”选项，其余保持默认，如图11-11所示。

图11-11 更改“horizontalScrollPolicy”的参数

3. RadioButton组件

单选按钮组件RadioButton主要用于选择一个唯一的选项。它不能单独使用，文档中至少应添加两个单选按钮组件才可以成立组。通常用户在Flash中创建一组单选按钮形成的一个系列选择组中只能选择某一个选项，在选择该组中某一个选项后，将自动取消对该组内其他选项的选择。如图11-12所示为该组件的参数面板，其中主要参数介绍如下。

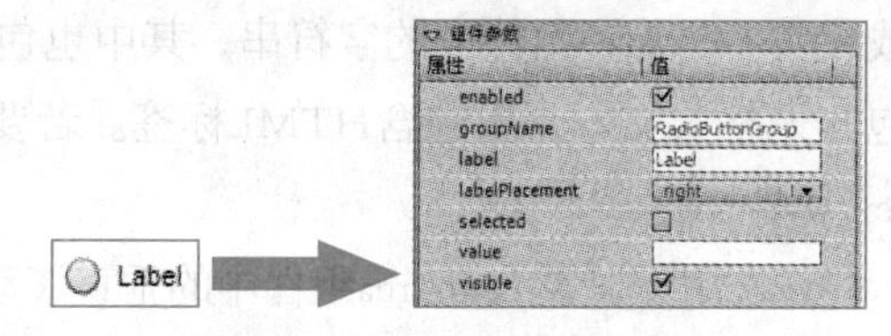

图11-12 RadioButton组件

- groupName：用于指定当前单选按钮所属的单选按钮组，该参数值相同的单选按钮自动被编为一组，并且在一个单选按钮组中只能选中一个单选按钮。
- label：用于设置按钮上显示的内容，其默认值是“Label”。
- labelplacement：用于确定单选按钮旁边标签文本的位置，其中包括left、right、top和bottom4个选项，其默认值为“right”。
- selected：用于确定单选按钮的初始状态为被选中状态（true）或未选中状态（false），其默认值为“false”。一个组内只能有一个单选按钮被选中，如果一组内有多个单选按钮被设置为“true”，则单选按钮组中初始状态会选中最后设置为“true”的单选按钮。
- value：在该参数中用户可定义与单选按钮相关联的值。

下面在文档中为性别选项添加RadioButton组件，其具体操作如下。

STEP 1 按【Ctrl+F7】组合键，打开“组件”面板，双击“User Interface”文件夹，在其中单击“RadioButton”组件不放，并将其拖曳到舞台中如图11-13所示的位置。

STEP 2 在其“属性”面板中将其实例名称更改为“man”，如图11-14所示。

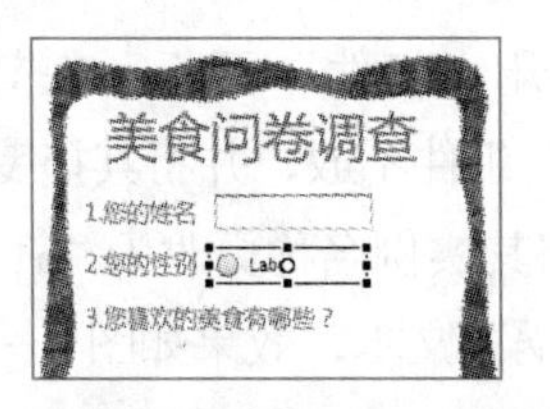

图11-13 添加RadioButton组件

图11-14 更改组件实例名称

STEP 3 在其"组件参数"栏中，在"groupName"参数右侧的文本框中输入"sex"，将"label"参数右侧的文本更改为"男"，舞台中RadioButton参数的"Label"文本相应更改为"男"，如图11-15所示。

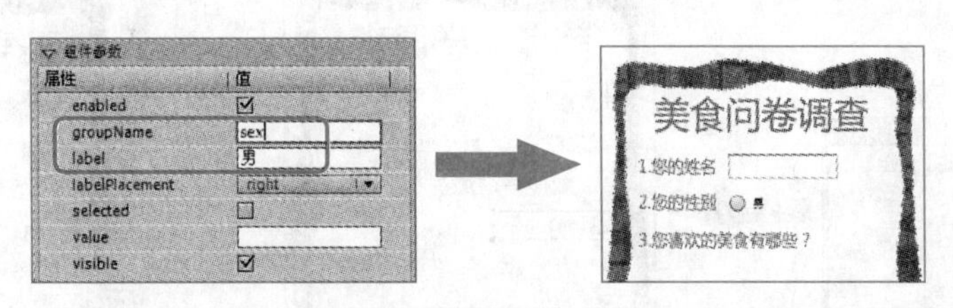

图11-15 更改label参数

STEP 4 在舞台中单击RadioButton组件不放并向右拖曳，复制一个组件，选中复制的组件，在其"属性"面板中将实例名称更改为"woman"，在"组件参数"栏中将"label"参数右侧的文本更改为"女"，效果如图11-16所示。

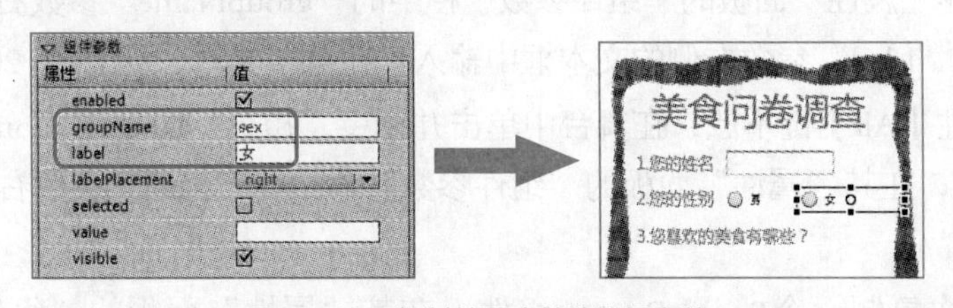

图11-16 复制并更改单选按钮参数

4. CheckBox组件

CheckBox组件用于设置一系列选择项目，并可同时选取多个项目，以此对指定对象的多个数值进行获取或设置，该组件的组件参数如图11-17所示。

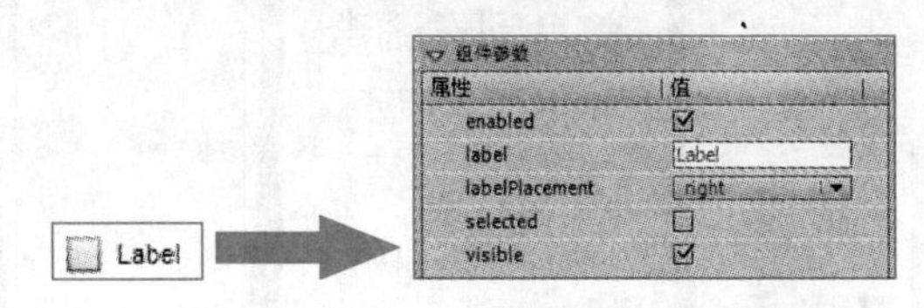

图11-17 CheckBox组件

- label：用于设置CheckBox组件显示的内容，其默认值为"Label"。
- labelPlacement：用于确定复选框上标签文本的方向，包括left、right、top和bottom4个选项，其默认值为"right"。
- selected：用于确定CheckBox组件的初始状态为选中（true）或取消选中（false），其默认值为"false"。

STEP 1 在面板组中单击“组件”按钮，打开“组件”面板，在其中双击“User Interface”文件夹将其展开，在其中单击“CheckBox”组件不放，并将其拖曳到舞台中。

STEP 2 单击选中该组件，在其“属性”面板中将其实例名称更改为“a1”，在“组件参数”栏中，在“label”参数右侧的文本框中输入“火锅”文本，效果如图11-18所示。

STEP 3 使用同样的方法，再创建两个CheckBox组件，将其实例名称分别命名为“a2”和“a3”，并将其“label”参数文本框中的文本分别更改为“汤锅”和“炒菜”，效果如图11-19所示。

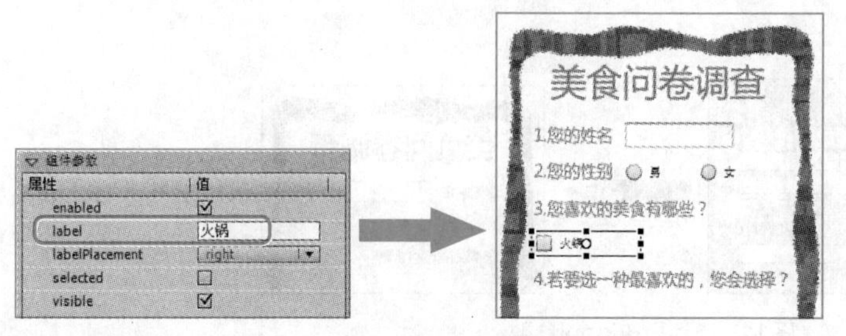

图11-18 添加CheckBox组件

图11-19 继续添加组件

STEP 4 按【Ctrl+F7】组合键打开“组件”面板，双击“User Interface”文件夹将其展开，在其中单击“RadioButton”组件不放，并将其拖曳到舞台中。

STEP 5 在其“属性”面板的“组件参数”栏中的“groupName”参数右侧的文本框中输入“kinds”，在“label”参数右侧的文本框中输入“川菜”文本，如图11-20所示。

STEP 6 按住【Alt】键不放，在舞台中单击并拖曳“川菜”RadioButton组件进行复制，选中复制的组件，在其“属性”面板的“组件参数”栏中将“label”参数右侧文本框中的内容更改为“湘菜”。

STEP 7 再次复制一个RadioButton组件，在其“属性”面板的“组件参数”栏中将“label”参数右侧文本框中的内容更改为“粤菜”，如图11-21所示。将这3个RadioButton组件的实例名称依次更改为“b1”、“b2”和“b3”。

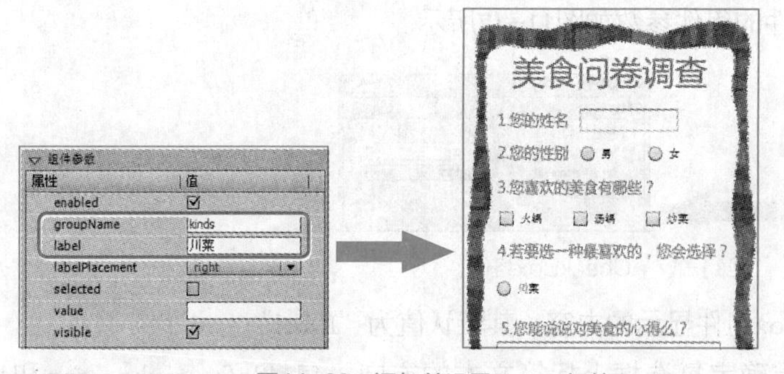

图11-20 添加并设置Button组件

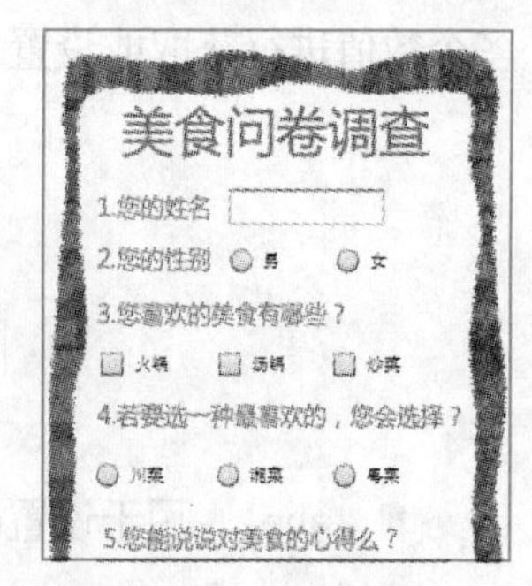

图11-21 复制组件

5. Button组件

按钮组件Button可执行与鼠标和键盘的交互事件，该组件的参数面板如图11-22所示。

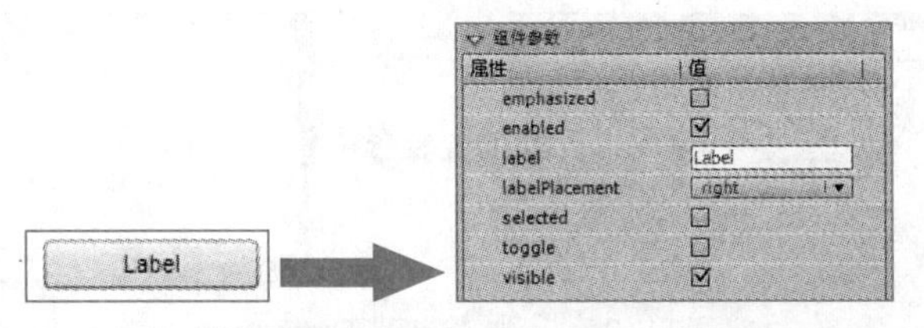

图11-22 Button组件

- emphasized：用于为按钮添加自定义图标，为其获取或设置一个布尔值，指示当按钮处于弹起状态时，Button组件周围是否出现边框。
- label：用于设置按钮的名称，其默认值为“Label”。
- labelPlacement：用于确定按钮上的文本相对于图标的方向，包括left、right、top和bottom共4个选项，其默认值为“right”。
- selected：用于根据toggle的值设置按钮是被按下还是被释放，若toggle的值为true则表示按下，值为false表示释放，默认值为“false”。
- toggle：用于确定是否将按钮转变为切换开关。若要让按钮按下后马上弹起，则选择“false”选项；若要让按钮在按下后保持按下状态，直到再次按下时才返回到弹起状态，则选择“true”，其默认值为“false”。

下面在问卷中添加Button组件，其具体操作如下。

STEP 1 按【Ctrl+F7】组合键打开“组件”面板，双击“User Interface”文件夹将其展开，在其中单击“Button”组件不放，并将其拖曳到舞台中。

STEP 2 在“属性”面板中将其实例名称更改为“tj”，在“组件参数”栏中单击选中“emphasized”参数右侧的复选框，在“label”参数右侧的文本框中输入“提交”文本，效果如图11-23所示。

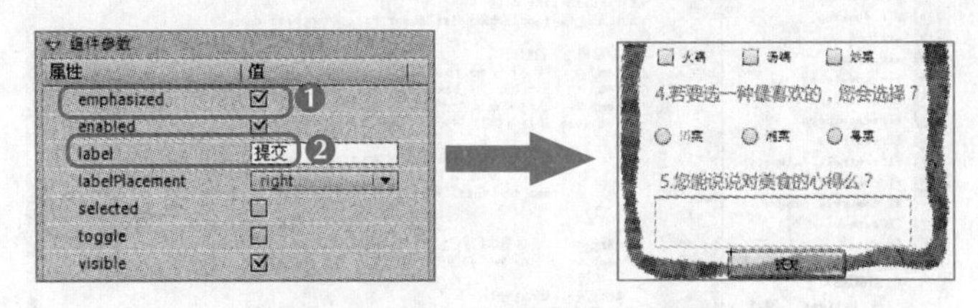

图11-23 添加“提交”Button组件

STEP 3 选择“背景”图层的第2帧，按【F6】组合键插入关键帧，选择“组件”图层的第2帧，按【F7】键插入空白关键帧。按【Ctrl+F7】组合键打开“组件”面板，双击“User Interface”文件夹将其展开，在其中单击“Button”组件不放，将其拖曳到“组件”图层的第2帧中。

STEP 4 在“属性”面板中将其实例名称更改为“fh”，在“组件参数”栏中单击选中“emphasized”参数右侧的复选框，在“label”参数右侧的文本框中输入“返回”文本，效果如图11-24所示。

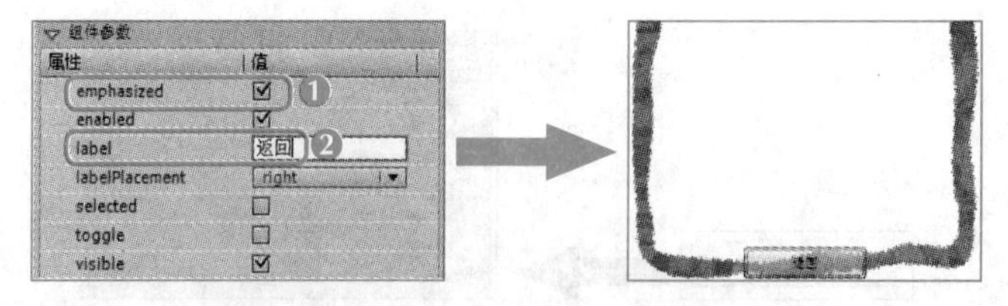

图11-24　添加“返回”Button组件

STEP 5　选择“文本”图层的第2帧，按【F7】键插入空白关键帧，在工具栏中选择文本工具，在“属性”面板中将其更改为“传统文本”，类型为“输入文本”，并将其实例名称更改为“jieguo”，然后在舞台中进行绘制，如图11-25所示。

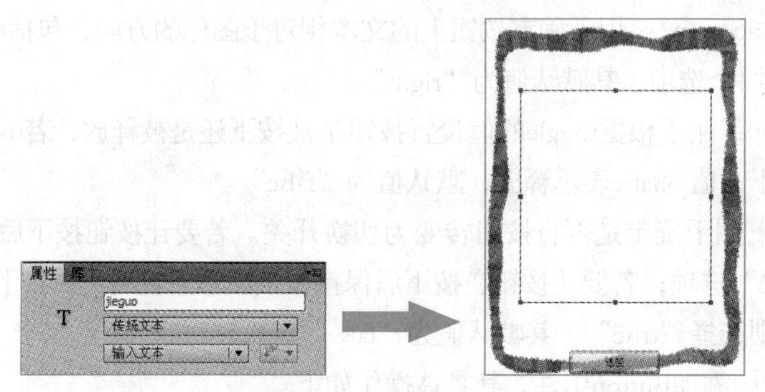

图11-25　绘制输入文本

STEP 6　在时间轴中新建“actions”图层，选择该图层的第1帧，按【F7】键插入一个空白关键帧，按【F9】键打开动作面板，在其中输入如图11-26所示的脚本。

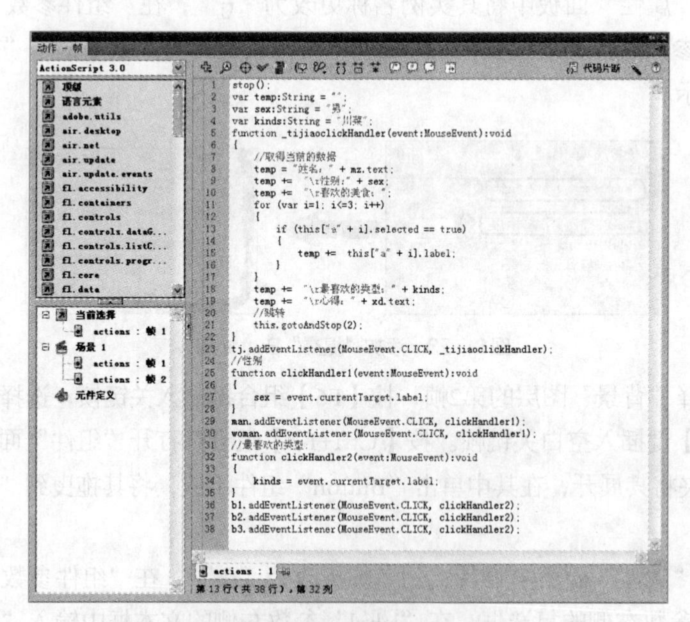

图11-26　在“actions”图层的第1帧中输入的代码

STEP 7　在“actions”图层中选择第2帧，按【F7】键插入一个空白关键帧，按【F9】键打开动作面板，在其中输入如图11-27所示的脚本。

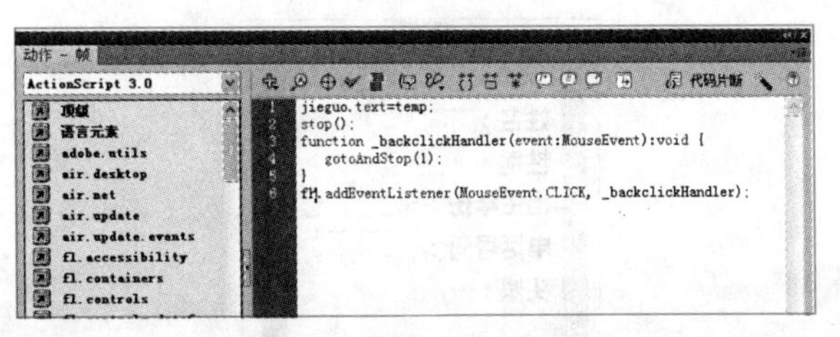

图11-27 在“actions”图层的第2帧中插入的代码

STEP 8 按【Ctrl+Enter】组合键进行测试，如图11-28所示，测试完成后保存即可。

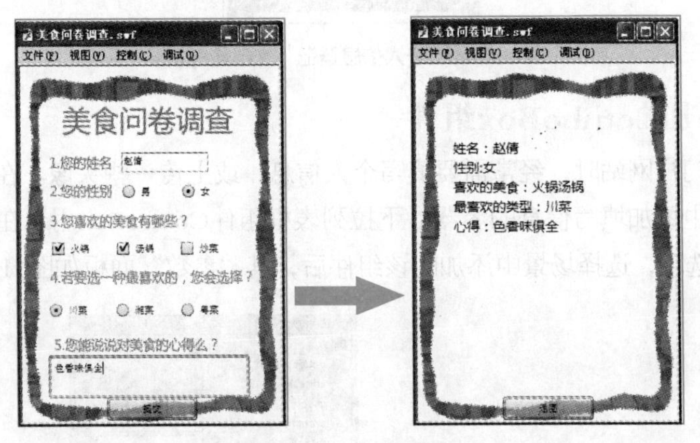

图11-28 测试文件

知识提示

在使用文本工具创建文本时，最好使用设备字体，否则在没有安装使用字体的电脑上运行文件会产生错误。

行业提示

在制作问卷时应避免使用应答者不明白的用语，提问的内容要具体且不能涉及隐私，且需要确保问题易于回答，不要做过多的假设性提问。

11.2 制作“个人信息登记”文档

小白接到的第二个任务是制作个人“信息登记”文档。要完成该任务，除了要用到RadioButton组件和Button组件外，还将涉及ComboBox和Loader等其他组件的使用。本例的参考效果如图11-29所示，下面具体讲解其制作方法。

素材所在位置 光盘:\素材文件\第11章\课堂案例2\个人信息登记.fla、tp.jpg

效果所在位置 光盘:\效果文件\第11章\个人信息登记.fla

图11-29 “个人信息登记”文档最终效果

11.2.1 添加ComboBox组件

在登录一些门户网站时，经常需要填写个人信息，或上传一些头像。在Flash中使用组件即可轻松在文档中添加填写信息的容器。下拉列表框组件ComboBox用于在弹出的下拉列表框中选择需要的选项，选择场景中添加的该组件后，其“参数”面板如图11-30所示。

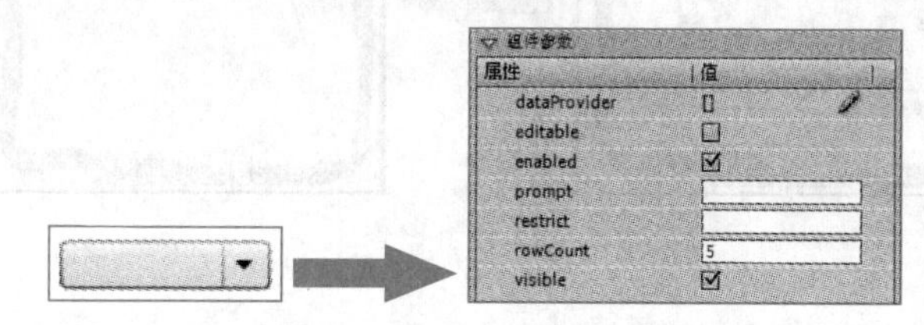

图11-30 ComboBox组件

- dataProvider：单击该参数右边的按钮，将打开“值”对话框，在其中可单击按钮，设置date值和label值，以此来决定ComboBox组件的下拉列表中显示的内容。
- editable：该参数用于决定用户是否能在下拉列表框中输入文本，true表示可以输入文本，false则表示不可以输入文本，其默认值为“false”。
- prompt：设置对ComboBox组件的提示。
- rowCount：获取或设置不拖动滚动条时，下拉列表框可显示的最大行数，其默认值为“5”。

下面以“个人信息登记.fla”为例，介绍如何在Flash中添加和使用ComboBox组件，其具体操作如下。

STEP 1 启动Flash CS5，选择【文件】/【打开】菜单命令，在打开的“打开”对话框中，选择相应素材文件夹中的“个人信息登记.fla”文件，将其打开。

STEP 2 在时间轴中单击“新建图层”按钮，新建两个图层，分别命名为“组件”和“actions”，如图11-31所示。

STEP 3 选择“组件”图层的第1帧，按【Ctrl+F7】组合键打开“组件”面板，在其中双击“User Interface”文件夹将其展开，在其中单击“Button”组件不放，并将其拖曳到舞台中，如图11-32所示。

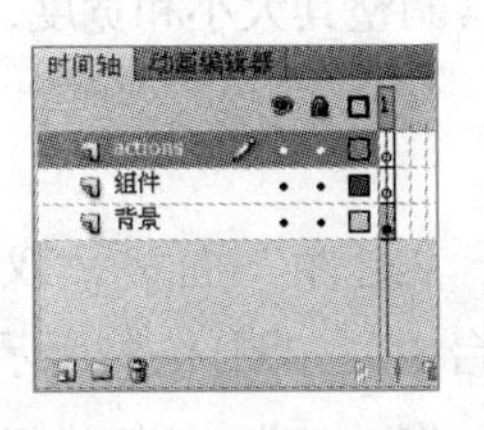

图11-31 新建图层

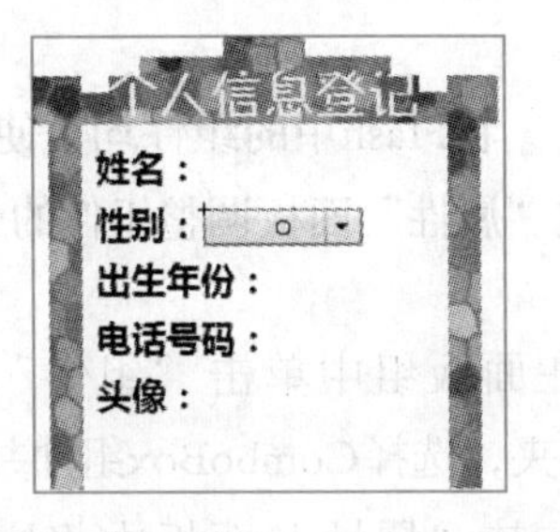

图11-32 添加ComboBox组件

STEP 4 选中该组件，在“属性”面板中将其实例名称更改为“box1”，如图11-33所示，在“组件参数”栏的“rowCount”文本框中输入“2”，单击“dataProvider”右侧的“编辑”按钮，打开“值”对话框。

STEP 5 在“值”对话框中单击按钮，将在其下的列表框中添加一个“label10”标签，单击第2行“label”右侧的“label10”，将其选中并更改为“男”，单击“data”右侧的文本框，在其中输入“男”文本，如图11-34所示。

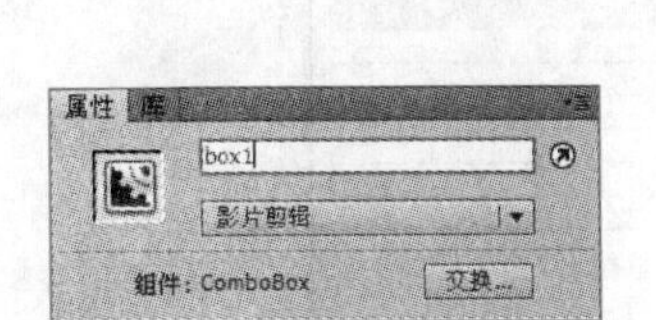

图11-33 更改实例名称

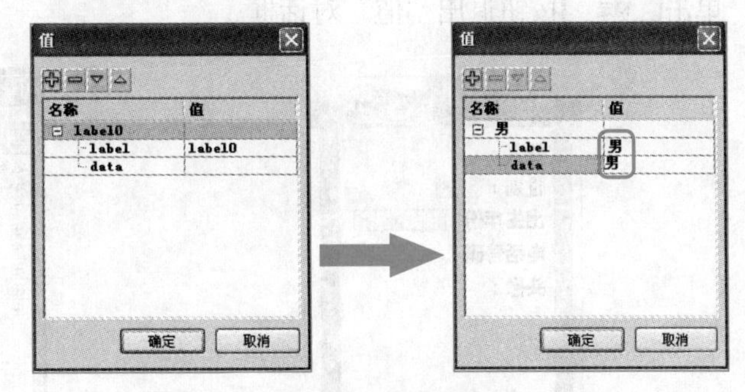

图11-34 在“值”对话框中添加列表值

STEP 6 再次单击按钮，在添加的“label10”标签中将“label”和“data”右侧的参数均更改为“女”，如图11-35所示，单击 确定 按钮退出“值”对话框。

STEP 7 在工具栏中选择任意变形工具，在舞台中单击“box1”组件实例，调整其宽度，效果如图11-36所示。

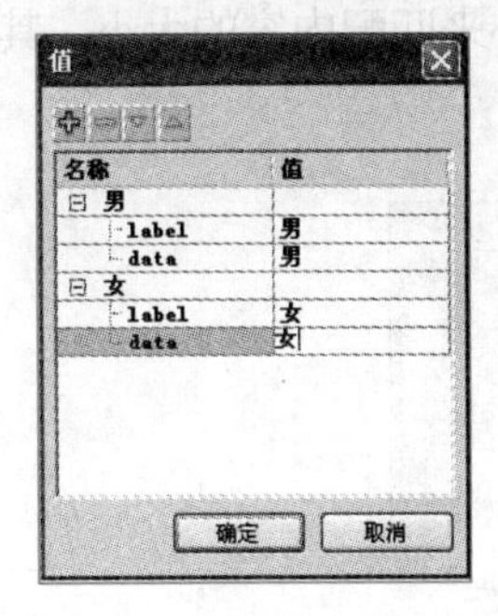

图11-35 继续添加列表值

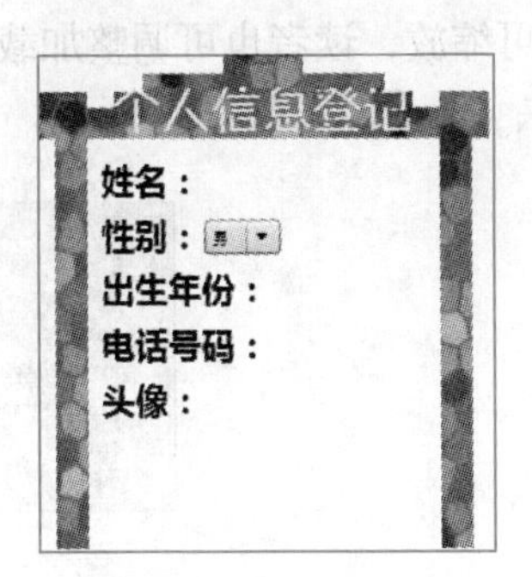

图11-36 调整组件大小

在Flash中的组件均可使用任意变形工具调整其大小和宽度，读者也可通过“属性”面板调整组件的大小。

STEP 8 在面板组中单击“组件”按钮，打开“组件”面板，双击展开“User Interface”文件夹，选择ComboBox组件并将其拖曳到舞台中，如图11-37所示。

STEP 9 在其“属性”面板中将实例名称更改为“box2”，在“组件参数”栏的“rowCount”文本框中输入“6”，单击“dataProvider”右侧的“编辑”按钮，打开“值”对话框。

STEP 10 单击按钮，将在其下的列表框中添加一个“label10”标签，单击第2行“label”右侧的“label10”，将其选中并更改为“1985”，单击“data”右侧的文本框，在其中输入“1985”。

STEP 11 使用同样的方法在其中添加标签，根据年份依次更改标签值，效果如图11-38所示。单击确定按钮退出“值”对话框。

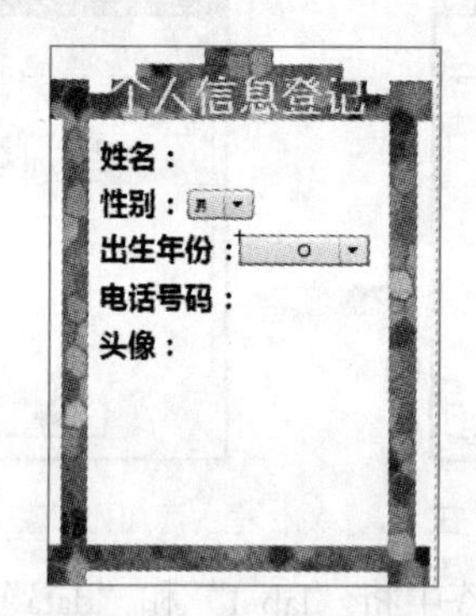

图11-37 添加ComboBox组件

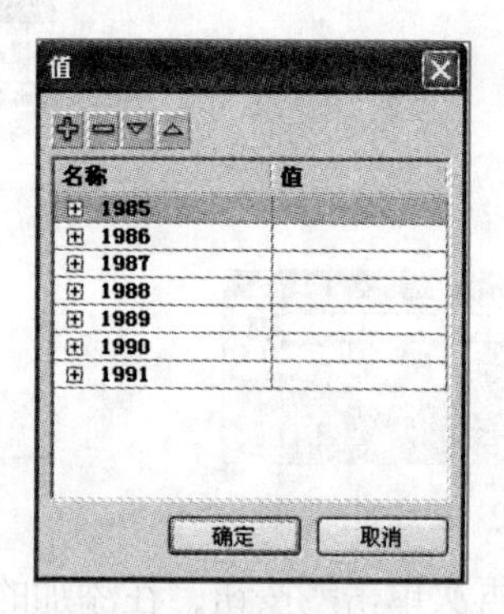

图11-38 设置组件的列表值

11.2.2 添加UILoader组件

UILoader 组件是一个容器，可显示 SWF、JPEG、渐进式 JPEG、PNG 和 GIF 文件。加载器中的内容可缩放，读者也可调整加载器自身的大小来匹配内容的大小，其“参数”面板如图11-39所示。

图11-39 UILoader组件

- autoload：指示内容是应该自动加载 (true)，还是应该等到调用 Loader.load() 方法时再进行加载 (false)。默认值为“true”。

- enabled：是一个布尔值，它指示组件是否可以接收焦点和输入。默认值为“true”。
- maintainAspectRatio：说明属性，一个布尔值，如果为“true”，则保持视频高宽比。
- scaleContent：指示是内容进行缩放以适合加载器 (true)，还是加载器进行缩放以适合内容 (false)。默认值为“true”。
- source：是一个绝对或相对的 URL，它指示要加载到加载器的文件。相对路径必须是相对于加载内容的SWF文件的路径。该URL必须与Flash内容当前驻留的URL在同一子域中。为了在Flash Player中或者在测试模式下使用SWF文件，必须将所有SWF文件存储在同一个文件夹中，并且其文件名不能包含文件夹或磁盘驱动器说明。默认值在开始加载之前为“undefined”。
- visible：是一个布尔值，它指示对象是 (true) 否 (false) 可见。默认值为“true”。

下面讲解如何添加UILoader组件，并设置加载文件的地址，其具体操作如下。

STEP 1 按【Ctrl+F7】组合键打开“组件”面板，双击展开“User Interface”文件夹，在其中单击“UILoader”组件不放，并将其拖曳到舞台中，如图11-40所示。

STEP 2 单击选中该组件，在“属性”面板中将实例名称更改为“UIa”，在“组件参数”栏的“source”文本框中，输入图片所在位置，这里输入“D:\pic\tp.jpg”（读者可根据光盘中素材所在位置进行填写），如图11-41所示。

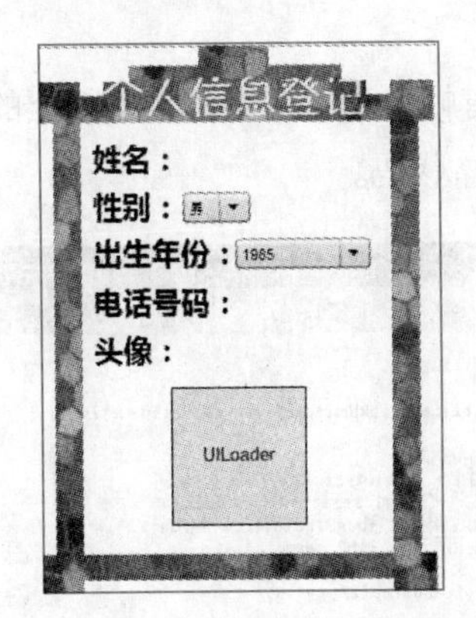

图11-40 添加UILoader组件

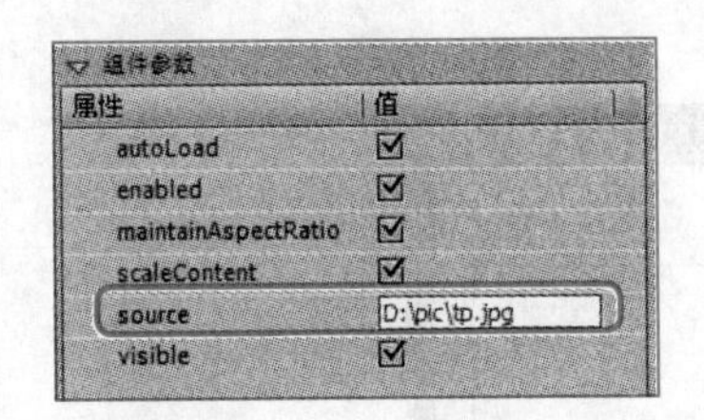

图11-41 输入图片所在地址

STEP 3 在面板组中单击“组件”按钮，打开“组件”面板，双击展开“User Interface”文件夹，选择TextInput组件并将其拖曳到舞台中，如图11-42所示，在其“属性”面板中将实例名称更改为“wb1”。

STEP 4 按住【Alt】键复制TextInput组件，在其“属性”面板中将实例名称更改为“wb2”，在“组件参数”栏中单击选中“displayAsPassword”复选框，在“maxChars”文本框中输入“8”，如图11-43所示。

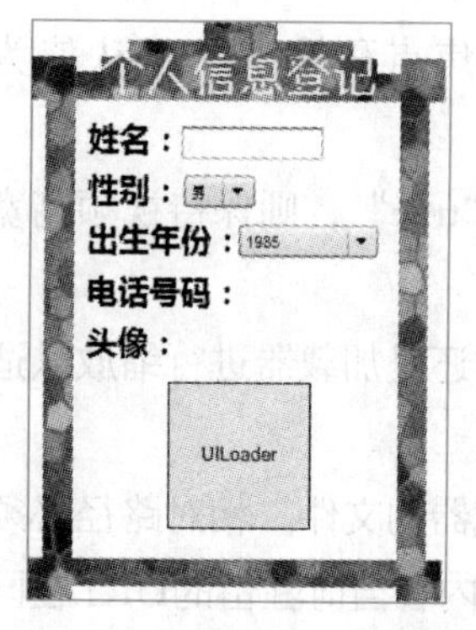

图11-42　添加TextInput组件

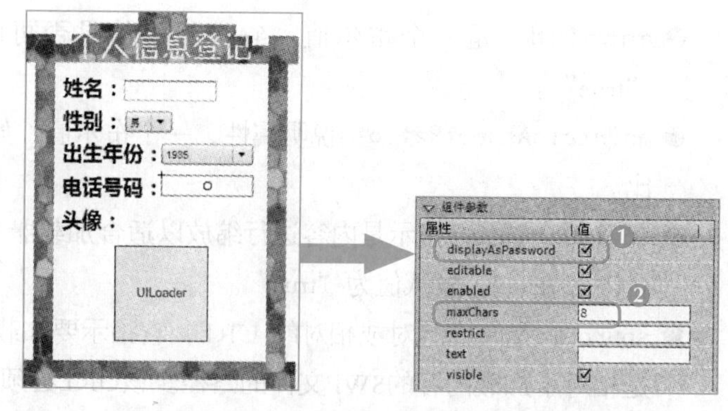

图11-43　复制TextInput组件并设置其参数

STEP 5 在“组件”面板中拖曳Button组件到“组件”图层的第1帧中，在“属性”面板中将其实例名称更改为“tj”，在“label”文本框中输入“提交”文本。

STEP 6 在“组件”图层的第2帧中再次拖入Button组件，在“属性”面板中将其实例名称更改为“fh”，在“label”文本框中输入“返回”。

STEP 7 选择“背景”图层的第1帧，在舞台中选中绿色的背景框和黄色的文本，按【Ctrl+C】组合键进行复制，选择该图层的第2帧，按【F7】键插入空白关键帧，在舞台上单击鼠标右键，在弹出的快捷菜单中选择“粘贴到当前位置”菜单命令。

STEP 8 选择“组件”图层的第2帧，按【F7】键插入空白关键帧，然后使用文本工具T在舞台中绘制一个类型为“输入文本”的“传统文本”，并将其实例名称更改为“jg”，如图11-44所示。

STEP 9 在“actions”图层的第1帧中插入空白关键帧。选择“actions”图层的第1帧，按【F9】键打开动作面板，在其中输入如图11-45所示的脚本代码。

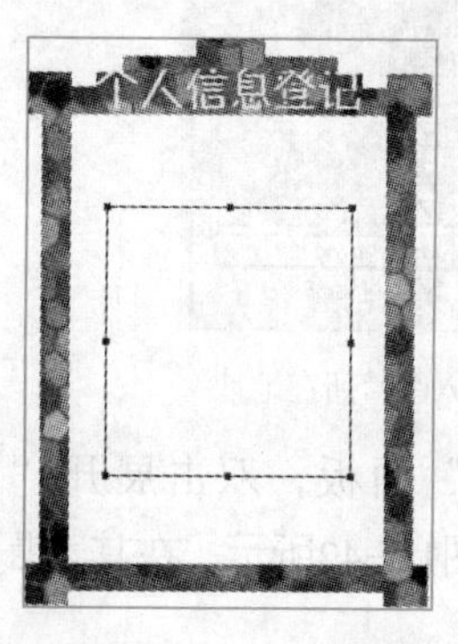

图11-44　粘贴背景

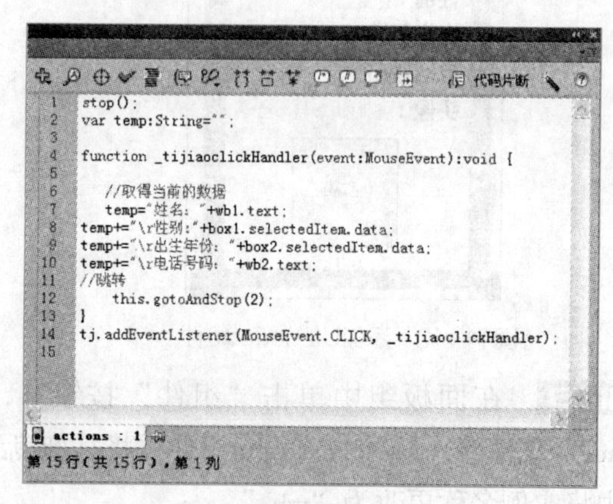

图11-45　在第1帧中输入代码

STEP 10 代码输入完成后，按【F9】键退出动作面板，选择“actions”图层的第2帧，按【F7】键插入空白关键帧。

STEP 11 按【F9】键再次打开动作面板，在其中输入如图11-46所示的代码。

图11-46　在第2帧中输入代码

STEP 12 按【Ctrl+Enter】组合键进行测试，如图11-47所示，测试完成后保存文档。

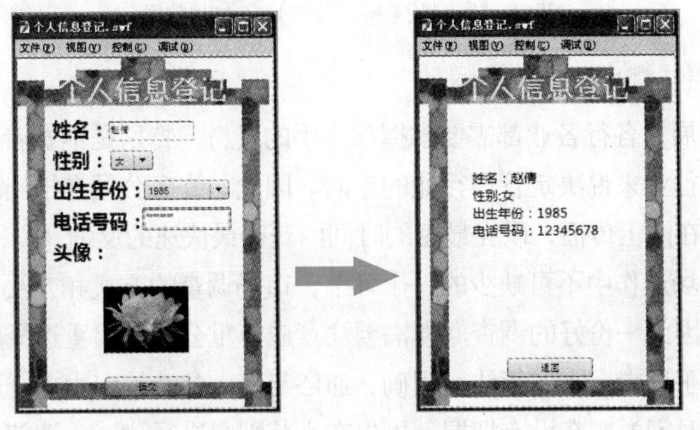

图11-47　测试文档

知识提示

UILoader 组件不能获得焦点，但是UILoader 组件中加载的内容可以接受焦点，并且可以有自己的焦点交互操作。

11.3　实训——制作“24小时反馈问卷”文档

11.3.1　实训目标

本实训的目标是制作读者反馈问卷，问卷内容包括读者姓名、年龄、性别、购买书籍的种类、喜欢的排版方式、购书渠道，以及对书籍的意见。要求问卷界面简单自然，不侵犯读者隐私。本实训的前后对比效果如图11-48所示。

素材所在位置　光盘:\素材文件\第11章\实训\1.tif、2.tif、3.tif

效果所在位置　光盘:\效果文件\第11章\24小时反馈问卷.fla

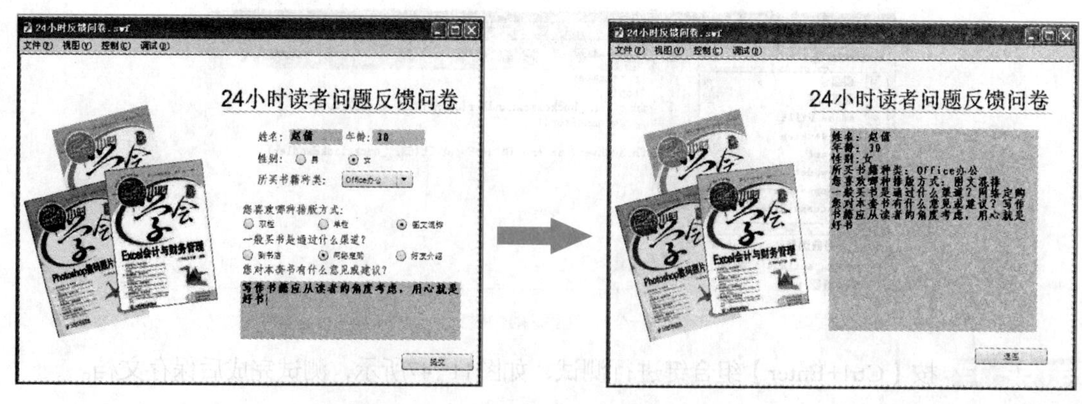

图11-48 “24小时反馈问卷”文档效果

11.3.2 专业背景

随着社会的发展，各行各业都需要掌握第一手的资料，特别是消费者对于自身产品的意见和态度，对许多行业来说决定管理行业的走向。因此，许多公司在推出新产品之前或之后都会制作调查问卷在网上传播，以在最短的时间内获得最快速的反馈。

市场调查是市场运作中不可缺少的一个环节，市场调查的方式和方法，也将影响企业在公众心中的形象，因此一份好的调查问卷需要注意应尊重公众、慎重选择所提问题，问题的组织要有顺序，合乎逻辑，文字简洁、明确、通俗易懂，备选答案力求全面，避免出现重大遗漏。如果提问者对问卷实在没有把握，可先在小范围内进行测试，请部分公众回答问题，然后再进行分析，查看问卷是否稳妥。

11.3.3 操作思路

完成本实训主要包括使用文本工具T添加文本，添加并设置RadioButton、ComboBox和Button组件，以及添加脚本代码3大步操作，其操作思路如图11-49所示。

图11-49 “24小时反馈问卷”制作思路

【步骤提示】

STEP 1 新建AS3.0文档，导入素材文件夹中的图片，将其放置在“图层1”中，在该图层中选择第2帧，按【F5】键插入普通帧。

STEP 2 在工具栏中选择文本工具T，新建“图层2”并删除该图层的第2帧，然后在第1帧中输入标题和提问的文本，使用矩形工具，在“姓名”、“年龄”文本右侧和“您对本套书有什么意见或建议”文本下方绘制矩形，关闭笔触，将填充颜色设置为“FFCC99”。

STEP 3 新建“图层3”，删除该图层的第2帧，然后在第1帧中，使用文本工具T在矩形所在位置绘制类型为“输入文本”的“传统文本”，并在该帧中添加RadioButton组件，设置其属性，将不同问题下的RadioButton命名为不同的组。

STEP 4 添加ComboBox组件，并设置其列表参数，添加Button组件，更改其label名称。新建“图层4”，在第2帧中插入空白关键帧，并在其中输入反馈结果文本，并绘制矩形和文本框，然后添加Button组件，更改label名称。

STEP 5 新建“图层5”，分别在第1帧和第2帧的动作面板中输入不同的脚本代码，完成后进行测试，最后保存即可。

11.4 疑难解析

问：如何更改动画中组件的外观？

答：在舞台中双击要更改外观的组件，打开该组件的编辑界面，在其中将显示该组件所有状态对应的外观样式，在其中双击要更改的某个状态所对应的外观样式，即可进入该样式的编辑界面中对其进行修改。修改完成后，修改的样式会应用到动画中所有的这类组件中。

问：在Flash中，可以通过ActionScript脚本来控制组件的外观吗？

答：可以，通过为组件关联setStyle()语句即可对指定组件的外观、颜色和字体等内容进行修改，如：glb.setStyle("textFormat",myFormat);。关于setStyle()语句的具体应用及相关的属性，可参见“帮助”面板中的相关内容。

问：“窗口”菜单中的“组件检查器”有什么作用呢？

答：组件检查器主要用于显示和修改所选组件的参数和属性。选择【窗口】/【组件检查器】菜单命令，将打开“组件检查器”面板，在场景中选择要检查的组件，在“组件检查器”面板中的“参数”选项卡中将显示该组件参数设置的相关信息，其修改方法与在“属性”面板中修改其参数相同。

11.5 习题

本章主要介绍了Flash CS5中组件的使用，包括对TextInput组件、TextArea组件、RadioButton组件、CheckBox组件、Button组件、ComboBox组件和UILoader组件的认识和理解，以及如何使用这些组件等知识。对于本章的内容，读者应认真学习和掌握，为制作交互式网页打下良好的基础。

素材所在位置 光盘:\素材文件\第11章\习题\背景.bmp
效果所在位置 光盘:\效果文件\第11章\产品问卷调查.fla

利用本章知识，制作如图11-50所示的“产品问卷调查”，要求操作如下。

（1）新建文档，导入背景图片；新建图层2，使用文本工具在其中输入问卷调查的内容；再新建图层3，使用矩形工具在需要填写文本的地方绘制蓝色矩形。

（2）新建图层4，在其中添加组件和输入文本；新建图层5，在其第2帧中制作问卷调查反馈界面，并添加组件和输入文本。

（3）新建图层6，在第1帧和第2帧中输入脚本代码，最后测试保存。

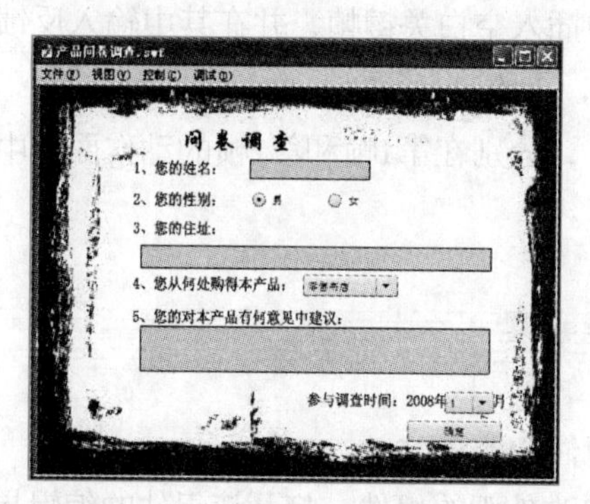

图11-50 “产品问卷调查”效果

课后拓展知识

ScrollPane组件在一个可滚动区域中显示影片剪辑、JPEG文件和SWF文件，如图11-51所示为其组件参数，部分组件参数介绍如下。

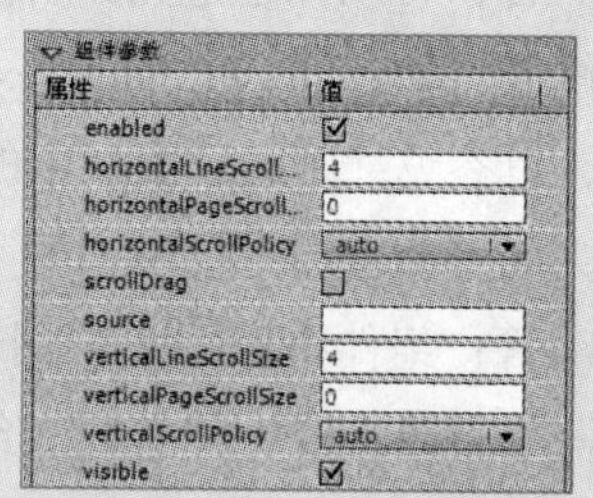

图11-51 Scrollpane组件参数

- source：指示要加载到滚动窗格中的内容。该值可以是本地SWF或JPEG文件的相对路径，或Internet上的文件的相对或绝对路径，也可以设置为“为ActionScript 导出”的库中的影片剪辑元件的链接标识符。
- horizontalLineScrollSize：指示每次单击键盘上的箭头键时水平滚动条移动多少个单位。默认值为“5”。
- horizontalPageScrollSize：指示每次单击轨道时水平滚动条移动多少个单位。默认值为“20”。
- horizontalScrollPolicy：显示水平滚动条。该值可以是on、off或auto。默认值为“auto”。
- scrollDrag：是一个布尔值，它确定当用户在滚动窗格中拖动内容时是(true)否(false) 发生滚动。默认值为“false”。
- verticalLineScrollSize：指示每次单击滚动箭头时垂直滚动条移动多少个单位。默认值为“5”。
- verticalPageScrollSize：指示每次单击滚动条轨道时垂直滚动条移动多少个单位。默认值为“20”。
- verticalScrollPolicy：显示垂直滚动条。该值可以是on、off或auto。默认值为“auto”。

PART 12

第12章 测试与发布动画

情景导入

小白从初学Flash到现在，已经能独当一面，可以独立制作出令人满意的作品了。

知识技能目标

- 了解如何测试并优化动画。
- 熟练掌握测试和优化动画，以及导出动画的的操作方法。
- 熟练掌握不同动画格式的导出和发布参数。

- 加强对测试优化和导出发布的认识和理解，能够熟练设置参数以达到最好效果并符合传播要求。
- 能够测试和优化“恭贺新禧”动画，以及导出并发布“跳动的音符”动画。

课堂案例展示

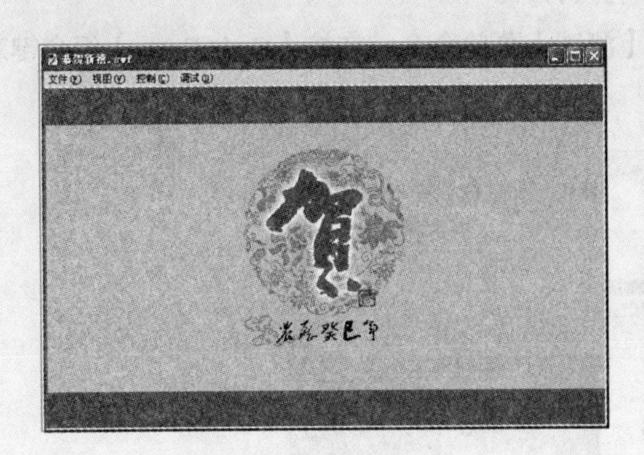

测试和优化“恭贺新禧”动画

导出和发布“跳动的音符”动画

12.1 测试和优化“恭贺新禧”动画

老张对小白的表现和进步非常欣赏，今天老张拿了一个已经制作完成的作品给小白，让她将这个作品导出来发布到网络上，并告诉小白，在最终导出之前需要进行测试和优化，以确保导出的文件体积最小，方便上传。本例完成后的参考效果如图12-1所示，下面具体讲解其制作方法。

素材所在位置 光盘:\素材文件\第12章\课堂案例1\恭贺新禧.fla、船.png……
效果所在位置 光盘:\效果文件\第12章\恭贺新禧.fla

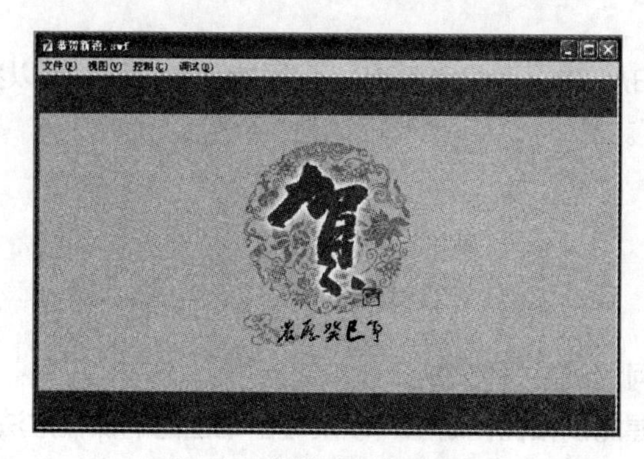

图12-1 “恭贺新禧”动画效果

12.1.1 测试动画

制作完动画后，为了有效地减少播放动画时出错，应先对动画进行测试，从而确保动画的播放质量，确定动画是否达到预期的效果，并对出现的错误进行及时的修改。测试动画主要是测试动画的加载和是否能正常播放等。下面对“恭贺新禧.fla”文档进行播放测试，其具体操作如下。

STEP 1 启动Flash CS5，选择【文件】/【打开】菜单命令，在打开的“打开”对话框中选择素材文件夹中的“恭贺新禧.fla”文件，将其打开。

STEP 2 选择【控制】/【测试影片】/【测试】菜单命令，或按【Ctrl+Enter】组合键对文档进行测试，如图12-2所示。

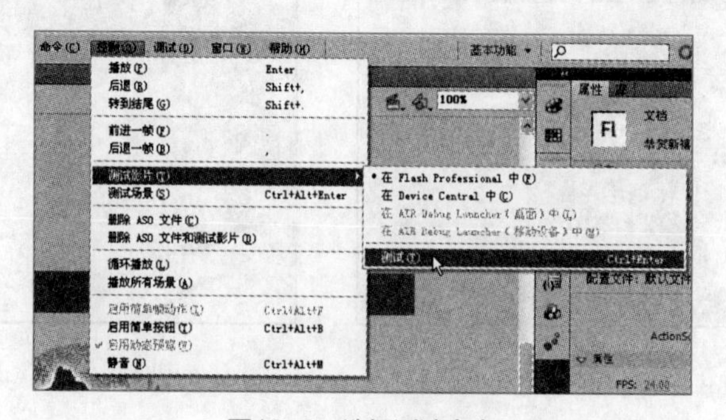

图12-2 选择测试命令

STEP 3 在打开的文件测试窗口中，选择【视图】/【下载设置】菜单命令，在弹出的子菜单中可选择宽带的类型，这里保持默认的“56k”选项，如图12-3所示。

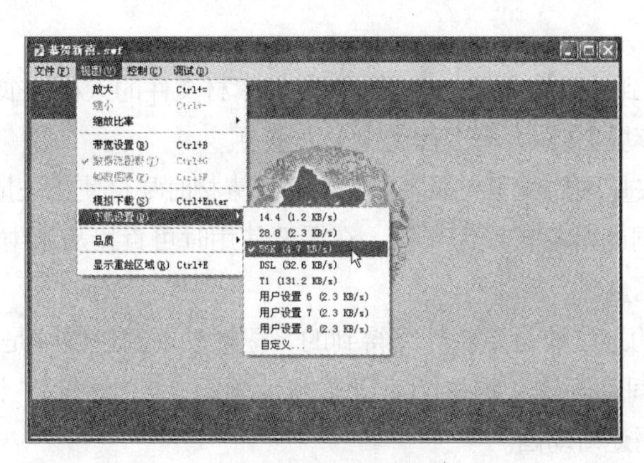

图12-3 下载设置

知识提示

若子菜单中没有符合的选项，可选择“自定义”命令，在打开的“自定义下载设置”对话框中根据实际情况进行设置，如图12-4所示。

STEP 4 选择【视图】/【带宽设置】菜单命令，在测试窗口中将显示动画的带宽属性，如图12-5所示。

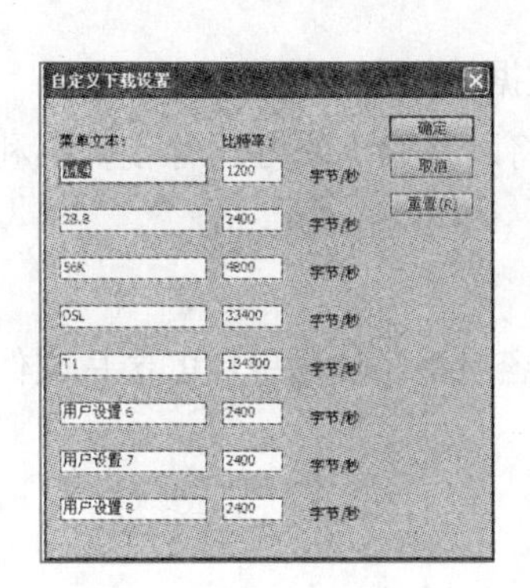

图12-4 自定义下载设置

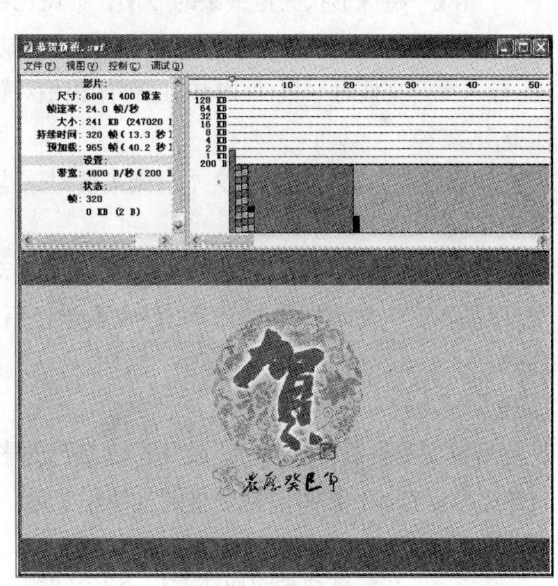

图12-5 带宽设置

12.1.2 优化动画

若想让导出的Flash动画能在网络中顺利、流畅地传播，就必须尽量优化动画文件的大小。Flash动画文件越大，其下载和播放速度就会越慢，在播放时容易产生停顿的现象，从而影响动画的传播。因此在完成动画的制作后，除了测试动画，还需对动画进行优化，减小其文件大小。Flash动画的优化主要包括优化动画文件大小、优化动画元素、优化文本和优化色彩等内容。

1. 优化动画文件大小

Flash动画中应用到的素材大部分来源于外部，素材文件的大小在很大程度上决定了动画本身的大小，所以对动画文件大小进行优化尤为重要。

- 由于位图比矢量图的体积大很多，因此调用素材时尽量使用矢量图，不使用位图。
- 将动画中相同的对象转换为元件，在需要使用时可直接从库中调用，可以很好地减少动画的数据量。
- 补间动画中的过渡帧是系统计算得到的，逐帧动画的过渡帧是通过用户添加对象而得到的，补间动画的数据量相对于逐帧动画而言要小得多。因此尽量使用补间动画，减少使用逐帧动画。

2. 优化动画元素

优化动画元素主要是对动画中的素材元素进行系统地分配管理，如对动画中的背景图层和动作图层进行分层等。对元素的优化主要有以下几个方面。

- 尽量对动画中的各元素进行分层管理。
- 尽量减小矢量图形的形状复杂程度。
- 尽量使用矢量线条替换矢量色块，因为矢量线条的数据量相对于矢量色块要小得多。
- 尽量减少特殊形状矢量线条的应用，如斑马线、虚线和点线等。
- 尽量少导入素材，特别是位图，它会大幅增加动画体积的大小。
- 导入声音文件时尽量使用MP3这种体积相对较小的声音格式文件。

3. 优化文本

若Flash动画中包含有大量的文本，则需要对这些文本进行优化处理。优化文本时应注意以下两点。

- 不要使用太多种类的字体和样式，否则会使动画的数据量加大。
- 尽量不要将文字打散，因为打散文文字以后，文字将以像素点的方式存在，不利于修改。

4. 优化色彩

在使用绘图工具制作对象时，使用渐变颜色的影片文件容量将比使用单色的影片文件容量大一些，所以在制作影片时应尽可能地使用单色。

在测试动画时应注意以下3个问题。

①Flash动画的体积是否处于最小状态，能否更小一些。

②Flash动画是否按照设计思路达到预期的效果。

③在网络环境下，是否能正常地下载和观看动画。

12.2 导出和发布“跳动的音符”动画

小白今天需要导出以前制作完成的动画文件，并将其发布到网络中。要完成该任务，需要对导出的相关设置和导出的文本类型进行了解，在测试并优化动画后，即可执行导出和发布的操作。本例的参考效果如图12-6所示，下面具体讲解其制作方法。

素材所在位置 光盘:\素材文件\第12章\课堂案例2\跳动的音符.fla
效果所在位置 光盘:\效果文件\第12章\课堂案例2\跳动的音符

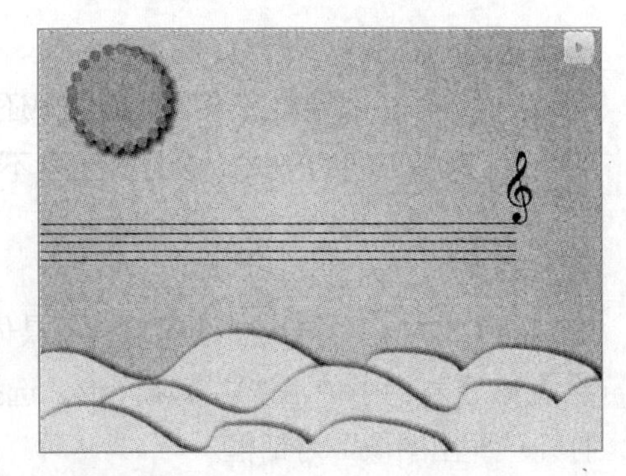

图12-6 “跳动的音符”动画最终效果

12.2.1 导出文件

在Flash CS5中除了可将动画导出为影片外，还可将动画导出为不同类型的文件格式，作为其他动画的素材进行使用。

1. 导出图像

在Flash CS5中可将动画中单独的帧保存为一张图片，下面介绍如何导出动画中的图像，其具体操作如下。

STEP 1 启动Flash CS5，选择【文件】/【打开】菜单命令，在打开的“打开”对话框中选择素材文件夹中的“跳动的音符.fla”文件，将其打开并进行测试和优化。

STEP 2 测试并优化完成后，在时间轴中将播放头移至第160帧处，选择【文件】/【导出】/【导出图像】菜单命令，打开“导出图像”对话框。

STEP 3 在该对话框的“保存在”下拉列表框中选择文件保存的位置，在“保存类型”下拉列表中选择“JPEG 图像（*.jpg,*.jpeg）”选项，在“文件名”文本框中输入文件保存的名称，单击 保存(S) 按钮，如图12-7所示，打开“导出 JPEG”对话框。

STEP 4 在打开的对话框中，单击“包含”右侧的 最小影像区域 按钮，在弹出的下拉菜单中选择“完整文档大小”选项，将“品质”设置为“100”，其余保持不变，单击 确定 按钮即可开始保存图像，如图12-8所示。

STEP 5 保存完成后，即可在保存位置查看图像。

图12-7　设置保存位置和类型

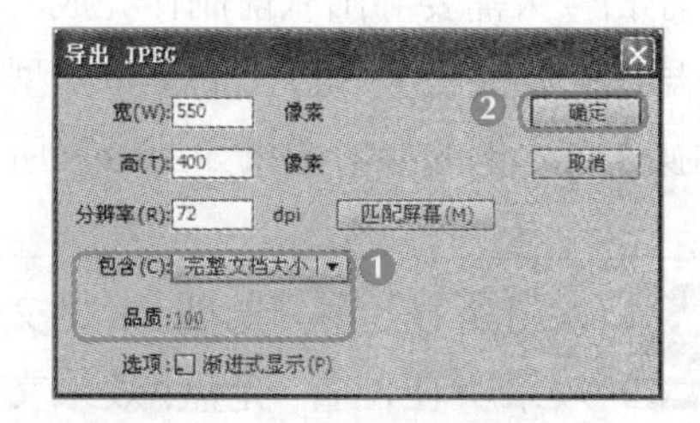

图12-8　设置保存质量和大小

知识提示

在“导出图像”对话框中还可选择将图像保存为bmp、gif或png等格式，选择不同的格式，会打开包含不同导出设置的对话框。

2. 导出所选对象

在Flash CS5中还可导出所选对象，其具体操作如下。

STEP 1 在舞台中单击选中太阳图形，选择【文件】/【导出】/【导出所选内容】菜单命令，打开“导出图像”对话框。

STEP 2 在该对话框中只能选择fxg格式进行保存，在“保存在”下拉列表框中选择保存地址，在“文件名”文本框中输入文件名称，单击 保存(S) 按钮，即可保存所选对象，如图12-9所示。

STEP 3 在资源管理器中打开所选对象保存的位置，后缀名为.fxg的文件即为保存的文件，如图12-10所示。

知识提示

FXG格式是针对素材的格式输出，它使得素材在Flash CS5和Illustrator和Indesign等软件中进行转换更加可靠，并保持高保真性和可塑性。

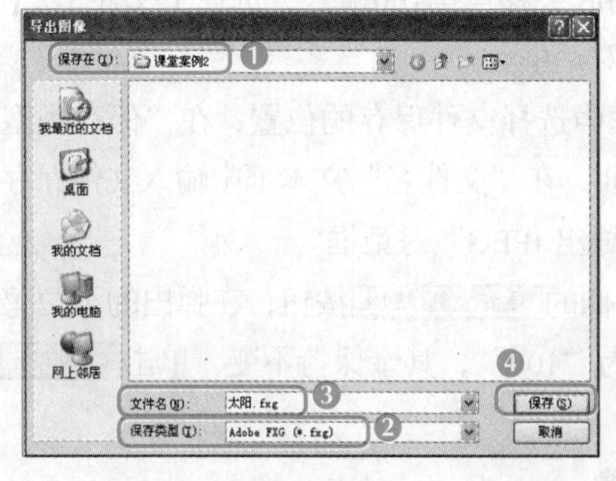

图12-9　保存所选内容

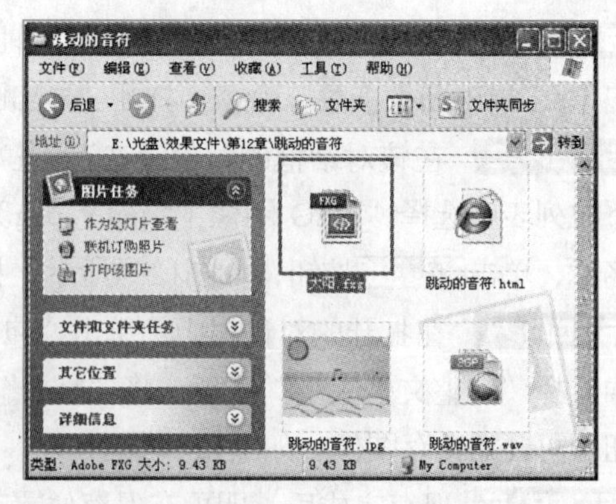

图12-10　FXG格式的保存文件

STEP 4 在该文件上单击鼠标右键，在弹出的快捷菜单中选择【打开方式】/【记事本】菜单命令，即可打开该文件。在该记事本文档中存放的数据即为保存对象的相关属性，如图12-11所示。

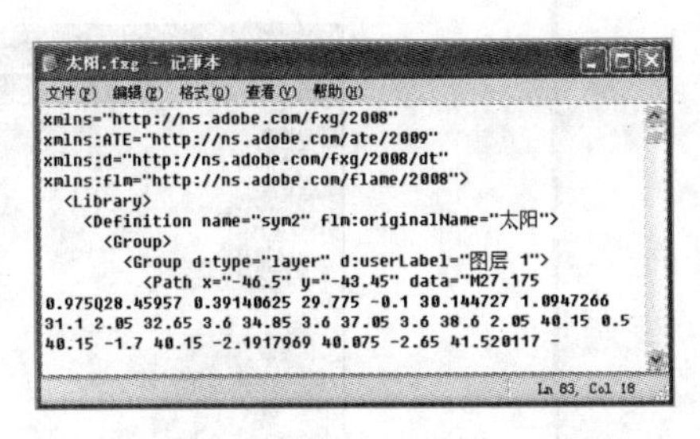

图12-11 “太阳.fxg”文件属性

3. 导出影片

制作完成的动画文件都将以影片动画的形式被导出，并能导出为多种不同格式的影片，其具体操作如下。

STEP 1 选择【文件】/【导出】/【导出影片】菜单命令，打开“导出影片”对话框，在“保存在”文本框中设置保存位置，在“文件名”文本框中输入文件名称，在“保存类型”下拉列表中选择“QuickTime（*.mov）”选项，单击保存(S)按钮，如图12-12所示。

STEP 2 打开“QuickTime Export 设置”对话框，单击QuickTime 设置(Q)...按钮，如图12-13所示，打开“影片设置”对话框。

> 知识提示
>
> **在Flash CS5中，可将动画片段导出为Windows AVI和QuickTime两种视频格式。若要导出为QuickTime视频格式，需要用户的电脑中已经安装了QuickTime相关软件。**

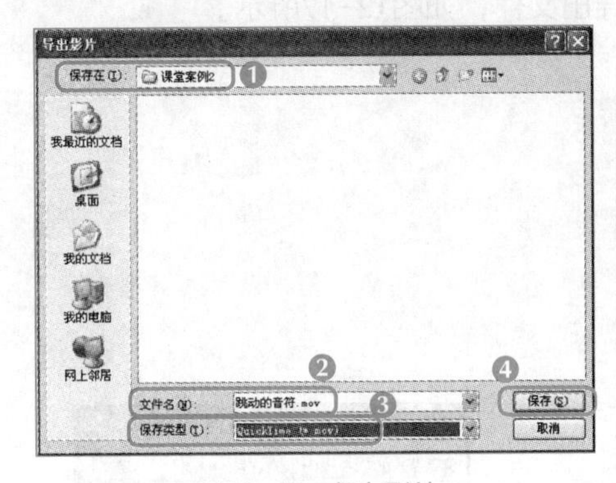

图12-12 保存影片

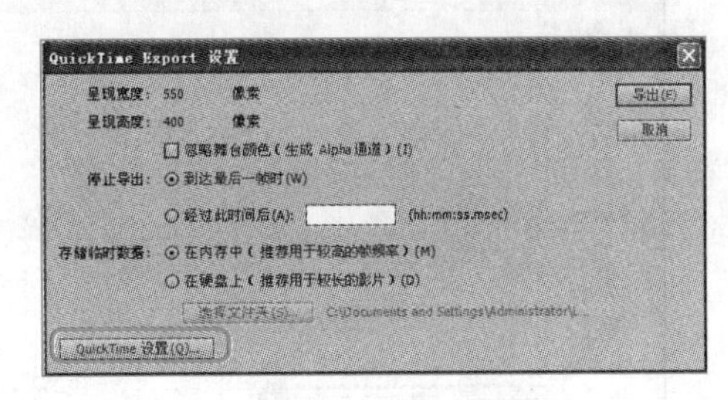

图12-13 单击按钮

STEP 3 在该对话框中可对影片的视频和声音进行设置，单击滤镜按钮，打开“选择视频滤镜”对话框，如图12-14所示。

STEP 4 在其中可对整个视频添加滤镜，在左侧的列表框中单击“特效”前的⊞按钮，展开特效，选择“影片杂波”选项，在右侧面板顶部的下拉列表中选择“灰尘和影片褪色”选项，设置老旧的影片效果，如图12-15所示，单击确定按钮返回“影片设置”对话框，再次单击确定按钮，返回“QuickTime Export设置”对话框，单击导出(E)按钮进行导出即可。

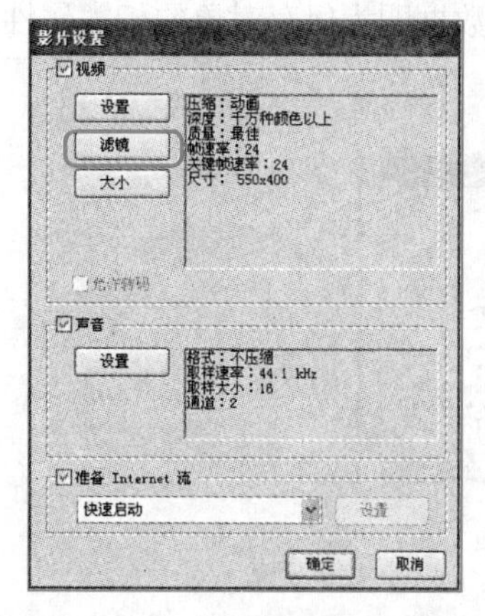

图12-14 “影片设置”对话框

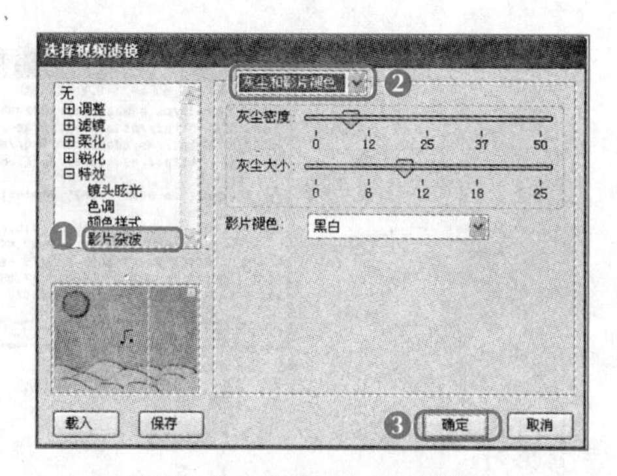

图12-15 设置老旧影片效果

知识提示

同导出图像一样，选择不同的影片导出格式，将打开不同的影片设置对话框。

4. 导出声音

在Flash CS5中还可单独导出文档中的音频，其具体操作如下。

STEP 1 选择【文件】/【导出】/【导出影片】菜单命令，打开“导出影片”对话框，在“保存在”下拉列表框中选择文件保存位置，在“文件名”文本框中输入文件名称，在“保存类型”下拉列表中选择“WAV 音频（*.wav）”选项，单击保存(S)按钮，如图12-16所示，打开“导出 Windows WAV”对话框。

STEP 2 在其中单击确定按钮，即可开始导出文件，如图12-17所示。

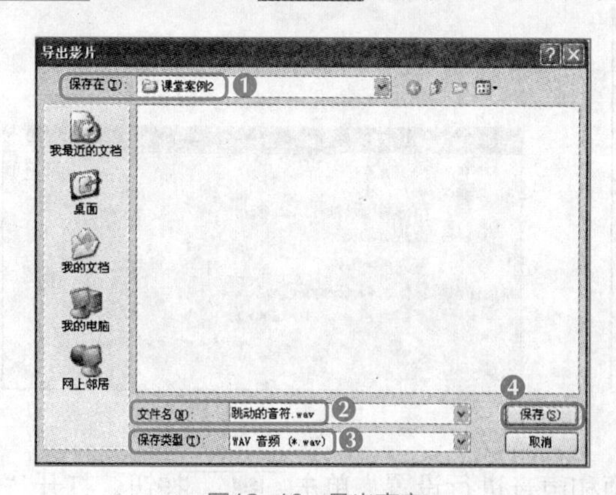

图12-16 导出声音

图12-17 设置声音格式

12.2.2 发布动画

在对动画进行相关的测试之后，即可设置动画发布的参数并发布动画。在Flash CS5中，动画的发布主要包括设置发布参数、预览发布效果和发布动画3个步骤。

1. 设置发布参数

在Flash CS5中，设置发布参数，可以对动画的发布格式和发布质量等内容进行控制，其具体操作如下。

STEP 1 选择【文件】/【发布设置】菜单命令，打开“发布设置”对话框，如图12-18所示，在“格式”选项卡中单击选中相应的复选框，对动画发布的格式进行设置，这里保持默认。

STEP 2 单击“Flash”选项卡，在该选项卡中对发布的Flash动画格式进行参数设置，如图12-19所示，这里保持默认。

图12-18 设置发布格式

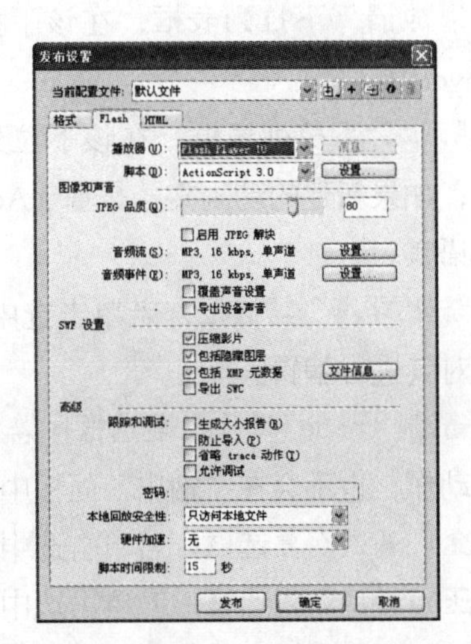

图12-19 设置Flash动画格式的发布参数

STEP 3 单击“HTML”选项卡，在该选项卡中将“品质”设置为“最佳”，设置完成后单击[确定]按钮确认设置的发布参数，如图12-20所示。

Flash和HTML格式是Flash CS5默认的发布格式。对于其他的发布格式，只有在“格式”选项卡中选中该文件格式对应的复选框，才能在打开的选项卡中进行设置，如图12-21所示为选中“GIF 图像”复选框后出现的选项卡。

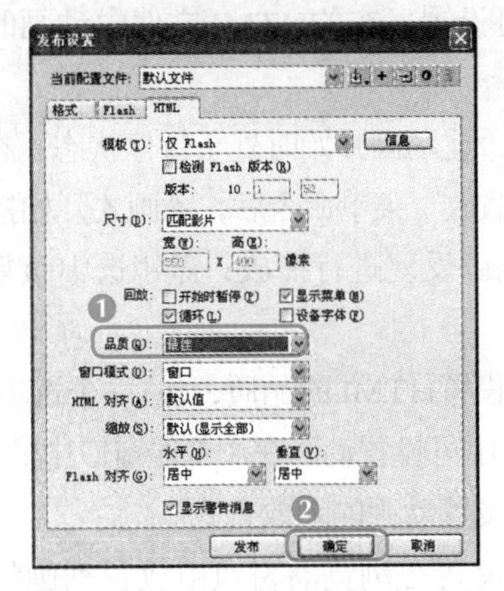

图12-20 设置HTML网页格式的发布参数

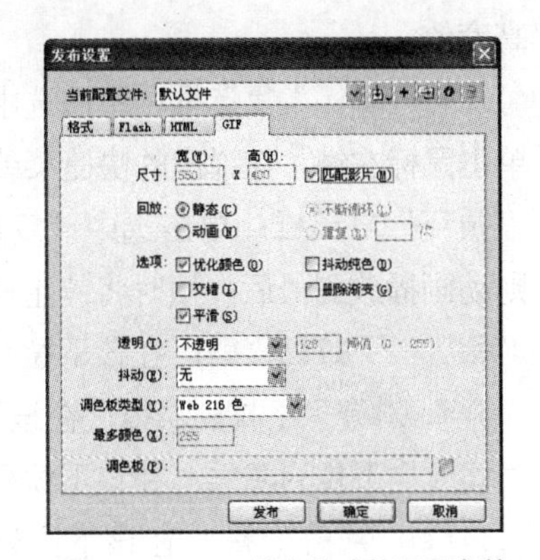

图12-21 GIF发布格式的设置参数

如果已经对动画进行了测试，并预览了测试效果。那么在设置发布参数后，也可直接单击“发布设置”对话框中的 发布 按钮直接发布动画。

2. 常用参数的作用

在“发布设置”对话框中，并不是每一个参数都需要进行调节，下面对常用参数的作用和意义进行讲解。

“Flash”选项卡中的常用参数具体介绍如下。

- “播放器”下拉列表框：在该下拉表框中可选择一种播放器版本，默认为“Flash Player 10”。
- “脚本”下拉列表框：在该下拉列表框中可以选择动画的脚本版本。在Flash CS5中，如果新建的动画文档是基于ActionScript 3.0版本，则这里默认选择的就是该版本的语言。
- “防止导入”复选框：若单击选中该复选框，将激活“密码”文本框可以防止其他人对其进行编辑。
- “省略 trace 动作”复选框：若单击选中该复选框，会使Flash忽略当前动画中的跟踪动作，也不会在“输出”面板中显示来自跟踪动作的信息。
- “允许调试”复选框：若单击选中该复选框，将激活“密码”文本框。
- “压缩影片”复选框：若单击选中该复选框，会自动压缩动画的体积。
- “密码”文本框：单击选中该复选框后，可以在“密码”文本框中输入密码，防止未授权的用户调试动画。
- “JPEG品质”栏：用于控制导出的位图的压缩。图像品质越低，生成的文件就越小，反之越大。

“HTML”选项卡中的常用参数。

- “模板”下拉列表框：在该下拉列表框可选择要使用的模板，单击右边的 信息 按钮可显示该模板的相关信息。
- “尺寸”下拉列表框：在该下拉列表框中可设置发布的HTML文件中动画的宽度和高度值。
- “开始时暂停”复选框：单击选中该复选框，让动画开始时处于暂停状态。在动画中单击鼠标右键，在弹出的快捷菜单中选择“播放”菜单命令后，动画才开始播放。
- “循环”复选框：单击选中该复选框，使动画反复进行播放；撤销选中该复选框，则动画播放到最后一帧时将停止播放。
- “品质”下拉列表框：在该下拉列表框中可设置HTML的品质，包括6个选项。
- “HTML 对齐”下拉列表框：在该下拉列表框中可设置动画在浏览器窗口中的位置。
- “缩放”下拉列表框：在该下拉列表框中可设置动画的缩放方式。
- “Flash 对齐”栏：在该下拉列表框中可设置在浏览器窗口中放置动画的对齐方

式，并在必要时对动画的边缘进行裁剪。

"GIF"选项卡中的常用参数具体介绍如下。

- "尺寸"栏：在该栏的文本框中输入导出的位图图像的宽和高，单击选中"匹配影片"复选框，可使GIF和Flash动画大小相同并保持原始图像的高宽比。
- "回放"栏：用于选择创建的是静止图像还是GIF动画，若单击选中"动画"单选项，将激活"不断循环"和"重复"单选项，从而可设置GIF动画的循环或重复次数。
- "优化颜色"复选框：单击选中该复选框，将从GIF文件的颜色表中删除所有不使用的颜色。
- "平滑"复选框：单击选中该复选框，可消除导出位图的锯齿，从而生成高品质的位图图像，并改善文本的显示品质，但会增大GIF文件的大小。
- "透明"下拉列表框：该下拉列表框用于确定动画背景的透明度。
- "调色板类型"下拉列表框：该下拉列表框用于定义GIF图像的调色板类型。

"JPEG"选项卡中的常用参数如图12-22所示，具体介绍如下。

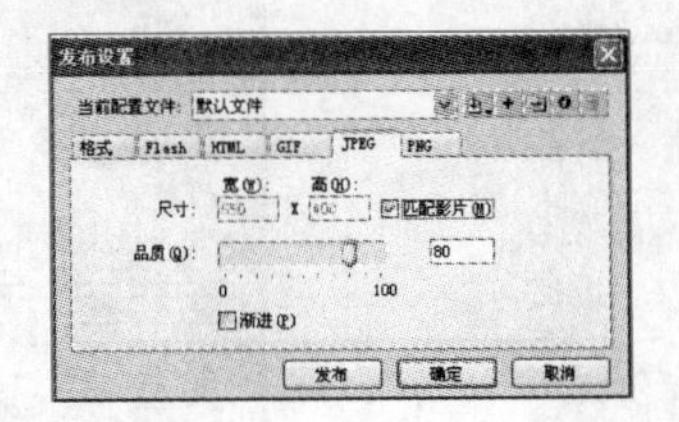

图12-22 JPEG发布格式的设置参数

- "尺寸"栏：在该栏的文本框中输入导出的位图图像的宽和高，单击选中后面的"匹配影片"复选框可使导出的图像和Flash动画大小相同并保持原始图像的高宽比。
- "品质"栏：在该栏中可以设置生成的图像品质的高低，同时会影响图像文件的大小，品质越高，图像文件越大。
- "渐进"复选框：若单击选中该复选框可在浏览器窗口中逐步显示连续的JPEG图像，从而以较快的速度在网络连接较慢时显示加载的图像。

"PNG"选项卡中的常用参数如图12-23所示，具体介绍如下。

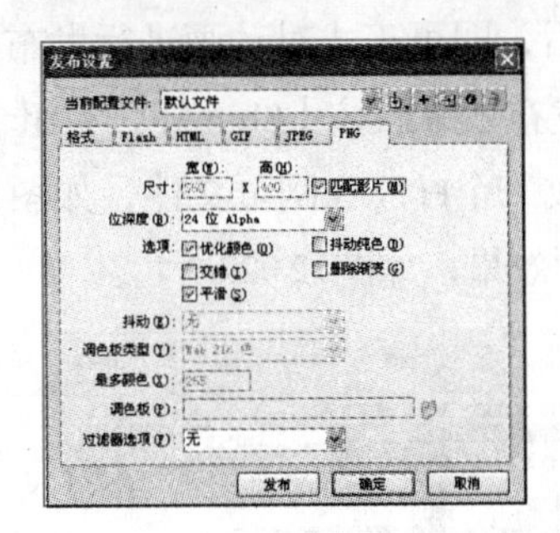

图12-23 PNG发布格式的设置参数

- "位深度"下拉列表框：在该下拉列表框中可以设置导出的图像的每个像素的位数和颜色数。

● “调色板类型”下拉列表框：当在“位深度”下拉列表框中选择“8位”选项时，将激活该选项，在该选项的下拉列表框中可以定义PNG图像的调色板类型。

如果要将多个动画以相同的格式和参数进行发布，可在设置完成相关参数后，单击“发布设置”对话框中的+按钮新建配置文件，将设置的参数保存为一个类似于模板的文件。在发布这些动画时，只需在“当前配置文件”下拉列表框中选择该配置文件，即可自动应用设置的发布参数。

3. 预览发布效果

设置完成后即可预览动画文件的发布效果，具体操作如下。

STEP 1 选择【文件】/【发布预览】/【Flash】菜单命令，如图12-24所示。

STEP 2 Flash CS5将自动打开相应的动画预览窗口，在预览窗口中即可预览设置发布参数后动画发布的实际效果，如图12-25所示。

图12-24 选择发布预览的文件格式

图12-25 预览发布效果

只有在“发布设置”对话框的“格式”选项卡中选择并经过设置的文件格式，才能在发布预览的子菜单中进行选择，未设置的文件格式将呈灰度显示。

4. 发布动画文档

设置发布参数并预览效果后，即可正式对动画进行发布。在Flash CS5中选择【文件】/【发布】菜单命令，或在预览发布效果后按【Shift+F12】组合键也可快速发布动画文档，发布后将在文档所在位置自动生成一个HTML网页文件，如图12-26所示。双击该文件即可在打开的浏览器中观看发布的动画效果，如图12-27所示。

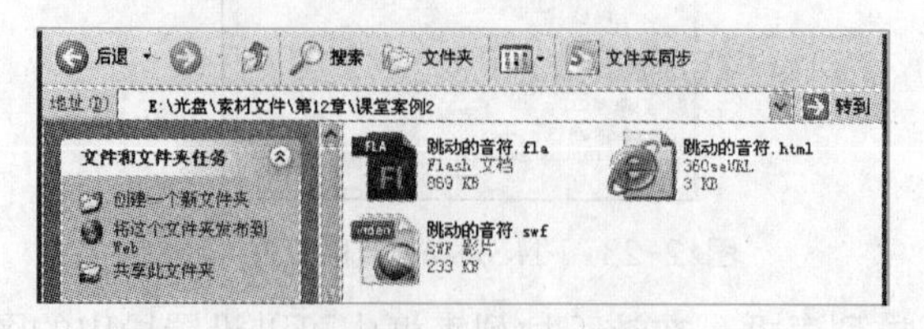

图12-26 发布后生成的HTML文件

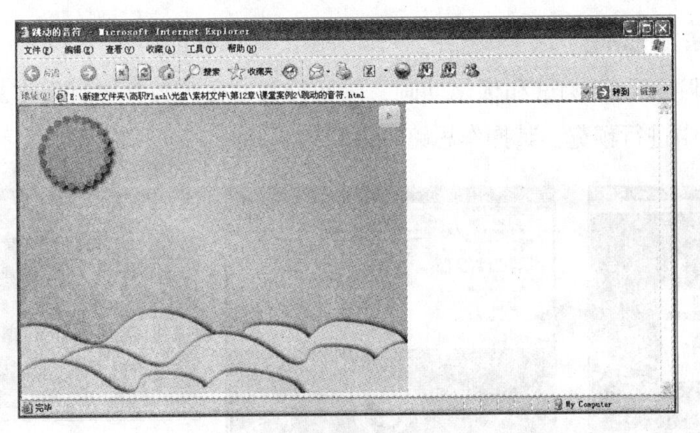

图12-27　在浏览器中查看动画发布效果

12.3 实训——发布“和风”动画

12.3.1 实训目标

本实训的目标是测试、优化并发布“和风”动画，要求注意对其下载和带宽进行设置，然后再对其中的动画元素和颜色进行优化，达到以最小的文件大小获得最好的动画效果。本实训的效果如图12-28所示。

素材所在位置 光盘:\素材文件\第12章\实训\和风.fla、“和风”文件夹
效果所在位置 光盘:\效果文件\第12章\和风.html

图12-28　“和风”动画效果

12.3.2 专业背景

Flash文件的发布是制作Flash必经的一步操作，只要有在网络上传播Flash的需要，就必须将制作完成的Flash导出或进行发布。特别是近年来Flash动画的火爆，使得Flash又风靡起来。如何有效快速地将Flash文件的体积减小，并使其快速地在网络中进行传播，是每一个Flash动画制作者需要认真思考和对待的问题。

12.3.3 操作思路

完成本实训主要包括测试和优化动画，以及设置发布参数并进行发布3大步操作，最后可在打开的网页中进行预览，其操作思路如图12-29所示。

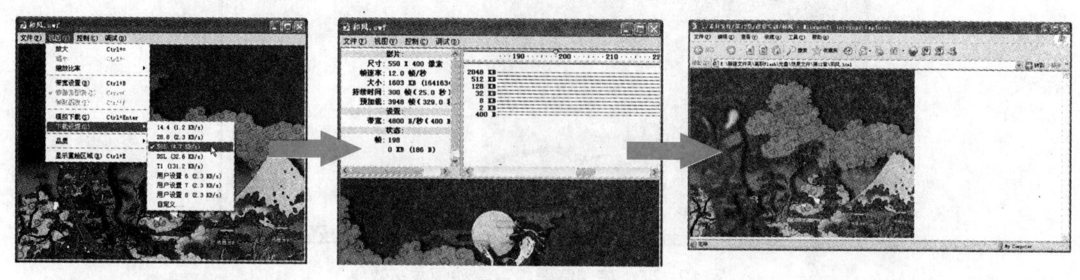

图12-29　发布“和风”动画操作思路

【步骤提示】

STEP 1　打开“和风.fla”文件，按【Ctrl+Enter】组合键或选择【控制】/【测试影片】/【测试】菜单命令，对影片进行测试。

STEP 2　在打开的测试窗口中选择【视图】/【下载设置】/【自定义】菜单命令，在打开的对话框中设置下载参数。

STEP 3　选择【文件】/【发布设置】菜单命令，打开“发布设置”对话框，在“格式”选项卡中单击“HTML”右侧的“文件夹”按钮，更改文件保存位置。

STEP 4　在“Flash”选项卡中选择播放器版本为“Flash Player 10”，JPEG发布品质为“80”，音频事件发布品质为“MP3，16kbps，单声道”。

STEP 5　在“HTML”选项卡中设置HTML品质为“高”，窗口模式为“窗口”，HTML对齐为“顶部”，确认设置并发布即可。

12.4 疑难解析

问：怎样才能确定测试的Flash动画是否适合不同配置的电脑？

答：可在多台计算机上测试Flash动画，因为每台计算机的运行速度不同，其显示能力也有所不同，一个好的Flash动画能够在运行速度不同的计算机和网络上具有相同的效果。

问：怎样将Flash动画制作成可执行文件？

答：选择【文件】/【发布设置】命令，在打开的“发布设置”对话框中的“格式”选项卡中单击选中“Windows 放映文件（*.exe）”复选框，再进行发布即可。

问：在“发布设置”对话框中的“Flash”选项卡的“版本”下拉列表框中选择哪种版本比较好呢？

答：在该下拉列表框中选择的是Flash播放器的版本，选择不同的版本，对Flash动画中的对象，以及ActionsScript语句支持各不相同，一般选择最高的版本，目前最高版本为“Flash Player 10”。

问：发布动画的文件路径可以修改吗？

答：当然可以。在“发布设置”对话框的“格式”选项卡中，单击各发布格式最右侧的“文件夹”按钮，在打开的对话框中就可以重新设置发布的相应格式的文件存放路径。

问：为什么导出的影片只停留在了一张图片上，看不到影片剪辑元件的动画效果？

答：将动画导出为影片时，如果动画的主时间轴上只有1帧，那么导出的影片也只能看到第1帧中的效果，不能看到其中加载的影片剪辑元件的动画效果。若想看到影片剪辑的动画效果，需要在主时间轴中设置与影片剪辑元件运动时间相同的帧数。

问：如何测试动画在特定网络条件下的下载和播放效果？

答：在测试窗口中选择【视图】/【下载设置】/【自定义】菜单命令，在打开的“自定义下载设置”对话框中根据该网络的实际情况，修改“用户设置”项目对应的比特率值，然后选中修改的设置，并选择【视图】/【模拟下载】菜单命令即可进行测试。

问：在Flash CS5中怎样减小最终发布动画的文件大小？

答：可通过以下两个方面来实现：首先在动画中删除多余的元件或位图，对于需多次重复使用的图形或动画，应尽量以元件方式创建和调用；然后在发布动画时，应在确保动画发布质量的情况下，尽量降低位图和声音的发布质量。

12.5 习题

本章主要介绍了动画的测试与发布的基本操作，包括测试动画、优化动画、导出图像、导出影片、导出声音、设置发布参数和发布预览等知识。对于本章的内容，读者应认真学习和掌握，为导出质量上乘的动画打下基础。

素材所在位置 **光盘:\素材文件\第12章\习题\流逝.fla**

（1）打开提供的“流逝.fla”文件，对其进行测试，测试效果如图12-30所示。

（2）设置其发布参数并进行发布，然后再浏览器中浏览发布效果即可。

图12-30 “流逝”动画效果

课后拓展知识

在Flash CS5中除了可将动画导出为.avi或.mov格式的视频文件，还可将其以图片序列的方式导出，方便将这些图片序列导入After Effects或Premier等视频编辑文件中进行后期的特效处理。下面讲解如何将动画导出为单张GIF格式的动画图片。

STEP 1 选择【文件】/【打开】菜单命令，打开需要的动画文档。

STEP 2 按【Ctrl+Enter】组合键测试动画，查看动画播放效果，确认无误后，选择【文件】/【导出】/【导出影片】菜单命令。

STEP 3 在“保存在”下拉列表框中指定文件路径，在“文件名”文本框中输入文件名称“流逝”，在“保存类型”下拉列表框中选择导出的文件格式为“GIF 动画（*.gif）”，单击保存(S)按钮，如图12-31所示。

STEP 4 在打开的“导出 GIF”对话框中，设置导出文件的尺寸、分辨率和颜色等参数，然后单击确定按钮，即可将动画中的内容按设定的参数导出为GIF动画，如图12-32所示。

图12-31 保存对话框

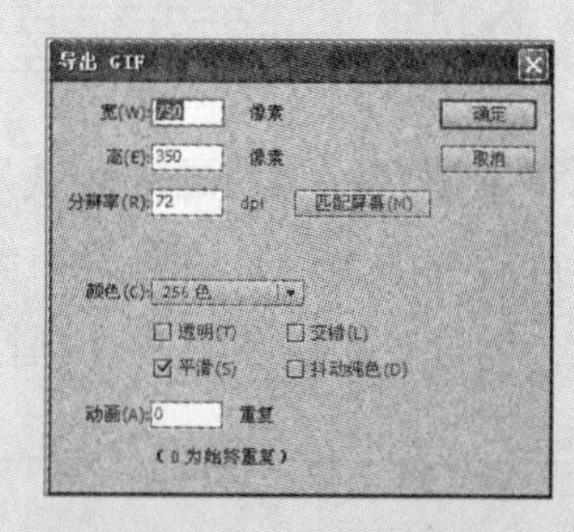

图12-32 设置动画参数

PART 13

第13章 综合实例——制作Flash网站

情景导入

小白的实习期限马上就要到了，正好最近没什么工作，她决定用所学的知识做一个Flash网站交给老师作为实习作业。

知识技能目标

- 了解网站的制作流程。
- 熟练掌握使用Flash创建网站时涉及的矩形工具、文本工具的使用，以及掌握各面板的基本操作。

- 加强对Flash的认识，能够使用Flash独立创建网站。
- 掌握“植物手册”网站的制作。

课堂案例展示

“植物手册”网站

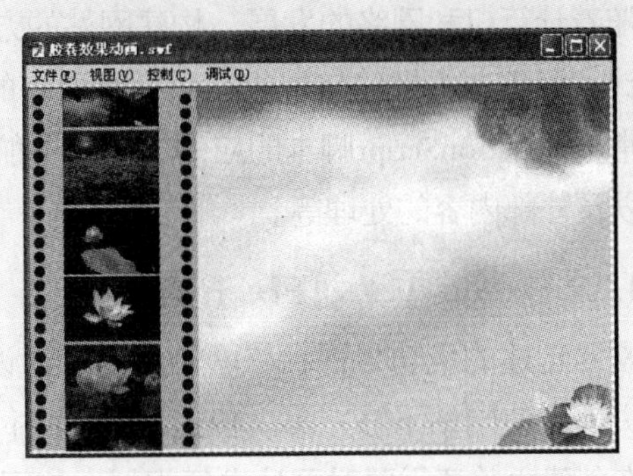

胶卷效果动画

13.1 实训目标

本实训的目标是综合前面所学知识，创建一个Flash网站。要完成该任务，首先需要确定网站风格，其次确定网站的内容，并进行素材收集工作，然后开始着手制作网站，并在制作完成后进行测试与发布。本实训的最终效果如图13-1所示。

素材所在位置 光盘:\素材文件\第13章\课堂案例\爱丝捕虫瑾.jpg、虹之玉.jpg、新玉缀.jpg、月宴.jpg、藻铃玉.jpg……

效果所在位置 光盘:\效果文件\第13章\植物手册\

图13-1 “植物手册”网站最终效果

13.2 专业背景

13.2.1 构建Flash网站的常用技术

随着计算机和网络的发展，构建网站的方式也多种多样，构建一个门户网站一般涉及页面设计、服务器的搭建与维护、数据和程序的开发等方面。使用Flash构建网站，主要涉及网站常用的ActionScript脚本的应用、网站导航中按钮的事件类型、声音和视频在网站中的应用，以及外部内容的处理等。

13.2.2 如何规划Flash网站

网站创建的成功与否，与网站的创意、设计和交互这3个元素息息相关，任何一个元素的缺失都会使网站不够完美。但这3个元素并不能完全决定网站的成败，若要使网站更加完善，在创建之前还需要对网站进行规划，使网站的存在更加合理。

Flash网站的规划主要包括以下几个方面。

1. 结构的规划

每一个网站都有其存在意义，在创建之前需要对其存在的目的进行梳理，如这个网站是一个什么类型的网站？面向哪一方面的用户群体？需要满足用户的什么需求……完成这些问题的梳理即可对网站的结构有一个大致的了解，对网站的类型有一个清晰的定位，从而规划出网站的结构。

为了使网站运行顺畅，还需要对网站的层次结构进行规划，使用户能顺畅、自然地浏览网站。

2. 设计的规划

设计的规划实际上就是使网站风格统一，优秀的网站其站内风格都是一致的，在浏览时始终有一条统一的线贯穿整个网站。因此在创建网站之前需要对这条统一的线进行设计，如统一的交互变化、统一的场景转换或统一的Logo符号等，然后再按照设计完成的主线去实施，创建Flash网站。

3. 内容的规划

在创建网站前，还应当对需要使用到的内容进行规划，例如将网站中的文本内容以动态文本的形式载入，方便文本的更新；将外部内容生成体积较小的swf文件，以使用ActionScript脚本的控制；若网站中需要使用视频，应当将视频转换为FLV格式，再进行导入等。通过对内容的规划，可方便后期网站的创建，为后期的制作节省时间。

在规划网站内容时，应尽量从外部载入文件，从而在最大限度上减少文件体积，同时方便日后对网站进行维护。

13.3 操作思路分析

本章内容是创建一个Flash网站，首先应确定网站的风格，确定用户的目标。用户在访问网站时往往是带有目的性的，通过每次点击，将用户带领到他们的目的地，避免没有必要的介绍。然后对网站进行设计，提供合乎逻辑的导航和交互，保证用户正常流畅的使用体验。其次确定网站的内容，收集整理需要用到的素材文件，并对这些素材文件进行优化。最后开始创建网站，并在创建完成后进行测试和发布。

13.4 操作过程

下面通过制作“植物手册”个人网站，介绍网站的制作流程和方法。

13.4.1 采用的技术方式

“植物手册”个人网站面向的用户群体为植物爱好者，因为面向的用户范围比较小众，所以制作该网站采用的技术也比较简单，主要包括ActionScript的使用和按钮的交互等。

13.4.2 设计网站内容

由于网站的主题与植物相关，因此在制作时需要以图形为主对植物进行介绍，使用户能对号认识相应的植物，因此在网站设计方面，需要以图形为主进行介绍。然后再搜集相关的植物素材，并对这些素材进行整理。

13.4.3 确定网站风格

植物自然带着一种清新的风格，因此在确定网站的风格时应当设计与植物风格类似的清新风格，使整个网站带着一股清新自然风。

13.4.4 制作Flash网站

整理好素材并确定好网站风格后即可开始创建网站，主要包括背景的创建、文字的添加、图片的添加、按钮的设置和脚本的添加。

1. 制作背景图层

首先制作网站的背景，背景对网站的风格起决定性的作用，其具体操作如下。

STEP 1 启动Flash CS5，新建AS3.0文档，在文档“属性”面板的“属性”栏中单击 编辑... 按钮，打开“文档设置”对话框。

STEP 2 在该对话框中设置尺寸为“768像素×1024像素”，背景颜色为“#C5EDCC”，单击 确定 按钮，如图13-2所示。

STEP 3 在时间轴中将“图层1”重命名为“背景”，在工具栏中选择“矩形工具”，在其“属性”面板的“填充和笔触”栏中将笔触颜色设置为“#7AD87C”，将笔触大小设置为“2.00”，将填充颜色设置为白色“#FFFFFF”。在舞台中绘制宽为“650.00”，高为“54.00”的矩形。

STEP 4 选中绘制的矩形，在其“属性”面板中设置其X轴的位置为“59.00”，Y轴的位置为“148.00”，如图13-3所示。

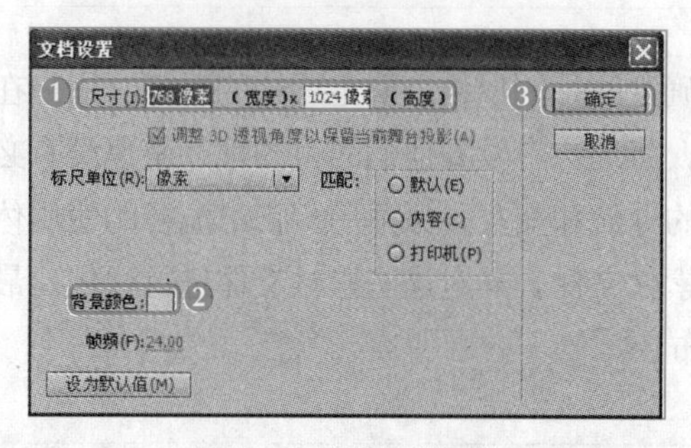

图13-2 设置文档属性

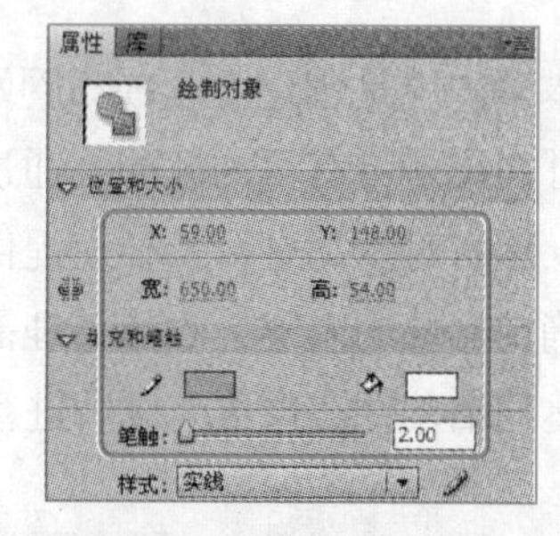

图13-3 设置矩形位置和大小

STEP 5 按住【Alt】键不放单击并拖曳绘制的矩形，进行复制。选中复制的矩形，在其“属性”面板中将其X轴的位置设置为“59.00”，Y轴的位置设置为“845.00”。

STEP 6 再次使用矩形工具，绘制宽为“650.00”，高为“285.00”的矩形，并将其X轴的位置设置为“59.00”，Y轴的位置设置为“236.00”，效果如图13-4所示。

STEP 7 继续使用矩形工具，绘制宽为“210.80”，高为“285.00”的矩形，利用【Alt】键复制两个矩形，选中这3个矩形，单击“对齐”按钮，打开“对齐”面板，在“分布”栏中单击“垂直居中分布”按钮和“水平居中分布”按钮，如图13-5所示。

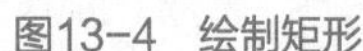
图13-4 绘制矩形

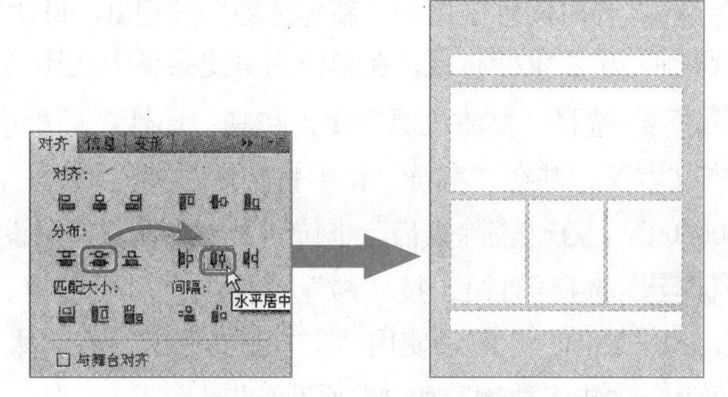

图13-5 绘制矩形并设置分布

STEP 8 选择【文件】/【导入】/【导入到库】菜单命令，将素材文件夹中的图片全部导入到库面板中。按【Ctrl+F8】组合键打开“创建新元件”对话框，创建名为“元件1”的图形元件。

STEP 9 进入“元件1”图形元件的编辑模式，将库面板中的“装饰.png”图片拖曳到工作区中，并进行复制，制作如图13-6所示的图形元件，单击工作区上的“返回”按钮，返回场景中。

STEP 10 在时间轴中选择“背景”图层的第1帧，按【Shift】键不放，单击选中最上和最下的矩形，按【Ctrl+C】组合键进行复制。单击选中第4帧，按“F7”键插入空白关键帧，在舞台中单击鼠标右键，在弹出的快捷菜单中选择“粘贴到当前位置”菜单命令。

STEP 11 使用基本矩形工具，绘制如图13-7所示的矩形，并设置其圆角。矩形的笔触颜色为“白色”，Alpha值为“80%”，笔触大小为“5.00”，填充颜色为“白色”，Alpha值为“60%”。

STEP 12 使用线条工具，在舞台中绘制一条线，将库面板中的“元件1”拖曳到舞台中，并调整其位置，如图13-8所示。

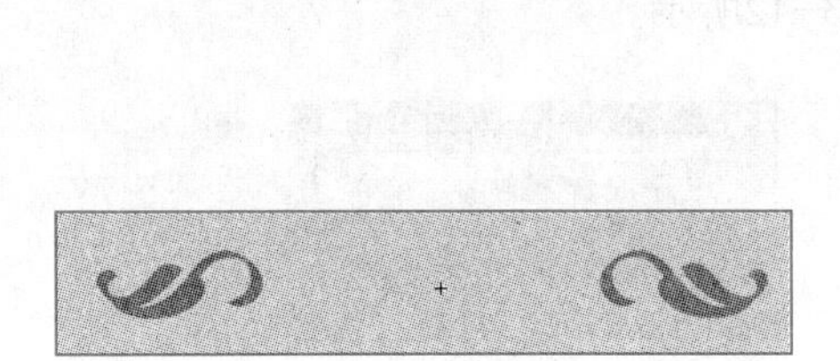
图13-6 制作元件1

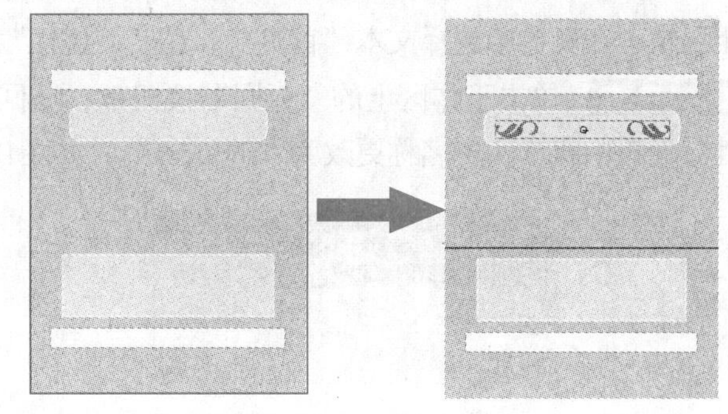
图13-7 绘制矩形　　图13-8 绘制直线并添加元件

STEP 13 选择第5帧至第8帧，按【F6】键插入关键帧。然后在第7帧和第8帧中，只保留最上和最下的两个矩形，删除其余的元素。

2. 制作文字图层

下面开始制作文字，这里将文字分别放置在两个图层中，其中一个图层中放置始终会出现在界面上的文字，另一个图层放置不同页面中的文字，其具体操作如下。

STEP 1 在时间轴中单击“新建图层”按钮，将新建图层重命名为“文字1”，选择第1帧至第8帧，单击鼠标右键，在弹出的快捷菜单中选择“删除帧”命令。

STEP 2 选择“文本工具”T，在其“属性”面板中将其设置为“传统文本”，类型为“静态文本”，并在“字符”栏中将字体系列设置为“黑体”，大小为“13.0”点，颜色为“#006600”，在“消除锯齿”下拉列表中选择“使用设备字体”选项，如图13-9所示。

STEP 3 选择第1帧，按“F7”键插入空白关键帧，在如图13-10所示的位置输入文本“design by Tina”。继续使用“文本工具”T，将字体大小更改为“20.0”，继续输入文本“首页”、“更多植物”和“联系我们”。

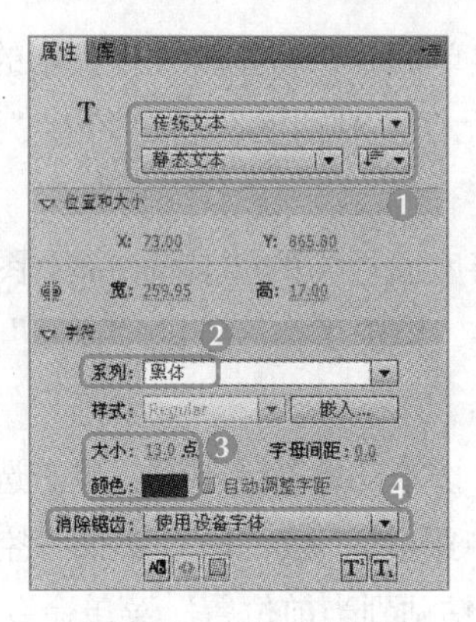

图13-9 设置文本工具

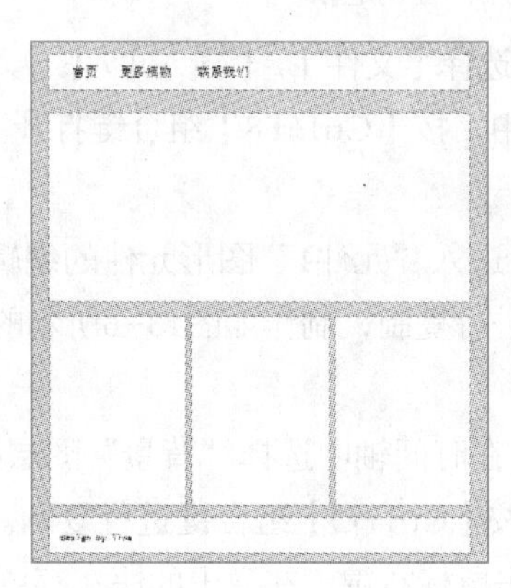

图13-10 输入文本

STEP 4 在舞台中选择“首页”文本，单击鼠标右键，在弹出的快捷菜单中选择“转换为元件”菜单命令，将其以“shouye”为名，转换为按钮元件，并进入元件编辑模式。

STEP 5 在时间轴中按住【Shift】键不放，分别单击“指针经过”、“按下”和“点击”帧，并按【F6】键插入关键帧，如图13-11所示。选择“指针经过”帧，在舞台中选择“首页”文本，在其“属性”面板的“字符”栏中将其颜色更改为“#006699”，然后选择“按下”帧，在舞台中选择文本“首页”，在其“属性”面板中将其颜色更改为“#996600”。

STEP 6 单击工作区上的“返回”按钮，返回场景中，选择“首页”文本，在其“属性”面板中将其实例名称更改为“shouye1”，如图13-12所示。

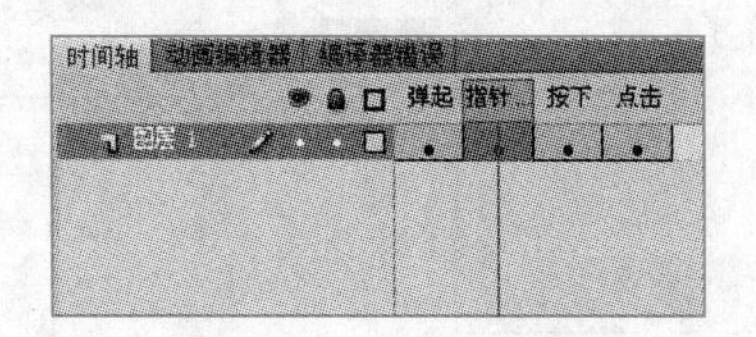

图13-11 插入关键帧

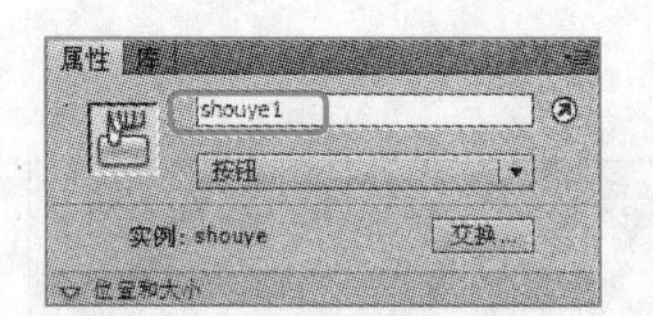

图13-12 更改实例名称

STEP 7 使用同样的方法，将“更多植物”文本转换为名为“moreplant”的按钮元件，并设置指针经过等元素，然后将场景中的“更多植物”元件实例的名称更改为“moreplant1”。将“联系我们”文本转换为名为“contact”的按钮元件，并进行设置，然后将场景中的“联系我们”元件实例的名称更改为“contactus”。

STEP 8 选择第8帧，按【F5】键延长帧，即可完成“文字1”图层的创建。

STEP 9 在场景中单击时间轴中的“新建图层”按钮，将新建的图层重命名为“文字2”，利用【Shift】键单击选择第1帧至第8帧，单击鼠标右键，在弹出的快捷菜单中选择“删除帧”菜单命令。

STEP 10 选择“文字2”图层的第1帧，按【F7】键插入空白关键帧。使用“文本工具” T 将其大小设置为“13.0”，颜色为“#006600”，在舞台中输入如图13-13所示的文本。

STEP 11 选中“更多...”文本，单击鼠标右键，在弹出的快捷菜单中选择“转换为元件”命令，将其转换为名为“more”的按钮元件，并参照步骤5的方法设置其“指针经过”、“按下”和“点击”帧。

STEP 12 返回场景中，选中“更多...”文本，在其“属性”面板中将其实例名称更改为“morepage”，复制该实例，将其放置到如图13-14所示的位置上，将中间“更多...”文本的实例名称更改为“moreinfo”，将右边“更多...”文本的实例名称更改为“morenews”。

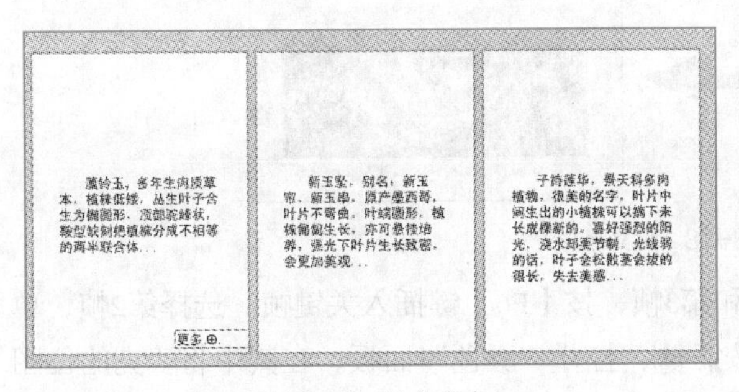

图13-13 输入文本

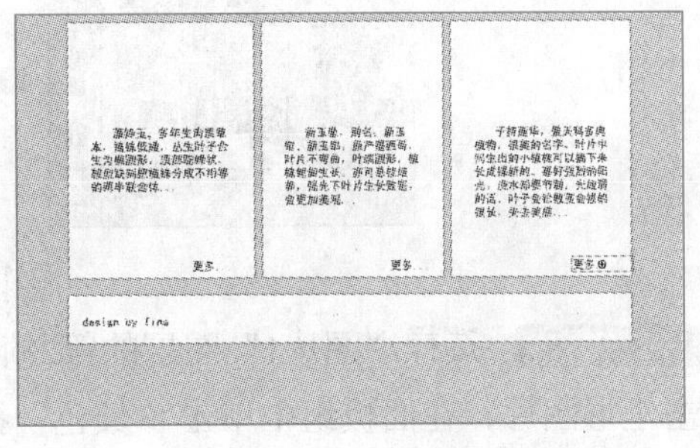

图13-14 设置实例名称

STEP 13 选择第4帧，按【F7】键插入空白关键帧，使用“文本工具” T 更改文字大小，输入如图13-15所示的文本。

STEP 14 选择中第5帧和第6帧，按【F6】键插入关键帧，更改其中的文本，如图13-16所示。选择第7帧和第8帧，按【F7】键插入空白关键帧。

图13-15 在第4帧中输入文本

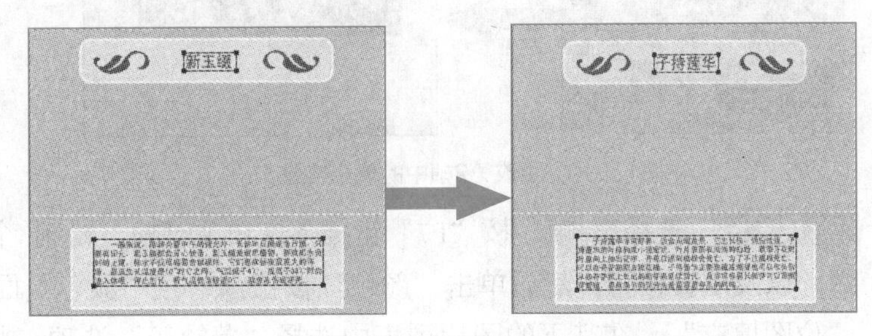

图13-16 更改第5帧和第6帧中的文本

STEP 15 选择第8帧，使用“基本矩形工具”，在舞台中绘制圆角矩形作为背景，然后使用“文本工具” T，在该矩形中输入地址信息等文本，如图13-17所示。

图13-17 输入联系文本

3. 制作图片图层

添加图片，同文字一样将图片分别放置在两个图层中，其中一个图层中放置在页面中不会进行改变的图片，另一个图层用于放置不同帧中的不同图片，其具体操作如下。

STEP 1 在时间轴中单击“新建图层”按钮，将新建图层重命名为“图片1”，选择第1帧至第8帧，单击鼠标右键，在弹出的快捷菜单中选择“删除帧”菜单命令。

STEP 2 在“图片1”图层中选择第1帧，按【F7】键插入空白关键帧，使用矩形工具，在导航栏下的矩形上绘制一个较小的矩形。

STEP 3 在面板组中单击“颜色”按钮，打开“颜色”面板，在“颜色类型”下拉列表中选择“位图填充”选项，将鼠标指针移至“爱丝捕虫瑾”的图片上，当鼠标指针变为形状时单击，使用该图片填充矩形，如图13-18所示。

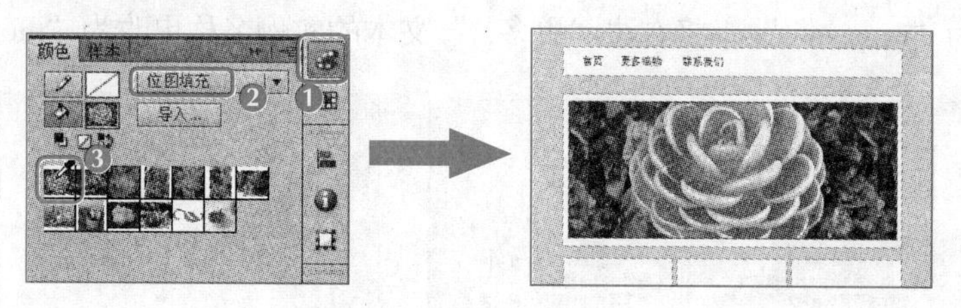

图13-18 填充矩形

STEP 4 选择“图片1”图层的第2帧和第3帧，按【F6】键插入关键帧。选择第2帧，单击矩形图片，在面板组中单击“颜色”按钮，打开“颜色”面板，在其中将填充的位图更改为“薄雪万年草”，如图13-19所示。在第3帧中将填充的位图更改为“月宴”，如图13-20所示。

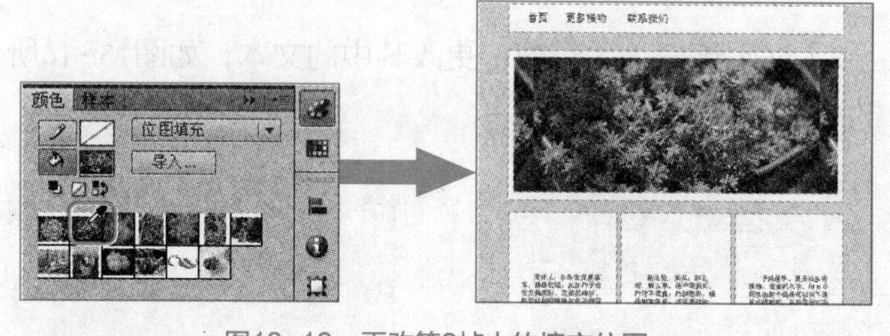

图13-19 更改第2帧中的填充位图

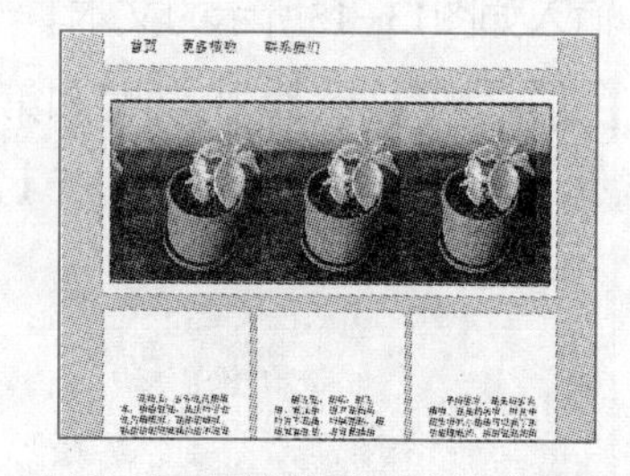

图13-20 更改第3帧中的填充位图

STEP 5 选择第4帧，按“F7”键插入空白关键帧，绘制3个矩形，设置矩形的大小等参数，以及层叠位置，然后单击“颜色”按钮，在“颜色”面板中将“颜色类型”更改为“位图填充”，在其下的图片列表中选择“藻铃玉”选项，将这3个矩形均填充为“藻铃玉”的位图，效果如图13-21所示。

STEP 6 使用【Shift】键选择第5帧和第6帧，按“F6”键插入关键帧。选择第5帧，在“颜色”面板中将该帧中的3个矩形填充位图更改为“新玉缀”的位图。选择第6帧，在“颜色”面板中将该帧中的3个矩形填充位图更改为“子持莲华”的位图，如图13-22所示。

STEP 7 选择第7帧，按【F7】键插入空白关键帧，使用基本矩形工具，设置其参数，并在舞台中绘制一个矩形作为背景，如图13-23所示。

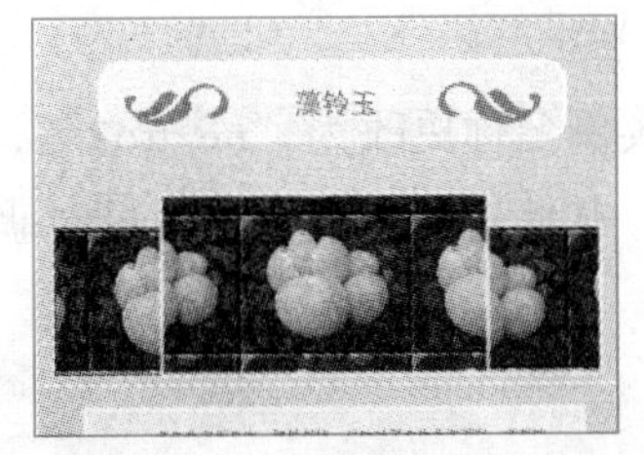

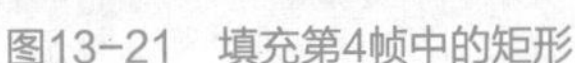
图13-21 填充第4帧中的矩形

图13-22 更改第5帧和第6帧中的矩形填充

STEP 8 使用矩形工具，在舞台中绘制矩形，并进行复制，然后填充位置，效果如图13-24所示。

图13-23 绘制背景矩形

图13-24 绘制并填充矩形

STEP 9 在时间轴中单击“新建图层”按钮，将新建图层重命名为“图片2”，选择第1帧至第8帧，单击鼠标右键，在弹出的快捷菜单中选择“删除帧”菜单命令。

STEP 10 在“图片2”图层中选择第1帧，按【F7】键插入空白关键帧，在如图13-25所示的位置绘制矩形并进行填充。

STEP 11 选择“图片2”图层中的第3帧，按【F5】键插入帧，如图13-26所示。

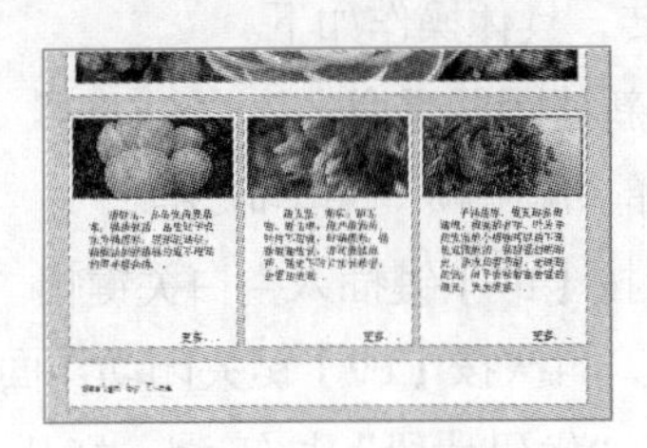
图13-25 绘制并填充矩形

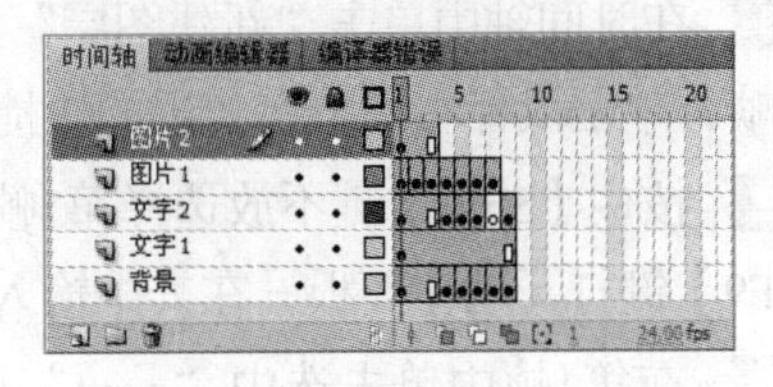

图13-26 延续帧

4. 制作按钮图层

下面添加交互按钮，方便用户浏览图片，其具体操作如下。

STEP 1 在时间轴中单击“新建图层”按钮，将新建图层重命名为“按钮”，选择第1帧至第8帧，单击鼠标右键，在弹出的快捷菜单中选择“删除帧”菜单命令。

STEP 2 在“按钮”图层中选择第1帧，按【F7】键插入空白关键帧。在面板组中单击“组件”按钮，打开“组件”面板。

STEP 3 在该面板中双击“User Interface”文件夹，将其展开，在其中单击“Button”组件不放并将其拖曳到舞台中，如图13-27所示。

STEP 4 在舞台中单击选中按钮，在“属性”面板中将其实例名称更改为“nextto2”，在“组件参数”栏的“Label”文本框中将名称更改为“next”，并使用任意变形工具，调整按钮的大小，如图13-28所示。

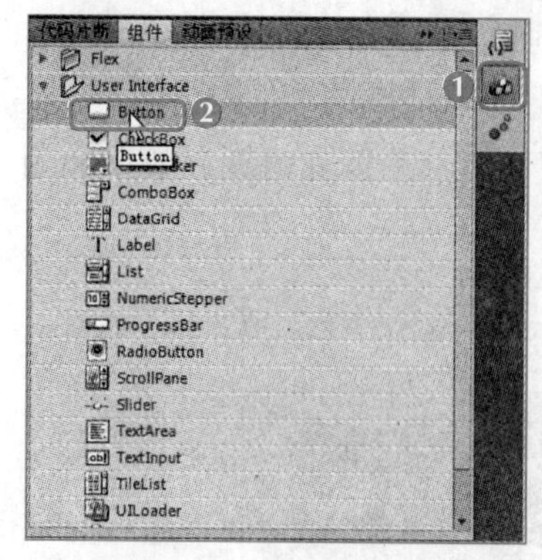

图13-27 添加按钮

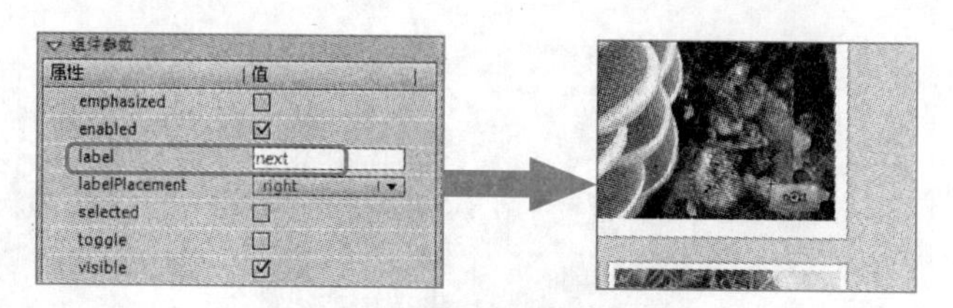

图13-28 设置按钮

STEP 5 选择第2帧和第3帧，按【F6】键插入关键帧。选择第2帧，在舞台中单击选中按钮，在其“属性”面板中将实例名称更改为“nextto3”。选择第3帧，在舞台中单击选中按钮，在其“属性”面板中将实例名称更改为“backto1”，如图13-29所示。

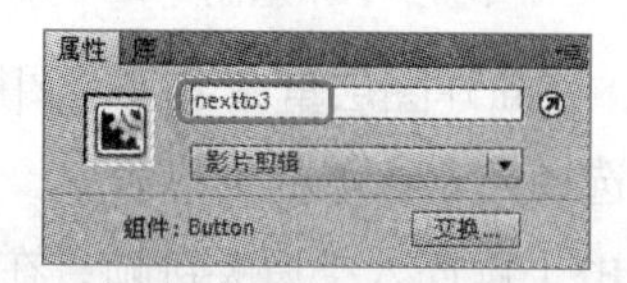

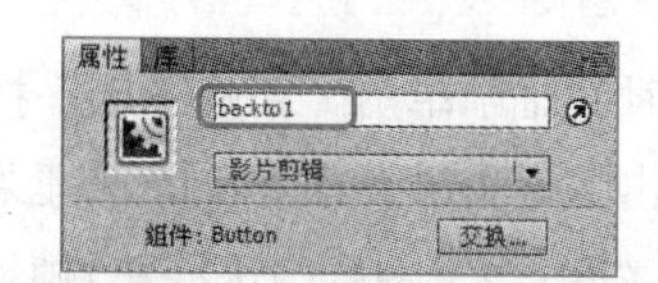

图13-29 更改实例名称

5. 制作动作图层

下面添加动作图层，使网站中的各网页能相互跳转，具体操作如下。

STEP 1 在时间轴中单击“新建图层”按钮，将新建图层重命名为“actions”，选中第1帧至第8帧，单击鼠标右键，在弹出的快捷菜单中选择“删除帧”菜单命令。

STEP 2 按住【Shift】键不放选择第1帧至第3帧，按【F7】键插入空白关键帧。选择第1帧，按【F9】键打开动作面板，在其中输入“stop();”，再次按【F9】键关闭动作面板。

STEP 3 在第1帧中单击选中“next”按钮，单击“代码片段”按钮，打开“代码片段”面板，在该面板中双击“时间轴导航”文件夹，将其展开，在其中双击“单击以转到下一帧并停止”选项，将其附加给“next”按钮，如图13-30所示。使用同样的方法在第2帧和第3帧中为相应帧中的“next”按钮添加该跳转命令。

STEP 4 选择第3帧，按【F9】键打开动作面板，在其中将“gotoAndStop();”括号中的数值更改为“1”，如图13-31所示。

STEP 5 将播放头移至第1帧，在舞台中选择“首页”文本，打开“代码片段”面板，在“时间轴导航”文件夹中为其添加“单击以转到帧并停止”脚本，打开动作面板，更改新添加的参数，将其跳转帧设置为“gotoAndStop(1);”，如图13-32所示。

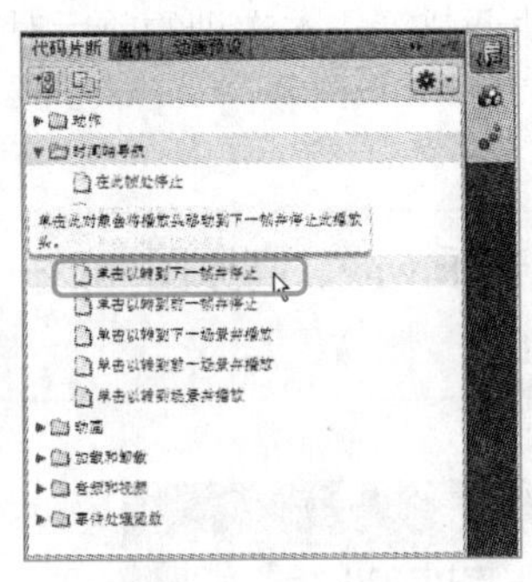

图13-30 添加跳转命令

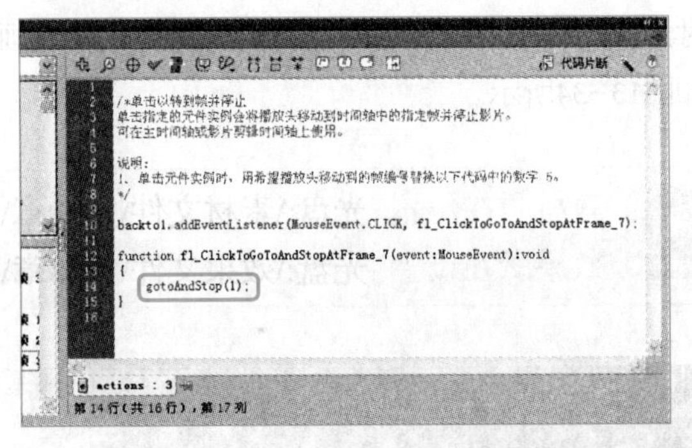

图13-31 更改脚本参数

STEP 6 使用同样的方法，为“更多植物”文本添加“单击以转到帧并停止”脚本，在动作面板中将跳转参数设置为“gotoAndStop(7);”。

STEP 7 使用同样的方法，为“联系我们”文本添加“单击以转到帧并停止”脚本，在动作面板中将跳转参数设置为“gotoAndStop(8);”。

STEP 8 使用同样的方法，为实例名称为“morepage”、“moreinfo”和“morenews”的“更多...”文本添加“单击以转到帧并停止”脚本，使单击这些文本时，页面可分别跳转到相应的第4帧、第5帧和第6帧，如图13-33所示。

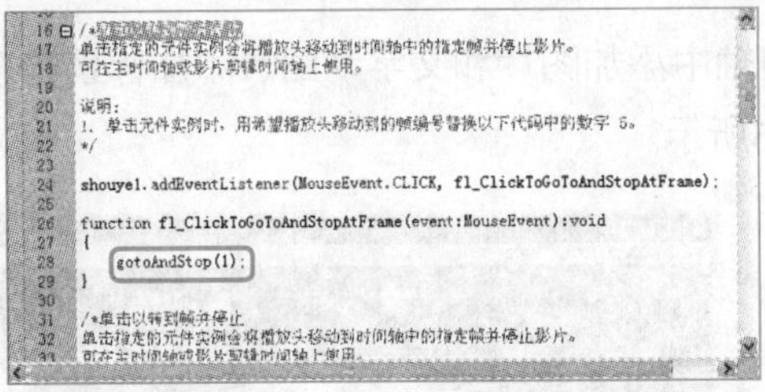

图13-32 为文本添加脚本

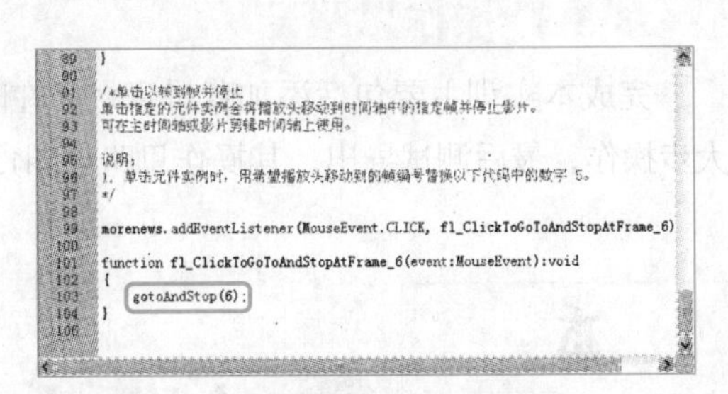

图13-33 继续添加脚本

STEP 9 设置完成后关闭动作面板，按【Ctrl+S】组合键进行保存。

13.4.5 测试和发布

完成网站的制作后，即可测试并发布，其具体操作如下。

STEP 1 按【Ctrl+Enter】组合键进行测试，通过单击其中的按钮或者文本，测试页面跳转是否流畅。

STEP 2 选择【文件】/【发布设置】菜单命令，设置发布参数，这里保持默认，在“格式”选项卡中设置发布的位置。

STEP 3 选择【文件】/【发布】菜单命令，直接进行发布即可。

13.5 实训——制作Flash导航动画

13.5.1 实训目标

本实训的目标是制作Flash导航动画，要求注意动画变化顺序，动画应当符合逻辑，在制作时还应注意不同动画之间过渡的流畅性，以及画面整体的协调感等。本实训的前后对比效果如图13-34所示。

素材所在位置 光盘:\素材文件\第13章\实训\背景音乐.wav、高原图.jpg……
效果所在位置 光盘:\效果文件\第13章\导航动画.fla

图13-34 导航动画最终制作效果

13.5.2 专业背景

随着网站的发展，用户对网站的期望和要求也越来越高，包含有相关导航动画的网站更能吸引用户的眼球，使用户在网站停留的时间更长。如何设计并制作一个优秀的导航动画以达到客户要求并打动客户，是每一个设计师需要认真对待的问题。

13.5.3 操作思路

完成本实训主要包括添加背景素材、在时间轴中添加图片和文字动画、添加背景音乐3大步操作，最后测试导出，其操作思路如图13-35所示。

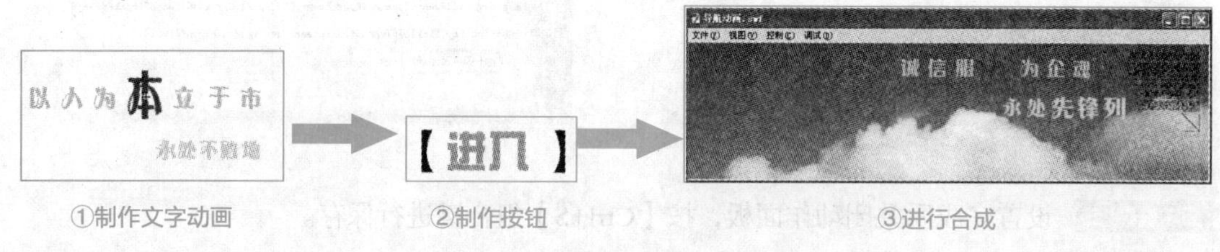

图13-35 导航动画的制作思路

【步骤提示】

STEP 1 新建文档，设置文档属性，将帧频设置为“30.00”，舞台大小为“750像素×190像素”，选择【文件】/【导入】/【导入到库】菜单命令，将素材文件导入到库面板中。

STEP 2 在库面板中新建“文字”文件夹，在其中为每一个需要制作动画的文字新建图形元件，新建影片剪辑元件，将文字图形元件拖曳到影片剪辑元件中，在其中为每一个文字制作文字动画。

STEP 3 在库面板中新建“鸟飞”文件夹，在其中新建影片剪辑元件，绘制鸟的身体和翅膀，并制作飞鸟动画。

STEP 4 新建按钮元件，在其中制作“进入”文本按钮效果。

STEP 5 返回场景中，制作图片淡入淡出的动画，并将库中的文字，鸟飞等动画拖曳到相应图层的对应位置。

STEP 6 创建完动画后，新建音乐图层，将背景音乐拖曳到该图层中，为导航动画添加声音。完成后按【Ctrl+Enter】组合键测试动画，然后将其导出。

13.6 疑难解析

问：如何使导航动画在播放后自动关闭并链接到相应的网页？

答：要实现该功能，只需在片头最后一个关键帧中添加getURL和fscommand("quit","");脚本即可。

问：如何在片头动画中实现背景音乐的开关和选择功能？

答：如果要在片头动画中实现背景音乐的开关功能，那么作为背景的声音就不能通过“属性”面板直接添加到场景或帧中，而应在“库”面板为其添加链接属性，然后为用于实现开关功能的按钮添加attachSound和stopAllSounds脚本，对链接的声音进行调用，即可在单击按钮时实现声音的开启或关闭功能；若要实现背景音乐的选择功能，只需为多个声音文件设置链接属性，并通过为按钮添加相应的attachSound脚本即可。

13.7 习题

本章主要通过介绍网站的制作，对Flash的功能进行综合练习，并对使用Flash制作网站的流程进行了大致的介绍和演示。对于本章的内容，读者应认真学习和掌握，了解使用Flash的基本流程，为制作其他类型的Flash网站打下基础。

素材所在位置 **光盘:\素材文件\第13章\习题\背景.jpg、荷塘月色.jpg…**

效果所在位置 **光盘:\效果文件\第13章\胶卷效果动画.fla**

利用本章知识，制作如图13-36所示的胶卷效果动画，要求操作如下。

（1）新建文档，导入图片素材，制作“胶片”和“片底”图形元件，新建“胶卷”影片剪辑元件，制作胶卷动画。

（2）在“胶卷”影片剪辑的编辑模式下，新建动作图层，为动画添加脚本，使得当鼠标指针移至胶卷上时，胶卷动画停止。最后在场景中合成测试即可。

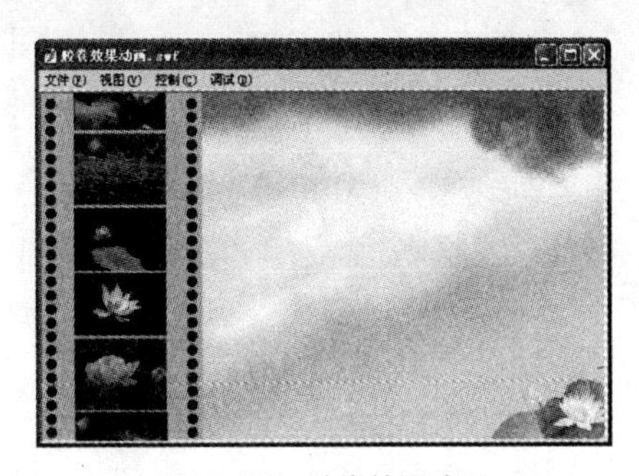

图13-36 胶卷效果动画

课后拓展知识

本章讲解了使用Flash创建网站的一般流程，读者应多加练习，熟练掌握基础网站的制作。下面对创建网站应注意的事项进行介绍，帮助读者更好地了解如何创建网站，具体如下。

1. 用户的目标和网站的目的

网站设计应该反映商业和客户的需求，有效地传播信息、促进品牌。网站的目标最好通过用户的目标来达到，所以站点结构必须满足用户的需要，快速地将用户引导至其主要目标。

2. 提供合乎逻辑的导航与交互

正确的导航应显示用户访问过的上一个地址和即将访问的下一个地址，并通过链接的不同颜色提醒用户访问过的页面。合乎逻辑的交互包括提供用户一个轻松跳出他们正在访问的部分回到出发点的的链接，确保按钮定义了足够好的反应区域，利用Flash流的特性首先装载主要的导航元素等。

3. 不要过度使用动画

最好的动画应用于增加站点的设计目标, 通过导航讲述一个故事或者有帮助的事情。在包含大量文字的页面使用重复的动画将使视线从信息转移，不利于信息的传递。

4. 慎重使用声音

声音可为站点锦上添花但是绝非必要。声音会显著地增加文件的大小，当确实使用了声音时，Flash会将声音转换为MP3文件甚至流媒体化。

5. 面向低带宽的用户

越少的下载越好，初始的下载页面大小不能超过40K, 包括所有图像和HTML文件。为了减少下载时间，最好使用矢量图形，若用户必须等待, 则需提供一个装载的时间序列与进度条, 且必须在前5秒内装载完成导航系统。

6. 设计的易用性

确保站点的内容能被所有的用户阅读，包括残疾用户。高度使用ALT标签可以确保网站内容能被辅助工具解释。

附录 综合实训

为了培养学生独立完成设计任务的能力，提高就业综合素质和创意思维能力，加强教学的实践性，本附录精心挑选了4个综合实训，分别围绕“汽车广告”、“教学课件”、“‘童年’MTV”和“‘青蛙跳’小游戏”4个设计作品展开。通过实训，学生可以进一步掌握和巩固Flash软件的使用。

实训1 制作汽车广告

【实训目的】

通过实训掌握Flash在广告设计中的应用，具体要求与实训目的如下。

- 了解汽车广告的设计和制作方法，熟悉广告策划，了解广告面向的消费大众，广告产品的用途和质量。
- 熟练掌握在元件编辑模式下制作文字动画的操作方法。
- 熟练掌握图形动画闪现的基本制作方法，熟练使用脚本添加导航交互。

【实训步骤】

STEP 1 了解汽车广告的设计概念，指定广告的制作风格。

STEP 2 搜集汽车广告需要的资料。如与汽车相关的文字、人物，以及背景等信息。

STEP 3 制作文字动画。新建影片剪辑，制作与文字相关的影片剪辑动画，注意文字的动画效果。

STEP 4 制作场景动画。根据提供的素材，制作相应的动画即可。

STEP 5 制作导航条。制作导航条，并制作鼠标交互。

【实训参考效果】

本次实训的测试效果和最终导出的效果如图1所示，相关素材及参考效果提供在本书配套光盘中。

图1 汽车广告参考效果

实训2 制作教学课件

【实训目的】

通过实训掌握Flash在教学课件方面的应用，具体要求及实训目的如下。

- 要求教学课件应当符合教学规范，由于教学课件不受商业等其他方面的限制，因此在制作上可根据实际情况进行创建。
- 了解教学课件的作用，掌握教学课件的制作意义和面向的学生对象，以及学生的接受能力。
- 熟练掌握在影片剪辑元件中制作场景变换动画的方法。
- 熟练掌握遮罩图层的使用和遮罩的添加方法，以及添加脚本的方法。

【实训步骤】

STEP 1 搜集教学资料。为制作教学课件收集图片和文字等资料。

STEP 2 制作主动画。新建影片剪辑元件，在其元件编辑模式下利用素材图片制作教学课件的开场主动画。

STEP 3 制作影片剪辑动画。新建影片剪辑元件，在其中制作当点击相关按钮时可跳转播放的动画效果，包括阅读全文、情景播放、参考信息和人物简介等。

STEP 4 制作按钮元件。通过新建按钮元件，制作不同的按钮元件。

STEP 5 在场景中添加动画元素。返回场景中，通过新建图层，在不同的图层中放入相应的影片剪辑元件。

STEP 6 设置背景音乐。新建图层，将背景音乐拖曳到该图层中。

STEP 7 添加脚本控制。新建图层，通过创建空白关键帧，为动画添加脚本控制，使在播放课件时单击相应的按钮可跳转到相应的播放界面。

【实训参考效果】

本实训的教学课件最终参考效果如图2所示，相关素材及效果文件提供在本书配套光盘中。

图2 教学课件制作效果

实训3 制作“童年”MTV

【实训目的】

通过实训掌握Flash在制作MTV方面的应用，具体要求及实训目的如下。

- 要求MTV的风格充满童趣，但不要过多地使用元素，同时应当注意配色，使MTV具有画面感。
- 熟练掌握引导层动画的制作方法。
- 熟练掌握使用文字工具添加歌词的方法。
- 熟练掌握补间动画的使用方法。

【实训步骤】

STEP 1 搜集制作MTV需要的资料。认真搜集与童年相关的图片，构思好MTV的制作方案和顺序。

STEP 2 制作飞鸟动画。新建影片剪辑元件，利用引导层制作飞鸟运动动画。

STEP 3 制作眨眼动画。在影片剪辑元件中制作眨眼动画，主要涉及“任意变形工具”的使用。

STEP 4 制作叶子飘动动画。在影片剪辑元件中通过引导层制作叶子飘落动画，注意为飘动的叶子添加旋转等属性。

STEP 5 制作开始和重新开始按钮。新建两个按钮元件，分别制作开始按钮和重新开始按钮。

STEP 6 制作歌词动画。返回场景中，添加场景动画，然后新建图层，在其中添加歌词即可。

STEP 7 添加背景音乐，并将开始和重新开始按钮分别放置在第1帧和最后一帧，添加相应的控制脚本。

【实训参考效果】

本实训的童年MTV最终制作参考效果如图3所示，相关素材及效果文件提供在本书配套光盘中。

图3 童年MTV最终制作效果

实训4 制作“青蛙跳”小游戏

【实训目的】

通过实训掌握Flash在制作小游戏方面的应用，具体要求及实训目的如下。

- 熟练使用时间轴中的“绘图纸外观”按钮绘制流畅的青蛙跳动的动画。
- 熟练掌握新建ActionScript文件，制作代码文件的方法。
- 熟练掌握工具栏中各种绘图工具的使用。

【实训步骤】

STEP 1 搜集游戏资料。认真查找关于游戏的相关资料，查看类似的游戏产品，总结特点，构思游戏方案。

STEP 2 制作按钮元件。新建按钮元件，创建重新开始按钮。

STEP 3 制作影片剪辑元件。通过提供的图形元件，在影片剪辑元件中创建青蛙跳动的动画。

STEP 4 添加脚本语句。返回场景中，新建图层，在不同的图层中放置不同的素材，新建脚本图层，在其中输入脚本语句。

STEP 5 新建不同的ActionScript文件，创建不同的as文件，将文件与影片剪辑元件相链接。

【实训参考效果】

本实训的青蛙跳小游戏的制作参考效果如图4所示，相关素材及效果文件提供在本书配套光盘中。

图4 青蛙跳小游戏制作效果